2022年版

航空氣象學

Aeronautical Meteorology

蕭華——原著；蒲金標——編修

作者簡介

原著：蕭華（1918-2010）

　　1918年生。1943年畢業於國立中央大學地理系氣象學組，1957年取得美國芝加哥大學氣象研究學碩士。曾擔任聯合國派駐沙烏地阿拉伯高級氣象顧問、民航局副台長、飛航服務總台副總台長，並曾任中國文化大學大氣科學系教授，講授普通氣象學及航空氣象學，對國內航空氣象學界貢獻良多。

編修：蒲金標

　　1947年生。中國文化大學地學研究所氣象組理學博士，1982年自美國國家大氣研究中心和美國國家氣象局航空氣象專業訓練結業。曾任：海軍基隆氣象台少尉氣象官、中國海專兼任講師、交通部民航局飛航總台副總台長、航管組技正、航管十年計劃小組兼任正工程師、航空氣象現代化系統計畫作業小組兼任執行秘書，並於開南大學空運管理系、中國文化大學大氣科學系、國立台北教育大學自然教育學系等科系兼任副教授，講授航空氣象學；曾任財團法人中華氣象環境研究發展中心副董事長兼執行長、行政院飛安調查委員會飛安管理季刊編輯委員會指導委員。

　　榮獲1999年「中國文化大學傑出校友」、2016年中華航空氣象協會「航空氣象年度傑出貢獻獎」。

研究及著作：

1. 蒲金標與林清榮，2021：〈松山機場強勁東北季風跑道向量風切與氣壓變量之分析研究〉，中華航空氣象協會，《飛航天氣期刊》36期，頁19-30。

2. 蒲金標與林清榮，2018：〈2014-2016年馬祖南竿機場跑道風切與氣壓大波動發生時間關聯性分析研究〉，行政院飛航安全調查委員會，《航空安全及管理季刊》5卷1期，頁42-55。

3. 蒲金標與林清榮，2017：〈馬祖南竿誤失進場風切與氣壓跳動分析〉，行政院飛航安全調查委員會，《航空安全及管理季刊》5卷1期，頁65-78。

4. 蒲金標與林清榮，2017：〈2010-2014年松山機場低空風切與氣壓大波動之日變化分析研究〉，中華民國氣象學會，《大氣科學》45期，頁261-280。

5. 蒲金標編著，2016：《航空氣象學試題與解析（增訂九版）》，秀威資訊科技公司。

6. 蒲金標與徐茂林，2016：〈東北季風影響松山機場低空風切之個案觀測分析〉，中央氣象局，《氣象學報》，第53卷，第1期，23-37。

7. 蒲金標與徐茂林，2016：〈菲特（FITOW）颱風影響松山機場低空風切之觀測個案分析研究〉，中華航空氣象協會，《飛航天氣期刊》25期，頁30-50。

8. 蒲金標、徐茂林及游志遠，2015：〈2013年7月12-13日蘇力颱風侵襲期間松山機場低空風切分析研究〉，中華民國氣象學會，《大氣科學》43期，頁1-20。

9. 蒲金標、徐茂林、游志遠和劉珍雲，2014：〈台灣低壓鋒面與松山機場低空風切個案研究〉，行政院飛航安全調查委員會，《航空安全及管理季刊》4卷，3期，頁227-243。

10. 蒲金標（計畫主持人），2014：「機場低空風切警告系統研發設計（NextG/LLWAS）」全程執行總報告，經濟部科技研究發展專案業界開發產業技術計畫，誠開股份有限公司。

11. 蕭華原著，蒲金標修訂，2008：《航空氣象學（修訂第四版）》，秀威資訊科技公司。

原著者　初版自序

　　人類科學愈進步，科學分工益精細，氣象學源本於物理學，由於自然現象對人類生活起居影響至巨，且各種基本氣象儀器次第發明及有系統之氣象觀測普遍實施，氣象學乃逐漸發展，自立門戶，成立近代嶄新科學之一。經過二次世界大戰後，氣象學應用於航空方面者尤多，加之近代航空科學以及民航業務快速發展，對於航空氣象學之要求日益迫切，復以理論基礎與應用技術之精進，故航空氣象學遂自然形成一獨立學門。

　　發機之飛行於天空受天氣影響與支配者至繁，天氣既可危害飛航安全，亦能增進空運績效。世界各地飛機失事受惡劣天氣影響之例，不勝枚舉。其在我國不幸發生最大之空難，厥唯民國三十五年耶誕前夕三架民航客機在上海龍華機場於極端惡劣天氣之情狀下，冒險降落，接連墜毀，損失慘重，以致造成民航史上難忘之浩劫。至天氣可資航空利用者，諸如選擇順風層或避免逆風層，以節省油料；採擇空氣平穩之高度飛行，使乘客旅途舒適；以及利用跑道逆風，使飛機起飛便捷等等。

　　航空氣象學之內容，近年來隨航空科學與航空事業之發達而不斷充實。歐美各國，為灌輸航空人員之氣象知識，出版各種航空氣象理論與技術之專書。作者有感於國內航空從業人員氣象知識之提高，其對於航空氣象之需求日益殷切與苛嚴，要為國人引導航空氣象學識，實為急務，故不揣譾陋，效

野人之獻曝，於公餘之暇，根據平日瀏覽中外書刊，歷年搜集資料，及三十餘年累積之經驗，試撰《航空氣象學》一書，以期對航空界奉獻一項比較新穎而有系統之航空氣象學知識；對氣象界亦提供現代化航空氣象之輪廓。唯因倉促付梓，不無謬誤及遺漏之處，幸祈專家大方，不吝指正，並希讀者鑒諒。

作者蕭華謹序民國五十六年九月於台北

原著者　1983年修訂版自序

　　作者從事大氣科學研究工作凡四十餘年，濫竽航空氣象業務研究發展者三十餘年，充數航空氣象教學者亦逾二十載矣。無論國際航空氣象業務、國內飛航業務對航空氣象之需求、以及傳授航空氣象學知識等等日積月累之經驗，幸有相當深度之瞭解。且平日潛心於資料蒐集、新知鑽研與業務改進，對於航空氣象理論之闡微，航空氣象科技之發展以及航空氣象業務之未來趨向，體會與熟稔良多。鑑於近年航空事業之神速發展，同時對航空氣象之苛嚴需求，航空氣象理論與技術亦日就月毀之創新進步。為順應時代之需求，則拙著《航空氣象學》一書，實有修訂更新之必要。

　　民國五十六年，作者嘗試編著《航空氣象學》一書，問世以來，深受航空界之歡迎與採納，飛行人員及地勤人員作為重要飛安參考資料，大學有關氣象科系列為教學參考書籍，迄今已歷十六年矣！際此期間，國內國外民航運輸業務，已是突飛猛進耳目一新，次音速噴射客機晉級為超音速噴射客機，大型客貨機提升為巨無霸客貨機，空中及地面助航暨導航裝備，逐漸改用電腦自動化，人類施放氣象衛星後，利用衛星雲圖，以提高航空氣象服務品質。近年發現大氣亂流與低空風切，成為飛航安全之重大威脅，而各型偵側低空風切亂流之儀器系統，相繼問世。與此峋一期間——十六年，國內國外民航機因氣象原因而致失事者，時有所聞，其舉舉大者：國內廿五十九

年八月中華航空公司YS-11型班機冒台北桃園一帶之大雷雨，在台北市圓山附近之福山墜毀。六十四年七月遠東航空公司VC型班機亦於台北機場大雷暴雨中不幸墜毀。國外者，自1964年至1975年間十二年中，因風切亂流而導致航機失事者，計有25次之多，其最重大者為1975年六月二十四日一次震驚世界之大空難，即美國東方航空公司一架波音727型客機在紐約甘迺迪國際機場因大雷雨低空風切亂流而墜毀。其他各國如1977年四月在大西洋西班牙屬卡納利群島（CanaryIstands）之聖克魯斯（Santa Cruz）機場，泛美世界航空公司與荷蘭航空公司兩架波音747型客機在大霧中（能見度祇有跑道長之1/6）互撞而全毀，死傷人數有576人之多，創世界空難傷亡人數之記錄。同年九月日本航空公司一架波音707型客機在馬來西亞首都吉隆坡附近因大雷雨而致失事。又同年十一月葡萄牙國家航空公司一架波音727型客機在大雨中墜毀於大西洋中葡屬馬德拉群島（Madeira Islands）。今年（1983）六月一架英國航空公司直升飛機在大西洋上遭遇大霧而墜海，死傷乘客二十餘人。由此可知，不論航空機械工程如何精密，助航導航設備如何完整週全，飛航管制設施如何現代化自動化，以及航空通訊如何快捷自動化，仍然無法排除與克服惡劣天氣之威脅與侵害，因此航空氣象知識仍須普及與確認，航空氣象科技仍須進一步研究與發展。

　　際此冗長之十六年中，國際航空氣理論、技術與業務已有重大變革，作者多年來對航空氣象之研究及教學經驗，發現原著《航空氣象學》已明日黃花陳腐過時，缺乏多端，內容必須更新、充實與調整，尤其最熱門之低空風切亂流問題，年來世界各國論述頻繁，其新知識新觀念應予引進。故本修訂版除充實各章節之內容、刪除重複部份與調整章節使之條理分明外，並增添熱帶天氣與北極區天氣兩章，且在適當章節中增加理論性之說明，以適應大學有關氣象學科系之需要，對於低空風切亂流，亦試作新穎而有系統之論述，此外航空氣象學服務篇，關於國際氣象新電碼及航路預測新圖表，均有所更新，以期符合最新規定。

　　古語云：「後之視今，亦猶今之視昔」，翻閱十六年前之原著，自覺簡單膚淺與落後。目前審視本修訂版，雖屬新穎適時，但再經若干年月，亦何能免除陳舊過時之感。

　　本書經大幅度之修訂，得以獲償夙願，但自愧才疏學淺，力不從心，難

符讀者期望，且謬誤之處，自亦難免，懇乞不吝指正，以便將來再修訂時，
益臻於完美理想之境。

作者蕭華謹序民國七十二年七月於台北

編修者　序

　　航空氣象學屬於應用氣象學之範疇，其主要任務在於保障飛航安全，提高飛航效率。在實務上，著重於利用適當的天氣條件，避開惡劣的天氣，以預防發生意外事故，而使飛機順利完成飛行任務。

　　航空氣象與飛航安全關係密切，因此，台灣國內大學台灣大學、中央大學、台灣師範大學和中國文化大學大氣科學系都有開設「航空氣象學」課程，以奠定學生具備航空氣象之理論基礎；而從事各類航空業務之空勤與地勤人員，如民用航空局新進航空氣象人員和飛航管制人員、航空公司飛行員和簽派員，乃至航空機械人員，都需具備航空氣象知識，在取得職業證照時，必須通過航空氣象學科考試。又如民航人員參加特種考試或升等考試都須測試航空氣象學。

　　筆者在民航局實際從事航空氣象工作有三十六年之久，期間有幸參與民用航空局航空氣象現代化系統計畫，並擔任執行秘書，經歷五年時間，先後架設松山和台灣桃園國際機場低空風切警告系統，並建置了航空氣象服務網站，國內外航空人員在國內外各地機場或其他辦公室或旅館住家都可透過電腦或手機在網站上取得所需氣象資料，非常方便。筆者於2008年在民航局飛航服務總台副總台長退休，退休之後，繼續從事研究以氣壓變動與機場低空亂流之相關性，先後在氣象雜誌發表多篇論文，並於2017年8月在松山機場

架設一套松山機場低空亂流警告系統，期望這套系統能推廣架設至國內外大小機場，對飛機起降安全和營運有所貢獻。

　　筆者在中國文化大學大氣科學系兼任副教授，講授航空氣象學，對國內外航空氣象學新知以及國際民航組織和美國航空總署有關航空氣象作業規範文件有所涉獵，航空氣象學理論和實務皆有快速進展，2020-2021年新冠病毒（COVID-19）肆虐，全球自去年截至今年（2021年）八月二十日累計194個國家或地區計2.11億確診病例，其中442萬例死亡。台灣計15,926確診病例，828例死亡，今年五月十一日進入二級警戒，五月十九日升為三級警戒，七月二十七日降為二級警戒。警戒期間很少外出，宅在家編訂本書。

　　本書參考台灣國家運輸安全調查委員會飛安統計資料、國際民航組織低空風切手冊、美國運輸部聯邦安全委員會航空天氣、中央大學大氣科學系洪秀雄教授編著「認識大氣」以及筆者編著《實用航空氣象電碼》，再就蕭華與筆者編著《航空氣象學（四版）》，編訂而成。本書分成三篇，第一篇為航空氣象基本要素，著重與航空科學、飛航安全以及營運績效等直接關係之氣象要素加以論述。第二篇認為天氣變化是影響飛行安全的一大因素，台灣因天氣因素造成飛行事故的比例高居20%，之故，對飛航安全不利影響之天氣因素給予講解。第三篇介紹台灣國內航空氣象業務機構與其提供氣象服務項目。

　　筆者感謝民用航空局飛航服務總台飛航業務室氣象課于守良課長以及台北航空氣象中心主任余曉鵬、副主任余祖華之協助和提供資料。

　　本書雖力求完整，但疏漏之處，在所難免，尚待國內學者專家先進惠賜指教，以期完美。

蒲金標　謹識

（E-MAIL：pu1947@ms14.hinet.net）

2021年8月23日於台北市和平東路寓所

緒論

　　自二次世界大戰以後，科學之研究發展，進步神速，航空科學與氣象科學，亦有長足之發展，航空器由活塞發動機之螺旋槳飛機，進而為渦輪發動機之噴射飛機和超音速噴射客機問世。而與飛機航行有直接關係之氣象新知識，諸如晴空亂流、噴射氣流、飛機積冰、高高度天氣、雷雨、低空風切、氣象衛星以及氣象雷達等等，都有驚人之發展。

　　天氣突變影響人類生活，對空中活動之飛機亦可能發生危害。人類在地面上活動，偶遇惡劣天氣，尚可設法避開或設法減輕其危害程度，如處置適當，尚不致釀成傷亡。但在空中飛行之飛機則不然，不慎遭遇具有破壞力之天氣，除與之掙扎奮鬥以求倖免於難外，別無選擇，因飛機在空中既無藏身之所，亦無隨時隨地在空中停留之可能。然而有時利用適當之天氣情況，有助於飛行操作與空運績效，如節省燃料與時間，反而可獲得天氣之利益，故氣象之與航空實具有異常重大之意義。

　　由於近年航空事業與航空工業之蓬勃發展，對航空氣象之需求亦隨之增多，因此氣象科學航空氣象部門得脫穎而出，理論與技術進步快捷，如航空氣象儀器之發明，航空氣象觀測與報告方法之改良，航空氣象通訊之加速以及航空氣象預報技術之增進等等，航空氣象在氣象事業中已自然形成一專門性之體系。

飛行人員需要了解基本的氣象知識，更要明瞭各種天氣情況如何影響於飛行操作，飛行員認知如何善用其天氣知識，在飛航安全與空運績效之總目標上，獲得有安全和利益。

本書主旨、內容與編排特點分述於後。

一、主旨

我國民航事業日漸發達，飛航安全與空運績效之要求，更趨殷切，從事各類民航業務之空勤與地勤人員，具備之氣象知識水準提高，如飛行員，航空公司簽派員，航空人員，飛航管制人員，乃至航空機械人員，都須具備航空氣象知識，在取得職業證書時，必須通過學科考試，而航空氣象學為主要學科之一。又如民航人員特種考試或升等考試需應考航空氣象學，是故編著本書之動機，係有感於航空界之迫切需要，雖內容不克盡善盡美，然而本書將航空氣象之輪廓擇要描繪，諒可以滿足目前一般渴望與要求。

二、內容與編排

本書為適應一般航空從業人員及兼顧大學有關氣象科系之瞭解與教學起見，除取材偏重應用外，尚增添必要之理論及各種公式之推演，求其應用與理論並重。本書專門討論與航空有直接關係之氣象問題，與普通氣象學略有不同，論述航空氣象基本要素及危害飛航安全之天氣現象為主，使飛行人員辨明利害，知所避開危害天氣，或充分利用有利的天氣條件，其他要素及無礙航空之天氣現象，則割愛不提。

本書涉及理論者不多，著重實用方面，尤其應用技術和危害天氣應付方法，航空氣象簡易觀測方法，天氣報告電碼及天氣預報電碼，並包括編碼，填圖，天氣分析標示以及各種預報圖表，甚至舉出實例，期使各類航空人員，對整個航空氣象作業，有全盤了解。

本書計分三篇，各篇均自成系統，可單獨參考閱讀，其間並無關連。第一篇論述飛航氣象基本要素，含物理學之理論研究以及各要素之應用於航空方面；第二篇討論影響飛航安全之天氣，詳細討論可能危害飛航之情況及應付迴避之方法。第三篇敘述航空氣象服務，略述航空氣象機構、業務及工作技術內容等。

三、特點

　　本書所有各種天氣報告及天氣預報之內容次序及傳播程序等，均依照世界氣象組織（WMO）國際航空氣象服務（Meteorological Service for International Air Navigation. WMO Technical Regulations Vol. II）以及國際民航組織（ICAO）國際民航公約第三號附約（ANNEX 3 to the convention on international civil aviation）之各項共同準則，符合目前航空氣象服務之國際規定。

　　本書所用單位，儘量採用國際單位制（System International unit; SI unit）。但航空方面習慣上，沿用英制單位，如長度單位使用吋、呎、哩，溫度單位使用華氏度，速度單位使用浬／時或哩／時等等，雖然盡可能採用公尺、攝氏度，公尺／秒及百帕（hecto-Pascal; hPa）等。但因飛行員習慣，一時無法改變，欲完全改制尚需時日。故本書採用國際單位為主，英制單位為輔。

CONTENTS

目次

CONTENTS

圖目次

CONTENTS

表目次

第一篇

航空氣象基本要素

普通氣象學在於討論氣象基本要素，包括氣溫、氣壓、濕度、風、雲、降水、能見度、日射、地溫、蒸發等，範圍廣泛。然而，航空氣象學之領域，著重於與航空科學、飛航安全以及空運績效等直接關係之氣象要素，並加以論述，其他諸如日射，地溫、蒸發等與航空科學及飛行操作或飛航安全較無直接關係之氣象要素，略而不論。

第一章　大氣層
（The earth's atmosphere）

第一節　人類棲息之地球

地球可分為岩石層、流體層和大氣層等三層：

（一）岩石層（lithosphere）——岩石層為地球之固體部份，包括岩石及其風化分解之物質如沙土等。

（二）流體層（hydrosphere）——流體層為地球液體部份，包括海洋、湖泊及河川。

（三）大氣層（atmosphere）——大氣層為地球上空之氣體部份，包括空氣中各種成分，大氣層再向上方發展就是太空。

流體層在岩石層上流動，而大氣層則籠罩在岩石與流體二層之上，並且不停地活動著。岩石與流體二層都有其邊緣和極限，而大氣層觸地雖有其極限，但上部則無明顯之邊界可尋。因為空氣自地面向上逐漸稀薄，但並非達某一明顯高度分子即完全絕跡。

大氣是一種混合氣體，它包圍著地球，如將地球比做橄欖球，大氣層就可比擬為橄欖球外之包裝紙。大氣層隨地球而旋轉，大氣層與地球表面之間

有相對運動，稱之為大氣環流（atmospheric circulation）。

　　大氣層自地面垂直向上伸展，其物理性質有明顯的差異，根據其溫度垂直變化的情況，大氣層分為對流層（troposphere）、平流層（stratosphere）、中氣層（mesosphere）、熱力層（thermosphere）以及外氣層（exosphere）等五層，如圖1-1。

　　對流層為最接近地面的一層，其厚度因時因地而異，自赤道向兩極下降，如圖1-2。在赤道上空，對流層平均厚度約為16,660公尺至19,700公尺（55,000~65,000呎），在兩極上空，對流層平均厚度約為7,600公尺至9,100公尺（25,000~30,000呎）。對流層通常夏季厚於冬季，日間厚於夜間。大氣層主要的天氣現象，如風、雲、雨、雪、霜、露、冰雹、風暴、惡劣氣流、陣風及垂直氣流等，大部份在對流層發生。對流層內大氣的熱量主要來自於地面輻射，地面是它的主要熱源。因此，對流層內溫度隨高度的增高而降低，平均每上升100公尺氣溫下降0.6°C，稱之為氣溫垂直遞減率（temperature lapse rate）。氣溫隨高度而遞減，這是對流層最主要最基本的特徵。對流層和它上面的平流層間，有一個厚度約為1-2公里的過渡層，叫做對流層頂（tropopause），亦即對流層與平流層之中間地帶。對流層頂的主要特徵為氣溫隨高度的增加而降低很少或近似不變，甚至出現隨高度增加而增溫（稱為逆溫）的現象。對流層頂的這種溫度結構對大氣的對流運動有抑制作用。在實際工作中根據氣溫垂直變化的這一特徵，便可以確定對流層頂的位置。對流層頂的平均氣溫在赤道附近約為-83°C；在極地約為-53°C。

　　平流層位在對流層頂之上，由平流層底部向上最初一段，其溫度變化約為等溫變化，上下幾乎一致，此後，高度再垂直向上，溫度微增，且天空絕少雲層變幻。平流層頂點離地高度平均約為42~47公里（138,600~155,100呎），平流層有時也能影響對流層中之天氣。若再垂直向上則為中氣層（mesosphere）、熱力層（thermosphere）及外氣層（exosphere）。

　　本書所討論的範圍僅限於對流層與平流層，其理由為：

(一) 對流層為地球表面上大氣層最不平穩之氣層，絕大部份能影響航空飛行之天氣，均發生在對流層中。而平流層又為目前噴射飛機活動頻繁之空層。

(二) 雖然很多太空飛行工具能攜帶人類飛翔，其高度遠超過平流層之上，如

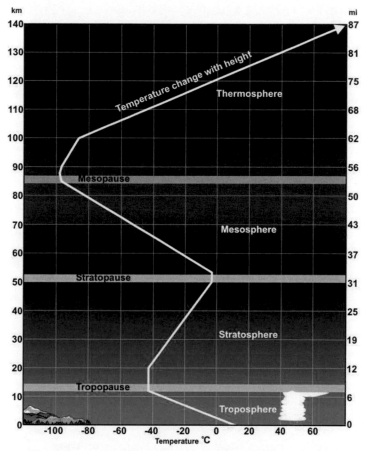

摘自 Aviation Weather/FAA, Date: 8/23/16 AC 00-6B 1-4

圖1-1 大氣的垂直結構

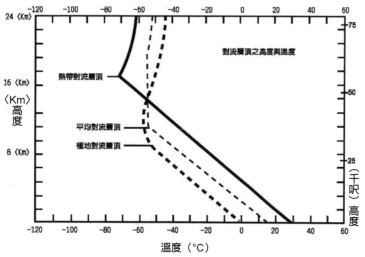

圖1-2 熱帶、極地和平均對流層頂高度與溫度分布，圖中粗線、粗斷線和細斷線分別表示熱帶、極地與平均之正常垂直遞減率曲線，顯示熱帶對流層頂之高度高於極地對流層頂，而前者之溫度則低於後者。

太空漫步與登陸月球等等驚人之發展，但是絕大部份飛行活動仍侷限於對流層與平流層中。

第二節 大氣之組成

地球的大氣是多種氣體的機械混合物（mechanical mixture），而非化合物（chemical compound），近地表25km以下，大氣最主要的成分是氮（Nitrogen, N_2），約佔大氣總容積的78%；氧（Oxygen, O_2），約佔大氣總容積的21%；氬（Argon, Ar）約佔0.9334%；和二氧化碳（Carbon Dioxide, CO_2）佔約佔0.033%，這四種氣體佔所有氣體的99.998%。氮是迄今為止最常見的，它可以稀釋氧氣並防止地球表面的快速燃燒。生物需要它來製造蛋白質。氧氣被所有生物使用，對呼吸至關重要。植物利用二氧化碳來製造氧氣。二氧化碳還起到毯子的作用，可以防止熱量逃逸到外太空。此外，近地表大氣成份尚有微量的水氣（Water vapor, H_2O）以及臭氧（Ozone, O_3）等，大氣所含有水氣的數量從微量到大約4%的體積不等，隨著水氣含量的增加，其他氣體按比例減少。還有一些含量不定的液態和固態等氣懸膠（aerosols），這些懸浮微粒（Particles）有海鹽（sea salt）、微塵（dust）、矽酸鹽（silicate）、有機物質（organic matter）、沙（sand）、煙（smoke）和其他雜質等。懸浮在大氣中的微粒雜質多呈固體或液體的粒子狀態，它在大氣中的含量不定，且因空間和時間而改變。其濃度從小至幾乎不存在，大至足以降低能見度，甚至能見度降低至比霧所造成的低能見度還要低。例如有煙（smoke）或霾（haze）之存在，則空氣能見度降低。有煙霾之天空，遠看目標物，其輪廓模糊不清，在夜晚，則呈現稀薄之藍幕。就空間來講，城市多於農村，低空多於高空；就時間來講，冬季多於夏季。

根據探測資料，自地表至80公里的高度範圍內，大氣成分的比例，基本上都是不變的。這是因為大氣的垂直運動、亂流運動和分子擴散作用，使大氣各組成成分充分混合的結果。近地表大氣組成成分如表1-1。

大氣中看不見的氣體（Variable gases），水氣（water vapor; H_2O），它在大氣中的含量是屬於變動性氣體，在不同時間、地點和高度，大氣中水氣的含量有很大的不同，按容積計算，其變化範圍在0~4%之間。水氣主要源

表1-1　近地表大氣組成之成分

氣體	符號	乾空氣氣體容積之比例或每百萬所含粒子（ppm）
氮 Nitrogen	N_2	78.08%
氧 Oxygen	O_2	20.95%
氬 Argon	Ar	0.93%
二氧化碳 Carbon Dioxide	CO_2	0.03%
氖 Neon	Ne	18.20
氦 Helium	He	5.20
甲烷 Methane	CH_4	1.75
氪 Krypton	Kr	1.10
二氧化硫 Sulfur dioxide	SO_2	1.00
氫 Hydrogen	H_2	0.50
一氧化氮 Nitrous Oxide	N_2O	0.50
氙 Xenon	Xe	0.09
臭氧 Ozone	O_3	0.07
二氧化氮 Nitrogen dioxide	NO_2	0.02
碘 Iodine	I_2	0.01
一氧化碳 Carbon monoxide	CO	痕跡 trace
氨 Ammonia	NH_3	痕跡 trace
微粒（微塵、煤煙等） Particles (dust, soot, etc.)		0.01-0.15
氟氯碳化物 Chlorofluorocarbon	CFCs	0. 0002

於海洋、湖泊和河川的蒸發以及植物的蒸散（evapotranspiration），水氣主要集中於大氣的低層，越高空其量越少，在1.5~2公里的高度上，僅相當於地面的1/2；在5公里的高度上，僅相當於地面的1/10左右。水氣量在地區分布上差別也很顯著，在高溫潮濕的熱帶洋面上空，大氣所含的水氣可高達大氣成份的4%，而再乾燥寒冷的內陸上空可能接近於零。

　　水氣是大氣中唯一能發生氣態（gas）──液態（liquid）──固態（solid）之間相互轉換的成分。伴隨著水的這種相態變化，發生能量轉換和輸送，造成雲、霧、霜、露、雨、雪、冰雹以及風暴等複雜的天氣現象，使得大氣氣象萬千變換無窮。這些，對自然界和人類都有重大的影響。不同的水氣含量與乾空氣相混合，這個觀點在氣象學上是非常重要的。水氣就像其他氣體一樣，是一種看不見的氣體，但是水氣可以轉換為看得見的較大液體或固體粒

子，諸如，雲滴（cloud droplets）和冰晶（ice crystals），這種水氣轉換為液態水之變化，稱為凝結（condensation）；液態水轉換為水氣之過程，稱為蒸發（evaporation）。這種在一定溫度和氣壓下，會凝結成水滴，即在地表上凝結成露水（dew）、在低空凝結成霧（fog）或靄（mist），在高空凝結成雲（cloud）。有時候溫度低於0°C時，可能凝結成冰晶（ice particles），如霜（frost）或卷雲（cirrus）。

水氣在大氣中是一種極重要的氣體，它不僅能轉換成液態和固態雲滴，雲滴長大後掉落至地表，稱為降水（precipitation），同時在轉換過程，還會釋放大量的熱量，稱為潛熱（latent heat）。潛熱是大氣能量重要的來源，特別是雷雨（thunderstorm）和颱風（typhoon）能量的來源。水氣更是有效的溫室氣體（greenhouse gas），水氣能強烈吸收地面輻射（earth's outgoing radiant energy），同時它又向地面和周圍大氣釋放長波輻射，所以水氣在地球能量平衡上扮演重要的角色，大氣中水氣含量的多少和變化，對地面和大氣的溫度狀況有直接的影響。

大氣另一種變動性氣體，臭氧（ozone），它在高層離地面15~45公里高之平流層大氣，經由光化作用（photo reaction）所產生。臭氧吸收太陽紫外線（ultra-violet radiation），導致該層大氣增溫。臭氧可保護地球表面上動植物的生命，免於遭受到過量紫外線輻射之傷害。

大體而言，大氣分子可達960公里（600哩）之高空，其密度自地面向高空漸形稀薄，大氣重量一半以上集中於自地面垂直向上約5.5公里（18,000呎）高度之氣層，其重量之3/4集中於11公里（約36,000呎）以下之氣層，其餘1/4重量之空氣，則散佈於11公里至960公里間之高空。氣象衛星運行高度大概為640~960公里（400~600哩），空氣極稀薄，近似真空。

大氣自地表垂直向上至80公里的高度範圍內，氧與氮的比例，基本上都是不變的，因此，大氣在80公里以下任何高度，氧氣壓力為整個大氣壓力的五分之一，所以大氣中含有21%之氧氣。由於氧氣壓力對於飛行員及乘客均極為重要，人肺之吸氣與氧氣壓力有關連，通常多數人生活在近海平面高度，適應於吸收每平方吋三磅之氧氣壓力，約為210hPa氧氣壓力。氧氣壓力因高度增加而減少，民航飛機如果繼續爬高或在相當高度上作長時間飛行，而無供氧設備時，則飛行員與乘客首先感覺疲勞，視力受損，最後失去知

覺。所以飛機在3,000公尺（10,000呎；700hPa）以上高空長途飛行，必須有供氧設備。當高空大氣壓力小於每平方吋三磅（約12,000公尺或40,000呎或200hPa高度）時，即使呼吸純氧仍嫌不足，氧總壓力仍小於每平方吋三磅。因此，飛機座艙加壓設備顯然是非常重要，目前許多軍用飛機及民航飛機均設置有壓力艙（pressurization cabin），甚至專業用或私人用飛機亦普遍裝設加壓系統。

第三節　標準大氣（Standard Atmosphere）

地球表面天氣系統隨時隨地都在移動，該氣壓、氣溫和濕度也跟著不停地變動，對工程師和氣象人員造成許多困擾，為了解決這個問題，他們定義了一種標準大氣，它代表了整個大氣中所有緯度、季節和高度的平均條件，作為世界各國所公認之「標準大氣（ICAO standard atmosphere）」參考值。標準大氣是大氣溫度、壓力和密度的假設垂直分佈，根據國際協議，它被視為大氣的代表，用於氣壓高度計校準、飛機性能計算、飛機和導彈設計、彈道表等，與天氣相關的過程通常參考標準大氣。

國際民航組織（International Civil Aviation Organization; ICAO）於1952年11月7日公佈此國際民航組織標準大氣參考值，稱之為標準大氣（Standard Atmosphere）。國際民航組織標準大氣所採用一些特定條件之假設參數及有關物理常數，如表1-2和表1-3，標準大氣高度與氣溫之關係、高度與氣壓之關係，高度與密度之關係，如圖1-3和圖1-4。

高度計（altimeter）係根據標準大氣來定刻度，唯大氣經常變動，不可能符合標準大氣之條件。如果高度計讀數與實際高度相同時，表示當時當地海平面氣壓與氣溫等於標準大氣所規定之假設氣壓與氣溫，其氣溫遞減率等於標準大氣所規定之假設遞減率，但是一地當時的大氣完全符合標準大氣之參考值，恐怕很難出現。所以想求出高度計讀數與實際高度數字相符時，必須使用高度撥定值（altimeter setting），以施行高度校正，飛行員必須牢記，高度計未經撥定之讀數係基於假定之氣壓與高度關係下之高度，而非實在高度。

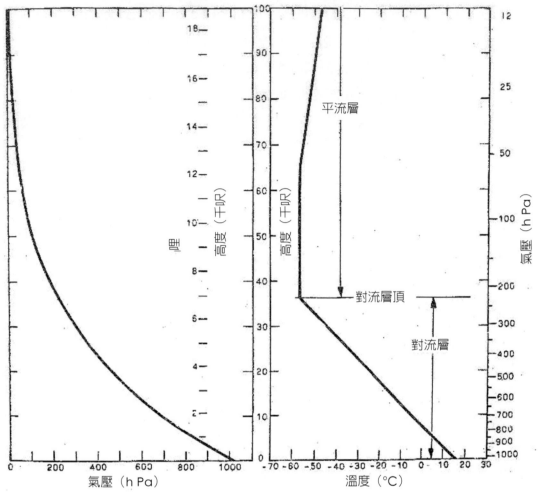

圖1-3　標準大氣在地面至100,000呎高度、氣壓和溫度之相關曲線圖，圖左為氣壓與高度變化曲
　　　線，顯示整個大氣半數氣壓（1000-500hPa）集中於18,000呎以下。圖右為氣溫與高度
　　　變化曲線，圖中刻度包含哩、千呎和百帕等三種單位，顯示平均氣溫垂直遞減率係為標
　　　準垂直遞減率。

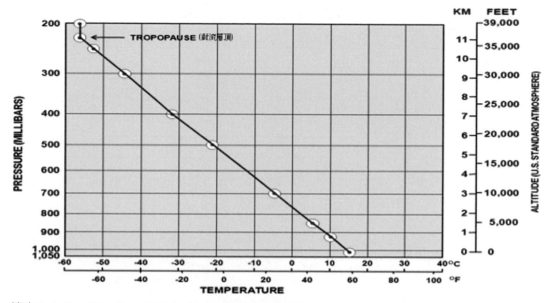

摘自Aviation Weather / FAA, Date: 8/23/16 AC00-6B 1-6

圖1-4　對流層標準大氣氣壓與氣溫分布圖

表1-2　標準大氣的選定特性

特性	公制	英制
平均海平面氣壓	1013.25百帕	29.92水銀柱高度
平均海平面氣溫	15°C或288.16K	59°F
標準大氣壓力冰點	273.16K	273.16K
平均海平面空氣密度	1.225kg/m³	1.225kg/m³
重力加速度	9.80665公尺／秒／秒	32.15英尺／秒／秒
乾空氣之氣體常數	8314.3 J/K/Kmol	8314.3 J/K/Kmol
對流層頂氣壓高度	11公里	36,089英尺
對流層頂氣溫	-56.5°C	-69.7°F
對流層（11公里）氣溫垂直遞減率	6.5°C／公里	3.57°F/1,000 feet
平流層底層（11-20公里）氣溫垂直遞減率	溫度不變	溫度不變
20-32公里氣溫垂直遞減率	都是-56°C	都是-68.8°F
32公里以上氣溫垂直遞增率溫度	增加1°C／公里	增加0.3°C/1,000呎

Note：

1百帕（hectopascal, hPa）=1毫巴（millibar, mb）

平均海平面氣壓為相當於大氣支撐水銀柱高度76公分或29.92吋（in_Hg），或大氣在每平方吋 14.7磅之重量。如以力量（force）計算，則為1.01325×10^5牛頓（newton）／平方公尺或1013.25百帕，或1.013250×10^6達因（dyne）／平方公分或1013.25毫巴。

表1-3　國際民航組織標準大氣摘要表

氣壓（hPa）	高（m）	度（ft）	溫度（°C）
10	31,055	101,885	-45.6
20	26,481	86,881	-50.2
30	23,849	78,244	-52.7
40	22,000	72,177	-54.6
50	20,576	67,507	-56.0
60	19,419	63,711	-56.5
70	18,442	60,504	-56.5
80	17,595	57,726	-56.5
90	16,848	55,275	-56.5
100	16,180	53,083	-56.5
200	11,784	38,662	-56.5
250	10,363	33,999	-52.5
300	9,164	30,065	-44.5
400	7,185	23,574	-31.6
500	5,574	18,289	-21.2
600	4,206	13,801	-12.3
700	3,012	9,882	-4.5
800	1,949	6,394	+2.3
850	1,457	4,781	+5.4
900	988	3,243	+8.5
1013.25	0	0	+15

第二章　大氣溫度
（Atmospheric temperature）

　　大氣溫度與飛機之飛行和操作有密切的關係，通常會將氣溫納入飛行操作參數之一，氣溫與飛行有關問題有下列：

(一) 氣溫升高，空氣密度減低，飛機起飛及爬高能力大為降低。

(二) 氣溫受晝夜和地形之影響，會產生局部風場之變化。

(三) 一天當中在某個時段氣溫冷卻，常是促成霧發生的原因。

(四) 氣溫垂直遞減率與大氣穩定性、雲、大氣亂流及雷暴雨等危害天氣之形成有關。

(五) 高空逆溫（inversion aloft），使暖性雨水落下於下方之冷空氣，可能構成飛機積冰（aircraft icing）。地面逆溫（surface inversion）使近地面霧、煙及其他視程障礙歷久不散而導致惡劣能見度，嚴重影響飛航安全。

(六) 飛機上所裝設之溫度計，不管如何精良與架設如何理想，誤差仍然難免，飛機被太陽照射的位置，尤其在停放時與太陽光之相對位置，因受太陽輻射而導致溫度有誤差。高速飛機受空氣動力效應和空氣摩擦力之關係，亦使飛機上溫度計產生誤差。

第一節　氣溫單位

　　航空常用的氣溫單位，不外攝氏溫標（Celsius temperature scale）與華氏溫標（Fahrenheit temperature scale）兩種，國際民航組織規定採用攝氏溫度，在科學計算上，常用絕對溫標（Kelvin scale of temperature; K）為單位。在傳統應用上，溫度通常選用兩個指示點（reference points），即在海平面上純冰（pure ice）之融點（melting point）與純水（pure water）之沸點（boiling point）。冰之融點（或稱冰點）為0°C或32°F，水之沸點為100°C或180°F。攝氏溫標與華氏溫標之比率為100/180或5/9。兩者之換算公式為F=9/5 C+32或C=5/9（F-32），其中F為華氏度數，C為攝氏度數。

　　絕對溫度0 K，係最低可能之溫度，稱絕對零度。絕對零度等於-273°C，即1 K等於1°C，故絕對溫度之冰點為273 K，沸點為373 K。絕對溫度與攝氏溫度之換算公式為K=273.15+C，其中K為絕對溫度，C為攝氏溫度。

第二節　熱力與溫度

　　熱力（heat）為能量（energy）形式，是物質分子活動之表現。物質含有熱量，它展現的性質，可用溫度冷或熱之程度來測量，即測量物質分子活動之程度。一定量熱力，為某一物質所吸收或放出，使該物質升高或降低一定量之溫度。可是不同物質，結構各異，同等熱量加進或析出質量相等之不同物質，各別表現之溫度大異其趣，由於不同之物質吸熱或放熱能力各異所致，即每一物質對於定量熱量之適應性，各具有獨特之溫度表現。該種特性在物理學上稱為比熱（specific heat），每種物質各具獨特之比熱。例如，同等陽光直射地球表面，陸地比水面為熱，陸地溫度比水面為高。

　　所有物體都會發出輻射能量，包括太陽（太陽輻射）和地球（地面輻射）。物體的最大輻射波長與其溫度成反比；物體越熱（越冷），波長越短（越長）。太陽的最大輻射波長相對較短，並且集中在可見光譜中。地球的最大輻射波長相對較長，並且集中在紅外光譜中。大氣所產生的天氣現象和發生過程，需要一定的能量，就整個地球大氣來講，能量來源主要

是太陽輻射（solar radiation），稱為短波輻射（short wave radiation）。就對流層大氣而論，能量來源不僅是太陽輻射，更重要的是地面輻射（terrestrial radiation），稱為長波輻射（long wave radiation），而地面輻射也是由太陽輻射轉化而來的，如圖2-1。到達地球表面的太陽輻射被輻射回大氣層，成為熱能。瀝青等深色物體比淺色物體吸收更多的輻射能並且升溫更快。深色物體也比淺色物體輻射能量更快。太陽短波輻射到達地表，稱之為入日射（insolation），任一點之地表，接收到入日射強度，與該地所在緯度、季節、時間、大氣散失以及地表反射等有關。當太陽天頂角為零度（0°）時，日照最大，這意味著太陽正位於頭頂上方。隨著太陽天頂角的增加，日照分布在越來越大的表面積上（y大於x），因此日照變得不那麼強烈。此外隨著太陽天頂角的增加，太陽光線必須穿過更多的地球大氣層，在到達地球表面之前，它們可以在那裡被散射和吸收。因此，當太陽在天空高處而不是在地平線低處時，它可以將表面加熱到更高的溫度，如圖2-2。

　　傳導是通過分子活動將能量（包括熱量）從一種物質傳遞到與物質接觸或通過物質的另一種物質。熱量總是從較熱的物質流向較冷的物質。溫差越

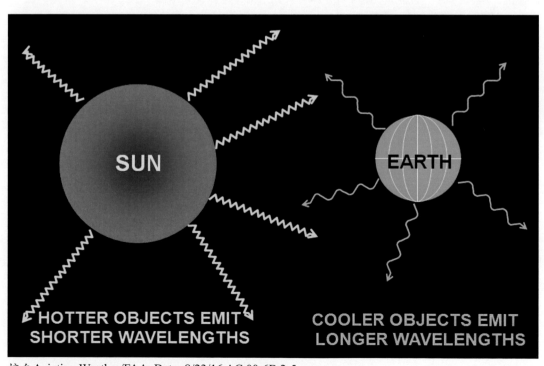

摘自 Aviation Weather/FAA, Date: 8/23/16 AC 00-6B 2-5
圖2-1　溫度對輻射波長的影響

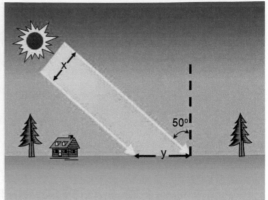

摘自 Aviation Weather/FAA, Date: 8/23/16 AC 00-6B 2-6

圖2-2　太陽天頂角（入日射角度）

大，傳熱速率越大，直接取決於物質的導熱能力。在傳導過程中，較熱的物質冷卻並失去熱能，而較冷的物質加熱並獲得熱能。來自外氣層（外太空）的入日射，最終約有51個單位轉為地球可用的能量。入日射導致溫度上升與許多因素有關，特別是地表的比熱以及熱量可穿透地表的深度程度。在陸地上，地表特性有相當大的差異；例如，沙（sand），比熱小，熱的絕緣好，因此沙質地表，增溫較高；沼澤地，比熱大，熱傳導性良好，所以沼澤地，增溫較低。海上，太陽光線可穿透至較深的深度，如此，海上吸收太陽輻射，熱量可擴展至整層，而非僅局限於海面上。水的比熱非常大，光線可透性，兩者一併計算，水增溫慢，除非是長時期，否則，甚至可忽略之。

　　地表上每年的能量收支平衡（The earth annual energy balance），雖然有相當的變化，但是就整個地球而言，每年平均溫度是均衡的，只有些微的改變，顯示地球和大氣每年的能量散失至外太空，正好等於地球和大氣每年所接收到太陽的能量。同樣地，地球與大氣間，也存在著能量平衡。每年地球必須將所吸收的能量回歸至大氣，否則，地表平均溫度將會有所改變。

　　地球-大氣能量平衡是來自太陽的入射能量（太陽輻射）和來自地球的出射能量（陸地輻射）之間的平衡，如圖2-2-1所示。當太陽輻射到達地球時，一些被空氣（8%）、雲（17%）或地表（6%）反射回太空。有些被水蒸氣／灰塵／臭氧（19%）或雲（4%）吸收。其餘部分被地球表面吸收（46%）。自太陽的100個單位的入射輻射與來自地球的100個單位的出射輻射相平衡。

太陽輻射有46個單位到達地表，其中有23個單位用來使水蒸發，約7個單位透過傳導和對流而散失至大氣，留下16個單位以紅外線能量（infrared energy）輻射而喪失。地表實際上有極大量117個單位向上輻射，雖然僅白天地表才可能接收到太陽輻射，但是晝夜都有紅外線能量固定往上輻射。此117個單位當中僅有6個單位穿透大氣而散失至外太空，其餘主要部分111個單位被水氣（water vapor）和二氧化碳（CO_2）等溫室氣體（green-house gasses）及雲所吸收，吸收之後，96個單位再輻射回地表，如此產生了大氣溫室效應（atmospheric greenhouse effect），因此地表所收到來自大氣紅外線長波輻射為收到來自太陽短波輻射約兩倍之多。在這些能量交換過程，地表散失147個單位，同時地表得到147個單位，兩者剛好構成平衡，如圖2-2-1。

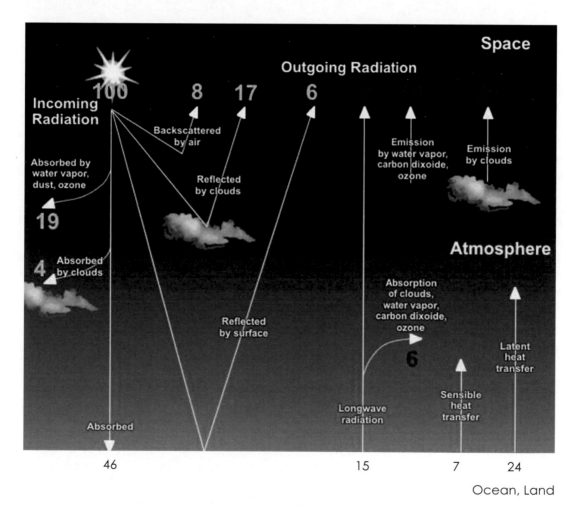

摘自Aviation Weather/FAA, Date: 8/23/16 AC 00-6B 4-1

圖2-2-1　地球與大氣能量平衡

地表與大氣間，存在著相似的能量平衡，大氣吸收來自地表（對流和傳導，+7）、潛熱（latent heat）（+23）、地表紅外線長波輻射（+117）和太陽短波輻射（+19）共計160個單位；大氣紅外線長波輻射給地表（-96），大氣紅外線長波輻射至外太空（-64），大氣總共散失160個單位，兩者能量達到平衡。就全年平均而言，太陽能量被地表吸收51個單位，被大氣吸收19個單位，共計70個單位，同時，地表紅外線長波輻射有6個單位，大氣紅外線長波輻射有64個單位，共計70個單位散失至外太空，兩者能量也達到平衡。地球和大氣吸收太陽能量，且彼此相互吸收，所有能量交換都保存收支平衡，重要的是每年整個能量並沒有增減，因此，年與年間地球和大氣之平均溫度都保存相當固定。雖然如此，但是這種能量收支平衡，並非意謂地球之平均溫度不會改變，而是年與年間，仍然有些微之改變，它的改變通常小於0.1°C，長年溫度的量測仍會有顯著的改變。

第三節　氣溫之變化

地球上任何地區所接受之太陽輻射，因時刻、季節、緯度、地形以及高度而有所差異，氣溫也隨之發生變化，茲分述如下：

一、氣溫日變化（temperature diurnal variation）

地面氣溫係指接近地表面一公尺許之空氣溫度，一地之氣溫，晝夜變化很大，其變化幅度以接近地表面者為大，通常光禿高地、沙地、耕地與石礫地面，氣溫日變化幅度最大，為17°C-28°C，密林深草地面氣溫日變化最小，深廣水面變化亦小，幅度約為1°C左右。對流層離地1,200公尺以上之自由大氣，幾無晝夜溫度日變化之現象。

地球二十四小時自轉一圈，各地有晝夜之分，一天內接受太陽輻射，並釋放地面輻射，晝夜顯有不同，因此在正常情況下，一地氣溫之變化，在一天內循一定之常軌進行。白天，地球接受太陽輻射，太陽輻射大於地面輻射，氣溫直線上升，以中午太陽直射時分接受熱力最多，此時地球繼續增溫，直至中午稍稍過後，太陽開始斜射，地球接受熱力始行減少，至下午一、二點鐘，太陽輻射與地面輻射達到平衡時，即出現一日最高溫度。午

後，太陽輻射繼續減少，地面輻射也不斷增加，日落過後，太陽輻射幾乎停頓，地面輻射加強，地面溫度繼續減低，至清晨時分，太陽剛剛升起，太陽輻射開始，地球開始接受熱力，不過接受太陽輻射量甚微，此時地面輻射仍大於太陽輻射，溫度仍繼續降低。太陽輻射量連續增加，直至太陽輻射與地面輻射達到平衡時，溫度始停止下降，此時出現一日當中最低溫度，即最低溫度出現在日出以後，有時延後約一小時。

地表溫度或接近地面氣溫，影響飛機起飛降落之容許重量（allowable gross weight）。簡而言之，在同一機場，一架飛機起飛降落之可能容許重量，夜間及清晨多於午後，因為溫度夜間及清晨較低，午後較高。氣溫低，空氣密度大，浮力增大；氣溫高，空氣密度變小，浮力減少。

二、氣溫之季節變化（temperature seasonal variation）

地球除日夜二十四小時自轉外，地球繞太陽運行軌道公轉一年。地球轉軸與其繞太陽運行之軌道平面成23.5度之傾斜角，南北兩半球間太陽輻射之投射角，因季節而有不同，在北半球夏季6、7、8三個月太陽直射，其所接受之太陽熱能較南半球為多，溫度升高；反之北半球冬季12、1、2三個月太陽斜射，其所接受之太陽熱能較南半球為少，溫度低冷。圖2-3及圖2-4為全球冬夏兩季平均氣溫分布情形。

三、氣溫之緯度變化（temperature variation with latitude）

地軸傾斜，導致地球上各緯度所接受太陽之輻射熱量大不相同，地球完全為一球面狀態，太陽在赤道地帶比在高緯度地帶較為接近頭頂，則在赤道地帶接受最多太陽輻射能量，致使赤道地區最熱，在較高緯度，由於太陽光線斜射關係，所得之太陽輻射能量較少，緯度愈高，太陽光線愈傾斜，所得之太陽輻射量能愈少，尤其兩極地區所得最少。故自熱赤道起，溫度因緯度向兩極增高而降低，直至南北兩極地區為最冷。

四、氣溫之地形變化（temperature variation with topography）

除了因地球轉動和緯度導致氣溫變化外，尚有海陸和地形差異而發生溫度變化。海面吸收太陽輻射能量使溫度改變之程度小於陸地吸收太陽輻射

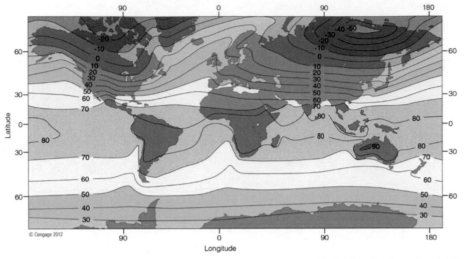

圖2-3　1968-1996年冬季（一月）全球平均地面溫度分布圖，北半球為冬季，而南半球則為夏季，在北半球相對之緯度上，陸地比海洋冷，南半球相對之緯度上，陸地比海洋暖。

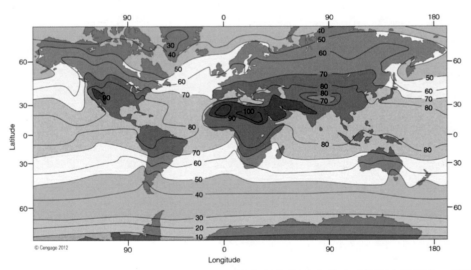

圖2-4　1968-1996年夏季（七月）全球平均地面溫度分布圖，在北半球相對之緯度上，陸地比海洋暖，而南半球相反，但由於南半球陸地較少，上述情況並不顯著。

能量使溫度改變之程度，廣闊的海洋，溫度變化程度較小，相對地，廣大陸地溫度變化程度較大。潮濕土壤如沼澤地區，作用如同海面，壓制溫度的變化；茂密的植物地帶，也具有控制溫度變化之作用，它含有水分且有阻隔地面與空氣間熱量之傳輸作用。在乾燥地區，能產生最大之溫度變化。

　　地形差異，影響晝夜與季節之溫度變化，例如，在海洋地區、沿海地帶或沼澤濕地，日夜最高與最低溫度差約5.5°C或較少，而在岩石或沙礫之戈壁地區，日夜溫度差經常大至27.5°C或以上。圖2-3及圖2-4說明海陸與地形影響季節性之溫度變化。例如，北半球之七月份陸地上平均氣溫較海洋為高，一月份陸地上平均氣溫較海洋為低。在南半球冬夏與北半球相反，海陸影響溫度變化並不顯著，因南半球海洋較廣闊所致。

　　以亞洲大陸北部與美國南加州靠近聖地亞哥（San Diego）沿海為例，如圖2-3與圖2-4，在亞洲大陸北部中心地區，一月份平均氣溫約為-34°C，七月份平均氣溫約為10°C，季節溫差約達44°C之多；而靠近聖地亞哥近似海洋地區，一月份平均氣溫約為10°C，七月份平均氣溫約為21°C，則季節溫差僅有11°C左右。由此可見大陸與海洋對於溫度變化影響是顯著的。

　　在大湖或海洋沿岸亦常出現溫度劇烈變化之現象，其溫度差別構成局部氣壓和風向風速之差別，圖2-5顯示水陸交接地區因溫差而構成小範圍空氣流動與雲之生成。

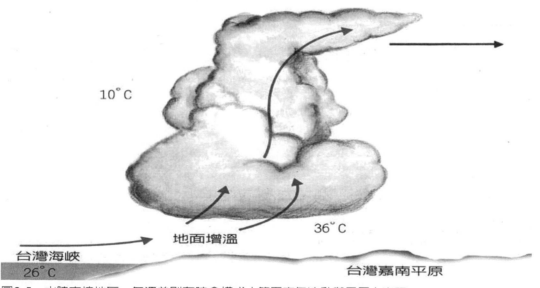

10°C

地面增溫

36°C

台灣海峽
26°C

台灣嘉南平原

圖2-5　水陸交接地區，氣溫差別有時會構成小範圍空氣流動與雲層之出現。

盛行風也是控制氣溫變化因素，當盛行風來自廣大的水域吹向一地區時，該地區氣溫變化不大，在潮濕島嶼，氣溫較少變化。當盛行來自乾燥地區吹向一地區時，該地區氣溫變化比較顯著突出。

第四節　等溫線（Isotherm）

天氣圖或其他圖表上溫度相等各點或測站之連線，稱為等溫線（isotherm），如圖2-1和圖2-2所示之曲線。在地面天氣圖、等壓面（isobaric surface）或等高面（contour surface）上所繪製的等溫線分布上或等高面，顯示出高溫區及低溫區，也顯示溫度梯度之方向及數值。

第五節　地球上氣溫之水平分布

因為太陽直射赤道，斜射南北極，赤道附近氣溫高於南北兩極，地球表面上赤道與南北極間，經常發生溫度梯度（temperature gradient）現象。例如，冬季北極溫度約為-40°C，赤道溫度則高至26.7°C，其溫度梯度為67°C/9,660km或1°C/350km；1法定英里（Statute Mile; SM）=5,280ft。地表氣溫分布和氣溫梯度之變化，常因時因地而有所不同，通常溫帶地區氣溫變化最大，氣溫日變化更為顯著。

第六節　地球上氣溫之垂直分布

飛行員為選擇最理想之飛行高度，或為決定其容許重量時，應注意高空溫度之分布。在正常情況下，飛行高度遞增，溫度必隨之遞減，此種現象稱為溫度垂直遞減率（temperature lapse rate）。在對流層，因高度增加而溫度遞減之平均直減率約為6.5°C/1,000公尺。乾空氣之溫度平均遞減率（dry air lapse rate）約為10°C/1,000公尺。濕空氣之溫度平均遞減率（wet air lapse rate）約為5.5°C/1,000公尺。

由於上述數字係為平均值，實際上飛行員難得遭遇到如此一成不變之溫度垂直變化。大氣溫度遞減率不但變化幅度很大，而且因時因地而大異其

趣。總之決定因素，主要為太陽輻射到達地球或地面輻射逸出地球之數量以及空氣垂直及平面運動之不同。某地某時溫度遞減率亦因不同高度而異，例如從地面到1,500公尺高度間，溫度遞減率約為10°C/1,000公尺；在1,500公尺和2,100公尺間為3.3°C/1,000公尺；自2,100公尺以上到對流層頂間反為6.6°C/1,000公尺。溫度遞減率特別大時，常導致雷雨（thunderstorm）的發生。

　　對流層大氣溫度隨海拔高度升高而升高，稱之為逆溫（inversion）。如果逆溫發生在近地面，則稱為地面逆溫。如果逆溫發生在高空，則稱為高空逆溫（見圖2-6）。地面逆溫通常在晴朗的夜晚風輕時在陸地上發展。地面輻射和冷卻的速度比上層空氣要快得多。與地面接觸的空氣變涼，而幾百英尺上方的溫度變化很小，因此，溫度隨高度增加。陸上沙石土壤，黑夜容易冷卻，清晨常出現逆溫層；水面上，比熱大，夜晚冷卻慢，清晨不容易出現逆溫層。

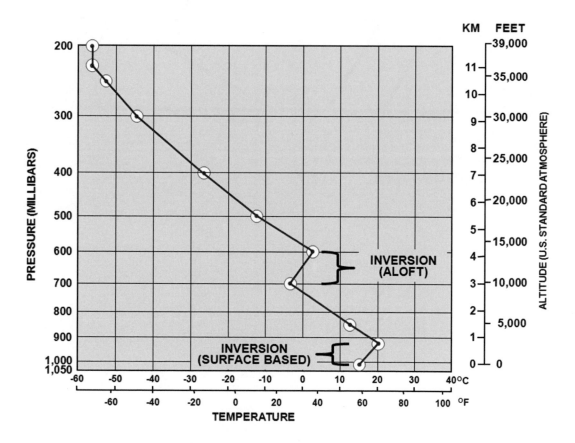

摘自Aviation Weather/FAA, Date: 8/23/16 AC No: 00-6B 8/23/16 AC 00-6B 2-13

圖2-6　大氣逆溫

第二章　大氣溫度（Atmospheric temperature）

冷空氣在暖空氣下移動或暖空氣在冷空氣上移動時，常出現鋒面逆溫（frontal inversion）。下降氣流，空氣壓縮作用，熱量增加，上層空氣溫度高於底層空氣溫度，出現逆溫現象，是為空中逆溫，對流層頂上的逆溫也是空中逆溫的一種。圖2-7為地面逆溫（surface inversion）與高空逆溫（inversion aloft）示意圖。普通在逆溫層，或逆溫層以下，或在溫度少有變化之層次裡，空氣十分平穩，常有視障如霧、霾、煙及低雲等天氣現象發生。

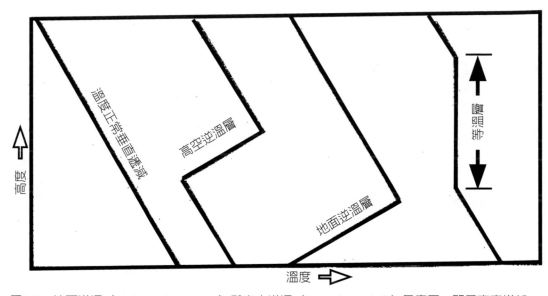

圖2-7　地面逆溫（surface inversion）與空中逆溫（inversion aloft）示意圖，顯示高度增加，氣溫垂直向上遞減率之各種可能情況，自左至右線條分別表示正常垂直遞減，高空逆溫，地面逆溫及等溫層。

第三章 大氣壓力
(Atmospheric pressure)

　　壓力（pressure）為單位面積所承受的力，地表任何地區支撐整個空氣柱的重量，產生大氣壓力（atmospheric pressure）。地表任一點的大氣壓力，相當於在那一點的單位面積，所承受整個空氣柱的重量。空氣並非固體，重量非普通方法所能量出。西元1643年，義大利物理學家及天文學家伽利略（Galileo Gililei; 1564~1642）的學生托里切利（Evangelista Torricelli），採用垂直水銀柱以量度大氣壓力。這種採用水銀柱與空氣柱平衡法，該儀器取名氣壓計（barometer），即重量計（weight meter）。

第一節　空氣總重量

　　以海平面為基準，堆積於地球上之大氣柱，平均重量約為10,332.3kg/m^2。換言之，日常生活中我們感覺不到大氣的壓力，實際地面上每平方公尺大約要承受10噸重的大氣壓力。如以全球計算，整個地球表面上，空氣柱總重量幾達5.8千萬億噸，數值之大，實在驚人。不過與地球本身比較，整個空氣重量僅為地球總重量百萬分之一而已，僅構成增加地球星體重之百萬分之一。

托里切利（Evangelista Torricelli）以一支約一公尺長的玻璃管，一端封閉，充滿水銀，開口一端倒入水銀槽內，垂直水銀柱之高度，隨大氣壓力而變動，藉以量度大氣壓力，因而他就發明了水銀氣壓計（mercury barometer），昔日稱為托里切利管（Torricelli's tube）。水銀氣壓計根據其構造而分為水銀槽氣壓計（cistern barometers）、虹吸式氣壓計及衡重氣壓計（weight barometer）等三類。

以一支玻璃彎管，充滿水銀，A端開口，B端封閉，如圖3-1水銀氣壓計簡圖，顯示空氣停留在玻璃管開口A端，閉口B端上無空氣（近乎真空），因開口A處空氣有重量，將C處水銀壓高至B處，開口A處上，空氣柱重量等於閉口B至C間水銀柱之重量。B至C間水銀柱重量能量出，開口A處空氣柱可獲知。水銀氣壓計為測量大氣壓力之標準儀器，其他各型氣壓計為求準確起見，必須與水銀氣壓計校驗。

大氣壓力在世界範圍內有多種表示方式，如表3-1。世界各地的氣象學家長期以來一直以毫巴（mb或mbar）為單位測量大氣壓力，將壓力表示為每平方公分的力。然而，1960年國際單位制（SI）引進後，百帕（hPa）被大多數國家採用，1968年在航空機場定時天氣報告（METAR）／選擇的特殊天氣報告（SPECI）裡，開始用氣壓單位。許多氣象學家更喜歡使用他們在教育和工作經歷中學到的術語。因此，有些人繼續使用術語毫巴，而其他人則使用百帕斯卡。在美國測量高度計仍用單位英寸汞柱（inHg或Hg）大氣壓力常用水銀柱長度為單位，即在海平面上標準大氣壓力為29.92吋（in）或760公厘（mm），英美通常採用吋為單位，大氣壓力係為一種力量，在科學上廣泛以力量單位來表示大氣壓力單位，尤其在氣象方面，採用百帕（hectopascal, hPa）或毫巴（millibar, mb）為大氣壓力單位。台灣航空氣象作業上，氣壓及高度撥定值通常均採用百帕（有時兼用吋），海平面上標準大氣壓力為1013.25hPa（1 in-HG=33.86hPa）。

表3-1　氣壓單位

氣壓單位	海平面標準大氣值	常見用途
Hectopascals (hPa) 百帕	1013.2 hPa	METAR/SPECI
Millibars (mb or mbar) 毫巴	1013.2 mb	天氣圖
Inches of mercury (inHg or Hg) 汞柱高度	29.92 inHg	航空
Pounds per square inch (psi) 磅/ in²	14.7 psi	工程師

　　除了利用水銀柱測量大氣壓力外，亦有用金屬空盒者，即所謂空盒氣壓計（aneroid barometer），其主要部分為利用一個或數個外表呈波紋狀而富有彈性之金屬盒，內部為半真空，易受大氣壓力變動之感應，金屬盒一端固定，他端連接一指針，因壓力變動，金屬盒發生起伏運動，利用槓桿裝置，擴大變動幅度，傳至指針，在氣壓刻度盤上左右轉動，以示氣壓或高度之值，如圖3-2。

　　空盒氣壓計用途頗廣，不但應用於氣象方面，而且在工業方面也有很多用途，如將其刻度改成相對高度後，製成高度計（altimeter），為航空方面不可缺少之儀表。

　　空盒氣壓計運用得當，適時調整校驗與維護，其靈敏度和正確性與水銀表相差無幾，何況機件比較簡單，攜帶輕便。

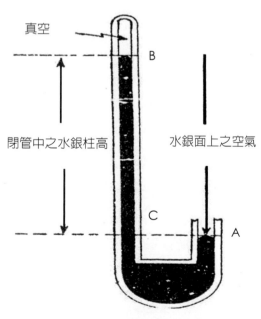

真空

閉管中之水銀柱高　　　　　水銀面上之空氣

B

C　　A

圖3-1　水銀氣壓計簡圖

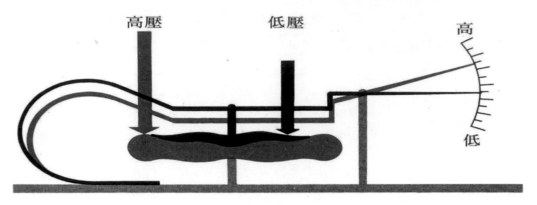

高壓　　　　　　低壓　　　　　　　高

低

圖3-2　空盒氣壓計簡圖

第三節　測站氣壓與海平面氣壓（Station pressure and sea level pressure）

　　機場航空氣象站以水銀氣壓計測得之氣壓讀數，必須經過三種訂正，順序為儀器差訂正（instrument correction）、溫度訂正（Temperature Correction）及緯度（重力）訂正（Latitude Correction），結果稱為測站氣壓（station pressure）。測站氣壓換算至高出跑道面，約3公尺（10呎，現今民航噴射機機艙離跑道面高約20呎）處氣壓，既相當於飛機停在跑道上氣壓讀數，稱為場面氣壓（aerodrome pressure）。

　　氣壓因地形而變化，氣壓可以表示一地的海拔高度，也會影響飛機的操作。就小型飛機而言，機場高度在海平面左右，飛機起飛時，跑道的長度約需300公尺，而機場海拔高度在1,660公尺，飛機起飛時，跑道的長度約需600公尺，機場海拔高度2,400公尺，跑道長度約需900公尺，如圖3-3。

　　各地機場航空氣象台所在海拔高度不同，海拔高度較低，測站氣壓相對較高，海拔高度較高，測站氣壓相對較低，因此，必須將測站氣壓換算至海平面高度之氣壓，方能互相比較氣壓的高低。所以氣象站，必須將測站氣壓調整到海平面上，方能互相比較。否則，位於接近海平面高度的松山機場航空氣象台測站氣壓，總是高於海拔高度接近4,000公尺台灣最高測站玉山氣象台測站氣壓，兩測站氣壓之基準點不同，難以比較。

　　對流層底部，通常每升高300公尺，氣壓讀數約降低33.9hPa（1吋），例如，氣象站海拔高度為1,500公尺，當時水銀氣壓表讀數經儀器差訂正，

溫度訂正及緯度訂正後之測站氣壓為846.6hPa（25 in-Hg），必須再經高度訂正，換算至海平面上，其讀數1016.6hPa或30.02 in-Hg（25+5.02），稱之為海平面氣壓（sea level pressure），如圖3-4。氣壓訂正步驟較多，由水銀氣壓計測出之氣壓讀數必須經儀器訂正，溫度訂正，緯度訂正及高度訂正四個步驟，始能獲得海平面氣壓。在氣象觀測作業上，多數氣象站皆設計有各種換算表，或直接納入自動觀測發報系統，寫入電腦軟體程式加以運算，測站高度為已知，只要使用當時測站氣壓和溫度讀數，查表或鍵入觀測資料立刻可獲知該氣象台之海平面氣壓。

　　由於氣壓隨高度變化很大，我們無法輕易比較不同高度的測站之間的測站氣壓。為了使它們具有可比性，我們將它們調整到某個共同的水平。平均海平面（MSL）是最有用的常用參考。在圖3-4中，在海拔5,000英尺的測站測得的氣壓力為25英寸；氣壓每1,000英尺增加約1英寸汞柱，或總共增加5英寸。海平面氣壓約為25+5，即30英寸汞柱。海平面氣壓通常顯示在地面天氣圖上。地球上的氣壓不斷變化，因此必須查看一系列地面天氣圖表以追蹤這些變化的氣壓。

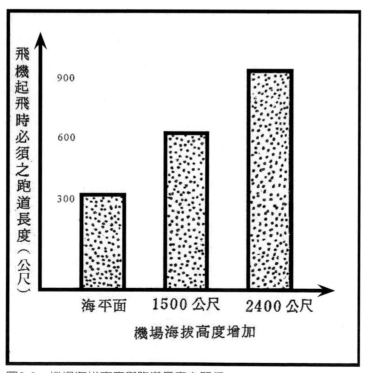

圖3-3　機場海拔高度與跑道長度之關係

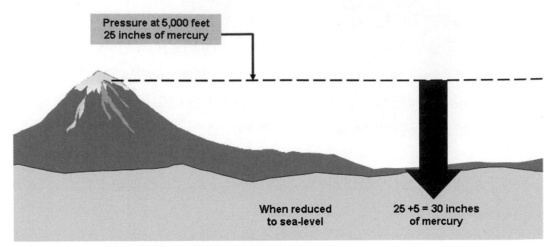

摘自 Aviation Weather/FAA, Date: 8/23/16 AC 00-6B 5-5

圖3-4　測站氣壓訂正到海平面

第四節　氣壓日變化與季節變化

　　一地的氣壓常受日變化（diurnal variation）影響而有明顯的起伏，氣壓日變化常隱藏在短暫綜觀和中尺度系統移動和發展中，尤其在無天氣系統時，更是主宰氣壓之上升和下降，一地氣壓常隨著季節的不同而有明顯高低的變化。

一、氣壓日變化（pressure diurnal variation）

　　一地氣壓常受大氣潮汐作用（atmospheric tide），每天呈現兩次最高氣壓與兩次最低氣壓，約在上午十時及下午十時為兩次最高氣壓時刻，約在上午四時及下午四時為兩次最低氣壓時刻。以地理位置而言，赤道上氣壓日變化最大，分向南北緯度逐漸減小，至南北緯度六十度以上，氣壓日變化幾等於零。

二、氣壓季節變化（pressure seasonal variation）

　　一地氣壓季節變化，主要受制於大氣溫度之季節變化，大體而言，地面低溫構成地面高壓，地面高溫構成地面低壓，冬季寒冷陸地形成高氣壓區，而比較溫暖之海洋成為低氣壓區，夏季炎熱陸地形成低氣壓區，而比較低溫之海洋成為高氣壓區。南半球因水域特別廣闊，冬夏氣壓變化不顯。圖3-5及圖3-6分別表示冬夏兩季全球地面平均氣壓分布。

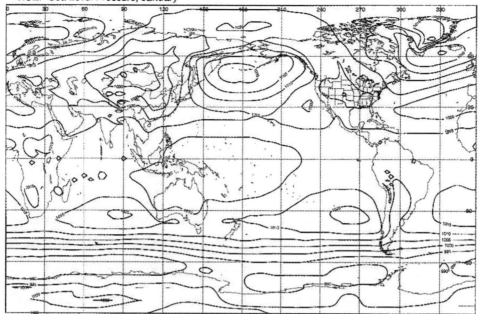

圖3-5　1968-1996年冬季（一月）全球地面平均氣壓分布圖，一月北半球溫度較低，
　　　　冷陸地為高氣壓所籠罩，暖海洋為低氣壓所涵蓋。南半球溫度較高，陸地為低
　　　　氣壓區，海洋為高氣壓區。南北半球，都有副熱帶高壓帶之存在，高壓帶為最
　　　　大熱力帶（zone maximum heating），冬季南移與夏季北遷。

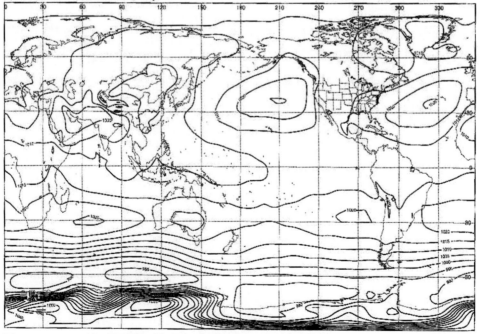

圖3-6　1968-1996年夏季（七月）全球地面平均氣壓分布圖，七月北半球溫度較高，
　　　　陸地比較熱，為低氣壓所籠罩；海洋較冷，為高氣壓所涵蓋。南半球溫度較
　　　　低，陸地較冷，為高壓區；海洋比較暖，為低壓區。南半球陸地較少，陸地與
　　　　海洋溫度較差不太大。副熱帶高壓仍停留於南北緯三十度左右。

　　大氣受地心引力作用，本身的壓力，即所謂大氣壓力。具體而言，壓力（pressure）為單位面積所承受的力，地表任何地區支撐整個空氣柱的重量，產生大氣壓力（atmospheric pressure）。地表任一點的大氣壓力，相當於在那一點的單位面積，所承受整個空氣柱的重量。以同一地點而言，海平面上大氣壓力最大，可能沒有空氣之高空處，大氣壓力最小，甚至為零。同一時間，任何地點高於海平面之大氣壓力，必小於海平面上之大氣壓力。大氣壓力隨高度之增加而降低，大致依指數函數關係遞減。對流層底層，空氣密度較大，大氣壓力隨高度之遞減率亦較大，大約每上升1,000呎，氣壓降低一吋。或每上升300m，氣壓降低33.86hPa。表3-2為國際民航組織標準大氣氣壓隨高度遞減之情形。地面氣壓在1000hPa附近，氣壓相差1hPa，高度約相差27呎，在500hPa附近，氣壓相差1hPa，高度約相差50呎，在200hPa附近，氣壓相差1hPa，高度約相差100呎。或者在1000hPa附近，高度每上升約10公尺，氣壓降1hPa，在500hPa附近，高度每上升約20公尺，氣壓降1hPa；在200 hPa附近，高度每上升約30公尺，氣壓降1hPa。然而任何地點任何時間均不可能出現標準大氣，並且依上所述，自低空向上，氣壓遞減率並非一致，其變化與對流層內大氣密度和垂直溫度分布之變化有密切關係，根據下列公式即知：

　　　　先取用流體靜力方程式

　　　　$\rho\,gdz=-dp$ ···（1）

　　　　將 $\rho=P/RT$代入（1）式，得

　　　　$dz=-(RT/gp)\,dp$ ··（2）

　　自（2）式可知增加高度dz與減低相當氣壓dp之關係，其負號表示氣壓降低之意。

　　R與g用C.G.S.數值，則dz單位應為cm，如用30.5除之，則dz單位變為呎。設dp=1，則式（2）為

$$dz=(2.87*10^6/980*30.5)*(T/P)=96(T/P) \quad\cdots\cdots\cdots\cdots\cdots\cdots\cdots\cdots\quad(3)$$

即氣壓降減1hpa，相當於高度增加之呎數為96（T/P）。式（3）中T為絕對溫度（273+°C），p為氣壓（hPa）值。表3-2為選擇性氣壓與溫度數值，代入式（3）所算出之氣壓差1hPa相對之高度差數值。

另外表示氣壓與高度關係之計算方法，可用不同高度之氣壓值（p_1與p_2）計算大氣層之厚度，或已知底層氣壓p_1之高度h_1，可求出氣壓層p_2之高度h_2。

$$\int_{h1}^{h2} dz=-(RT/g)\int_{h1}^{h2} dp/p$$

$$\text{或h-h}=(RT/g)(\log_e p1-\log_e p2) \quad\cdots\cdots\cdots\cdots\cdots\cdots\cdots\cdots\quad(4)$$

式（4）與式（3）用相用單位，R/g仍為96，如將對數之底數e改變底數為10，則換算因數2.303必須計入，因此得出

$$h_2-h_1=221.1T(\log_e p_1-\log_e p_2) \quad\cdots\cdots\cdots\cdots\cdots\cdots\cdots\cdots\quad(5)$$

表3-2　氣壓差1hPa相對於高度差數值表

氣壓 (hPa)	1050	1000	900	800	700	600	500	400	300	200	100	50
溫度 (°C)	高度差（ft）											
40	29	30	33	38	43	50	60	75	100	150	301	601
0	25	26	29	33	37	44	52	66	87	131	262	524
-40	21	22	25	28	32	37	45	56	74	112	224	448
-80	18	19	21	23	26	31	37	46	62	93	185	371

當絕對溫度T不為常數時，T可視為p_1與p_2氣壓兩層間之平均溫度。故利用式（5）可自兩不同高度，求出氣壓差，亦可自不同氣壓層，求出高度差（厚度）。例如，下列探空報告之不同氣壓層與相當氣溫：海平面氣壓1016hpa，氣溫12°C；1000hPa，14°C，900hPa，9°C；800hPa，6°C；700hPa，2°C，可用公式（5）求出各氣壓面之高度（呎），亦可求得最高氣

壓層（700hPa）之高度。

自海平面起，將連接兩層氣壓代入式（5），求出厚度，並用同一方法連續向上，求出最高一層之厚度，最後將各層厚度連續相加，即得總厚度，即最高氣壓層之高度。惟式（5）溫度T為連接兩層之平均溫度，在理論上所求出之厚度，並不十分精確，僅係近以值。

自最低層算起，p_1=1016hPa與p_2=1000hPa間之平均溫度為13°C或286K，分別代入式（5）式，求出海平面至1000hPa間之厚度為436呎，依此類推，連續利用各層平均溫度284.5K及277K，分別求出其餘三層厚度為2,879呎，3,172呎及3,552呎，四層厚度相加，得總厚度為10,039呎，亦即700hPa氣壓層之高度約為10,039呎。

第六節　高度計（altimeter）

高度計是一具精確而靈敏之空盒氣壓計，根據國際民航組織標準大氣之條件，將氣壓刻度換算成高度刻度，在各種類型之飛機駕駛艙裡，都設置有高度計，其靈敏度甚高，雖僅數呎之高度變化，亦能記錄出來。

在標準大氣條件下，根據氣壓與高度的關係，將大氣壓力換成相對高度。換言之，任何氣壓換成相對高度時之情況，必須符合標準大氣條件，否則高度計上所顯示的高度並非實際高度（real altitude）。但事實上標準大氣壓所具之條件絕少出現，所以高度計讀數必須經過適當校正，方能得出實際高度。飛行員應切記機艙裡高度計讀數，係基於一種假想氣壓與高度關係之示度，並非實際高度也。

第七節　高度撥定（altimeter setting）

高度撥定值為一氣壓值，氣壓值乃按標準大氣之假設情況，將測站氣壓訂正至海平面而得者，或訂正至機場高度而得者。高度計經正確撥定後，所示高度符合於在標準大氣狀況下相當氣壓之高度。但高度撥定值不應與海平面氣壓值相混淆，因後者所根據之溫度、氣壓、高度與標準大氣壓所根據者不同。

高度撥定值係高度計之零點指示為高出海平面3公尺（10呎）之氣壓。在陸上地區，高度撥定值係由測站氣壓，根據國際民航組織之標準大氣推算而得；在海洋上，通常採用標準海面氣壓（29.92 in或1013.2hPa）作為高度撥定值。因高度計之刻度原係按標準大氣氣壓與高度值關係，將氣壓換算為高度而製定。而高度計在不同時間、不同高度和不同地點又與標準大氣不同，某一海拔高度上之測站氣壓，應按標準大氣條件推算至海平面所得之氣壓值，即為高度計之零點所需之氣壓數值。

　　飛機起飛前，獲取氣象台高度撥定值之後，在機艙高度計上轉動其右邊方形窗孔（Kollsman window，考爾門小窗）之基準氣壓（reference pressure）與高度撥定值相等，則以後飛機起飛爬升所表之高度值，即為實際飛行高度。高度撥定值以海平面為基點，通訊Q電碼之QNH代表之；以機場為基點者，通訊時之Q電碼用QFE代表之，通常採用QNH較為普遍。

　　計算高度撥定值（QNH）之方法，說明如下：

（一）基本計算法：高度撥定值用百帕單位，則

$$QNH_{hPa}=（Ph_{Pa}-0.3）F \quad\text{………………………………………（1）}$$

高度撥定值用吋單位，則

$$QNH_{in}=（P_{in}-0.01）F \quad\text{……………………………………（2）}$$

　　上列二式中P_{hPa}=測站氣壓（hPa），P_{in}=測站氣壓（in），0.3百帕（或0.01吋）
　　　　=機艙高出號道3公尺（或10呎），其氣壓降低值。
　　F=高度撥定值計算因子。根據標準大氣各種條件得出下式（3）。
　　但式（3）僅在標準大氣對流層頂之高度以下有效。

$$F=[1+（P_0*a/T_0）H_b/p^1]^{1/n} \quad\cdots\cdots\cdots\cdots\cdots\cdots\cdots\cdots\cdots\cdots\cdots（3）$$

P式（3）中p_0=標準大氣平均海平面氣壓值（1013.25hPa或29.92 in）。

a=標準大氣對流層之溫度遞減率（6.5°C/km或0.0065°C/m）。

T_0=標準大氣平均海平面溫度值（288K）

P=（P_{hPa}-0.3）當P_0=1013.25 hPa

　=（P_{in}-0.01）當P_0=29.95 in

H_b=測站高度（公尺）

n=a*R=標準大氣對流層溫度遞減率*乾空氣氣體常數=0.190284

　　分析式（3），P_0，a，T_0及n等數值均為已知，而測站高度H_b已確定不變，僅P隨當時氣壓P_{hPa}（或 P_{lin}）而改變。換言之，在式（3）中，F值將依P_0值變動，亦即依P_{hPa}（或P_{in}）而變動。故由式（3）與式（1）或式（3）與式（2），各測站可計算出在不同氣壓下之高度撥定值。通常各測站選定適當氣壓範圍，將按各不同氣壓計算所得之各高度撥定值填於表中，即製成一張該測站之高度撥定值計算表。此後即根據測得之氣壓值隨時自計算表，查出當時應有之高度撥定值。

　　例1. 設測站高度H0=1,236公尺

　　當測站氣壓為：

　　P=910.0百帕，F=1.15901，則QNH=1054.4百帕。

　　P=909.9百帕，F=1.15902，則QNH=1054.2百帕。

　　例2. 設測站高度H=4,964呎（=1,513公尺）

　　當測站氣壓為：

　　P=26.00吋（=880.5百帕），F=1.19862，則QNH=31.15吋。

　　P=25.99吋（=880.1百帕），F=1.19865，則QNH=31.14吋。

(二) 測站高度為50呎或以下：當測站高度為海拔50呎或以下時，需計算一標準訂正值，加上測站氣壓，即得QNH，計算標準訂正值之方法，乃以

測站高度（呎）乘0.001（因低空氣壓遞減率平均約1吋/1,000呎），得出該高度之氣壓降低數值，然後，自乘積中減去0.010（因機艙中高度計約高出跑道10呎），即得標準訂正值，再加（或減）於測站氣壓，即得QNH。用算式及舉例表示之如下：

標準訂正值=h*0.001-0.01（h代表測站高度）
QNH=測站氣壓±標準訂正值。

例1. 設測站高度為高出海平面50呎，測站氣壓為29.87吋，其QNH之計算法如下：

50（測站高度）*0.001（氣壓遞減率）=0.05（乘積）-0.01（機艙高出跑道10呎，氣壓降低值）=0.04（標準訂正值）+29.87（測站氣壓）=29.91（QNH）

例2. 設測站高度低於海平面50呎，測站氣壓為29.97吋，其QNH之計算法如下：

-50（測站高度）*0.001（氣壓遞減率）=-0.05（乘積）-0.01（機艙高出跑道10呎，氣壓降低值）=-0.06（標準訂正值）+29.97（測站氣壓）=29.91（QNH）

(三) 測站高度大於50呎，按以下簡便方法計算QNH：
　1. 計算程序內所用各符號之意義：
　　h=測站高度（高出海平面呎數），
　　h_1=相當於某一測站氣壓（P1）之標準大氣高度（高出海平面呎數）
　　h_a=相當於某一高度撥定值（QNH）之標準大氣所示高度（高出海平面呎數）。
　2. 計算方法：
　(1) 將測站氣壓減去0.01吋（因機艙中高度計約高出跑道10呎，氣壓

第三章　大氣壓力（Atmospheric pressure）

遞減率為1吋／1,000呎，故10呎高度應減氣壓為0.01吋），得訂正氣壓。

(2) 以上述所得之訂正氣壓數查標準大氣氣壓與高度變化表得出h_1，再自h_1中減去h得h_a。

(3) 再以h_a在同一標準大氣氣壓與高度變化表中查得QNH（Pa）。

(4) 舉例：設測站高度為海拔710呎，測站氣壓為28.23吋，QNH計算步驟如下：

28.23（測站氣壓，P）-0.01（機艙高度計高出跑道10呎其氣壓降低值）=28.22（訂正氣壓）以訂正氣壓28.22吋查標準大氣氣壓與高度變化表，得出h_1為1,610呎，即相當於28.22吋之標準大氣高度，已知h為710呎，以h減去h_1得h_a即1610 h_1（氣壓28.22吋之標準大氣高度）-710h（測站高度）=900 h_a以h值，查標準大氣氣壓與高度變化表，得出相當於900呎之氣壓值為28.96吋，即相當於測站氣壓28.23吋之QNH。

第八節　地面氣壓與高度計

氣壓高度計（pressure altimeter）是空盒氣壓計之氣壓讀數，對應高度的變化，並加上以呎為刻度，表示高度的讀數。氣壓與高度關並非常數，高度仍受地面氣壓之影響，因此氣壓高度計須隨地面氣壓之變化加以訂正，才能顯示真實高度。

氣壓高度計附屬有刻度百帕之游標（subscale），用來撥定適當的氣壓高度。當游標撥定改變時，顯示高度（altitude）跟著變動。當高度計顯示零時，游標撥定為水銀氣壓計所在高度之氣壓。游標設定之後，高度計所顯示的高度為真高度（true height）或為海拔高度（elevation above sea level）。飛機起飛時，高度計撥定之後，有需要時，沿著航線還要撥定為不同海平面高度之氣壓值，才能顯示真實高度。

如果飛機飛行沿途地面氣壓或海平面氣壓下降時，高度計讀數偏高（over-read），即飛機實際高度比顯示高度為低；如果沿途地面氣壓上升，高度計顯示偏低（under-read）。誤差在海平面附近，氣壓每改變1 hPa，誤差為27呎。

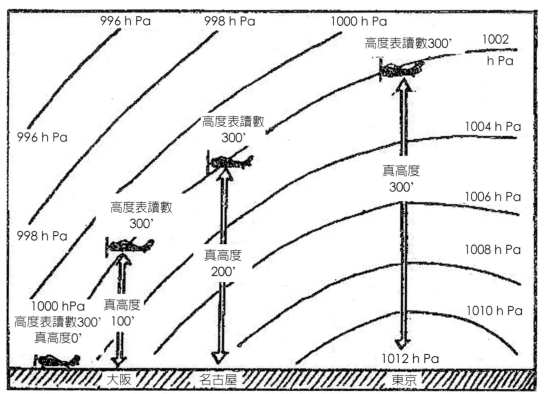

996 h Pa 998 h Pa 1000 h Pa

高度表讀數300' 1002 h Pa

996 h Pa

高度表讀數 300' 1004 h Pa

真高度 300'

1006 h Pa

高度表讀數 300'

998 h Pa

真高度 200'

1008 h Pa

1000 hPa 真高度
高度表讀數300' 100'
真高度0' 1010 h Pa

1012 h Pa

大阪 名古屋 東京

圖3-7　地面氣壓變化與高度計讀數誤差之示意圖

　　根據飛航管制規則，飛機按指定海拔高度飛行，於起飛前高度計應該經過撥定。但因航程上海平面氣壓不斷變化，高度計雖保持原定高度數值，但實際海拔高度已與原定海拔高度發生誤差，如圖3-7。

　　一架飛機自台灣桃園國際機場（TPE）飛往東京（TYO），在天氣圖上獲知台北氣壓較東京為高，如圖3-8，如果高度撥定值仍舊保持離桃園國際機場台北時原定之1015.9百帕（30.00吋），高度計顯示高度在整個航程保持1,200公尺（4,000呎），但抵達東京時之實際飛行高度已降低到900公尺（3,000呎），如果東京附近有高於900公尺（3,000呎）之山峰，飛行員採取儀器飛行規則（instrument flight rules,簡稱IFR），飛機於不知不覺中可能撞山，或於東京羽田機場降落時，飛機機輪已觸跑道，而高度計顯示高度仍有300公尺（1,000呎）之高度距離，飛機可能撞毀。另一架飛機自東京飛往台灣桃園國際機場，即自低氣壓區飛向高氣壓區，該機離東京時之高度撥定值為982.1百帕（29.00吋），指定飛行高度為900公尺（3,000呎），航程中高度計上所顯示之高度經常保持900公尺（3,000呎），不因氣壓改變而隨時撥

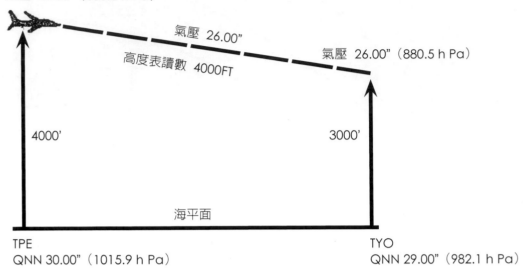

氣壓 26.00"（880.5 h Pa）

氣壓 26.00"

高度表讀數 4000FT

氣壓 26.00"（880.5 h Pa）

4000'

3000'

海平面

TPE
QNN 30.00"（1015.9 h Pa）

TYO
QNN 29.00"（982.1 h Pa）

圖3-8　地面氣壓變化與飛行高度變化之示意圖

定高度計，待飛抵目的地台北上空後，如仍未與台灣桃園國際機場機場高度撥定值校驗，高度計顯示高度仍舊為900公尺（3,000呎），而實際高度已有1,200（4,000呎），於此繼續降低高度，在高度計上顯示高度降至接近零點時，飛機並未著陸，實際距跑道尚有300公尺（1,000呎）之高度，飛行員如貿然依此作儀器進場降落，其發生之危險可想而知。簡而言之，自高壓區飛往低壓區，若不實施高度撥定，實際高度越飛越低，高度計顯示之高度則偏高。自低壓區飛往高壓區，若不實施高度撥定，實際高度越飛越高，高度計顯示之高度則偏低，以上兩種情形比較，前者最具危險性，即自高氣壓區飛往低氣壓區，因高度計顯示之高度為假高度。

　　另一種情形也可能發生（參閱圖3-9），一架飛機以1,500公尺（5,000呎）指定高度自香港（HKG）飛台灣桃園國際機場，當時赤鱲角機場高度撥定值為1015.9百帕（30.00吋），則1,500公尺（5,000呎）高度之氣壓約為846.6百帕（25.00吋），同時另一飛機以1,200公尺（4,000呎）指定高度自台灣桃園國際機場飛香港，與香港飛往台北飛機飛同一航路，當時台北桃園國際機場高度撥定值為982.1百帕（29.00吋），則1,200公尺（4,000呎）高度之氣壓亦為846.6百帕（25.00吋）氣壓面（pressure level）。如果此兩架在同一航路上飛行，飛行員未及時實施高度撥定，且採取儀器飛行規則，在各自高度計顯示

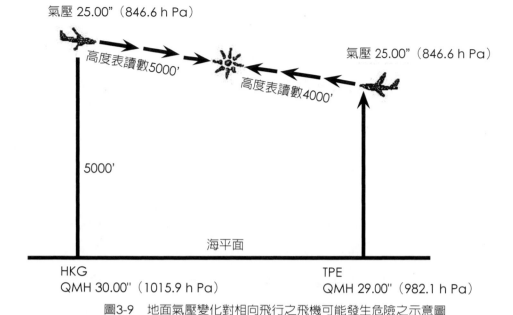

氣壓 25.00"（846.6 h Pa）

高度表讀數5000'

氣壓 25.00"（846.6 h Pa）

高度表讀數4000'

5000'

海平面

HKG
QMH 30.00"（1015.9 h Pa）

TPE
QMH 29.00"（982.1 h Pa）

圖3-9　地面氣壓變化對相向飛行之飛機可能發生危險之示意圖

高度，雖保持300公尺（1,000呎）垂直間隔，可是因相對氣壓變化之關係，實際飛行高度逐漸接近，最後可能在中途互撞，造成雙機失事之慘重災難。

　　高度計顯示高度與實際高度符合一致，高度計顯示海拔要準確可靠，對氣壓變化之影響，必須有所補救，這是高度計要加以撥定之主要目的。飛行員在航程實施儀器飛行時，隨時利用地對空通訊系統，要求航路上任何機場，供應當時撥定值，以便及時校訂高度計，高度計顯示的高度，才能與實際高度相符。尤要飛機實施儀器飛行時，於飛達目的地上空前，應收聽目的地機場終端資料自動廣播（automatic terminal information service; ATIS）或利用地對空高頻率（VHF）無線電話，要求塔台或近場管制台供應當地機場最近之撥定值，校訂高度計，然後開始降落，高度計顯示高度逐漸降為機場標高時，表示飛機已經著陸。飛行員在航程或降落前，必須設法獲得降落機場當時的撥定值，隨時撥定，以便高度計讀出實際飛行高度。

　　依據飛航管制飛行程序，航機於起飛前，必須調整高度計，以符合當時當地之氣壓撥定值。假設撥定值缺如，飛行員可自行旋轉高度計刻度，使顯示高度與機場跑道海拔高度相等，在右方考爾門小窗（即基準氣壓小窗）顯示之氣壓數值，即相當於當時當地撥定值。航機於到達目的地前，應要求供應降落機場當時之撥定值。

依據台北飛航情報區（Taipei Flight Information Region; TPE FIR）高度撥定程序之規定，凡飛行高度在海平面高度約3,330公尺（11,000呎）及以下之一切飛機，應採用適當高度撥定值。離海平面高度約3,940公尺（13,000呎）及以上之一切飛機，應採用標準大氣1013.25hPa（29.92 in）為高度撥定值。

第九節　地面氣溫與高度計

海平面或陸地上任何海拔高度因氣壓變化而發生高度計（根據標準大氣而製作）高度之誤差，經高度撥定值修正後，得出近似實際高度。但是如果當時大氣溫度與標準大氣溫度間，有差別時，高度計仍然會產生誤差，雖然其誤差值不大，唯在理論上高度計因溫度變化發生誤差之事實仍然存在。假設海平面上（高度為零）氣壓為p_0,高度h上之氣壓為p，自本章第五節公式（5），氣壓為p之實際高度為

$$h=221.1T（logp-logp0）$$

此處T為氣壓p_0至氣壓p空氣柱之平均絕對溫度，如以T_1表示該空氣柱之平均標準大氣絕對溫度，則顯示高度應為

$$h'=221.1T（logp-logp0）$$

以上兩式相除，得h/h'=T/Ti

$$h=（T/Ti）h'=[1+（T-Ti）/Ti]h' \quad\cdots\cdots（6）$$

（6）式，若T（實測空氣柱平均溫度）大於Ti（標準大氣空氣柱平均溫度），式（6）括弧中之分數為正值，則h大於h'，即實際高度高於高度計顯示之高度；若T小於Ti，式（6）括弧中之分數為負數，則h小於h'，即實際高度低於高度計顯示之高度。若T等於Ti，式（6）括弧中之分數等於零，則

h等於h，即實測溫度恰好與標準大氣溫度完全相同，實際高度恰與高度計顯示之高度一致。但因式（6）括弧之分數，T與Ti之差數再被Ti除，所得商數很小，該分數值通常很小，則h與h'之誤差十分微小。

　　根據氣壓定義，一地氣壓係表示在單位面積上所承受空氣柱之全部重量。但地面氣溫之高低，影響空氣柱之冷暖，即影響空氣密度，亦影響空氣柱之重量，間接影響大氣壓力。溫度對壓力的影響。像大多數物質一樣，大氣隨著溫度的升高而膨脹，隨著溫度的降低而收縮。圖3-10顯示了三種空氣柱：一個空氣柱比標準大氣冷，一個空氣柱具有標準大氣溫度，一個空氣柱比標準大氣暖。每根空氣柱底部和頂部的壓力相等。暖氣柱的垂直膨脹使它比空氣柱在標準大氣溫度為高。冷空氣柱的收縮使其比標準大空氣柱為短。由於每一個空氣柱總壓降相同，因此暖空氣中壓力隨高度下降的速率小於標

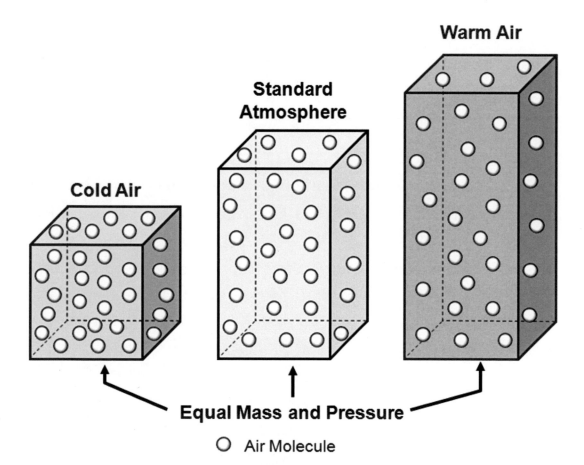

摘自 Aviation Weather/FAA, Date: 8/23/16 AC 00-6B 5-5
圖3-10　溫度對氣壓的影響

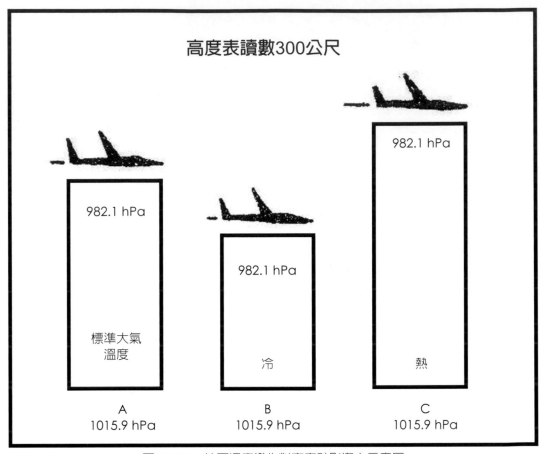

圖3-10-1　地面溫度變化對高度計影響之示意圖

準，而冷空氣中壓力隨高度下降的速率大於標準。由於每一個空氣柱總氣壓下降相同，因此暖空氣中氣壓隨高度下降的速率小於標準，而冷空氣中氣壓隨高度下降的速率大於標準。因之氣壓與高度之正常關係（標準大氣條件下）受到影響，以致高度計顯示高度發生誤差。假定飛機在標準大氣狀況下，飛行於300公尺（1,000呎）高之大氣柱上，如圖3-10-1中A的位置，如飛至B的位置，地面溫度很低，大氣柱平均溫度，遠低於標準大氣之溫度，空氣壓縮。在正常標準大氣下，氣壓平均值遞減率約為33.9百帕／300公尺（1吋／1,000呎），即實際高度低於高度計上之顯示高度；如飛至C位置，地面溫度很高，空氣柱平均溫度遠高於標準氣溫，空氣膨脹，此時氣壓下降33.9百帕（1吋），遠大於300公尺（1,000呎），即實際高度高於高度計上之顯示高度。

　　飛行員應該記取下列規則：

（一）氣溫如低於標準大氣溫度（海平面氣溫為15°C或59°F，遞減率為6.5°C/Km或2°C或3.6°F/1,000呎）時，飛行實際高度低於高度計顯示高度。

（二）氣溫如高於標準大氣溫度時，飛行實際高度高於高度計上之顯示高度。

　　飛機到地面間，空氣柱平均溫度與標準大氣溫度每相差11°C（20°F），發生4%的顯示高度誤差，相差5°F，顯示高度相差1%。換言之，溫度變化幅度愈大，高度計顯示高度發生誤差愈大。例如，氣溫低於標準大氣22.2°C（40°F），則可能產生244公尺（800呎）之高度誤差。根據氣候資料，氣溫變化幅度最大地方在溫帶地區，尤其溫帶北緣或沙漠區域更為明顯。飛行員在嚴冬天氣下，採用儀器飛行規則飛行於高山峻嶺中，若不注意校正因低溫度而發生之高度計誤差，與保持確切地形間隔時，常遭致撞山厄運。

　　飛機降落時，或許多飛機在空中以指定高度飛行互相保持垂直間隔時，就不考慮因氣溫變化而發生顯示高度之誤差。因為飛機逐漸下降，由溫度變化所發生之高度誤差也逐漸減小，待降落跑道時，誤差已不復存在。許多飛機各以指定高度飛行，在天空中每一架飛機均發生同樣誤差，不致於有互撞之虞。惟飛行員應加以注意，當飛機採用儀器飛行規則，飛行於崇山峻嶺中，必須考量溫度變化，飛行高度確切保持地形間隔，方不致有誤。

第十節　其他天氣狀況與高度計

　　高度計受海平面氣壓和地面氣溫變化之影響，造成顯示的高度，會有誤差，仍受其他諸如雷暴雨或山岳波等顯著天氣現象之影響，也會造成高度誤差。

（一）雷暴雨（thunderstorm）：飛行於雷暴雨中或接近雷雨區域，產生局部性之大氣壓力變化，高度計讀數誤差，有時與實際高度相差數百呎之多。

（二）山岳波（mountain wave）：當強風沿高山山坡吹颳，風速超過每時五十浬，向風坡氣流上升，氣流吹過山頂後，迅速下降，瞬時又上升，如此波動數次，形成大氣亂流（turbulence）現象，此為山岳波，如圖3-11。下降上升之結果，導致局部性氣壓變化，此時高度計之讀數不可靠。根據經驗，在高山區飛行，曾經有讀數高過實際高度300公尺（1,000呎）。在山岳波未形成前，強風沿山坡吹過山頂，氣壓低降，使高度計讀數偏高。

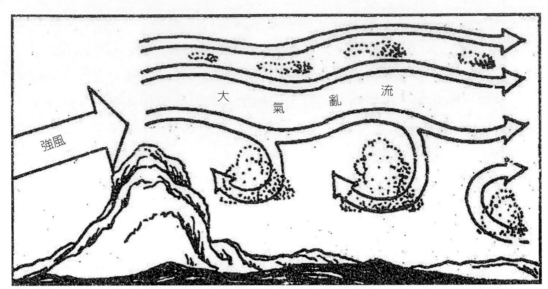

圖3-11　山岳波示意圖

第十一節　測高術（Altimetry）

國際民航飛機通常採用兩種不同「高度」之名稱，根據國際民航組織之「高度」定義，高度（height）係指相對高度，即自任何基準點或基準面算起，凡一點或一平面高於該基準點或該基準平面之垂直距離，稱為「高度（height）」。例如，雲高係雲底高於跑道面之垂直高度，或測風儀高度為風向風速計高於跑道面之高度，此處基準平為跑道面，雲之高度或測風儀之高度，均為高度（height）。至於高度（altitude）係指絕對高度，以平均海平面為基準面，凡一點或一個平面，高於平均海平面之垂直距離，稱為高度（altitude），例如，海拔高度或飛行高度等。

國際民航飛機常採用數種不同之飛行高度（flight altitude）名稱，該等不同名稱之飛行高度在航空氣象學上各具有不同之物理意義，茲分別說明之。

一、真高度（true altitude）

航空所使用高度計，係根據標準大氣條件，製定高度之刻度，但實際大氣變化多端，絕少恰好符合標準大氣，因此高度計顯示之高度，並非實在或真高度，而真高度係指航機在某一點上或某一平面上距離平均海平面之真正高度。

二、指示高度（indicated altitude）

指示高度係高度計經撥定至當地高度撥定值時，所指示之平均海平面以上之高度。航機上高度計顯示之高度值，常因下方氣壓變化與溫度變化而發生變化，氣壓有變時，可利用高度撥定值調整為指示高度，然而氣溫有變時，卻無良法調整高度誤差，所幸空氣柱溫度變化與標準大氣溫度間之差數通常不大，則其所構成之高度誤差甚微，一般可略而不計，故在飛航作業上採用指示高度。

三、修正高度（corrected altitude）

修正高度為將指示高度按航機下方當時空氣平均溫度與該高度標準大氣溫度之差數，依本章第九節公式（6）算出之高度，修正高度十分接近真高度。為求保證安全地形隔離，獲得修正高度實為必需。

四、氣壓高度（pressure altitude）

氣壓高度為一地當時之氣壓值，相當於在標準大氣中同等氣壓時之高度。在標準大氣，凡是相等氣壓處之高度。即在任何氣壓高度上，氣壓值到處相等。在一個等壓面（constant pressure surface）上，係指一個等壓高度（constant pressure altitude）。換言之，航機飛行於一個等氣壓高度面上，就是飛行於一個等壓面上。

標準大氣平均海平面氣壓值為1013.25hPa（29.92 in），自海平面向上，任一氣壓值即有一相對之氣壓高度。航機無論停在地面上或在航行途中，只要隨時將高度計氣壓值調整至標準大氣高度撥定值1013.25hPa或29.92 in後，則顯示之高度就是氣壓高度。

氣壓高度係由標準大氣平均海平面氣壓作標準基準平面起算之高度。在實用上，欲求出機場或飛行高度之氣壓高度，應依據機場之標高或航機之飛行高度（真高度）及現行高度撥定值，即可算出。其計算公式為：

PA=h+（29.92-QNH）*1000 ……………………………………………（7）

式（7）中PA為氣壓高度，h為機場標高，QNH為現行機場高度撥定值。例如，現行機場高度撥定值較標準大氣壓為低時，依公式（7）計算，所得之氣壓高度必高於標高，如圖3-12，機場標高為606公尺（2,000呎），現行機場高度撥定值為999.71hPa（29.52 in），因氣壓高度係以標準大氣氣壓作為基準平面氣壓計算，故應將該機場海平面高度撥定值（999.71hPa）訂正至標準基準平面之標準大氣氣壓（1013.25hPa），兩者氣壓值相差13.54hPa（0.4 in），則高度應隨之變動121公尺（400呎）（因氣壓與高度之關係比例約為33.86hPa/303m或1 in/1,000 ft）。由於現行高度撥定值低於標準大氣氣壓值，故自海平面訂正至標準基準平面，則需增加氣壓值13.54hPa（0.4 in），致降低高度121公尺（400呎），結果此變動之121公尺加上原標高606公尺（2,000呎），所得之727公尺（2,400呎）即為氣壓高度。

又如現行機場高度撥定值較標準大氣氣壓為高時，依公式（7）計算，所得之氣壓高度必低於標高，如圖3-13，機場標高為606公尺（2,000呎），現行高度撥定值為1026.79hPa（30.32 in）與標準氣壓相差13.54hPa（0.4 in），因欲訂正至標準基準平面，必須減去氣壓值13.54hPa（0.4 in），致提升高度121公尺（400呎），氣壓高度即為485公尺（1,600呎）。

五、密度高度（density altitude）

密度高度為一地當時空氣密度值相當於在標準大氣密度時之高度。因氣溫、氣壓與濕度三種因素決定密度，而密度高度係根據氣溫而修正之氣壓高度，氣壓高度和氣溫直接影響密度高度。當氣壓高度之氣溫高於氣壓高度之標準氣溫時，密度高度必高；當氣壓高度之氣溫低於氣壓高度之標準氣溫時，密度高度必低。計算密度高度之公式為：

$$DA=PA+（120 Xt_1）\quad\cdots\cdots\cdots\cdots\cdots\cdots\cdots\cdots\cdots\cdots\cdots\cdots\cdots\cdots（8）$$

式（8）中DA為密度高度、PA為氣壓高度，t_1為實際氣溫與氣壓高度標準氣溫之差數。因平均海平面標準大氣溫度為15°C，標準氣溫遞減率約為2°C/1,000ft（實際為1.98°C/1,000ft），標準氣溫每改變1°C，密度高度改變標高36.4公尺（120呎）。故將實際氣溫與氣壓高度標準氣溫之差數求出，

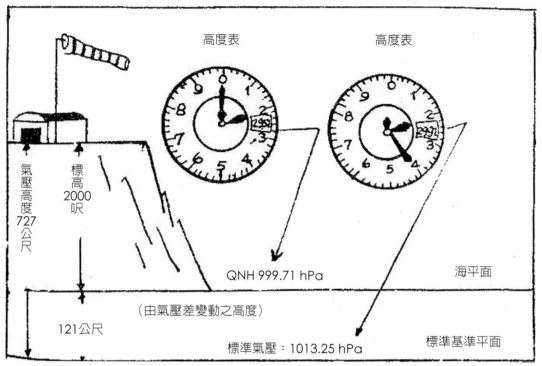

圖3-12　高度撥定值低於標準氣壓，氣壓高度較標高為高。

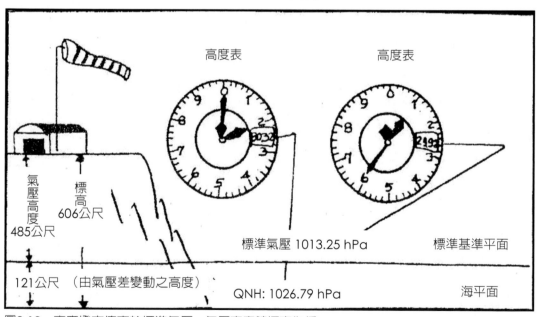

圖3-13　高度撥定值高於標準氣壓，氣壓高度較標高為低。

將已知氣壓高度都代入式（8），求得密度高度。例如，已知氣壓高度為727公尺（2,400呎），實際地面氣溫為30°C，該氣壓高度之標準氣溫為10°C（因平均海平面標準氣溫為15°C，減去727公尺（2,400呎）高度之溫度遞減

值5°C後，得出10°C），將實際氣溫（30°C）與氣壓高度標準氣溫（10°C）之差數20°C，氣壓高度值727公尺代入式（8），即727+（36.4*20）=1,455公尺（4,800呎），即密度高度為1,455公尺（或4,800呎）。

如氣壓高度為485公尺（1,600呎），實際地面氣溫為7°C，該氣壓高度標準氣溫為12°C（因平均海平面標準氣溫15°C，減去485公尺（1,600呎）高度溫度遞減值約3°C後，得出12°C），將實際氣溫（7°C）與氣壓高度標準氣溫（12°C）之差數-5°C，和氣壓高度值485公尺代入式（8），即485+（36.4 X（-5））=485-182=303公尺（1,000呎），即密度高度為303公尺（或1,000呎）。

除公式（8）計算密度高度方法外，尚可利用圖表方法直接得出密度高度。如圖3-14，圖中縱座標為氣壓高度，橫座標為溫度，斜線為密度高度。將航機（在地上或空中）高度撥定為29.92 in（或1013.25hPa）氣壓值，高度計即顯示氣壓高度值，並讀出航機外方之氣溫。於圖中指出氣壓高度值，自此水平移動至溫度值為止，獲得兩值之交點，則該交點在斜線上之數值即為密度高度。例如，航機在飛行途中，氣壓高度為9,500呎，機外氣溫為-8°C。於是在圖3.14左方找出9,500呎，水平移動至-8°C，兩值交點標為1，則在斜線上之密度高度為9,000呎。又如航機在起飛階段，氣壓高度為4,950呎，機外氣溫為97°F，於是在圖3.14左方找出4,950呎，水平移動至97°F，其兩值交點標為2，則在斜線上之密度高度為8,200呎。可知在氣溫很高時，密度高度將高出氣壓高度很多。

大氣溫度直接影響密度高度，燠熱天氣空氣稀薄而變輕，則一地之密度值相等於標準大氣中較高高度之密度值，此種情況稱為高密度高度（high density altitude）。在氣壓高度、氣溫與濕度增大之下，空氣密度減小，密度高度增高，使一個機場之密度高度高出該機場之標高數千呎，如果航機載重量已達臨界負荷，對飛航安全將構成極度危險，飛行員應特別注意。在嚴寒天氣空氣密度大，則一地之密度值相等於標準大氣中較低高度之密度值，此種情況稱為低密度高度（low density altitude）。

密度高度是飛機性能的一個指標。較高（較低）的密度高度會降低（提高）性能。高密度高度是一種危險，因為它會通過以下三種方式降低飛機性能：

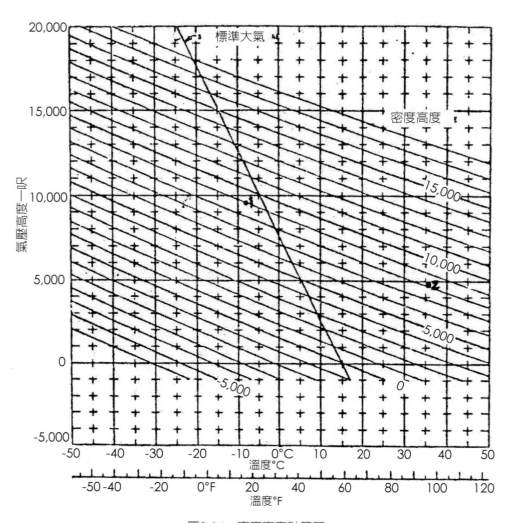

圖3-14 密度高度計算圖

（一）它降低了功率，因為發動機吸入較少的空氣來支持燃燒。

（二）它會降低推力，因為供螺旋槳使用的空氣較少，或者噴氣機排出的氣體量較少。

（三）它減少了升力，因為輕空氣對翼型施加的力較小。

　　飛行員無法檢測到高密度高度對其空速指示器的影響。飛機以規定的指示空速起飛、爬升、巡航、滑翔和著陸；但是在指定的指示空速下，飛行員的真實空速和地速隨著密度高度的增加成比例增加。

　　最終結果是高密度高度延長了飛行員的起飛和著陸滑跑時間並降低了他或她的爬升率。起飛前，飛機必須獲得更快的地面速度，因此需要更多的跑道；減少的功率和推力增加了對更多跑道的需求。飛機以更快的地面速度著

陸，因此，需要更多的空間來停下來。在規定的指示空速下，它以更快的真實空速飛行，因此在給定時間內飛行的距離更遠，這意味著以更小的角度爬升。除此之外，還有功率和爬升率降低的問題。圖3-15顯示了密度高度對起飛距離和爬升率的影響。在巡航高度，高密度高度也可能是一個問題。當氣溫高於（暖）於標準大氣時，較高的密度高度會降低服務上限。例如，如果壓力高度為10,000英尺的溫度為20°C，則密度高度為12,700英尺。飛行員的飛機將表現得好像在12,700英尺指示的正常溫度為-8°C。要計算密度高度，飛行員可以將高度計設置為29.92英寸（1013.2百帕），從高度計讀取壓力高度，獲得外部氣溫，然後使用飛行計算機計算密度高度。

　　飛機機翼之舉升力受其四週空氣速率及其運動所經空氣密度之影響，冷而重之空氣（低密度高度），通過機翼之單位容積空氣質量變大，足以增加機翼之舉升力；暖而輕之空氣（高密度高度），通過機翼之單位容積空氣質量變小，勢必減低機翼之舉升力。故在密度高度區域飛行，需要額外之引擎動力以補償因稀薄空氣而減少之舉升力。在高密度高度下，如飛機之最大載重量超過當時引擎動力之極限，則須減少載重（酬載或油料），因為高密度高度會減低飛機之實際上升極限，所以計算飛機之最大負載時，必須先注意密度高度。

　　由於高密度高度之存在，導致增加飛機在跑道上起降之滑行距離，同時也減少飛機之爬升率（rate of climb）。飛機在起飛和爬升前，必須加快地速（ground speed），由於動力及衝力之低減，必須在較長跑道上滑行，始能順利起飛。飛機降落時，以較高速度下滑，當然也須要較長跑道，始能停止滑行。雖然起飛時有一定的空速，由於高密度高度之關係，實際上需要增加空速，在一定時間內之飛行距離加長，即爬升角度變小，加之動力轉弱，如果機場周圍地形崎嶇，則飛機起飛爬升時，會造成雙重危險。

　　圖3-15係說明密度高度對於航機起飛及爬升之效應。上圖表示密度高度為零（海平面上），航機起飛，在跑道上滑行距離1,300呎後，即行爬升，爬升率每分鐘1,300呎。下圖表示溫度升高，密度高度增為5,000呎，則航機起飛在跑道上滑行距離勢必增加為1,800呎，爬升率減為每分鐘1,000呎。假設機場周圍山地崎嶇，於炎熱天氣，航機爬升率不夠，常會在起飛後不久即行撞山。

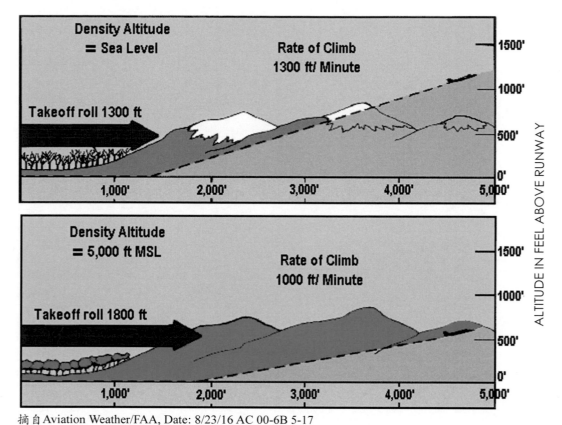

摘自 Aviation Weather/FAA, Date: 8/23/16 AC 00-6B 5-17

圖3-15　密度高度與航機起飛與爬升之效應，高密度高度會增加起飛滑行距離與降低爬升率。

第十二節　等壓線與氣壓系統（Isobar and pressure system）

　　地面天氣圖（surface weather maps）上相等之海平面氣壓值連接所成之線稱為等壓線（isobar），地面天氣圖之等壓線用2hPa或4hPa（也可用3hPa或5hPa）為間隔，等壓線分析圖表示有組織與有系統之氣壓型態。氣壓系統可分為五類，如圖3-16，茲分述之：

（一）低氣壓（low）又稱氣旋（cyclone）：低氣壓係在氣象學上為低壓區之簡稱，即在地面天氣圖上之氣壓最低（封閉等壓線），或在定壓面上之高度最低（封閉等高線）。天氣圖低氣壓與氣旋環流相伴，低氣壓與氣旋二詞可交換應用。當吾人背風而立時，左手邊就是低氣壓。

（二）高氣壓（high）又稱反氣旋（anti-cyclone）：高氣壓係在氣象學上為高壓區之簡稱，地面天氣圖氣壓最高（封閉等壓線），或在等壓面高度最高（封閉等高線）。由於此種高氣壓在天氣圖上與反氣旋環流相伴，

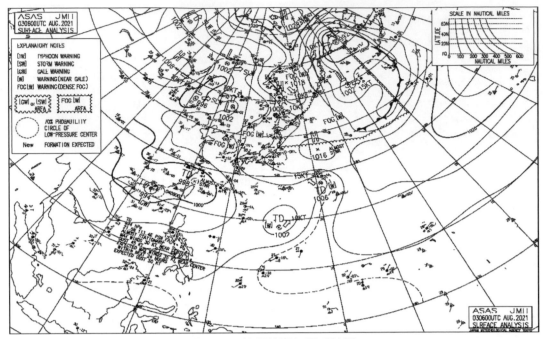

圖3-16　等壓線與氣壓系統圖

因而高氣壓一詞可與反氣旋通用。當吾人背風而立時，右手邊就是高氣壓。

(三) 中性氣壓區（col）：中性氣壓區係介於兩高氣壓與兩低氣壓間相對應的氣壓區，又稱鞍型氣壓區，其空間等壓線形似馬鞍，故而得名。

(四) 低壓槽（trough）：簡稱槽，係為由低壓中心向某個方向延伸出來的狹長區域，稱為低壓槽。在此區域內之軸線，稱為槽線（trough line）。其空間等壓線形似狹長的山谷。

(五) 高壓脊（ridge或wedge）：簡稱脊。由高壓中心向某個方向延伸出來的狹長區域，稱為高壓脊，其空間等壓面形似山脊。在此區域內之軸線稱為脊線（ridge line）。

氣壓系統與空氣流動有直接關係，高氣壓空氣以順時鐘方向自中心向外吹，低氣壓空氣以反時鐘方向自外圍向中心吹，詳細情形將於第四章中討論之。高氣壓區常是好天氣之標準地區，而低氣壓區常伴隨壞天氣之發生。可是並不盡然，此種傳統說法常導致錯誤，因此尚須盡可能收集各種天氣資料，再作研判。

等壓面天氣圖（高空天氣圖）由探空儀（和其他類型的儀器）測量的

高度繪製在等壓面天氣圖上，繪製一條連接相同高度線，這些線稱為等高線（contours）。首先地形圖等高線可顯示高度的變化，這些是地表的等高線，地球表面是一個固定的參考面，相同概念可應用到高空天氣圖的等高線上。高空天氣圖的等高線是在顯示高度的變化。相同的概念適用於高空天氣圖的等高線，等壓面是參考面，等壓面的不同高度是用等高線來表示。例如，700百帕等壓面高空天氣圖是用700百帕等壓面高度來分析。雖然等壓面高空天氣圖基於高度變化，但與飛行高度相比，這些變化很小，並且出於所有實際目的，人們可以將700毫巴圖視為MSL上方約3,000米（10,000英尺）處的天氣圖。高空天氣圖顯示高處的高壓、高壓脊、低壓和低槽，正如地面天氣圖在海平面顯示此類系統一樣，如圖3-17。這些高壓、高壓脊、低壓和低壓槽等系統是為大氣氣壓波動。這些氣壓波動與在海洋看到的波浪非常相似。它們有波峰（浪高）和波谷（浪低），並且不斷運動。

　　高空天氣圖為等壓面天氣圖，所謂等壓面（isobaric surface）係指大氣某一面上，氣壓完全相等，例如，700hPa等壓面，由於氣壓因高度上升而遞減，上升至某一高度，氣壓減至700hPa。由於各地氣壓、氣溫與大氣密度不同，因之700hPa等壓面之高度，各自不同。換言之，在700hPa等壓面上任何一點氣壓都是700hPa，但各點高度卻不盡相等，故高空等壓面，並非水平。上升氣壓區將等壓面推高，形成高壓區與高壓脊，下降氣壓將等壓面壓低，形成低壓區與低壓槽，等壓面之高度系統繼續不停移動，等壓面形成波浪狀態。

　　將等壓面天氣圖相等之高度值（用高度值代替地面圖之氣壓值）連接，形成之線稱為等高度線（contour）。850hPa等壓面天氣圖之等高線間隔通常為20重力公尺，700hPa與500hPa等壓面天氣圖通常以60重力公尺為間隔，300hPa以上等壓面天氣圖通常以120重力公尺為間隔，常用高空天氣圖與氣壓高度對照表，如表3-3。因此等高線天氣圖十分相似於地形圖（topographic map），表示等壓面之高度變化。例如，700hPa等壓面天氣分析圖，即為700hPa等壓面之等高線變化分析圖，如圖3-17。等壓面天氣圖如地面天氣圖，等高線所繪成之高區與低區，即相當於等壓線所繪成之高與低氣壓區域，也有槽與脊之分。進一步而言，高空圖（等壓面圖）之等高線與地面圖之等壓線意義相似，在應用的觀念上幾乎相同。

表3-3　常用高空天氣圖與氣壓高度

Chart	Pressure Altitude (approximate)	
	Meters (m)	Feet (ft)
100 mb	16,000 m	53,000 ft
150 mb	13,500 m	45,000 ft
200 mb	12,000 m	39,000 ft
250 mb	10,500 m	34,000 ft
300 mb	9,000 m	30,000 ft
500 mb	5,500 m	18,000 ft
700 mb	3,000 m	10,000 ft
850 mb	1,500 m	5,000 ft
925 mb	750 m	2,500 ft

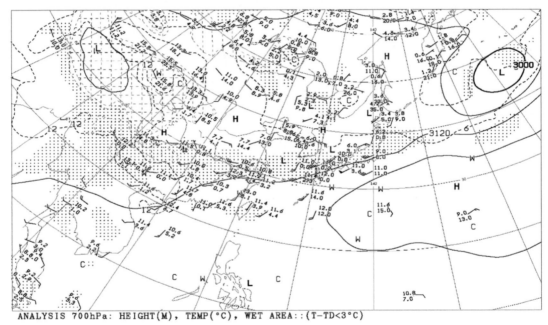

ANALYSIS 700hPa: HEIGHT(M), TEMP(°C), WET AREA::(T-TD<3°C)

摘自民航局航空氣象服務網站 https://aoaws.anws.gov.tw/cgi-bin/TamcCgi/staff/CdfNew_png.cgi?num=aa

圖3-17　140000UTC AUG 2021 700hPa 高空天氣圖

第四章　風
（Wind）

　　氣溫與氣壓之變化，引起空氣上浮及下降之流動（即垂直運動），以及空氣水平之流動（即水平運動），風為此兩種空氣流動現象。此兩種運動不但對飛機起飛、降落和爬升有直接影響，並且影響空氣之穩定度及飛行之安全程度。空氣水平運動稱為平流（advection），有暖平流（warm advection）、冷平流（cold advection）以及水氣平流（advection of water vapor）等。空氣垂直流動，稱為對流（convection），有上升氣流（ascending air或updraft）與下降氣流（descending air或downdraft）之分。

　　氣溫、氣壓與風三者有密切關係，風起因於大氣壓力之水平差別，而氣壓之水平差別又起因於溫度分布之不均。風直接影響氣溫之垂直與水平分布，促使氣壓發生變化。空氣如流水，水經常有自高水位流向低水位之傾向，水位有差別，水就產生流動；空氣自高氣壓流向低氣壓，氣壓有差別，空氣流動就產生風。空氣加熱後膨脹變輕，遇冷則收縮變重，空氣自冷區流向熱區。

第一節　對流作用（Convection）

　　大氣底部加熱，造成內部能量的移動而產生對流，地面受熱，大氣產生不平衡而引起對流現象，如果兩塊空氣受熱不相等，較暖空氣膨脹變輕，密度小於附近較冷空氣，而密度較大之冷空氣受重力影響下降於地面，迫使暖空氣上升。暖空氣上升，到達高空則向外擴散，以替換沉降之冷空氣。圖4-1係說明空氣對流之過程，上升空氣擴散冷卻，最後再下降，完成整個對流性之環流（convective circulation）。因此，只要這種不平衡熱力存在，對流作用即永無止息。

　　對流產生空氣的流動，幅度大小，構成範圍不同之風系，大至半個地球之環流，引起空氣大範圍的流動；小至局部性之渦流（eddies），引起空氣在小範圍內垂直與水平流動。

第二節　氣壓梯度力（Pressure gradient force）

　　地面天氣圖上，短距離有較大氣壓變化，稱之為氣壓梯度。氣壓梯度力（pressure gradient force）垂直於等壓線，從高壓指向低壓，氣壓梯度力與單位距離的氣壓差值成正比，最密集的等壓線有最大的氣壓梯度力。等壓線愈密集，氣壓梯度愈大，風速愈大。等壓線愈疏鬆，氣壓梯度愈小，風速愈小，如圖4-2。有氣壓梯度就會有氣壓梯度力，使空氣向氣壓較小的一邊加速運動，特別是在水平方向。氣壓梯度力使空氣由高壓流向低壓，消除了氣壓差，阻止其他天氣的產生。水平溫度梯度是造成水平氣壓梯度的主要原因，如圖4-2-1。在高空天氣圖上，等高線相似於地面天氣圖上之等壓線，等高線愈密集，高度梯度力愈大，風速亦愈大。等高線愈稀疏，高度梯度力小，則風速亦小。

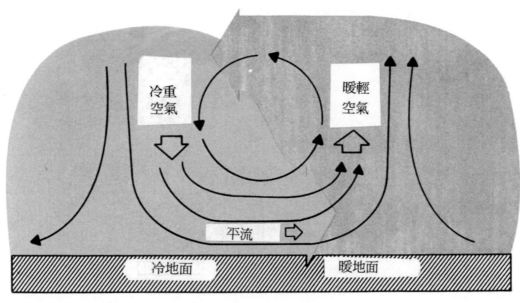

圖4-1　熱力不平衡與對流

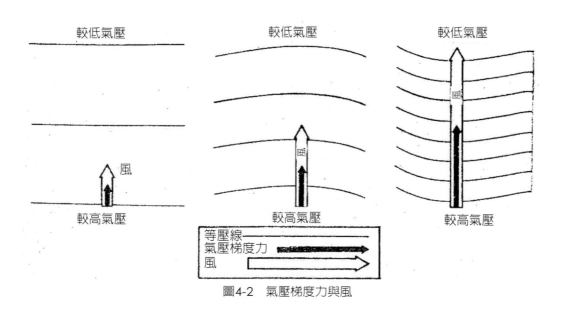

圖4-2　氣壓梯度力與風

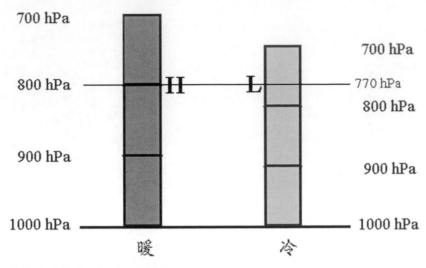

圖4-2-1　水平氣壓梯度力的形成

第三節　地轉科氏力（Deflecting force）

　　地球轉動所引起的力，稱為地轉科氏力或稱為科氏力（coriolis force），它作用於地球上任何運動的物體。一個的物體沿直線運動，直到受到一些外力的作用。然而，如果從旋轉平台觀察移動物體，移動物體相對於他的平台的路徑似乎是偏轉或彎曲的。為了說明，考慮一個轉盤。如果用鉛筆和量尺從轉盤的中心到外邊緣畫一條直線，鉛筆將沿直線移動。然而，停止轉盤後，很明顯這條線從中心向外盤旋，如圖4-2-2，對於轉盤上的觀眾來說，一些明顯的力量使鉛筆向右偏轉。類似的視似力（apparent force）使地球上的運動物體發生偏轉。因為地球是球形的，偏轉力比簡單的轉盤例子復雜得多。儘管這種力在地球上對我們來說，是顯而易見的，但它是非常真實的。該原理首先由法國人加斯帕德－古斯塔夫・德・科里奧利（Gaspard-Gustave de Coriolis）解釋，現在以他的名字命名——科氏力（coriolis force）。

　　科氏力影響所有運動物體。該力使空氣在北半球向右偏轉，在南半球向左偏轉。科氏力與風向成直角，與風速成正比；也就是說，隨著風速的增加，科氏力增加。在一定的緯度，風速加倍，科氏力加倍。科氏力隨緯度變化，從赤道的零到兩極的最大值。它影響除赤道附近以外的所有地方的風向，但影響在中高緯度地區更為明顯。

摘自 Aviation Weather/FAA, Date: 8/23/16 AC 00-6B 7-2
圖4-2-2　科氏力插圖

　　地球上如果沒有科氏力，影響空氣流動，預報未來風向風速，則簡單易行。赤道上得到太陽熱力最大，空氣輕，上升，形成地面低氣壓，而在南北兩極得到太陽熱力最少，寒冷異常，空氣重，下降，聚集下方，形成地面高氣壓。大氣環流系統在地球表面上，空氣自兩極（高壓）流向赤道（低壓），而在高空，空氣自赤道回流到兩極，如圖4-3。

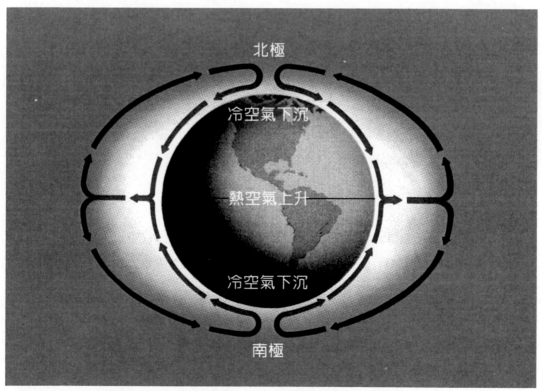

圖4-3　地球在不旋轉下，地面及高空大氣環流分布之狀況。

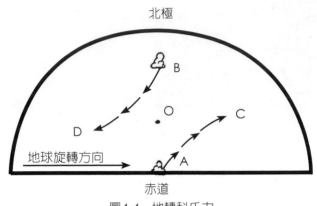

圖4-4　地轉科氏力

　　因為地球科氏力之關係，使北半球空氣流向偏右；南半球空氣流向偏左，如圖4-4。在北半球緯度40°上O點位置看AB兩點空氣流動方向，由於地球自轉關係，O點實際移動速度為1,270公里／時。因在此點周圍所有物體，為同等速度運動，無移動之感。A點在赤道上，離地軸較遠，移動速度為1,674公里／時，較O點者為大。因赤道上空氣與赤道表面以同一速度運行，在赤道上不覺有風。假定A點空氣正對O點向北流動，該A有始終維持原有自西東移1,674公里／時速度，自赤道愈向北，地球表面移動慢。在AO之距離，A點自南向北，空氣移動速度較地面快，待A點空氣到達O點時，速度（1,674公里／時）仍舊不變，較O點地面移動速度要快（406公里／時）（地面摩擦力不考慮），故在O點感覺有相當強烈之西風，A點空氣移動路徑如圖AC曲線，似有一力量施加在該空氣上，迫其自出發點向右偏向。又北緯70°上之空氣B，地面移動速度為601公里／時，B點自北對O點向南流動，待其到達O點時，其速度（601公里／時）仍舊，較O點地面移動速度要慢（670公里／時），故在O點上感覺有十分強烈之東風，並感覺A點空氣移動路徑如圖BD曲線，似有外力迫其向右偏。在南半球情形正相反，氣流常向左偏。

　　凡是在地球表面作水平運動的物質都要受水平地轉科氏力的影響，對水平運動的大氣來講，地轉科氏力公式如下：

$$C = 2\omega V\sin\phi$$

式中C表示地轉科氏力

ω表示地球自轉角速度

V表示風速

φ表示緯度

地球自轉角速度可視為常量，地轉科氏力的大小與風速和緯度的正弦成正比。水平地轉科氏力的特點，歸納如下：

（一）水平地轉科氏力的方向，始終與大氣水平運動的方向保持垂直，從而改變大氣運動的方向。在北半球水平地轉科氏力指向運動方向的右側，使大氣向原來運動方向的右側偏轉，順時針方向偏轉；在南半球情況相反，大氣向原來運動方向的左側偏轉，逆時針方向偏轉。地球科氏力之方向，與氣流方向垂直，如圖4-5，除在赤道外，科氏力影響風向，在中高緯度地區，尤較顯著。

（二）水平地轉科氏力的大小與緯度有關，在赤道上為零，隨著緯度的增高而加大，在極地最大。

（三）大氣處於靜止狀態時，水平地轉科氏力不起作用，隨著風速的加大，水平地轉科氏力的作用顯著增加。

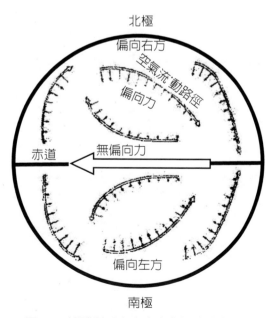

圖4-5　地球科氏力之方向與氣流方向垂直

第四章　風（Wind）

高空風在摩擦層上方（最低幾千英尺）的大氣中，只有氣壓梯度力（Pressure Gradient Force）和科氏力影響空氣的水平運動。請記住，氣壓梯度力驅動風並垂直於高度等值線定向。當第一次建立 氣壓梯度力 時，風開始從高處吹向低處，直接穿過等高線。然而，瞬間空氣開始移動，科氏力將其向右偏轉。很快，風就偏轉了整整90°，並與等高線平行。此時，科氏力正好平衡了氣壓梯度力，如圖4-6所示。隨著力的平衡，風將保持平行於等高線。這被稱為地轉風（geostrophic wind）。在地球表面，氣壓梯度力、科氏力和摩擦力都發生作用。隨著摩擦力減慢風速，科氏力減小。然而，摩擦不會影響氣壓梯度力。氣壓梯度力和科氏力不再平衡。更強的氣壓梯度力將風以一定角度穿過等壓線轉向低壓，直到三個力平衡，如圖4-6-1所示。地面風與等壓線的夾角在海洋上約為10°，在崎嶇地形上增加至45°。最終結果是，在北半球，地面風從高壓順時針向外旋轉，逆時針向內旋轉到低壓，如

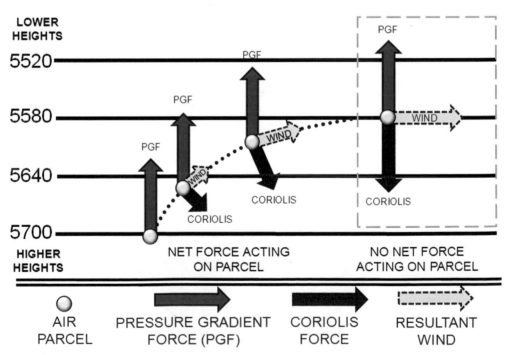

摘自 Aviation Weather/FAA, Date: 8/23/16 AC 00-6B 7-5

圖4-6　地轉風

圖4-6-2。在山區，由於巨大的摩擦力以及局部地形對氣壓梯度力的影響，人們常常難以將地面風與氣壓梯度力聯繫起來。

摘自 Aviation Weather/FAA, Date: 8/23/16 AC 00-6B 7-5

圖4-6-1　高空氣流

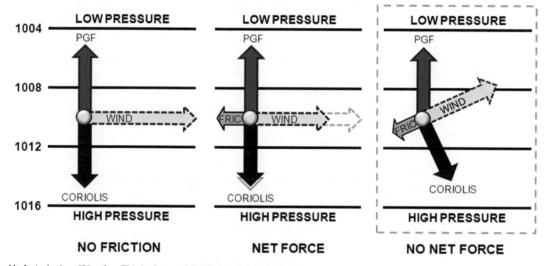

摘自 Aviation Weather/FAA, Date: 8/23/16 AC 00-6B 7-6

圖4-6-2　地表風力

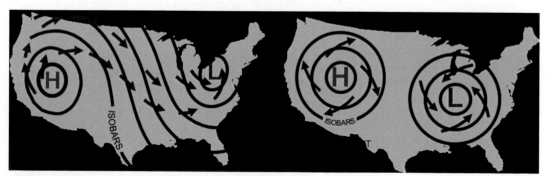

摘自 Aviation Weather/FAA, Date: 8/23/16 AC 00-6B 7-6

圖4-6-3　地面氣流

空氣循著氣壓梯度力而流動，自高壓流向低壓，氣壓梯度力方向與等壓線成直角，如圖4-6-4及圖4-7，由於地球自轉科氏力，始終與空氣流向垂直，氣流逐漸向右偏（北半球），圖4-6-4曲線箭頭及圖4-7空心箭頭所示（不考慮地面摩擦力），科氏力之方向逐漸向右偏，直至科氏力與氣壓梯度力方向正相反時，方才平衡。當平衡狀態時，空氣流向垂直於氣壓梯度力，即平行於等壓線，圖4-6-中粗線箭頭所表示。水平氣壓梯度力與水平地轉科氏力大小相等，方向相反，合力為零，達到平衡狀態，大氣運動不在偏轉而作慣性運動，形成平行於等壓線吹穩定的風。這種風在高層大氣中是存在的。這種風是在水平氣壓梯度力和地轉科氏力平衡下形成的，稱之為地轉風（geostrophic wind）。

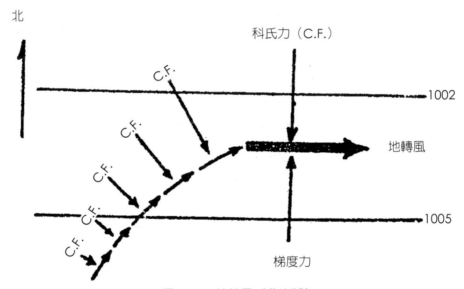

圖4-6-4　地轉風（北半球）

空氣流動，無地面摩察力影響時，約在地面上600公尺至900公尺以上之高空，風向與等壓線（地面天氣圖）或等高線（等壓面天氣圖）平行。在此高度以下，地面摩擦力增大，風向與等壓線或等高線不克平行，而構成夾角。600-900公尺高度成為摩擦力開始消失之一層，稱為梯度層面（gradient level）。換言之，地轉風出現於高空，在廣大洋面上摩擦力很小，氣流走向常符合地轉風。當氣壓梯度和科氏力（科氏力）效應同時存在時，空氣在向低壓加速的同時，一面向右偏。最後達平衡狀態時，空氣的移動方向是和等壓線平行的。這種狀況稱為地轉風平衡，如圖4-7-1。

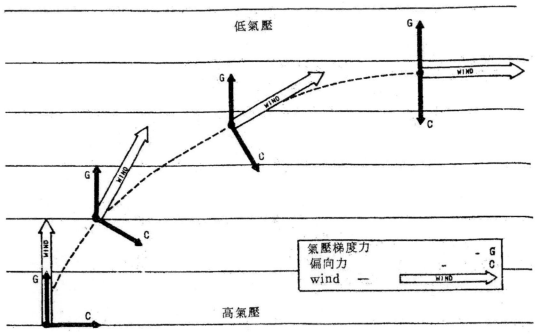

圖4-7　氣壓梯度力與科氏力平衡

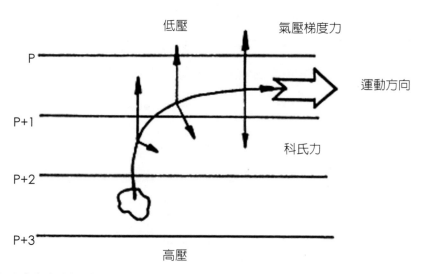

摘自洪秀雄 frvision@seed.net.tw

圖4-7-1　地轉風平衡

地面摩擦力（Frictional force），減低空氣運動速度。接近地面流動之空氣，受不平地面如建築物、樹林、山地、丘陵等摩擦阻力影響，風速減低，而風向與摩擦力方向相反。風速與科氏力成正比，風速如減低，地球偏向小隨之變小，而氣壓梯度力，仍維持不變，如圖4-8，氣壓梯度力垂直等壓線，地球科氏力（科氏力）因風速受地面摩擦力影響而減少，梯度力與科氏力不平衡，梯度力大於科氏力，風向不克與等壓線平行，偏於氣壓較低之一方，如圖粗箭頭之最後實際風向。圖4-9左方氣壓梯度力G與科氏力C處於平衡狀態，圖中間，摩擦力F減低風速，風速變小，科氏力隨之減弱，此時梯度力不克與科氏力平衡，圖右方，較大之梯度力使風向轉向低氣壓之一方，而與等壓線成一交角，因此摩擦力、科氏力與風力產生旋轉狀態，直至摩擦力與科氏力之合力（虛線箭頭）恰好與梯度力相等時，即三種力量成平衡狀態，旋轉始行停止，在實際大氣，此三種力量同時發生作用。在風向與等壓線確實平行前，此三種力量即成平衡狀態。地面與空氣流動時的摩擦，會在與空氣移動方向完全相反的方向上產生拖曳的效果。故科氏力（科氏力）、氣壓梯度力和摩擦力達成平衡時，必然會有跨越等壓線的分量，如圖4-9-1。

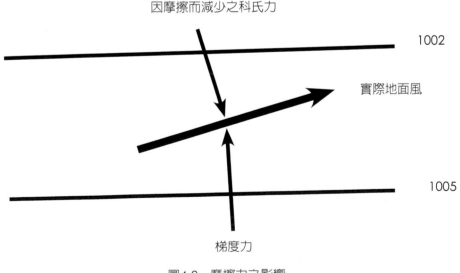

圖4-8　摩擦力之影響

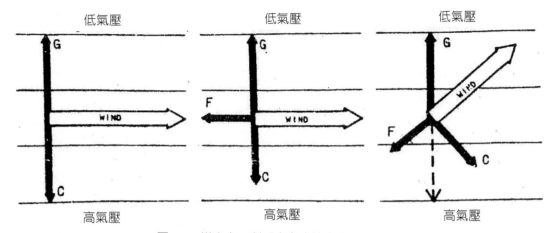

圖4-9　梯度力、科氏力與摩擦力之平衡狀態

　　地面與空氣流動時的摩擦，會在與空氣移動方向完全相反的方向上產生拖曳的效果。故科氏力、氣壓梯度力和摩擦力達成平衡時，必然會有跨越等壓線的分量。

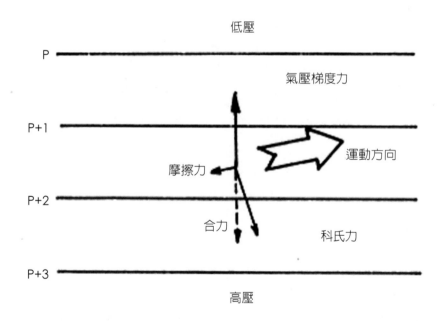

有摩擦力影響時，風有跨越等壓線的份量。

摘自洪秀雄 frvision@seed.net.tw

圖4-9-1　科氏力、氣壓梯度力和摩擦力達成平衡

地面摩擦力愈大，實際風向偏向低氣壓之角度愈大。摩擦力愈小，實際風向愈趨向與等壓線平行。實際風向與等壓線所成之夾角，在海洋面上較小約1°左右。崎嶇不平之陸地上，約為30°~45°。自地面向上空夾角逐漸減小，超過900公尺以上之高空，夾角趨近於零，恢復與等壓線平行。

　　自地面至600-900公尺高度間之一層，稱為摩擦層（friction layer），摩擦層自地面向上，風向依順時鐘方向轉動，如圖4-10。開始轉動較快，越向上轉動越慢，約900公尺高度時，風向與等壓線趨近平行。根據上述轉動情況，飛行員可自地面氣壓或風向推測高空風向。但氣壓因高度而變化，估計高空風向的方法，只好利用高空風報告或高空天氣圖。另外，利用中雲與高雲走動方向的報告，可推測高空風向。

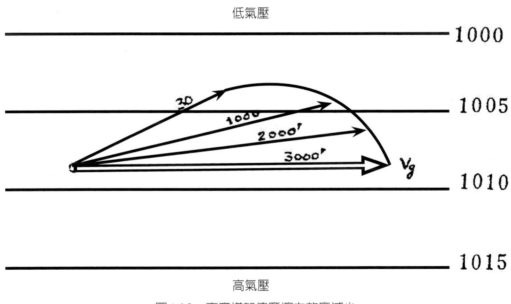

圖4-10　高度增加使摩擦力效應減少

　　地面摩擦力使風速減低，在草地上與海洋上約減低30-40%。在極粗糙地面上減低達70%。平均約減速50%，地面風速為地轉風速之一半。

　　航機於進場降落過程，自高空下降地面時，飛行員必須事先充份了解風向風速改變之情況。一架飛機預備降落於機場，三條跑道如圖4-11所示方位。當時天氣圖上等壓線之走向大致為東西向，氣壓南邊較高，北邊較低，飛機在450公尺以上高度飛行，風向頗接近地轉風向，為西風，風力為

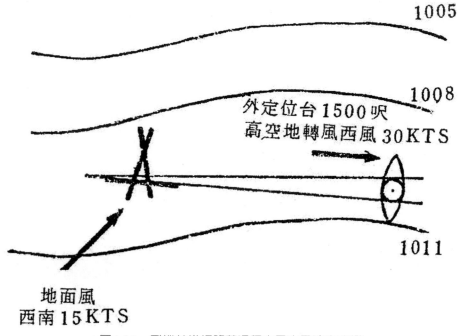

1005

1008

外定位台1500呎
高空地轉風西風30KTS

1011

地面風
西南15KTS

圖4-11　飛機於進場降落過程中風向風速之改變

30浬／時，根據上述地面摩擦地力之理論，飛行員預計機場跑道附近之風向應為西南風，風速約為15浬／時。故於外定位台（locator, outer）450公尺高度開始下降，風向以反時鐘向逐漸改變，即最初為西風，慢慢轉為西南西風，待著陸時地面風向變為西南風，風速因高度降低而變小，地面上風速僅15kts，實際地面風向風速與飛行員所預測相符。

第六節　梯度風（Gradient wind）

　　假設等壓線為直線，地轉風與等壓線平行，事實上等壓線大都為彎曲線，除了地球科氏力與氣壓梯度力之外，尚有離心力（centrifugal force）影響氣流，離心力係自彎曲中心向外方之拉力。氣流受有三種力量之影響，科氏力（D）、梯度力（PH）與離心力（C）。三力互相平衡時而得之風，稱為梯度風（gradient wind）（V）。離心力之大小，與空氣流動速度之平方及路線之彎曲度，成正比例，如圖4-12。高氣壓區，離心力與梯度力同向而與科氏力不同方向；低氣壓區，離心力與梯度力不同方向而與科氏力相同方向。

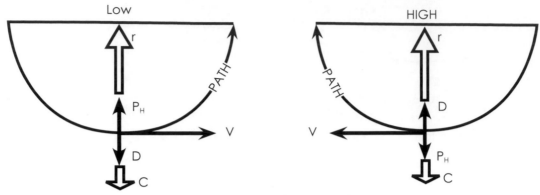

圖4-12 北半球梯度風與有關力量之平衡

第七節　大氣環流（General circulation）

　　大氣圈圍繞地球表面，一方面空氣隨地球轉動而運動，一方面空氣本身產生自由運動，此兩種運動構成整個地球表面大氣綜合運動，稱為大氣環流（general circulation）。

　　如將地球科氏力之影響引用於全球上之大氣環流（在此不考慮海陸及地形）。地球表面接收太陽熱能，以赤道附近為最多，兩極地區最少，赤道下層大氣，溫度高、密度小，空氣上升；兩極地區空氣，溫度低，密度大，空氣下降。就某高度之高空而言，赤道氣壓高於兩極上空，於是赤道上空之空氣，分向南北流動，赤道上空之空氣因是減少，赤道地面之壓力乃隨之減小，成為赤道低壓帶（equatorial low）。赤道低壓帶，潮濕多雨，風力微弱，風向不定，又稱為赤道無風帶（doldrums或 equatorial calms）。在赤道上空，空氣分向南北流動，受地球科氏力之作用，漸向東偏轉，而成為偏西風，而在南北緯30°附近上空，空氣堆積較多，空氣下降，地面氣壓於是增高，是為副熱帶高壓帶（subtropical high）。副熱帶高壓帶，空氣下降，風力微弱，風向不定。副熱帶高壓帶在海洋上，特稱為馬緯無風帶（horse latitudes）。

　　在南北緯30°附近副熱帶高氣壓區，空氣下降，地面氣壓增高，於是乃分向赤道及兩極流動，以北半球地球科氏力作用，吹向赤道者向右偏，成為東北信風（NE trade winds），風向恆定。吹向北極方向偏右成為盛行西風（prevailing westerlies），中國華北及華中，大部在此帶內，氣壓系統及天

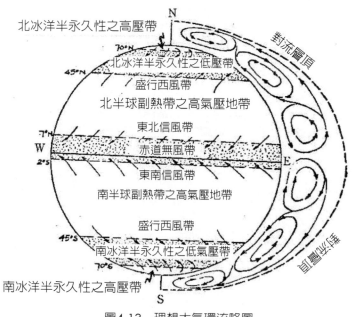

圖4-13　理想大氣環流略圖

氣變化均自西向東移動。熱帶風暴（如颱風）在信風帶中向西方移動，到了盛行西風帶後，轉向東方移動，即緣於此，如圖4-13。

　　南北極地區，寒冷沉重之空氣，自半永久性的極地高壓帶（polar high）向緯度較低之南方流動，偏向而成極地東風（polar easterlies）。來自極地之東北風與來自中緯度之西南風溫度差別很大，產生出半永久性之極地鋒面（polar front），即移動性風暴帶。極鋒產生地帶大概在北緯60°附近，幾乎終年存在，冬季位置略向南移。沿極地鋒面地區，氣流上升，天氣多變，常有陰雨。中國華中華南以及東南沿海台灣一帶，冬季常於寒潮（cold outbreak）爆發，陰雨連綿，數日不停，為極地鋒面南侵之故。

　　圖4-13乃理論上之大氣環流概況，但受地表海陸分布及地形影響，實際並不如此單純。然而在海洋上及高空氣流較與理想情況相近，又極地鋒面之存在及其移動狀態距事實相去不遠。

　　北半球北極地區低空北風，因科氏力之關係，在緯度60°附近右偏為極地東風。赤道地區高空南風，在緯度30°附近右偏為西風，空氣向低空下降，形成副熱帶高壓地帶，如圖4-14。副熱帶高壓帶以南，東北信風影響地區，約為北半球面積之1/2；在中緯度移動性風暴（極地鋒面）影響地區，約為北半球面積之1/3；而比較寧靜狀態之北極地區，約為北半球面積之1/6。

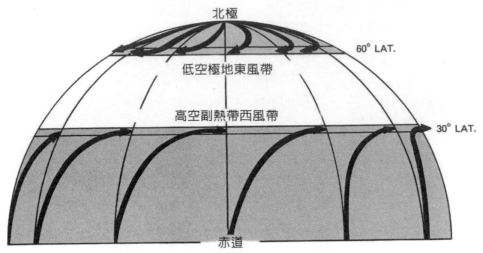

圖4-14　北半球低空極地東風與高空副熱帶西風

　　冷空氣自極地高氣壓帶爆發，冷空氣南下經過中緯度地區再到熱帶地區；高空暖空氣被迫向北流至北極，在中緯度地帶形成混合區，風場多變與移動性風暴之特性，如圖4-15。圖4-15係受制於熱力不平衡及地球科氏力等作用，導致空氣流動變成平均大氣環流。

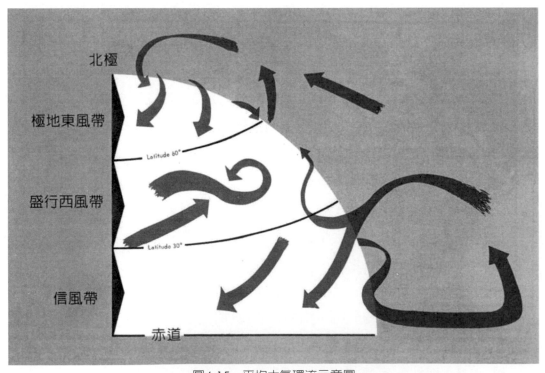

圖4-15　平均大氣環流示意圖

　　大氣環流在闡述空氣大規模運動以及一般天氣移動，區域性大氣環流，如高低氣壓，風變（wind shift）以及其他影響飛行操作之有關氣象因素。由於地表海陸差異與局部冷熱差別，產生小規模環流，小規模環流之旋轉與移動各具獨立性，隨大範圍大氣環流而移動。低氣壓區（氣旋區）之中心氣壓低於外圍任何一點，空氣自四圍向中心流動，因科氏力使北半球內流空氣亦偏右，結果形成反時鐘向內流之區域性環流。地面低氣壓中心的風一面有繞中心逆時針方向旋轉的特性，同時一面有跨越等壓線向中心輻合的效果。所以中心有空氣的抬升作用，有雲雨的產生，天氣較壞。到了高層，為了質量守恆，空氣必須向外流出（輻散），反而變成順時鐘方向流動，如圖4-16。在南半球地球科氏力偏左，圍繞高低氣壓之環流，與北半球者正相反。

　　環繞高壓區有順時針方向空氣環流，整個順時針環流隨盛行西風自西向東移動。高氣壓（反氣旋區）之中心，氣壓高於外圍任何一點，空氣自高壓流向低壓，高壓區空氣必自中心向外圍流動，因地球科氏力之緣故，北半球外流空氣偏右，結果形成順時針向外流之區域性環流。高氣壓之風自中心向外方吹出，低氣壓之風自外圍向中心吹入，致地面高壓有輻散

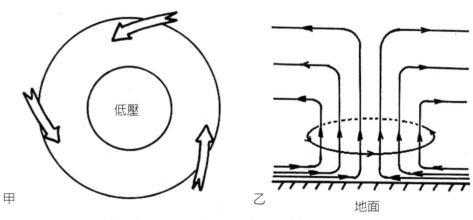

封閉的低氣壓中心系統，低層同時有逆時針方向旋轉和向內輻合的運動；在高層則相反。

摘自洪秀雄 frvision@seed.net.tw

圖4-16　北半球低氣壓區之風向

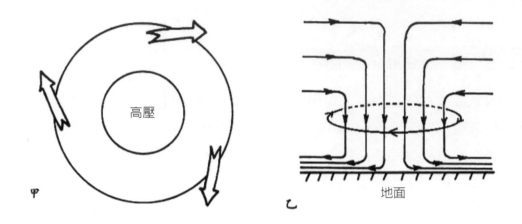

封閉高氣壓系統風系

摘自洪秀雄 frvision@seed.net.tw

圖4-16-1　北半球高低氣壓區之風向

（divergence）氣流，地面低壓有輻合（convergence）氣流，輻散作用使空氣發生下降運動，下降空氣絕熱增溫，相對濕度減低，因而產生大致良好的天氣。輻合作用使空氣上升，空氣上升絕熱冷卻，冷卻而增高相對濕度，產生多雲或甚至降雨，一般天氣不好。高氣壓中心和低氣壓中心正好完全相反，中心的空氣是下降的，天氣晴朗，如圖4-16-1。

　　北半球，背風而立，在右方氣壓較高，左方氣壓較低，南半球情形相反，此稱為白貝羅定律（Buys-Ballot's law）。故各地之風向風速，對於一般氣壓系統，有大略概念。如明瞭一般氣壓系統，各地之風向風速，可知其大概。

第九節　預報地面風速之經驗法則

　　氣壓梯度力為決定風速之重要因素，除地面摩擦力不計外，氣壓梯度與風速大概成正比，在天氣圖上，如氣壓梯度為零，表示無風；如等壓線密集，氣壓梯度大，風速大；等壓線稀疏，氣壓梯度小，風速小。氣壓梯度為單位距離內氣壓之差值，氣壓梯度可用兩等壓線間之距離來衡量，兩等壓線間距離大，氣壓梯度小，風速小，反之兩等壓線間距離小，氣壓梯度大，風速大。

在天氣圖上，等壓線彎曲度不大，離心力免計。應用等壓線間距離之大小，得出風速之簡單經驗法則如下：

（一）南北緯25°~35°間，間隔為3百帕（hPa）之兩等壓線間距離D（浬）乘風速V（浬／時或MPH）約等於一常數值5400，即V*D=5400，式中V為風速，D為兩等壓線間之距離，5400為常數。

（二）南北緯35°~50°間，間隔為3百帕（hPa）之兩等壓線間隔距離D（浬）乘風速V（浬／時）約等於常數3600，即V*D=3600。

（三）南北緯50°~70°間，間隔為3百帕之兩等壓線間距離D（浬）乘風速V（浬／時）約等於常數3200，即V*D=3200。

如果等壓線間隔不變，高壓區風速常大於低壓區。因為在高壓區，氣壓梯度力自中心向外施力於空氣，同時離心力亦自中心向外施力，氣壓梯度力增大，風速增大，而在低壓區，氣壓梯度力自外圍向中心之力量被離心力抵消一部份，最後氣壓梯度力減小，風速亦減。

第十節　地方性小範圍風系

一、海風和陸風（land and sea breezes）

沿海地區和湖泊岸邊，因大陽輻射日夜變化和水陸比熱差異，水的比熱大於陸地，陸地溫度之增減較水面溫度者為快速，輻度較大。白天陸地，比水面暖，夜間陸地，比水面冷。水陸溫差，在夏季地面氣流穩定時尤為顯著。小範圍地區內，因水陸溫差產生水陸間氣壓差。

溫暖的陸地，氣壓較清涼水面的氣壓為低，水面冷而重的空氣移向氣壓較低之陸地，陸地暖空氣上升。風從水面吹向陸地，稱為海風（sea breeze），形成海風小規模之環流，如圖4-17。夜間，大氣環流與白天相反，空氣自陸地移向水面，自陸地吹來之風，稱為陸風（land breeze）。形成陸風之環流，如圖4-18。通常海風較陸風為強，海風風速約15-20浬／時，惟僅限於沿海狹窄地帶，海風最高可達450公尺或600公尺，而陸風僅達數百呎。

飛機在航線上超過海陸風之高度，與地轉風的風向風速有關，惟在沿海或沿湖地帶之機場降落或起飛時，飛行員應考慮海風（白天）與陸風（夜間）之影響。

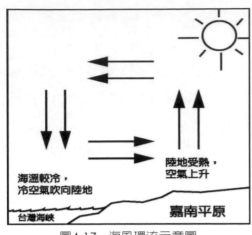
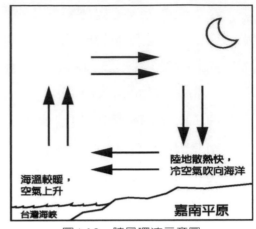

圖4-17　海風環流示意圖　　　　　　　　圖4-18　陸風環流示意圖

二、山風和谷風（mountain and valley winds）

　　山地區域，遇天晴高溫，白天太陽熱力使山坡溫度迅速上升，同時使接觸山坡地面之鄰近空氣增溫，山坡附近的熱空氣較同高度遠離山坡之空氣為暖，結果溫暖空氣自山坡上升，附近冷空氣下降以填補之，於是谷風（valley wind）產生，以氣流自山谷向上流出故名，環流型式如圖4-19。谷風不強，最強發生在午後一兩點鐘溫度最高時，待日落西山，谷風漸漸平息。簡而言之，白天太陽照射山坡，尤其是向陽坡，風，沿山坡往上吹，稱之為谷風，又稱上坡風（anabatic wind）。白天對流（convection）強盛，大於上坡風，所以上坡風不明顯。

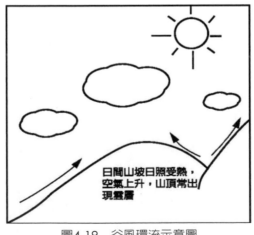

圖4-19　谷風環流示意圖

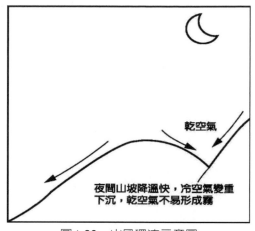

乾空氣

夜間山坡降溫快，冷空氣變重
下沉，乾空氣不易形成霧

圖4-20　山風環流示意圖

　　山區夜間，地面熱力向外輻射較快，山坡及鄰近空氣溫度劇降，冷卻空氣較遠離山坡之空氣為重為冷，冷空氣沿山坡下降，直線而下達於谷底，稱為山風（mountain wind），其環流，如圖4-20。山風厚度不大，僅數百呎，山風風速較谷風強盛。在嚴冬季節，於大峽谷口處，山風風速常超過50浬／時。

　　在大峽谷口附近機場，夜間受山風影響，與正常風向有時相反，惟其轉變厚度僅兩三百呎而已，最強山風發生於日出以前。旭日上升後，山風即行停止。

　　山風是一種下坡風，凡沿山坡下瀉之氣流，統稱為下坡風（katabatic wind）。冷而重的空氣沿山坡傾瀉而下時，替代前方暖而輕之空氣，空氣溫度遞增與積壓，則背風面山坡上之空氣較原來空氣為暖，圖4-21表示焚風（foehn wind）現象。焚風係為空氣爬過山巔以後之一種下坡風，當其沿迎風山坡爬升時，依絕熱變化過程（adiabatic process），空氣變冷並失去水分，迎風坡上可能形成雲、霧、或雨，空氣爬過山頂後，沿背風面而下降，空氣於是增溫而變為乾燥，且比迎風面同高度之空氣為暖。

　　下坡風，常採用地方色彩加以命名，以顯示其局部效應。例如「布拉風（bora）」係從歐洲南部阿爾卑斯山吹向地中海岸地帶之北來冷風。欽諾克風（chinook）乃為熱焚風，自美國落磯山吹向東坡，下滑伸展數百哩，進入美國西部較高平原地區。塔古風（Taku）乃為冷風，係沿阿拉斯加塔古冰川（Taku Glacier）吹出。聖塔安娜風（Santa Ana）乃為熱焚風，係自西愛

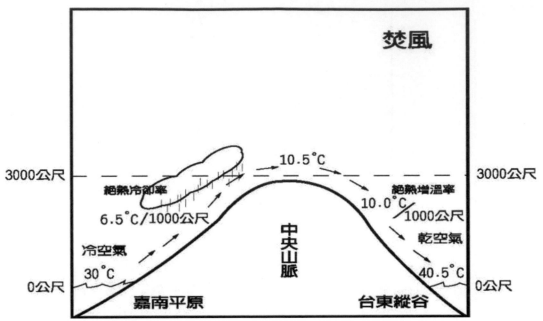

圖4-21 空氣沿山坡爬升（左邊），溫度降低，水氣減少，空氣越過山巔下降（右側），溫度升高，熱焚風現象產生

拉山（Sierras）下瀉，進入加州聖塔安娜山谷（santa ana velley）。下瀉冷風又稱瀑風（fall wind）或重力風（gravity wind）。瀑風規模較大，發生時間不限於夜間，白天亦有，惟夜間特別強。

第十一節　山脈與風

　　大山脈對於風向風速有很大影響，氣流爬越高的山脈或高峰，在山脈向風坡產生亂流（turbulence），在背風面會產生亂流、渦流（eddy）以及強烈下降氣流等現象，如圖4-22。機場位於背風面，飛機起飛降落或爬升受到亂流及下降氣流之影響。如果山勢陡峻，風力特別強，背風面下降氣流速度在15-20浬／時，飛機無法越過山脈。當氣流吹過山脊時，接近地表氣流向上爬升，越過山頂後，氣流開始下降。故接近地表一層之空氣，必須加快速度，始能爬過山脊。圖4-22在山坡上風速為20浬／時，爬到山脊時風速倍增達40浬／時，此加速之現象可高至900-1,200公尺高度，加速氣流達山頂時，氣壓略有降低，可能影響高度計讀數，指示高度可能高於實際高度，但誤差並不大，最多不過90公尺左右。

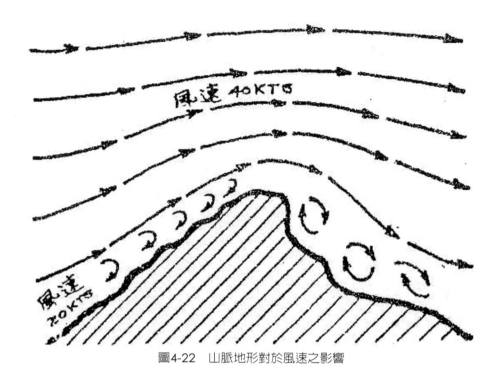

圖4-22　山脈地形對於風速之影響

第十二節　跑道側風（Crosswind）

　　飛機起飛降落常選擇逆風方向，飛機逆風起飛，浮力增加，爬升快速；逆風降落，減低速度，阻擋前進。依據力學原理，飛機起降時向前衝進，本身重量因空氣浮力關係，自然減輕。如果遇到強的側風，可能招致翻覆之虞，危險程度應視風速大小，風向與跑道所成之夾角以及飛機種類而定。簡而言之，風速愈大，夾角愈大，機型愈輕，愈危險。反之風速小、夾角小、機型重大，則不受影響。

　　跑道側風指風向與跑道相交，風速之垂直分量而言，如果非完全垂直風向，應用三角正弦（sine）法，將風向與跑道成夾角之風速，換算為與跑道垂直分量之風速，可用圖解法（圖4-23）求得之。例如，台北松山機場跑道方位為100°-280°，根據已測得之風向風速，直接以圖解法（圖4-23），得出跑道側風速度。如果台北松山機場實際風向風速為030° 40浬／時，在圖4-23之方格四組數字中尋出03方位數，另外尋出風速40浬／時之圓周線，在03與40之交點上，用三角板自此交點垂直於橫座標軸，因此在橫軸上得出跑道側風速為37.5浬／時。

跑道側風，除受風速與夾角之影響外，尚與飛機種類和飛機重量有連帶關係。因小型飛機受側風威脅較大，各型飛機對側風影響各具最大限度，風向與跑道之夾角愈大，所需最大側風限度愈小。飛機製造廠，根據各機種性能制訂各機種起降之最大側風限度。

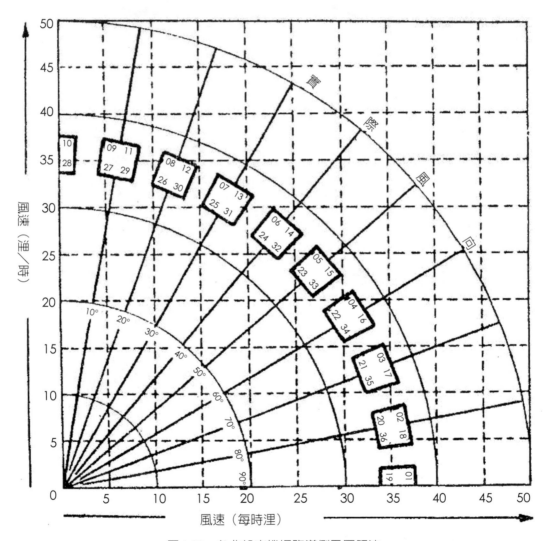

圖4-23　台北松山機場跑道側風圖解法

第五章　大氣水氣、凝結與降水
（moisture condensation and precipitation）

　　空中水氣含量不定，大部存在於對流層之下部，溫度很高時，含量佔整個大氣之3%-4%，溫度低時，含量僅佔0.01%，大氣平均水氣約佔1.1%，量雖不多，但其變化頻繁，影響天氣至巨。

　　水氣之變化有固態、液態和氣態等三種狀態，固態如雪、雹、霰、霜、冰晶雲及冰霧等；液態如雨、毛毛雨、露、雲滴及霧滴；氣態如肉眼所不見之水氣。空中水氣為產生雲霧以及其他可見天氣現象之唯一要素。水氣成雲致雨可為人類恩物，但也造成莫大災害。有時自氣態變為液態時，也使飛行員遭遇極大危險。

　　水氣也有壓力，簡稱水氣壓（vapor pressure），空中水氣愈多，水氣壓愈大。空中水氣之主要來源為海洋，少量源自湖泊、河流、沼澤、濕土、雪、冰地及植物等，水氣在變成固態或液態降水前，常被風吹到很遠。

第一節　物態變換（Change of state）

　　空中水氣狀態變換方式計有蒸發、凝結、凍結、溶化與昇華等作用：

（一）蒸發（evaporation）：水溫增高，分子運動快速，水分子自液態水表面

逸出，進入空氣中，成為水蒸氣。蒸發為可見液態水變成不可見水氣之作用。

(二) 凝結（condensation）：水蒸氣遇冷，空氣難以容納過多水分，部份水分析出，成為液體水。凝結為不可見水氣變成可見液態水之作用。

(三) 凍結（freezing）：液態水分放出熱能而溫度降低至攝氏冰點以下，使液態水變成固態冰之作用。

(四) 溶化（melting）：固態冰吸收熱能而溫度升高至攝氏冰點以上，使固態冰變成液態水之作用。

(五) 昇華（sublimation）：固態冰直接變成氣態或氣態直接變成固態冰，中間不經過液態階段，方稱為昇華作用。如地上積雪或空氣冰晶忽然消失，與蒸發作用相似。水分子逸出固態冰時，需吸收較多熱能，其量等於冰凍溶化為水及水復化為水氣所需熱能之總和。空中水氣經過昇華作用而直接形成冰晶，如冬季晴朗的夜晚，地上常見白霜。

　　水氣狀態變換之原動力，係由於熱能之交遞作用。水分子必須作功，始能逃脫分子相互間之吸引力，同時也使液態水變冷，故蒸發速度愈快，液態水減少愈多。水分蒸發時所消耗熱量或外來熱量，仍潛藏於水氣中，並不損失。一旦水氣回復為液態水原狀時，其熱量仍舊放出。水之三種形態變換圖，如圖5-1。

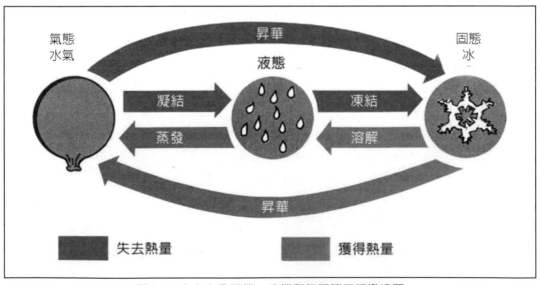

圖5-1　空中水分固態、液態和氣態等三態變換圖

任何水分三態變換率涉到溫度不變之熱能交替，例如，蒸發作用使水分從鄰近之熱源得到所需之熱能，此種熱能即為蒸發潛熱（latent heat of vaporization）。而潛能之移出，使鄰近之熱源冷卻，正如人體流汗，靠著蒸發作用來涼爽身體一樣。空氣高溫潮濕，風速微弱，則覺得悶熱和不爽，因身體上汗液蒸發極慢，致無涼快之感。如果使用電風扇吹去靠近皮膚之水分，使皮膚上水分加速蒸發。蒸發作用進行時，需耗損皮膚上相當熱量，因此間接有效地使身體涼爽。

冰雪融化成水，自空中供應相當熱量，促使周圍空氣變冷。一旦水分凍結，同樣析出熱量，周圍空氣溫度又增加，因此蒸發與融化使周圍空氣變冷。反之水凝結與凍結，周圍空氣增溫。

熱能蘊藏於看不見之水氣中，當水氣凝結成液態水或直接昇華為固態冰時，原先用為蒸發之熱能又重新出現或釋放於空氣，此種熱能稱之為潛熱（latent heat）。溶化作用與凍結作用以同樣方式牽涉到溶解潛熱（latent heat of fusion）之交換，不過融解潛熱較之蒸發與凝結互相交換之潛熱少得很多。

第二節 水氣

水氣蒸發到大氣中，大氣所含有水氣量，常與溫度有關。一定溫度下，一定量之大氣，所容納之水氣量，有一定之限度。大氣中水氣含量如已達最高含量，此時之空氣已飽和（saturated）。未飽和之空氣，尚繼續容納更多水氣，飽和以後，如仍有多餘水氣，則無法容納。但其容納之量又與溫度有關，在未達飽和前，空氣溫度愈高，愈能容納較多水氣。大概溫度增加11°C，空氣中容納水氣之能力約增加一倍。反之溫度減低，使未飽和空氣變成飽和。溫度如繼續下降，使飽和水氣凝結為霧、雲或雨水等。

測量大氣中水氣含量，可用各種不同方式表示之，航空氣象方面最普通採用下列三種方式：

一、相對濕度（relative humidity）

大氣中實際所含水氣量，與當時溫度所含的最大水氣量之比，稱為相

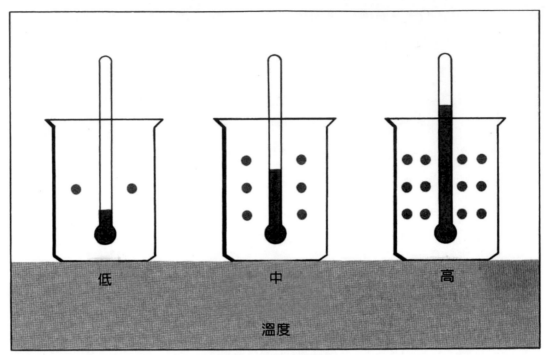

圖5-2　水氣量與溫度

對濕度，相對濕度通常用百分數表示。大氣溫度可決定大氣能容納最大水氣量，高溫，大氣容納水氣量較低溫大氣容納水氣量為多，圖5-2表示三等量容器中，因溫度不同所含水氣量各異，高溫容器含水氣量多，低溫含納水氣量少，圖中圓點表示水氣量，一定溫度下，所能容納之最大水氣量亦有一定。水氣量、溫度與相對濕度三者之關係，如圖5-3。實際上，相對濕度係表示大氣中水氣量飽和之程度，大氣達到完全飽和狀態時，相對濕度為100%。大氣未達到飽和時，相對濕度少於100%。如大氣中所含水氣量僅及當時溫度下所含最大水氣量之一半時，則相對濕度為50%。

二、露點（dew point）

在一定氣壓下，水氣含量固定不變，若氣溫逐漸降低，待降至相當溫度時，大氣飽和，氣溫如再稍降，水氣凝結，此時溫度，稱為露點溫度，簡稱露點。圖5-3右方一小圖表示溫度降至37°F，大氣即飽和，則露點應為37°F。大氣溫度如在冰點以下，氣溫再下降至相當溫度時，空中水氣即行凍結成霜，結霜之溫度，稱為霜點（frost point）。

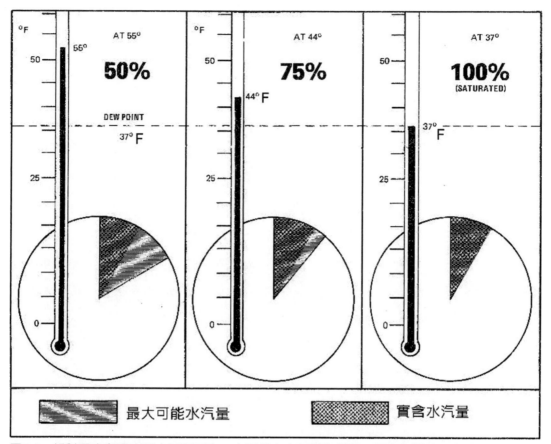

圖5-3 相對濕度與溫度和水氣量而定，本圖假定水氣量為常數，溫度為變數，本圖左方小圖指
出相對濕度為50%，表示較溫暖的大氣能夠容納最大水氣量，是現在水氣量之雙倍，本
圖中間與右方兩小圖，表示溫度降，相對濕度增加為75%及100%，右方小圖溫度降至
37°F時，其容納水氣之能量與現在實有水氣量相等。故相對濕度升高至100%之飽和狀態
時，溫度與露點相等，即大氣冷至飽和狀態時，溫度降至露點，是為露點溫度。

　　大氣實際溫度與露點溫度之差數，稱為溫度露點差（spread），差數
變小，相對濕度增大，到達100%時，溫度與露點相等，即溫度露點差等於
零。溫度露點差值，對於霧之預報有關，但對降水之關係較小，欲使降水，
大氣必須具有足夠厚度之飽和層。

　　露點是空氣氣塊必須在恆定壓力和恆定水氣壓力下冷卻以允許氣塊中
的水氣凝結成水（露）的溫度。當此溫度低於0°C（32°F）時，稱為霜點
（frost point）。降低大氣氣塊的溫度會降低其容納水蒸氣的能力。露點是一
種臨界溫度（critical temperature），表示大氣水氣之特性，在航空氣象報告
中很重要，如地面上大氣實際溫度高於露點溫度，氣溫露點相差值增大，大
氣含水分之能力增加，則大霧與低雲可能逐漸消散。在清晨有大霧時，其變

化情形尤為明顯，太陽升起後，氣溫上升，大霧會逐漸消散。反之氣溫露點相差值如在1.7°C以內，且該相差值有逐漸變小之傾向時，則任何時間都可能形成大霧或低雲，隨時影響飛機起降，此為飛行人員或有關地勤人員應該密切注意之天氣問題。

　　大氣氣塊（air parcel）的溫度與其露點之間的差異是為溫度露點差（spread）。地面機場定時天氣報告，例如，地面機場定時天氣報告（METAR）或機場選擇的特殊天氣報告（SPECI）提供溫度和露點觀測。溫度特別影響大氣氣塊容納水氣的能力，而露點表示氣塊中的實際水氣量。隨著溫度露點差的減少，相對濕度增加。當溫度露點差減少到零時，相對濕度為100%，大氣氣塊則飽和。下面的圖5-3-1說明了溫度露點差分布與相對濕度之間的關係。地面溫度露點差分布對於預測霧很重要，但對降水影響不大。為了支持降水，空氣必須通過高空的厚層飽和。

　　相對濕度（RH）取決於溫度露點差分佈。在圖5-3-1中，露點是恆定的，但溫度從左到右下降。在左側面板上，相對濕度為50%，這表示可以容納的水氣是實際存在的水氣的兩倍。隨著氣團冷卻，溫度露點差分佈減小，而相對濕度增加。當氣團的溫度冷卻到等於其露點（11°C）時，其容納水氣的能力就會降低到實際存在的量。溫度露點差為零，相對濕度為100%，現在氣團已飽和。

三、混合比（mixing ratio）

　　整個大氣為大氣與水氣之混合體，一氣塊固定重量之大氣，不論加熱或冷卻，壓縮或膨脹，其重量永無變動。假設一氣塊大氣含有水氣29克與乾大氣1,000克，則水氣對於乾大氣之比為29克/1,000克，該比值稱為混合比。如果不變更水氣與空氣之含量，混合比保持常數。圖5-4表示一氣塊大氣不管如何膨脹，而混合比並沒有改變。

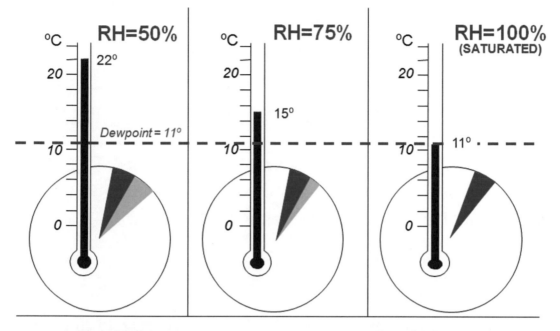

摘自Aviation Weather/FAA, Date: 8/23/16 AC 00-6B 3-5

圖5-3-1　溫度露點差與相對濕度

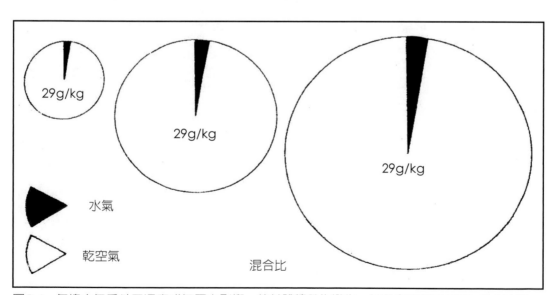

圖5-4　氣塊大氣受外界溫度或氣壓之影響，使其體積發生變化，但混合比都是29克／1,000克。

凡是任何氣象因素之變動，而大氣原有性質維持不變，如混合比，統稱之為保守性（conservative）。解釋大氣之演變過程，常用其保守之性質，而不採用缺乏保守性之相對濕度或露點。

第三節　凝結（Condensation）與降水（Precipitation）

大氣溫度降低至飽和或加入水氣達飽和，則有凝結現象發生，通常以大氣冷卻為最常見之凝結原因。冷卻之途徑不外有三種可能：大氣在較冷的地面或海面上移動、大氣舉升膨脹變冷和夜間輻射冷卻，接近地表面之大氣變冷。

一、雲與霧（cloud and fog）

大氣的水氣遇冷，達飽和狀態，如氣溫續降，即行凝結或凍結，成為微細之水滴（droplets）或冰晶（ice crystals），懸浮空際，離地面較遠者為雲，下方與地面相接而厚度不大為霧，所以雲霧係由極微小之水滴所組成。大氣中如有微細的濕性凝結核（condensation nuclei）懸浮時，水氣凝結就容易發生，諸如，親水性的粒子，水氣附著於凝結核，很容易凝結。如果大氣中沒有凝結核，水氣會常變成過飽和水氣（supersaturated vapor），即水氣壓超過水氣飽和值時，仍不會形成小水滴。大氣中的凝結核來自工業區或農業開墾區，工廠排煙，開墾區風吹起塵埃，提供該區相當多的濕性粒子；或來自海上，海水浪花逸出鹽粒（salt particles）。濕性的凝結核，對水氣具有親和力（affinity），當大氣幾乎達到飽和而尚未完全飽和時，凝結核可引起或促進凝結作用或昇華作用之發生。

水氣在凝結核上進行凝結或昇華時，液態水質點或固態冰質點開始產生。無論其質點為水或冰，並非完全以溫度作衡量，因為液態水可在冰點以下之溫度環境中存在，而不凍結，此種情況之水分稱為過冷水（super-cooled water）。當過冷水滴被物體所衝擊時，即引起凍結。飛機飛行於過冷水之大氣，常因飛機的衝擊而產生飛機積冰（aircraft icing）現象。

雲層溫度在0°C與-15°C之間，經常含有大量的過冷水，溫度再降低，過冷水反而減少。通常溫度低於-15°C時，昇華作用十分盛行，雲霧大多為

冰晶而較少過冷水。唯在有強烈垂直上升的氣流，可挾帶過冷水至溫度低於-15°C之高空，有時溫度低至-40°C，尚有過冷水之存在。局部性上升氣流達飽和狀態時，可形成塔狀積雲，雲中所含的水分，可完全為液態水或固態冰晶，也可能為液態與固態之混合。

二、降水（precipitation）

降水包括固態與液態兩種，如雨、毛毛雨、凍雨、雪、冰雹及冰晶等，其形式根據氣溫情況與當時大氣擾動程度而定。天空晴空朗，不會下雨，但有雲未必有雨，雲中水滴既微且輕，飄浮空際，待水滴充分增大至相當體積與相當重量後，受地心引力的影響，掉落即為降水。雲中小水滴增大，可分兩種途徑：1.雲之溫度在冰點以上，因大氣之垂直對流作用，使各種不同體積之水滴上下升降，以致互相碰撞合併（coalescence），而增大體積與重量，如圖5-5。2.雲之溫度在冰點以下，部分為冰晶，部分仍保持液態水，另一部分尚有未凝結之水氣。在同一情況下，水氣與水滴同時進行蒸發與昇華作用，而凝聚於冰晶之上，使冰晶體積增大，乃下降為雪。

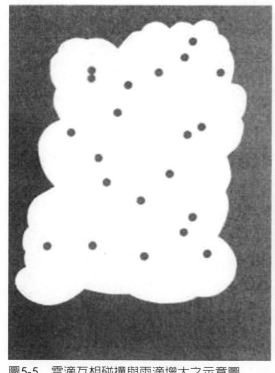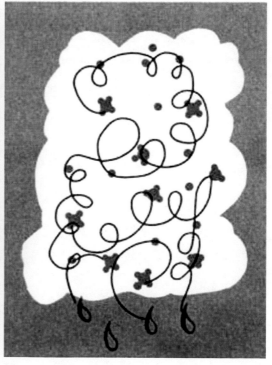

圖5-5　雲滴互相碰撞與雨滴增大之示意圖

第五章　大氣水氣、凝結與降水（moisture condensation and precipitation）

091

產生顯著降水之雲層厚度約在1,200公尺以上，雲層厚，降水強。當飛機進場或離場，飛行員得知天氣報告為輕度降水或較強度降水時，則可預估當時雲層厚度定會超過1,200公尺。進而言之，當大氣層不穩定，對流強盛時，雲中垂直氣流猛烈升降，將過度冷卻水滴或冰晶攜帶至高空，因互相碰撞合併，水滴或冰晶體積大增，降為大雨或大雪。如因周圍溫度發生變化，降水形式也會跟著變化。例如，高空雪片降至較溫暖的大氣層時，雪片融化為水滴而繼續下降為雨水，或雨水下降至較冷大氣層時，雨水降到地面前凝結成為凍雨。有時極為猛烈之垂直氣流，大氣上下翻騰，使水滴或冰晶經過融化、昇華以及凍結等作用，循環反復，終至形成冰雹現象。雨水自雲層中下降，待下降至雲的底部以下，遭遇極乾燥之大氣層，雨水全部蒸發，而地面不見滴雨，此種現象在沙漠地帶常常發生。

三、露與霜（dew and frost）

晴朗無風之夜，地面輻射冷卻旺盛，溫度下降快速，與其接觸之周圍大氣，溫度可降至露點或露點以下，乃有一部份水氣凝聚於草木枝葉之上，稱為露，露水在夏日常見。周圍大氣之露點如在冰點以下，水氣經由昇華作用直接凍結成冰晶，稱為霜。霜華在冬季常見。露形成後，溫度繼續降至冰點以下，亦可凍結，稱為凍露（frozen dew）俗稱白露（white dew），亦可視為霜。但凍露透明，形似小冰珠。霜為白冰晶，並不透明，兩者較易辨別。

第四節　陸地與水域之效應

陸地與水域影響雲與降水之形成與發展，海洋與湖泊上之水氣，經常加入於大氣中，致有極大頻率之低雲幕、霧與降水於下風區形成。飛行員必須特別提高警覺，當吹過水域之濕風（moist wind），再沿山坡爬升時，惡劣天氣尤易發生。

冬季，大氣移至較溫暖之水面，受溫暖水面加熱和水氣蒸發之影響，下風區形成厚雲及陣性降水。其他季節，大氣變溫暖，移至較冷的水面，由於水面蒸發，水氣投入暖大氣中，逐漸飽和，同時溫暖大氣之下方，接觸

冷水面，低層大氣變冷，結果下風區，形成廣大濃厚之霧氣。圖5-6表示大氣移至較溫暖的湖面，在下風區形成陣雨與霧氣。以北美洲大湖區（Great Lakes）為例，十分強勁之冷風吹過安大略湖（Lake Ontario）後，在下風區及阿帕拉契山區（Appalachians）形成陣性降雪，如圖5-7。

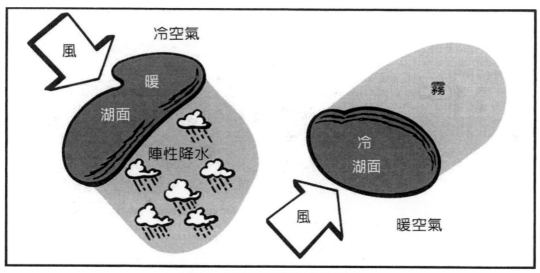

圖5-6　湖泊水面影響天氣之形成

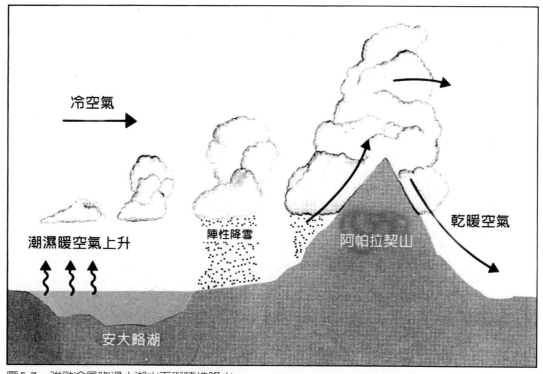

圖5-7　強勁冷風吹過大湖水面與陣性降水

寬僅數哩之湖面，會影響對流作用，也會影響雲層之日變化。日間，湖上冷空氣吹向陸地，在陸上形成對流性雲層。夜間，雲層形態正相反，冷大氣自陸地吹向湖面，在湖上形成對流性雲層。

第六章　大氣穩定度
（Stability）

　　大氣在穩定下，保持水平方向的運動，有時候，部分氣流受到擾動，大部分大氣在穩定時，尚能抑制大氣的垂直升降運動，整個氣層立刻恢復水平方向運動狀態。反之如果大部分的大氣在不穩定時，它助長大氣的垂直升降，使大氣愈不穩定，對流愈強盛，並導致陣風和亂流的發生，下層大氣的水氣，受到強烈上升氣流之舉升，有積雲、積雨雲、降雨、雷暴或冰雹等現象發生。航機在不穩定大氣中飛行，可能遭遇各種危險天氣。

　　大氣抑制垂直運動之能力，稱為大氣穩定度。大氣穩定度根據大氣重量垂直分布而定，大氣重量又與溫度成反比。大氣的溫度比四周冷大氣為輕，容易上升，例如，充氣氣球之氣溫與當時氣球外圍之氣溫相同，氣球停留不升，表示大氣穩定。反之如果氣球之氣溫高於外界氣溫，氣球立刻上升。同理，炎熱夏季，地面受熱，大氣垂直上升，午後對流旺盛，其垂直速度和上升高度，視當時大氣溫度分布而定。最強的上升速度可高達每分鐘760公尺，高度可達11,000公尺，有時甚至會穿過對流層頂，達15,000-18,000公尺。

　　對流雲和降水構成與層狀雲和降水截然不同的飛行環境。這些形成鮮明對比的條件是由於大氣抵抗或加速了氣團的垂直運動。大氣穩定性是環境大氣的特性，它可以增強或抑制氣團的垂直運動，並決定飛行員將遇到哪種類

型的雲和降水。

　　氣塊可用作評估大氣中特定垂直大氣柱內大氣穩定度的工具。從特定的高度（通常是表面）中選擇一個氣塊，並假設向上提升到特定的測試高度。隨變大（變重）並下降到原來的水平。在這種情況下，氣塊是穩定的，因為它抵抗向上位移。如果提升的氣塊與周圍空氣的溫度相同，則它的密度相同並保持在同一水平。在這種情況下，氣塊是中性穩定的。如果被提升的氣塊溫度變高，因此比周圍空氣密度變低（變輕），它將繼續自行上升，直到達到與環境相同的溫度。最後一種情況是不穩定氣塊的範例。更大的溫差導致更大的垂直運動速率。

第一節　氣溫垂直遞減率（Lapse rate）

　　通常對流層因高度上升而降溫，降溫率稱為垂直遞減率，高度每增高一定距離，氣溫減少之數值，為每一千公尺之溫度值（°C/1,000m）。由於溫度是大氣密度之指數，大氣密度大小影響垂直運動，從溫度垂直遞減率，直接獲悉大氣層抑止垂直運動之能力，自大氣各層次垂直遞減率，明瞭其穩定度之不同，即大氣各層實際垂直遞減率，則其穩定度可推定。

第二節　絕熱過程（Adiabatic processes）

　　大氣溫度在變化過程中，不自外界吸取熱量，熱量也不會逸出外界，即大氣自身發生之熱力變化（thermodynamic change），此種變化稱為絕熱過程（adiabatic processes）。如有外界溫度參與，共同發生溫度變化，此種變化稱為非絕熱過程（non-adiabatic-processes）。

　　靠近地面之大氣層，容易與地面交換熱量，故其變化多為非絕熱變化。而高空自由大氣，距地面冷熱源較遠，不易受地面熱力影響，不論上升下降或膨脹壓縮，最接近絕熱。

一、乾絕熱遞減率（dry adiabatic lapse rate）

　　未飽和大氣底層受熱或地形關係被迫上升，因四周氣壓減少，本身發生

膨脹，膨脹時，作功之原動力得自本身之熱能，不自外界吸取熱量，本身溫度降低，降溫率約為10°C/1,000公尺。此種未飽和大氣之冷卻率稱為乾絕熱遞減率。反之如未飽和大氣自高處絕熱下降，四周氣壓增大，本身被壓縮，大氣份子增加動能，產生熱量，但無熱量輸出，本身增高溫度，增溫率與降溫率相等。

二、濕絕熱遞減率或假絕熱遞減率
（moist adiabatic lapse rate or pseudo adiabatic lapse rate）

　　飽和大氣被迫絕熱上升，體積膨脹，溫度降低，部份水氣發生凝結。凝結作用放出潛熱（latent heat），使大氣增溫，因此降低濕大氣上升冷卻之速度。換言之，濕大氣上升冷卻率通常低於乾大氣上升冷卻率，此飽和大氣絕熱上升之冷卻率，稱為濕絕熱遞減率（moist adiabatic lapse rate）。

　　濕絕熱遞減率隨大氣溫度（大氣壓力影響較少）而定，其值約為5.5°C/1,000公尺，氣溫高時，含水分較多，有較多水氣凝結，釋出潛熱多，遞減率較少，約為乾絕熱遞減率之半。在熱帶地區，濕絕熱遞減率更小，通常為乾絕熱之35%。氣溫低時，大氣中含水分少，能凝結之水分較少，釋出之潛熱亦少，其遞減率大，低溫時之絕熱遞減率較高溫時為大。在極地區域與對流層之上層終年氣溫甚低，水分稀少，潛熱極微，濕絕熱遞減率與乾絕熱幾無差別。混合比在絕熱過程中保持常數，在濕絕熱過程中，保持飽合混合比。

　　反之含有水滴或冰晶之飽和大氣，自高空絕熱下降，氣壓增大，體積被壓縮，溫度增高，濕絕熱增溫與濕絕熱降溫率相等。若飽和大氣因凝結成水滴而下降為雨雪，或在水滴下降過程中全部蒸發為水氣，則大氣中不再有水滴或冰晶存在，該大氣一經下降，溫度稍增，即變為未飽和大氣，故飽和大氣下降時，增溫率與未飽和大氣下降時，增溫率相同。

　　如美國洛磯山東西兩側大氣爬升與下降時，氣溫絕熱變化，為乾絕熱遞減率與濕絕熱遞減率相異之最佳證明，如圖6-1。冬季太平洋潮濕大氣，常被強烈西風，沿洛磯山西坡爬升，假設1,500公尺高之西側山坡，當時大氣飽和，溫度為6.7°C，此潮濕大氣再被西風舉升至3,600公尺山巔，因大氣已飽和，舉升2,100公尺，不斷凝結，按濕絕熱遞減率冷卻（平均約5.5°C/1,000公

尺），山巔溫度已降低為-6.1°C，大氣過山後，水氣大減，成未飽和狀態。乾燥氣流沿東坡快速下降，挾乾絕熱過程增溫（平均約10°C／1,000公尺），乾燥而燠熱之氣流沿東坡直瀉而下，即所謂欽諾克風（Chinook wind）現象發生，待其抵達與西側等高1,500公尺東坡時，溫度竟升至15.6°C，故落磯山西側大氣翻越山頂後，在與西側等高之東坡上於同一時間內，溫度竟高過西坡8.9°C之多。

三、露點遞減率與雲高

　　大氣之相對濕度可由溫度與露點之差數表示之，如果大氣溫度與露點相等，相對濕度為100%，成為飽和狀態，凝結可能產生。已知大氣在絕熱上升過程，水氣含量保持常數不變，未飽和大氣絕熱遞減率為10°C／1,000公尺，露點遞減率為1.8°C／1,000公尺。於是在上升之未飽和大氣中，溫度與露點趨近之速率為8.2°C（即10°C-1.8°C）／1,000公尺。已知地面溫度（T）與露點（T d），其間有一差數（T-Td），於大氣上升時，水氣量保持常數，乾絕熱遞減率大，露點遞減率小，大氣繼續上升，差數逐漸變小，必至最後趨近於零為止。差數為零之高度，即為大氣飽和之高度，即凝結層之高度（H）。溫度與露點之差數被8.2°C除，所得之商，是為雲底高度（1,000公尺單位）。例如，地面溫度為26.67°C，露點為16.67°C，則（26.67°C-16.67°C）／8.2=1.219（1,000公尺單位）。故知其大氣在上升過程，雲底高度約為4,000呎。如圖6-2。

　　同理，用比例法，可求得凝結層高度之公式：

即（8.2/1,000M）°C＝（T-T/H）

故凝結層高度近似值之公式：

H=220（T-T）……………………本式溫度採用°F及高度用呎為單位

H=120（T-T）……………………本式溫度採用°C及高度採用公尺為單位

如將上例應用此公式計算，即：

H=220（80-62）=3,960呎，近似4,000呎，故結果相同。

H=120（26.67-16.67）=1,200公尺，近似4,000呎，故結果相同。

上述估算雲底高度近似值方法，在地面受熱特別多，大氣發生垂直運動之夏季，而且空中水氣含量近乎不變，在產生對流性不穩定之積雲時，比較可靠。

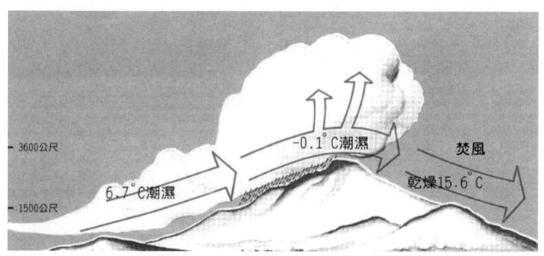

圖6-1 台灣中央山脈東西兩側，因乾濕大氣遞減率差異而形成之焚風。

圖6-2 推算雲底高度簡易法則

四、標準遞減率（standard lapse rate）

依據世界各地無數探空報告，求得平均溫度遞減率，約等於6.5°C/1,000公尺，此值稱為標準遞減率。標準遞減率為美國及世界上許多國家，用來校驗飛機上高度計，其與決定日常大氣之穩定度並無關連。

第三節　絕熱圖（Adiabatic chart）

未飽和大氣之上升或下降運動，溫度降低率或增高率約為3°C/1,000呎，此比率稱做氣溫乾絕熱變化率（dry adiabatic rate of temperature change），又稱做乾絕熱遞減率（dry adiabatic lapse rate）。圖6-3為絕熱圖，圖中斜線代表乾絕熱線（dry adiabatic）。為了增進瞭解如何運用絕熱圖，例如，一塊大氣之升降，其溫度如何隨氣壓而發生變化。自圖6-3選定一塊大氣C，溫度為18°C，氣壓為900hPa，如果該大氣塊被迫上升或下降時，在圖循點線絕熱冷卻或絕熱增溫，若升至600hPa高度（D點），大氣塊膨脹冷卻至溫度-14°C，若降至1000hPa高度，氣塊收縮增溫至27°C（E點）。沿該絕熱線上，選擇任何處所之一塊大氣，迫使其下降至1000hPa高度，其溫度為27°C，換算成絕對溫度，則為300K（27°C+273=300K）。此溫度稱為位溫（potential temperature）。位溫，即為任何大氣塊沿絕熱線移動至1000hPa高度層時之溫度。故任何時間之大氣，在絕熱線任何一點上所表示之溫度與氣壓，具有位溫。例如圖6-3，許多絕熱斜線上方，分別註明有230、240、250、260、270、280、290、300、310、320、330、340、350、360、370、380、390等，係表示沿各該線，每個等壓面上（或高度上）之位溫。公式如下：

$$\theta = T \left(1000/P\right)^{0.287}$$

式中 θ 表示位溫，T與P表示溫度（絕對）與氣壓

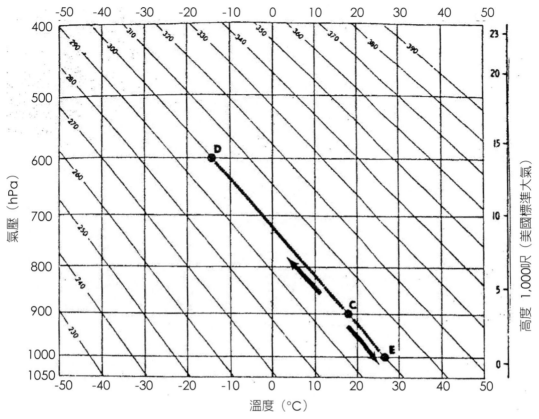

圖6-3　乾絕熱圖。一塊未飽和大氣被迫上升或下降，其溫度變化按圖乾絕熱線之比率進行。

一、等混合比線（line of constant mixing ratio）

　　上文述及未飽和大氣之乾絕熱過程，但必須考慮到空中水氣問題，所在圖6-4中加入混合比線，圖中任何一點之飽和混合比用經過該點之混合比線（虛線）來表示。

　　假設大氣在900hPa高度，溫度為23°C，露點為-1°C，圖6-4將氣溫定在F點，露點定在G，此兩點都在900hPa等壓線上，現在同時看出F點在20g/kg混合比線條上，在溫度23°C與氣壓900hPa時，如果1,000克乾大氣中含有水氣20克（20g/kg），該大氣塊為飽和。但該大氣塊實際含有若干水氣？察看圖中露點G情況，悉知其在4g/kg之混合比線條上，即表示其實際水氣僅為4g/kg。再進一步研究該大氣塊之相對濕度，因相對濕度，為實際含有水氣量佔在當時溫度及氣壓下，含有最大水氣量之百分比，則本例之相對濕度應為4/20，即20%。又如在相同氣壓下（900hPa）冷卻該大氣塊時，情況又將如何？由於大氣冷卻，實際水氣含量雖不變，但因溫度降低，含最大水氣容量

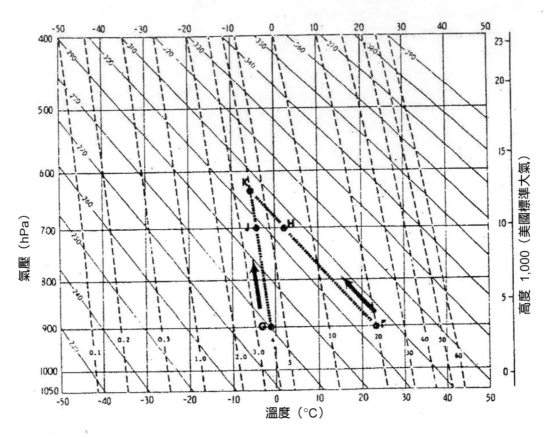

圖6-4　絕熱圖中加入等混合比線條，一塊未飽和大氣被迫升降，溫度為絕熱變化，但混合比保持常數不變。

減少，則相對濕度反而增高。本例子，當大氣冷卻至-1°C時，自圖知最大水氣容量為4g/kg，而此時實際水氣量卻為4g/kg，因此該大氣氣塊達於飽和狀態，即相對濕度為4/4，即100%。

　　如果強迫使氣塊上升，水氣含量不變（即混合比維持常數），於是觀察圖6-4中氣塊上升過程，氣溫沿305K乾絕熱線降低，混合比仍保持4g/kg，該氣塊達700hPa高度時，溫度降至2°C（H點），H點上飽和水氣量約為6.4g/kg，實際混合比仍為4g/kg（J點），則相對濕度應為4/6.4，或為63%，此時露點溫度降至-4°C（J點），當氣壓變化時，露點為非保守性。根據本例，得知露點溫度隨高度上升而降低，沿305K絕熱線與4g/kg混合比線交會於630hPa高度上（K點），在此高度上，溫度及露點相等，都為-6°C，相對濕度為100%，混合比仍為4g/kg，此氣塊成為飽和。氣塊上升，因體積膨脹而冷卻至飽和狀態，並無熱量加入於該氣塊或自該大氣塊放出熱量。

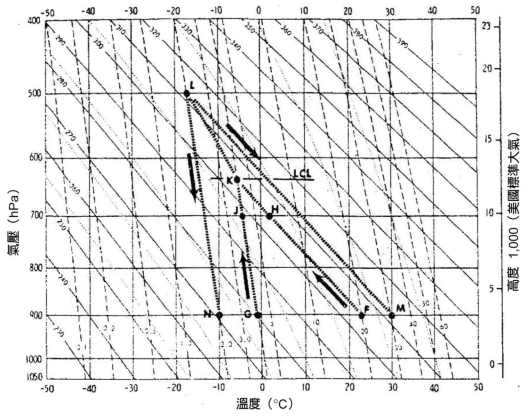

圖6-5　濕絕熱圖，如果未飽合氣塊上升，其溫度絕熱遞減，混合比不變，該氣塊上升變冷，達
　　　於飽和狀態。再繼續上升，溫度按濕絕熱線遞減，混合比部份水氣凝結為液體水而減
　　　少，圖中KL線平行於點狀濕絕熱線。

二、濕絕熱圖（Pseudo-adiabatic chart）

　　濕絕熱圖或稱假絕熱圖，圖6-5係為加入濕絕熱線（moist adiabats or peseudo adiabats or saturation adiabats）。即圖中之細點線，向左上方彎曲。大氣冷卻至當初露點溫度以下或飽和混合比以下時，水氣會自然凝結為液體水。凝結作用為增溫程序，即氣體凝結為液體應釋出凝結潛熱，該潛熱又加入於大氣中，部份抵銷因膨脹而絕熱冷卻之熱量。例如在圖6-5中，K點代表一塊大氣在630hPa高度達於飽和狀態，溫度與露點均為-6℃，當該氣塊超過飽和狀態以上繼續上升，不可能再以乾絕熱遞減率而冷卻，自然會吸收凝結潛熱，加入於該氣塊，其上升冷卻程度相形緩慢，即沿平行於點線之濕絕熱線上升冷卻。當該氣塊上升到達500hPa高度（L點）時，氣溫與露點均為-18℃，相對濕度為100%，混合比約為1.9g/kg。原含水氣為4g/kg，目前

500hPa高度含水氣僅有1.9g/kg，現在假定並無水氣外釋，則2.1g/kg水氣凝結為液體細水滴懸浮於大氣。反之假定2.1g/kg液體水滴被釋出（降水為液體水釋出之過程），該氣塊以沿乾絕熱線下降，回復到900hPa之高度，其溫度增加至30°C（M點）。使水氣凝結成2.1g液體水所放出之潛熱用以增加大氣溫度自原始23°C增至30°C，但並無外界任何熱量加入，此時混合比仍為1.9g/kg，露點為-11°C，則相對濕度應為1.9/30，即為6%。

如果液體水並未釋出，仍舊留在氣塊中，該氣塊在下降之過程，液體水吸收前此釋出之凝結潛熱，用為蒸發潛熱而蒸發成水氣，其溫度變化仍循舊路，最後與該過程之最初情況完全相同（即恢復到F點與G點）。以上所述一系列之過程即為濕絕熱過程，又稱假絕熱過程。

第四節　如何決定大氣穩定度

大氣各層實際遞減率與乾絕熱遞減率及濕絕熱遞減率相比較，可以決定該層大氣之穩定程度。普通採用絕熱圖（adiabatic chart）做工具，如圖6-6，假設氣塊 P絕熱上升至等壓線DW之高度，如P點大氣為未飽和，則沿乾絕熱線PD，如為飽和大氣，則沿濕絕熱線PW上升，下列三項情形為討論絕熱上升遞減率與測得之實際遞減率之關係。

（一）絕對穩定（absolute stability）：

在PP3大氣中，測得實際遞減率小於濕絕熱遞減率，不論大氣所含水氣如何，若氣塊被迫，循乾絕熱或濕絕熱上升，在同一高度，因較周圍實際測得大氣為冷而重，則外力消失，該團大氣立刻下降，回復原位，因此除非有外在力量，不可能有垂直運動，此種情形稱為絕熱穩定。P3點離W點愈遠（即遞減率愈小），其穩定程度愈高，如實際遞減率為零，即循等溫線PP4，甚至大氣逆溫時，其穩定度特別高。

（二）絕對不穩定（absolute instability）：

在PP1大氣中，測得之實際遞減率大於絕熱遞減率，不論大氣中所含水氣如何，若大氣略施外力，循乾絕熱上升，在同一高度較周圍大氣為暖，密

度小，重量輕，浮力增大，自動繼續上升，如熱球不斷膨脹上升，此種情形稱為絕對不穩定。

（三）條件性不穩定（conditional instability）：

在PP2大氣，測得之實際遞減率在乾絕熱遞減率與絕熱遞減率之間，若P點大氣未飽和，被迫循乾絕熱上升達D點，在同一高度，D點大氣較周圍大氣P為冷而重，結果下降仍回復原位，故知P P層大氣遞減率為穩定。若P點大氣為飽和，循濕絕熱線上升，達於W點，在同一高度，W點大氣較周圍大氣P暖而輕，結果繼續上浮，故知PP層大氣遞減率為不穩定。換言之，PP層大氣遞減率之穩定與否，端視大氣飽和與否，此種情形稱為條件性不穩定。標準大氣遞減率處於乾絕熱與濕絕熱間，為條件不穩定。總結了可能的大氣穩定度類型，如圖6-6-1

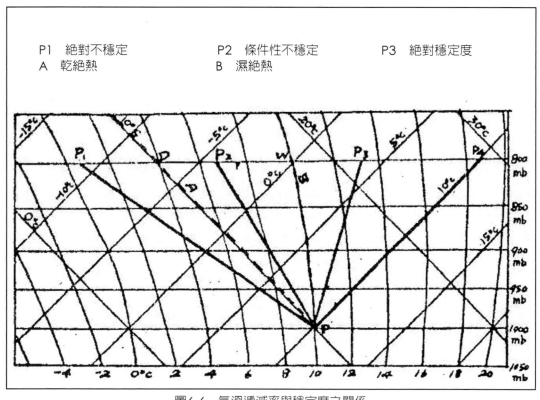

圖6-6 氣溫遞減率與穩定度之關係

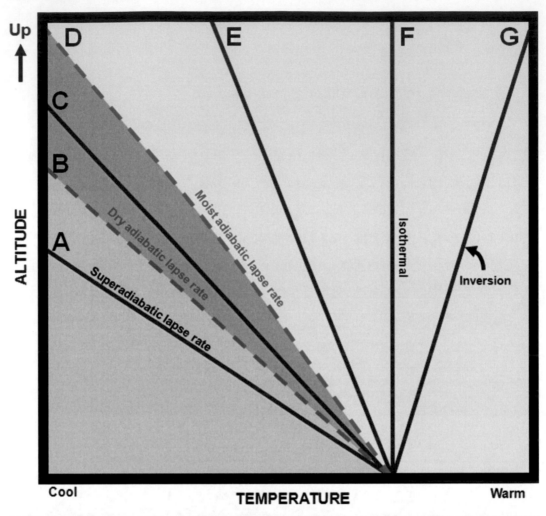

Temperature Sounding	Unsaturated Parcel	Saturated Parcel	Stability Type	
A	Unstable	Unstable	Absolute Instability	
B	Neutral	Unstable		
C	Stable	Unstable	Conditional Instability	
D	Stable	Neutral		
E	Stable	Stable	Lapse	Absolute Stability
F	Stable	Stable	Isothermal	
G	Stable	Stable	Inversion	

摘自 Aviation Weather/FAA, Date: 8/23/16 AC 00-6B 12-6

圖6-6-1　大氣穩定度類型

大氣層之穩定度有助於決定雲之型態，例如穩定大氣被迫沿山坡爬升，產生層狀雲，但垂直氣流極小，雲中大氣亂流現象幾乎不見。若不穩定大氣被迫沿山坡爬升，山頂出現高聳積狀雲，垂直氣流發展強烈，雲中有亂流，如圖6-7。

大氣如為下降，被壓縮而產生之熱能，導致逆溫現象，因此增加下降氣流之穩定度。在冬季高氣壓系統，由於地面輻射冷卻，形成地面逆溫，再加上，下降氣流作用，地上逆溫現象益加強盛。如地面有煙霾，則此逆溫層覆蓋其上，煙霾無法消散。於是在低空發生低劣能見度，尤其靠近工業區地帶，能見度更壞，且常持續數日不散。如英國倫敦大霧。

穩定空氣 不穩定空氣

圖6-7　穩定度能影響雲之結構

第七章　雲
（Clouds）

　　雲是地球表面上方大氣中微小水滴或冰粒的可見聚集體。霧與雲的不同之處僅在於霧的底部在地球表面，而雲在地表之上。雲在大氣中形成的原因是水氣在上升的氣流中凝結，或者是最低層霧的蒸發。上升的氣流對於形成強降水的厚雲是必要的。

　　水氣凝結成微細小水滴或冰晶，懸浮空際，遠離地面為雲，靠近地面為霧。雲為大氣流動之指標，其出現、型態及移動等現象，顯示出大氣動態，水氣含量及穩定程度。以航空氣象觀點，雲可以顯示大氣層之概況。當烏雲密布、或低雲形成、或積雲向上發展，高聳入霄漢時，雲是飛行員之可怕勁敵。

　　如果飛行員具有各種雲形的知識，有助於明瞭未來天氣演變；飛行員具有雲之生成知識，更有助於認識惡劣天氣之潛在性。航空氣象預報員經常收到各地雲狀雲量報告，於天氣分析及天氣預報，對飛行員十分重要。

第一節　雲之組成

　　雲中凝結物可能為微細液體水滴，也可能為固體冰晶。溫度在0°C與-15°C間，雲中大部分為過冷水滴，一部分是冰晶。溫度低於-15°C時，大部分為冰

晶。溫度低至-40°C，雲中有時還含有小部分過冷水滴。

　　大氣凝結核，如塵埃、鹽分與燃燒產物等存在，當水氣達到飽和點時，即行凝結成十分微細水滴。水滴直徑平均約千分之一吋，無數水滴聚集成團，構成整個雲體。

第二節　雲之種類

　　雲之形態種類，依高度、外形、結構及成因等分為若干類別，世界氣象組織（WMO國際雲圖（International Cloud Atlas）描述各種雲類頗為詳盡。

　　飛行員及與航空人員辨識之基本雲類，計分四族（four families）十屬（ten types），如圖7-1，十種基本雲類之平均高度及外形，分別描述。

（一）高雲族（high clouds）

　　中緯度地區，高雲族雲底高度約自16,500呎至45,000呎。為卷雲類（cirriform），包括卷雲（cirrus）、卷積雲（cirrocumulus）及卷層雲（cirrostratus）三雲屬，為固體冰晶組成。

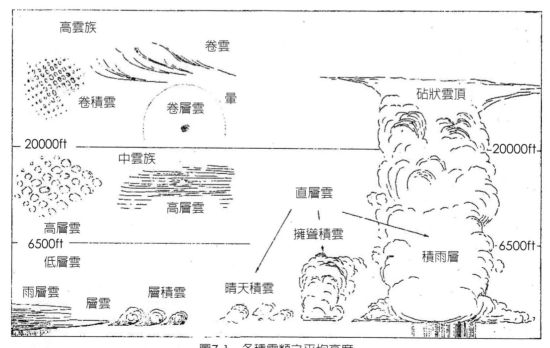

圖7-1　各種雲類之平均高度

1. 卷雲（Ci）：雲絮呈白色纖薄羽毛狀，或呈白色之小片或窄帶，具有纖維（如羽毛、馬尾、亂髮）形態，或絲質光澤，或兩者兼有，如圖7-2。

2. 卷積雲（Cc）：纖薄，白色成片或成層之雲。無影，形如穀粒、漣漪等合併或分離，約略排列有序之小雲堆積所組成，常與卷雲伴隨，如圖7-3。

3. 卷層雲（Cs）：透明，白色纖維狀薄雲幕，全部或一部分掩蓋天空，日月遇之，四周有內紅外藍之光環，是為日暈或月暈（halo）現象，如圖7-4。

（二）中雲族（middle clouds）

中緯度地區，中雲族雲底高度約自6,500呎至23,000呎，平均雲底高度約在20,000呎左右。計有高積雲（altocumulus）、高層雲（altostratus）及雨層雲（nimbostratus）三種雲層。多為液體水滴組成，也含相當份量之固體冰晶，但液體水滴大部份為過冷水滴（super-cooled water）。

1. 高積雲（Ac）：白色或灰色，或白灰並存，成片，成行或成層之雲。常有影，為薄片、圓塊、滾軸狀雲，聚集成列，形狀略似卷積雲，但個體較大，排列有序，日月遇之，四周有內藍外紅之彩色光環，是為日華或月華（corona），如圖7-5。

2. 高層雲（As）：淡灰色或微藍，紋縷或均勻之雲片或雲層，全部或部分掩蓋天空，薄薄可透視太陽，可見朦朧日影，如阻隔毛玻璃，厚者不見日影，有微雨或雪下降，如圖7-6。

3. 雨層雲（Ns）：灰暗雲幕，雲底襤褸破碎，常瀰漫天空，陽光不見，低而破碎之雲，常出現於雲層之下，常有雨雪連綿下降，如圖7-7。

（三）低雲族（low clouds）

中緯度地區，低雲族雲底高度約自地面至6,500呎，平均雲頂高度約6,500呎，計有層雲（stratus）及層積雲（stratocumulus）二種雲屬，絕大部份為水滴組成，水滴可能有冰點以下溫度之過冷狀態，也可能含有冰雪。

1. 層積雲（Sc）：灰或微白，或灰與微白具備，成塊，成片時成層，幾

皆有陰暗部分，排列如棋盤，圓塊滾軸等形狀，無纖維結構，雲塊有時瀰漫全天，有時分離，大部分排列有序，如圖7-8。

2. 層雲（St）：灰色雲瀰漫全天，漫無結構，似霧，沒有著地，偶有毛毛雨，冰針或米雪下降，隔雲太陽輪廓可見，但無日月暈現象，有時層雲呈殘破碎片之狀，如圖7-9。

（四）直展雲族（clouds with extensive vertical development）

垂直向上發展之雲族，包括積雲（cumulus）與積雨雲（cumulonimbus）二種雲屬，平均雲底高度約自1,000呎（或較低）至10,000呎，雲頂高度如卷雲，最高可達60,000呎或以上。雲大多為水滴組成，高聳之頂部常有冰晶出現。直展雲向上空垂直發展，充份顯示其不穩定。高聳霄漢之積雲或積雨雲，攜帶大量過冷水到極冷之高空，因此該等雲族之上層可能為液體過冷水與固體冰晶混合組成。

1. 積雲（Cu）：灰白色孤立雲塊，濃厚垂直發展如山丘，輪廓明顯，圓形成塔狀，雲頂類似花椰菜，為日光照射部分十分明亮，雲底較暗近扁平，有時積雲，亦有破碎者，如圖7-10。

2. 積雨雲（Cb）：濃厚龐大之積雲，形體臃腫高聳，如大山或巨塔，頂部有卷雲結構稱，稱之偽卷雲（false cirrus），或具條紋，常平展如鐵砧（anvil），雲底下極陰暗，並時有破碎之雲，與母雲或相連或不相連，降水時呈旛狀（virga），如圖7-11。

積雲或層雲，有時雲塊破裂成碎片狀，雲屬名稱加上，碎（fractus）字，如碎積雲或碎層雲（cumulus fractus, Cu fra or stratus fractus, St fra）。

第三節　雲之形成與結構

雲為空中水氣凝結成為可見之群聚水滴，通常大氣受外力作用或本身冷卻，溫度降低，接近露點，而導致凝結，即露點溫度與大氣溫度相同，大氣飽和（相對濕度為100%），如繼續再冷卻，即有凝結發生。空氣冷卻作用，原因為：1.大氣自下層受熱產生局部垂直對流，潮濕大氣上升冷卻。2.整層大氣受外力強迫上升而冷卻。

圖7-2 卷雲（1999年1月8日16時30分 恆春龍鑾潭西北方
Hasselblad 500C/M，Planar 2.8/80mm，1/125 f8 filter
1x UX skylight；FL Chen）

圖7-3 卷積雲（1998年6月21日9時00分 瑞芳九份東北方
Hasselblad 500C/M，Planar 2.28/80mm，1/125 f16 1x
UV skylight；FL Chen）

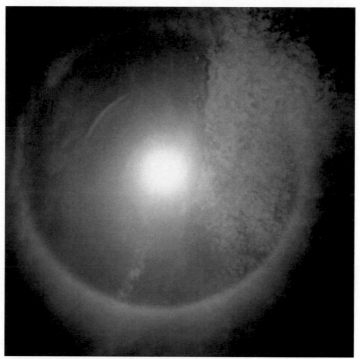

圖7-4 卷層雲（2002年5月8日12時25分 台北市莊敬路中天
Hasselblad 500C/M，Distagon 4/50mm，1/250 f22 filter
3x pl；FL Chen）

圖7-5 高積雲（2000年1月5日8時30分 中央氣象局西南方
Hasselblad 500C/M，Planar 2.28/80mm，1/125 f16 filter
3x；FL Chen）

圖7-6　高層雲（1998年10月14日8時30分 中央氣象局東方
　　　　Hasselblad 500C/M，Planar 2.28/80mm，1/125f16 1x
　　　　UV skylight；FL Chen）

圖7-7　雨層雲（1998年4月13日14時40分 台北板橋探通站南方
　　　　Hasselblad 500C/M，Distagon 4/50mm，1/125 f22 filter
　　　　1x UV skylight；FL Chen）

圖7-8　層積雲（1997年12月17日10時00分 中央氣象局東方
Hasselblad 500C/M，Distagon 4/50mm，1/125 f16 filter
1x UV skylight；FL Chen）

圖7-9　層雲（2000年4月8日12時30分 台北縣金山青年活動中心
東南方 Hasselblad 500C/M，Distagon 4/50mm，1/60
f8 filter 1x UV skyligth；FL Chen）

圖7-10　積雲（2000年9月2日13時30分　中央氣象局北方
　　　　Hasselblad 500C/M，Distagon 4/50mm，1/125 f16
　　　　filter 1x pl；FL Chen）

圖7-11　積雨雲（1998年8月3日13時50分　中央氣象局西南方
　　　　Hasselblad 500C/M，Planar 2.8/80mm，1/125 f16 1x
　　　　UV skylight；FL Chen）

大氣穩定程度決定雲的種類，例如不穩定大氣，垂直對流，形成積狀雲。積狀雲或鄰近都有亂流。層雲無垂直對流，層狀雲無亂流現象。

空氣被逼上升，則雲之結構，全視該空氣上升前之穩定程度而定。例如，十分穩定之大氣，被迫沿山坡上升，產生之雲，以層狀雲居多，如圖6-7，無亂流現象。不穩定大氣被迫沿山坡上升，山坡有助長垂直發展之趨勢，積狀雲發展旺盛，如圖6-7。

雲底部受熱，將水平層狀雲類，部分改變為積狀雲。在條件性不穩定下，使得被迫上升空氣，產生積狀雲。在雲層上部飛行時，常發現隆起之積狀雲，一系列之積雲由水平層狀雲中突出，顯示為鋒面帶之存在。在海岸線上，常產生類似之雲型，概由於海陸氣溫不同所造成。積雲有或大或小之亂流，飛行時盡量避開為宜。

第四節　雲層之穩定與不穩定

大氣穩定，抑制大氣對流作用，使大氣雲形為水平層狀（strata），在穩定之大氣層，雲形為層狀雲（stratiform）。絕熱冷卻原因為大氣沿山坡爬升，如圖6-7、在冷而濃密大氣上層，空氣被舉升和輻合等三種方式。大氣下方在冷地面上進行冷卻是一種穩定過程，可產生霧氣。如果雲形保持層狀雲，則該層大氣定會在凝結作用出現後仍舊保持穩定。反之不穩定大氣能助長大氣對流作用，積雲（cumulus）就是堆積（heap）之意，為對流的上升氣流所形成，並且向上堆積，如圖6-7。在不穩定之大氣，雲形為積狀雲（cumuliform），垂直向上聳立之雲高，視不穩定大氣之厚度來判斷。

大氣在凝結作用發生之前，可能為不穩定或略為穩定，對流性積狀雲，當它達到飽和後，一定為不穩定。由於凝結潛熱，使上升氣流冷卻作用緩慢，依濕絕熱遞減率進行。在飽和上升大氣之溫度高於周圍大氣之溫度，對流作用即時發生，上升氣流加速進行，直至雲中溫度低於其周圍之溫度，方始停止上升。此種情況發生於不穩定層上方，覆以穩定大氣層，該穩定大氣層常顯現溫度逆溫現象。積狀雲類垂直發展高度，自淺薄晴天積雲頂至高聳雷暴積雨雲頂。

不穩定大氣出現於穩定大氣層之上方，高空有對流現象，遂形成中層或

高層之積狀雲類，以相當淺薄之層次，出現高積雲與冰晶狀卷積雲。如有堡壘狀高積雲出現時，是發展於較深厚之中高度不穩定層中。

　　層狀雲形成於溫和而穩定大氣，有時少數強烈對流雲在層狀雲中發展，於是層狀雲與積狀雲混合一起，對流性之積狀雲嵌入一大片層狀雲中。

　　在對流性不穩定層中飛行，航機感覺自輕微顛簸至猛烈跳躍程度。在溫和穩定層中飛行，通常是平穩舒適，但有時也會因壞能見度與低雲幕而苦惱。因此在作飛行計劃（preflight planning）時，有必要考慮大氣之穩定與否。下列數項為有關航空人員（包括飛行人員、地勤人員與飛航管制人員）應該密切注意者：

(一)雷雨表示激烈不穩定大氣之顯著記號，航機應予遠避。

(二)陣雨及向上聳立之塔狀雲，表示強烈上升氣流與擾動不穩定大氣，應等雲層開朗再行飛航。

(三)晴天積雲表示在雲下與雲中存在著顛簸氣流。雲頂表示對流的極限，飛行於其上方，通常為平穩無波之大氣層。

(四)塵暴（dust devils）為乾燥而不穩定大氣，常達於極大高度。飛行其中顯有相當震動，除非飛行於不穩定層之上方。

(五)層狀雲表示穩定大氣，一般飛行平穩，不過壞能見度與低雲幕出現時，須實施儀器飛行規則（IFR）飛行。

(六)近地面有能見度的限制時，表示穩定大氣之存在，預期飛行平穩，但能見度較差，須要實施儀器飛行規則。

(七)雷暴雨嵌入層狀雲中，帶給儀器飛行以不可預見之威脅。

(八)即使晴朗天氣，仍需依循下列線索來判斷大氣之穩定度：

　　1. 當飛機爬升時，發現大氣溫度向上遞減均勻，而且比較快速（遞減率大約為3°C/1,000ft），表示大氣不穩定。

　　2. 飛機爬升時，如大氣溫度向上不變或稍稍遞減，表示大氣傾向於穩定。

　　3. 如果大氣溫度因高度上升而遞增，逆溫，大氣為穩定，對流被抑止，在逆溫層下方之大氣層可能為不穩定。

　　4. 近地面之大氣，濕熱，氣層有不穩定之可能。地面增熱，高空溫度變冷、輻合或上坡風、或較冷大氣之侵襲，導致大氣不穩定。

第五節　雲中飛行天氣狀況

表7-1　雲中飛行天氣狀況綜合表

雲狀及其簡字	組成	連續性	雲底高度	垂直厚度	雲中水平能見度	飛機架構積冰	亂流	附註
卷雲（Ci）	冰晶，絕少水滴與冰晶	分離雲絮		很薄				可能併入Cs或Cb中
卷層雲（Cs）	混合情形	連續雲幕	通常在2,000呎以上	低緯地帶有5,000-10,000呎	約>3,000呎	少見積冰		可能併入As中
卷積雲（Cc）	冰晶與或水滴，或水滴與冰晶混合			厚度延展至對流層頂		屬輕微	無亂流或輕度亂流	可能併入Cs中
高積雲（Ac）	通常為水滴，溫度能達-10°C，如溫度較低時，水滴與冰晶混合	層狀雲幕，含有分離的球狀個體	6,500-20,000呎	通常厚度不大	約3,000呎	輕微至中度不透明之霧凇（rime）	當雲屬與Cb合併時，則例外	
高層雲（As）	通水為冰晶，有時為水滴與冰晶混合	連續雲幕，雲量常為8/8	6,500-20,000呎，但有時低於6,500呎	厚度15,000呎	30-60呎			常低垂併入Ns中
雨層雲（Ns）	水滴	連續雲幕	地面至8,000呎	雲頂沒入As中	30-90呎	不透明或透明中度霧凇，可能在雲下有凍雨（rain ice）	雲底有強烈亂流，其他部分有中度亂流	雲頂掩蓋山頂
層積雲（Sc）	大都為水滴	球形個體或滾軸形雲層，常為連續雲幕	通常1,500-4,000呎	500-3,000呎	普通少於60呎，有時少於30呎。	不透明中度霧凇	中度亂流	有時被大塊Cu或Cb透入
層雲（St）	水滴	連續雲幕	自地面至2,000呎	200-1,000呎		不透明輕度或中度霧凇	無亂流或輕度亂流	掩蓋山丘

第七章　雲（Clouds）

119

雲狀及其簡字	組成	連續性	雲底高度	垂直厚度	雲中水平能見度	飛機架構積冰	亂流	附註
積雲（Cu）	水滴	獨立雲塊，可有雲量6/8	通常1,500-5,000呎	厚度約15,000呎		不透明或透明霧凇、可能為嚴重霧凇		大堆積雲，可能發展成Cb
積雨雲（Cb）	大都為水滴，溫度低達-14°C，更低溫度時，為冰晶與水滴混合	通常是直徑4 -16公里獨立雲塊偶而形成連續系列	通常1,500-5,000呎），但也可低降至水面	15,000-30,000呎厚度或更厚，在低緯地帶特別厚，可高達對流層頂			強烈亂流	閃電與嚴重性雷電並有冰雹

各種雲對於飛行操作具有影響之因素，如表7-1（雲中飛行天氣狀況綜合表）及表7-2（積狀雲與層狀雲對於飛行操作之影響比較表）詳細說明。飛行人員在適當情況下，飛行於雲上、雲中或雲下知所因應與抉擇，以達到迴避危險與提高飛行效能之目的。

表7-2　積狀雲與層狀雲對於飛行操作之影響比較表

天氣狀態 ＼ 雲類	積狀雲	層狀雲
水滴大小	大	小
大氣之穩定度	不穩定	穩定
飛行情況	不平穩	平穩
降水	陣性	連續性（強度均勻）
地面能見度	大致良好，但在降雨、雪及吹沙時惡劣	通常惡劣
飛機積冰	主要為透明冰	主要為霜狀冰

第二篇

影響飛航安全之天氣

對飛航安全不利影響之天氣因素計有（1）霧與雲（fog and cloud），降低能見度及雲幕高，構成積冰。（2）雲中或晴空之大氣亂流與陣風（turbulence and gust），常導致航機顛簸，乘客嘔吐不適，嚴重造成航機撞毀。（3）雷暴雨（thunderstorm activity），可能產生風切亂流、下衝氣流、閃電與豪雨等惡劣天氣，常為民航客機失事重要原因。（4）冰雹（hail），常擊損機身及機翼。（5）高密度高度（high density altitude），影響航機載重，降低噴射引擎之動力。（6）飛機積冰（aircraft icing），嚴重影響航機飛行之操作。（7）雪（snow），降低能見度和使跑道積雪，導致航機起飛降落困難。（8）靜電（static electricity），會擾亂航機上無線電及雷達之信號。

上述不利天氣現象於何時何地會發生，除了部分靠飛行人員經驗之外，大部分還靠起飛前或航程中，航空氣象單位所提供之天氣觀測和預報資料。飛行人員在起飛前必須獲得充份的氣象資料，全盤了解危險天氣情況，設法避開，無法避免，勢必冒險飛過惡劣天氣區域時，飛行人員心理上應有準備，操作技術上先作應變之安排，才能化險為夷，渡過難關。

天氣現象的變化是影響飛行安全的一大因素，大氣因氣壓、風速、溫度、濕度等氣象要素的改變，產生惡劣的天氣現象，從大尺度的氣團到中小尺度的雷雨，如鋒面、海陸風、低層噴流、陣風、低雲幕、低空風切、雷雨亂流等，都對飛行安全產生影響。

根據美國聯邦航空局的統計，天氣是大約70%的原因造成國家空域系統（NAS）的延誤。國家運輸安全委員會（National Transportation Safety Board; NTSB）報告最常發現人為錯誤是直接事故原因，天氣是 23% 的主要因素，影響航空事故。美國國家運輸安全委員會統計有關飛航事故發生的原因，概分為三大類，與人相關（駕駛員及其他人員）、與環境相關（天氣及機場設施）及與航空器相關（發動機及系統）。根據國家運輸安全調查委員會台灣飛安統計，我國2010-2019年國籍民用航空運輸業重大飛航事故原因，如圖8A-1，其中與駕駛員相關之飛航事故比例佔40%，與天氣相關事故佔20%，與系統裝備相關事故佔16%，天氣現象瞬息萬變，從統計的數據顯示，因天氣因素造成飛行事故的比例高居第二，惡劣的天氣對於飛行安全仍是一大危害。

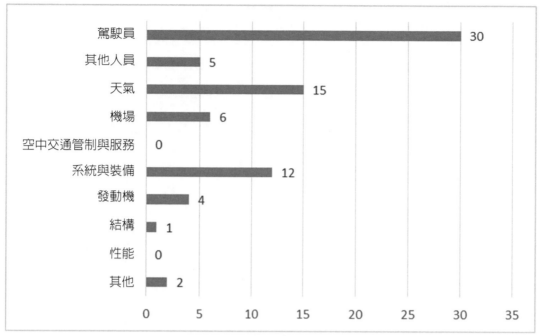

圖8A-1　2010-2019年國籍民用航空運輸業重大飛航事故原因

　　美國國家運輸安全委員會統計，因氣象原因而導致飛機失事之天氣因素，計有風切 wind shear）、低雲幕（low ceiling）、高密度高度（high density altitude）、霧（fog）、上升及下降氣流（up and down draft）、豪雨（heavy rain）、雷暴雨（thunderstorm activity）、飛機積冰（aircraft icing）、 大雪（snow storm）、大氣亂流（air turbulence）、視程障礙（obstruction to vision）以及其他等天氣因素，其中以低雲幕、惡劣能見度、豪雨、雷雨、亂流與大風雪等天氣因素最常造成重大傷亡的飛機失事之主因。

　　影響飛航安全之天氣因素（Weather factors affecting flight safety）：

（一）霧與雲（fog and cloud），降低能見度及雲幕高，構成積冰。

（二）大氣亂流與陣風（turbulence and gust），常導致航機顛簸，使乘客嘔吐不適，嚴重甚至造成飛機扭折而撞毀。

（三）雷暴雨（thunderstorm activity），可能產生風切和亂流、下衝氣流、閃電與豪雨等惡劣天氣，常為民航客機失事重要原因。

（四）冰雹（hail），常打壞機身及機翼。

（五）高密度高度（high density altitude），影響航機起飛載重，降低噴射引擎之動力。

（六）飛機積冰（aircraft icing），嚴重影響航機飛行之正常操作。

（七）雪（snow），會降低能見度和使跑道積雪，導致航機起飛降落之困難。

（八）靜電（static electricity），會擾亂航機上無線電及雷達之信號。

第八章　氣團
（Air mass）

　　氣團是具有均勻溫度和濕度的大氣。氣團起源的區域稱為源區。氣團源地範圍從大面積積雪覆蓋的極地地區到沙漠再到熱帶海洋。美國不是一個有利的源區，因為天氣擾動相對頻繁地通過，這些擾動破壞了氣團停滯並呈現下層區域特性的任何機會。氣團在其源區停留的時間越長，它就越有可能獲得地面的特性。地區直徑1,600公里以上的大氣，溫度和濕度等基本性質相近，這種廣大範圍的大氣稱之為氣團（air mass）。氣團的垂直厚度約自地面至3-6公里，且大部在對流層下部，同一氣團裡，各區域空氣之特性大致相同，如有差異，可能受高山、深谷與湖泊等地形影響所造成。

　　氣團的水平和垂直範圍，通常與大環流系統，如反氣旋之範圍相同，氣團裡的各個區段皆出自相同源地，其主要生命史相類似。例如，氣團停留於北極區冰封雪地，經過相當時間，該氣團內之天氣現象，視該氣團源地之性質，以及氣團向溫暖或向寒冷地區移動而定。就航空氣象而言，氣團之基本性質，除包括溫度與濕度外，尚包括飛行天氣狀況之特性，因此在同一氣團裡，溫度、濕度及飛行天氣狀況皆相似。

　　一般而言，地區在一段時間內之天氣情況，受籠罩該區域氣團的性質，或兩個不同氣團相互作用而定。兩不同的氣團，在相同高度上的特性，往

往相差甚大，如果兩不同氣團相互接觸，在鄰接地帶的天氣，往往相當為激烈，故大多數惡劣天氣常發生於兩不同氣團之交界面上，而非發生於氣團本身。

第一節　氣團形成之主要因素

太陽供給地面及大氣熱能之源頭，太陽輻射為大氣運動與大氣變化之主要原動力。大氣對太陽短波輻射，除吸收極小部份外，其餘均透過，無法直接吸收。地球表面是良好吸收體，能吸收極多之太陽輻射能，地表再以長波方式，將熱能輻射於大氣中，實際上地球表面才是低層空氣熱能之主要來源。

地面吸收太陽輻射熱能，經由輻射、傳導、對流、平流及擾動等作用，傳至大氣。其中以平流、擾動與對流等，傳熱之能力最強。

熱能的傳輸主要是水平方向，平流作用能造成溫度差異，亦可消除溫度差異；輻合氣流可造成溫度差異，輻散氣流可消除溫度差異，大範圍輻散氣流可使空氣發生均勻之作用，所以大範圍輻散氣流成為氣團形成之重要因素。

空氣自地面吸收之熱量與水氣，主要靠擾動與對流作用，向垂直方向分布，以消除不同高度氣溫與水氣之差異，使空氣造成均勻之性質，產生上下一致之氣團。但空氣吸收熱量與水氣之多寡，發生擾動與對流之強弱，視地表性質而異，所以地面性質為產生氣團之重要因素。

綜合上述，可知形成氣團之兩個主要因素，為大範圍之輻散氣流和地面之性質。

第二節　氣團源地（Source regions）

大氣停滯或移動緩慢在廣大平坦的地面或海面上時，底部逐漸獲取地面或海上之溫度及濕度，改變本性，形成特殊性質之氣團，此大範圍的地面或海面就是氣團的源地。例如，大氣停留在北極冰雪大陸上，由於冬季長夜輻射，熱量耗損，成為極寒冷之大氣，大氣含有水氣量少，形成與北極性質相同之乾冷氣團。反之大氣停滯於熱帶海洋上，因輻射而增溫，且吸收自海面

蒸發之水氣，對流層底部水氣含量大增，成為與熱帶海洋性質相同之高溫潮濕氣團。

　　理想的氣團源地是廣闊而被冰雪覆蓋之北極區、高溫潮濕之熱帶海洋區以及廣闊乾燥高熱沙漠區。在不平坦和不規則的中緯度地帶，天氣與氣壓系統經常不停運行，大氣少有機會停留，故非為良好氣團之源地。

　　氣團厚度與源地有關，視大氣停留在源地上，時間之長短與大氣溫度和地面溫度之差異等兩條件而定。如最初大氣氣溫很低，源地溫暖，大氣底部受熱，產生上升氣流，將熱量和水氣帶往高空，改變氣團性質。反之如最初大氣溫度很高，源地氣溫低，大氣底部冷卻，上輕下重，氣層穩定，缺乏對流作用，氣團性質被改變之高度不高。

　　氣團源地之性質，隨冬季和夏季而異，尤其在中高緯度溫帶地區，差異程度更大，因此在相同源地上，冬季形成之氣團與夏季形成的大不相同，在低緯度海洋形成之氣團，因熱帶海洋高溫潮濕，終年很少變化，故無論冬夏，氣團性質無異。

　　氣團受大氣環流的影響，整個氣團經相當時間後，自源地移出，到達與性質迥然不同之地帶，逐漸受新地帶之影響，改變原有性質。例如，來自北方之乾冷氣團，南移至熱帶海洋，溫度與水氣逐漸增加，氣團性質慢慢改變，最後本性改變，形成與新氣團。

第三節　氣團之分類

　　白吉龍氣團分類（Bergeron air-mass classification）為國際公認之氣團分類法，是根據源地與地面狀況等兩項基本要素來分類，如圖8-1。

（一）發源地緯度高低，將氣團分為四大類：

　　A或AA北極或南極氣團（Arctic or Antarctic air mass）在北極或南極及其邊緣地區形成。

　　P極地氣團（Polar air mass）在南北緯度50°-65°間之海陸地區形成。

　　T熱帶氣團（Tropical air mass）在副熱帶高壓下南北緯度20°-35°間之海陸地區形成。

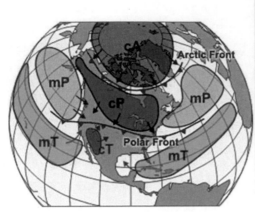

SOURCE REGION	Continental (c)	Maritime (m)
Arctic (A)	Continental Arctic (cA) *(Cold, dry)*	*Not Applicable*
Polar (P)	Continental Polar (cP) *(Cold, dry)*	Maritime Polar (mP) *(Cool, moist)*
Tropical (T)	Continental Tropical (cT) *(Hot, dry)*	Maritime Tropical (mT) *(Warm, moist)*

摘自Aviation Weather/FAA, Date: 8/23/16 AC 00-6B 10-2

圖8-1　氣團分類

E赤道氣團（Equatorial air mass）主要在鄰近赤道之海洋上形成。故知北極氣團與極地氣團為冷大氣，熱帶氣團與赤道氣團為熱大氣。

（二）依地面濕度狀況或地面是海洋或陸地之狀況，將氣團分為二大類：

M海洋氣團（maritime air mass）在廣闊大洋上形成，秉性相當潮濕。
C大陸氣團（continental air mass）在廣闊大陸上形成，秉性相當乾燥。

上述兩項基本要素集合使用，通常將M與C置於A、P、T及E之前。如源地為熱帶海洋者，稱為熱帶海洋氣團，符號為mT。如源地為熱帶大陸者，稱為熱帶大陸氣團，符號為cT。如源地為極地大陸者，稱為極地大陸氣團，符號為cP。餘此類推。氣團視離開源地，與所經地面熱力交換之情形，可分為冷氣團與暖氣團兩種。氣團氣溫低，經過暖地面者，稱為冷氣團，符號為K（cold）。反之氣團本身氣溫高，經過冷地面者，稱為暖氣團，其符號為W（warm）。此種分類要素與前述兩項要素可合併使用，通常將K與W置於A、P、T與E之後。例如，mTw代表熱帶海洋暖氣團，即該氣團源自熱帶海洋，經過冷地面。如cP代表極地大陸冷氣團，即該氣團源自極地大陸，經溫暖地面者。氣團綜合可分為十六類，名稱如表8-1。

表8-1　氣團分類之名稱

cAw	cAk	mAk	mAw
cPw	cPk	mPk	mPw
cTw	cTk	mTk	mTw
cEw	cEk	mEk	mEw

　　以上十六種氣團中之mAw氣團，似不存在。一般分類法單純以氣團之物理性為依歸，其秉性如何？一望而知，但有其缺點，即一般分類法所表示之氣團特性，僅以低層大氣與所經地面之源地而言，並不表示較高垂直方向之性質，世界各地，因地理環境之差異，同類氣團，若源地環境不同，則秉性有出入，故Willet及Schinze等另外倡議，所謂高空及地方分類法，大綱雖與白吉龍分類相同，但細目及命名，則大有出入。

　　地方分類法對於小區域氣團之研究，自屬必要，但對於整個半球，或廣大區域之大氣而言，則一般分類法較為有用。簡而言之，氣團分為冷氣團（K型）與暖氣團（W型）兩類，其典型之飛行天氣性質分述如下：

　　W型之氣團，自下層大氣逐漸冷卻，上層氣溫高，下層氣溫低，大氣穩定，氣團原有性質保持不變，由於移動關係，變性僅限於幾千呎之較低層，其典型之飛行天氣特性為：

　　1. 氣層在摩擦層之上，平穩無擾動。

　　2. 溫度遞減率穩定。

　　3. 低空及雲層下有煙塵，能見度低。

　　4. 層狀雲與霧。

　　5. 毛毛雨。

　　6. 接近地面氣層，有逆溫存在。

　　7. 飛機機翼上產生霧淞（rime ice），機翼變形，減少浮力。

　　K型之氣團，自下層逐漸受熱，上層氣溫低，下層氣溫高，形成對流現象，其變性及於高空，經過相當時日，氣團原來的性質改變。其典型之飛行天氣特性為：

　　1. 大氣亂流現象可達地面上1,500公尺至2,400公尺高度。

　　2. 溫度遞減率接近乾絕熱遞減率，大氣不穩定。

　　3. 除非有陣雨與塵暴之外，能見度很好。

4. 積狀雲。

5. 常發生陣雨、雷暴、冰雹、冰珠與大風雪。

6. 飛機翼面產生明冰（clear ice），增加飛機重量。

第四節　變性氣團

氣團於移出發源地，受新環境之影響，本性逐漸改變，改變程度，視氣團移動之速度、新環境之性質及氣團與新環境間溫度之差別等三因素而定。氣團變性之方法有下列數種：

（一）自底部受熱

冷氣團水平移動在比較溫暖的地面，或太陽照射地面，使氣團底部受熱，結果下層氣溫高，上層氣溫低，對流產生，使氣團之穩定度減低。

（二）自底部冷卻

暖氣團水平移動在比較冷的地面，或氣團地面輻射冷卻，氣層下重上輕，氣團穩定度增加。

（三）氣團底層水氣增加

水面、潮濕地面與液體降水等蒸發作用，冰面或雪面與固體降水等昇華作用，使氣團下層增加水氣，結果氣團穩定度減低。

（四）氣團底層水氣減少

水氣凝結、固體水分昇華或降水時，氣層水分減少，結果氣團之穩定度增加。

（五）氣團上升

底部受熱而致氣團上升，或大氣沿山坡被迫舉升，或溫暖大氣被抬舉在冷大氣之上，氣團之穩定度減低。整個氣團上升後，膨脹與冷卻，相對濕度隨之增加，如繼續冷卻，大氣達飽和，最後形成雲下雨。

（六）氣團下降

　　在較冷氣團上之大氣被迫下降，或大氣沿山坡下降至低窪地區，或大氣本身重量增加而致下降與外溢。結果冷氣團穩定度增加，大氣下降，因壓縮而增溫，於是相對濕度下降，當大氣下降時，雲層逐漸消散。

　　認知不穩定大氣與穩定大氣之差別，有助於對每種氣團之平均天氣情況，有進一步瞭解，通常不穩定大氣之天氣為積狀雲，有陣性降水和亂流現象，除了吹沙或吹雪之外，能見度佳。穩定大氣之天氣情況為層狀雲，有霧、連續性降水，大氣穩定，能見度在普通與惡劣之間。

　　天氣圖上常用符號標出氣團變性，例如，mP→P係表示極地海洋氣團經在陸地長途旅行後，失卻大量水分，變成極地大陸氣團。

第五節　台灣地形與氣候

　　我國台灣位於西太平洋，緊臨亞洲大陸的一個島嶼，地理位置北至25°38'N，南至21°45'N，東至122°06'E，西至119°18'E，東臨太平洋，西隔台灣海峽與中國福建相望，北臨東海，東北與琉球群島隔海相望，南隔巴士海峽與菲律賓呂宋島相望。台灣冬季受極地大陸變性氣團（cP），夏季受太平洋熱帶海洋氣團（mT）所控制。台灣南北長390公里，東西寬145公里，為一多山之島嶼。崎嶇山地面積佔全島的三分之二，島中央由綿延之山系縱貫南北，東側山形險峻，西側地形起伏較緩，為一緩坡。島中央之山系，主要由中央山脈、雪山山脈、玉山山脈、阿里山山脈和海岸山脈等五大平行山脈所組成，其間散列高度超過3,000公尺以上之高峰，有268座之多，素有台灣百岳之稱。台灣西部為一沖積平原，緩和傾向於海，平原南段寬闊平坦，北段地形逐漸變窄和變高。台灣河川短促，坡度大，水流急，不能航行，易造成水災。台灣最長的河流是濁水溪，長度達186公里，流經雲彰平原，如台灣地形圖（圖8-2）。

　　台灣橫跨北回歸線兩側，氣候隨地形而異，平均氣溫北部約22°C，南部約24°C，高山地區氣溫隨高度頓減。四季之中，夏季特長，冬季通常不顯著。在雨量上，台灣為多雨區域，平均年雨量約2,500mm左右，夏雨多於冬

雨，山地雨量多於平原，東岸雨量多於西岸。台灣有明顯的東北季風與西南季風之更迭。東北季風開始於十月下旬，終止於翌年三月下旬，為期約五個月；西南季風開始於五月上旬，終止於九月下旬，為期約四個月，惟風速遠不及東北季風之強盛。

　　台灣每年十月至翌年三月天氣主要受亞洲大陸變性氣團（cP）左右，盛行東北季風，偶有寒潮爆發及持續性大霧。每年五月至九月則受太平洋熱帶海洋氣團（mT）之影響，盛行西南季風，天氣時有午後雷陣雨，偶而有颱風。春季和秋季為轉換期，有不穩定天氣發生。平地與山區全年平均降水量分別為2,000mm和3,000mm以上，其中以夏季之颱風、雷陣雨及春末夏初之梅雨佔大部份，而冬季雨日雖多，雨量卻不大。

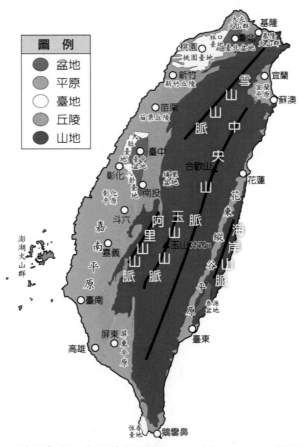

摘自：地理教室，無國界 http://lovegeo.blogspot.com/2019/10/blog-post_36.html

圖8-2　台灣地形圖

第九章　鋒面
（Front）

　　兩種性質完全不同之氣團相遇，不相混合，中間存有一道明顯不相連續之界線，此交界線稱為鋒面（Front）。鋒面通常與降水、低雲幕、低能見度及雷雨等惡劣天氣並存。認識鋒面之基本特性，在準備飛行計畫時，可避免許多危險性之天氣和減少可能發生之錯誤。

　　鋒面兩邊之氣團性質相差甚大，諸如溫度、露點、濕度、密度、風向風速、氣壓、雲系、天氣等都有顯著差異，正常情形下，較冷氣團接近地面，在鋒面之下，較暖氣團被抬上升在鋒面之上。鋒面兩側之氣團同時運動，而鋒面也不斷移動。氣團範圍頗廣，鋒面之長度達1,000公里。鋒面具有坡度之傾斜面，其與地面相交接之地帶，在天氣圖上看來，成為一條線，稱為鋒面線。事實上空氣為流體，冷暖兩氣團之分界，無法硬性劃分。所以鋒面實際上係一過渡層或過渡地帶，其寬度通常有數公里至數十公里不等。如果鋒面兩側氣團性質相差異常懸殊，且兩氣團有相互衝擊之趨勢時，則鋒之寬度最為狹窄。

　　地球表面氣象站不夠密集和均勻，天氣分析時，決定鋒面之真實位置，殊不可能，在氣象站稀少地區如海洋與沙漠，預報員常不得不根據極少數氣象站之天氣資料，判斷鋒面之位置，錯誤在所難免，惟近年來利用氣象衛星

所攝取之雲系照片，彌補空隙，亦能間接獲得鋒面的軌跡。

　　大體而言，地球表面無論南北半球，都有三個鋒面系統，極地鋒面帶（Polar frontal zone）、北極鋒面帶（Arctic frontal zone）或南極鋒面帶（Antarctic frontal zone）和間熱帶鋒面或稱赤道鋒面（intertropical front or equatorial front）或稱間熱帶輻合帶（intertropical convergence zone; ITCZ）。極地鋒面帶在極地氣團與海洋氣團常發生衝突之中緯度地帶形成；北極鋒面帶或南極鋒面帶在北極氣團或南極氣團與極地氣團常發生衝突之高緯度地帶形成；間熱帶鋒面或稱赤道鋒面或稱間熱帶輻合區在赤道附近形成，赤道鋒面通常不明顯，因赤道兩邊氣團溫度及濕度差異很小，僅能憑氣流線之分析予以辨別。

第一節　鋒面結構

　　氣團發源地天氣之特性，係自下層向上層推展，近地面空氣層受發源地影響最深，自下向上影響力漸減，如氣團停滯於源地較久，影響力所及高度較大。氣團特性特別顯著，兩不同氣團間鋒面，不但存在於地面上，而且自地面向上伸展至相當高度。氣團在接近地面層，攝取發源地特性最多，鋒面兩側氣團性質之差異，在低空氣層為最顯著，在高空方面，視發源地影響力所達高度而定，通常兩種氣團間性質差別甚小。以雲系的雨型而言，鋒面所達高度不會超過4,500公尺至6,000公尺。以溫度之差別而言，高度可達對流層頂。

　　鋒面兩側氣團之溫度、水分以及密度等性質差別顯著，冷氣團重於暖氣團，當冷氣團移動速度較暖氣團為快時，冷氣團追及暖氣團後，重而冷之空氣插入輕而暖的空氣之下，兩者間形成鋒面，由於接觸地面之空氣被地面摩擦力向後拉，於是將鋒面底部構成鼻狀，以致鋒面之下部坡度十分陡峻；反之冷氣團移動速度比暖氣團移動速度較慢，暖氣團追上冷氣團後，輕暖空氣爬行上冷而重空氣，兩者間形成鋒面，鋒面坡度不大。通常鋒面兩側氣團間風速差別大，鋒面坡度陡峻；反之風速之差別小，鋒面坡度淺平。

中緯度地帶為極地氣團與熱帶氣團經常交會之區域，兩氣團不停相互衝擊，冷氣團向南推動，暖氣團向北移動，因各個速度不同，進退參差，遂發生波動，分隔為極地與熱帶兩氣團之半永久性與半連續性之鋒面，稱為極地鋒面（Polar front）。

極地鋒面並非停滯一地固定不移之鋒面，某地區極地冷空氣強勁，氣流向南推動，取代熱帶暖空氣；另一地冷空氣退縮，為暖空氣佔領。換言之，極地鋒面在某一地區向南推移時，臨近地區空氣向北推進，致使整個極地鋒面形成波動。實際上，此半永久性之極地鋒面很少連續圍繞半球，在許多地區極地冷氣團與熱帶暖氣團間之過渡地帶，界線並不顯著。就外表上觀之，環球極地鋒面成斷斷續續之鋒面帶，夏季整個極地鋒面不顯著，斷裂之處特多。極地鋒面盛行於中緯度地帶，冬季常推移至熱帶區域，夏季則移向較高緯度，約在南北緯60°附近。極地鋒面為南北半球主要之不連續鋒面帶，但並非地球上僅有之鋒面，凡是兩氣團間溫度及水氣等因素有充份之差別時，都可以形成鋒面。

鋒面兩側氣團之溫度、水分、風向風速、氣壓及雲形等性質之差別，可作為預報員判定鋒面之位置和鑑別鋒面之指針。當飛行員飛越鋒面與鋒面移行經過氣象站時，如果發現天氣因素之變化激烈，表示此一鋒面異常狹窄，可能不及1.6公里之寬度。如果天氣變化為漸進而均勻，表示此一鋒面之輻度寬敞，常會寬至320公里。

（一）溫度之不連續性

地面溫度變化大，顯示鋒面之行徑，變化量與變化率表示鋒面之強度。溫度變化急遽而變幅大，鋒面顯見強烈或峻銳；溫度變化漸進而微小，鋒面性質虛弱或散漫。鋒面兩側氣團溫度差別，低緯度大於高緯度。

（二）露點之不連續性

冷氣團常較暖氣團為乾，露點常較在暖氣團為低，露點報告可幫助決定鋒面之位置。

（三）風向風速不連續性

鋒面兩側，地面風向變化特別明顯，北半球鋒面經過時，風向變化係反時針轉動。飛機通過鋒面，無論飛行方向如何，關於風向之改變，得一簡明規則，為保持固定航線起見，飛機通過鋒面時，飛行員應將機頭偏向右方。風速在鋒面兩側，大體相似，但有時飛機自暖氣團飛往冷氣團時，風速常常變大，因冷氣團風速較暖氣團為強勁。

（四）氣壓變化之不連續

鋒面形成於低壓槽線，通常鋒面上氣壓較兩側者為低，離開鋒面愈遠氣壓愈漸升高。鋒面兩側附近之氣壓，以沿鋒面為最低。當鋒面接近氣象站時，氣壓逐漸降低，待鋒面通過該站，氣壓降至最低後，立刻恢復上升，故根據全面氣壓升降趨勢，可以判定鋒面位置之所在。

第四節　影響鋒面天氣之因素

沿鋒面地帶常有惡劣天氣發生，其惡劣之程度，自最嚴重之壞天氣如冰雹、嚴重亂流、積冰、低雲幕以及惡劣能見度，至輕微之天氣變化，甚至晴朗天氣等。影響鋒面天氣之重要因素不外，空氣中水氣含量之多寡；被迫上升空氣之穩定度；鋒面之坡度；鋒面之移動速度；以及高空風場等。

空中水氣是構成雲幕之基本因素，鋒面附近如果其他條件適合，但空中水氣含量不夠充足，仍然無法形成雲下雨。反之無活動力之鋒面，移進潮濕地區，則形成雲下雨。被迫上升空氣之穩定度，決定雲型為層狀雲或積狀雲。如果鋒面上方之暖空氣為穩定，形成層狀雲類，如圖9-1。若不穩定，則形成積狀雲類，如圖9-2。層狀雲產生穩定降水，有輕微亂流；積狀雲有陣性降水，亂流程度較激烈。

鋒面坡度平淺，多雲寬廣，大雨區，常形成低雲和霧，在此情況下，雨滴造成冷空氣濕度上升，而達飽和。導致廣大地區低雲幕與壞能見度發生。假如近地面溫度在冰點以下，高空溫度比較暖，空氣在冰點以上，降水以凍雨，或冰珠式落下。如高空溫度比較暖，空氣在冰點以下，降水以雪花形態落下。坡度陡峻鋒面，移動速度快，僅有狹窄帶狀雲層和陣性降水。當鋒面兩側氣團性質懸殊，空氣含水量充足，暖氣團為條件不穩定，冷氣團急速移向暖氣團時，沿鋒面附近一帶常有惡劣之雷雨天氣發生，危害飛行操作。

　　鋒面可能出現極少量雲層或甚至晴朗，特稱為乾鋒面（dry front），高空暖空氣沿鋒面坡度下滑或空氣太乾燥以致雲層只出現於高空。

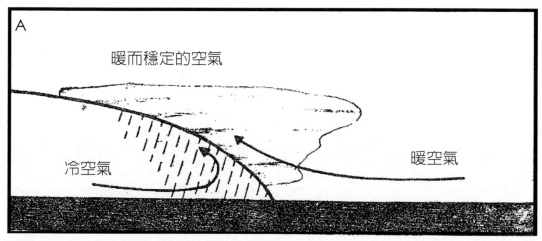

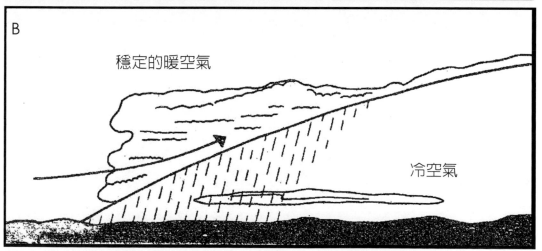

圖9-1　　（A）為冷鋒面在潮濕穩定暖空氣之下移動，形成層狀雲及連續性降水。
　　　　　（B）為暖濕穩定空氣爬上暖鋒，形成廣闊層雲及連續性降水。

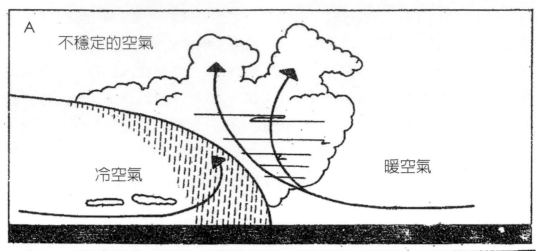

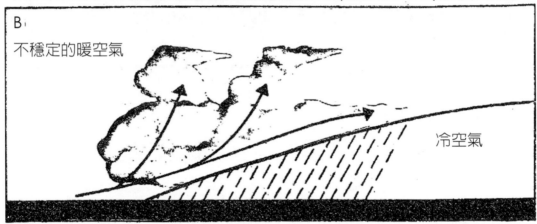

圖9-2 （A）為緩慢移動冷鋒在潮濕不穩定之暖空氣下方移動，形成積狀雲，在接近地面鋒面帶附近有陣雨或雷雨。（B）為暖濕不穩定大氣爬上暖鋒，形成廣大範圍的積狀雲，有陣雨或雷雨。

　　高空風場大部分會影響與鋒面系統相伴之雲量和雨量，同時也會影響鋒面本身之移動。當高空風吹過鋒面時，鋒面則隨風而動。當高空風平行鋒面時，鋒面大多緩慢移動。移動緩慢的深高空槽，形成廣闊之雲區與降水區，而小型移動快速之高空槽，常使天氣變化限制於狹窄之帶狀區域。

第五節　鋒面之種類

　　鋒面依冷暖氣團移動情形，區分為冷鋒（cold front）、暖鋒（warm front）、滯留鋒（stationary front）及囚錮鋒（occluded front）四種，茲分述如下：

一、冷鋒（cold front）

　　冷暖兩氣團遭遇，若冷氣團移動較快，侵入較暖之氣團，並取代其地位，則此兩氣團間交界線稱為冷鋒。貼近地面冷且重空氣插入暖空氣下，使楔狀冷空氣前端之暖空氣上升，同時地面摩擦力使前進之楔狀冷空氣，移動速減度低，冷鋒坡度陡峻，於是暖空氣被猛烈而陡峭地舉升。暖空氣快速絕熱冷卻，水氣凝結成積雲與積雨雲，常有雷雨與颮線（squall lines）發生。在嚴冬季節，冷鋒與颮線比較強烈，氣溫突降，積冰現象成為飛行極嚴重問題。

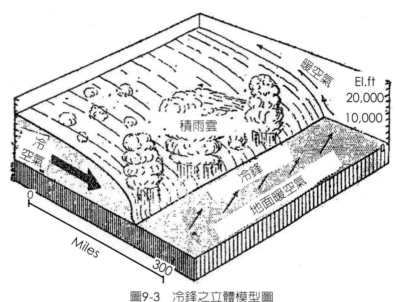

圖9-3　冷鋒之立體模型圖

　　自冷鋒立體模型圖9-3，可知冷鋒之具體概念，鋒面為兩氣團間自地面向上傾斜之接觸面，而非為地上之一條線跡。該圖經過放大後之鋒面實況，藉以增加清晰之感。實際上鋒面並非如此陡峻，其坡度自1:50至1:150間，平均坡度為1:80。其1:80，即自鋒面接觸地面之位置起，退後128公里，而鋒面高出地上1.6公里。鋒面坡度之大小，主要由鋒面移動速度而定，鋒面移動速度快，坡度陡直；鋒面移動速度慢，坡度平坦。

　　圖9-4，如果飛機飛行高度為1,500公尺，自暖空氣一方飛向冷鋒，則自地面天氣圖上冷鋒之所在位置之1,500公尺上空起，向前飛行64-160公里後，

發現溫度、風向及其他性質之改變，即飛機已遭遇冷鋒。反之如自冷空氣一方飛向冷鋒，則距地面上冷鋒位置前64-160公里之1,500公尺上空起，即飛入冷鋒中，故飛行越高，離開地上冷鋒位置愈遠之天空，始遭遇冷鋒。

在氣象單位日常所繪之地面天氣圖，用藍線表示冷鋒。如用粗黑線如圖9-5，則須附加黑色小三角形於線上，黑三角形尖端所指方向，即冷鋒之進行方向。

冷鋒前後之天氣，決定於冷鋒移動之快慢、冷鋒前暖空氣之穩定度及暖空氣中水氣含量等三要素，故冷鋒伴隨之天氣，並不完全相同，在北半球，強烈冷鋒常自西北或西南移向東、東北或東南方向。冬季冷鋒來臨前後，發生嚴寒天氣，出現塵暴（dust storms），鋒面過後，則隨之為乾冷天氣。

標準冷鋒過境時，所發生之天氣過程，暖氣團裡，冷鋒之前，最初吹南風或西南風，風速逐漸增強，高積雲出現於冷鋒之前方，氣壓開始下降，隨之雲層變低，積雨雲靠近後，開始降雨，冷鋒愈接近，降雨強度愈增加，待鋒面通過後，風向轉變為西風、西北風或北風，氣壓急劇上升，而溫度與露點快速下降，天空立刻轉晴朗，其雲層狀況，視暖氣團之穩定度及水氣含量而定。

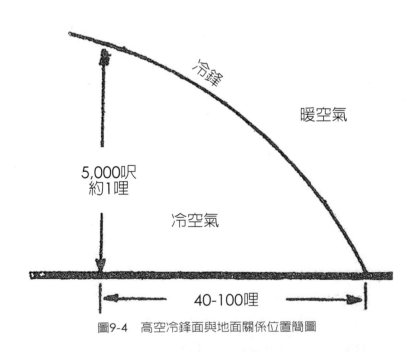

圖9-4　高空冷鋒面與地面關係位置簡圖

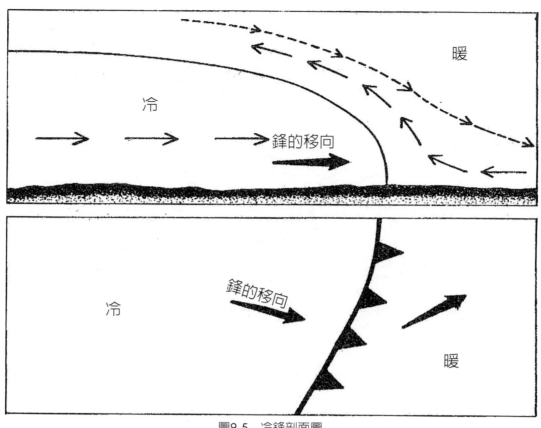

圖9-5　冷鋒剖面圖

　　冷鋒分為急速移動冷鋒（fast moving cold front）與緩慢移動冷鋒（slow moving cold front）兩小類，移動速度最快之冷鋒，每小時為96公里以上，正常之移動速度約少於每小時48公里，通常冷鋒冬季移動速度較夏季者為迅速。

　　圖9-6表示急速移動冷鋒遭遇不穩定濕暖空氣所產生之天氣情形，鋒面移動快，在高空接近鋒面下方，空氣下降，在地面上冷鋒位置之前方，空氣上升，大部分濃重積雨雲及降水，發生於緊接鋒面之前端，此種快速移動冷鋒常有極惡劣之飛行天氣伴隨，惟其寬度很窄，飛機穿越需時較短。

　　地面摩擦力大，靠近地面之冷鋒部分，移動緩慢，鋒面坡度陡峻，同時整個冷鋒移動速度快，冷鋒活動力增強，如果暖空氣水分含量充足而且為條件不穩定時，則在鋒面前有猛烈雷雨與陣雨，有時一系列雷雨連成一線，形成鋒面前颮線，颮線上積雨雲更加高聳，猛烈之亂流雲層，直冲雲霄，可高

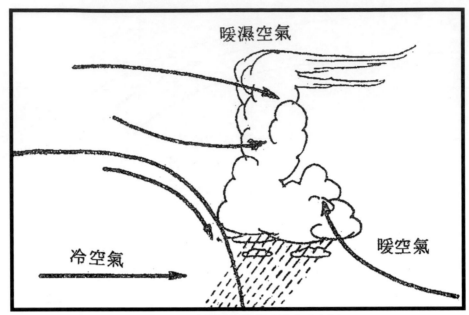

圖9-6　急速移動冷鋒與不穩定暖空氣

達12,000公尺以上，最高積雨雲雲頂可達18,000公尺或21,000公尺。隨急速移動冷鋒之過境，低溫與陣風亂流同時發生，瞬時雨過天晴，天色往往頃刻轉佳。

　　圖9-7及圖9-8，分別表示緩慢移動冷鋒遭遇穩定暖空氣，與潮濕而條件性不穩之暖空氣所產生之不同天氣情形。移動速度慢的冷鋒，坡度不大，暖空氣慢慢被舉升，積雲與積雨雲在暖空氣中，自地面鋒面之位置向後伸展頗廣，故惡劣天氣輻度較寬。自圖9-7，暖空氣為穩定時，鋒面上之雲行為層狀雲。自圖9-8，暖空氣為條件性不穩定時，鋒面上產生積狀雲，並常有輕微雷雨伴隨。

　　無論冷鋒急速移動或緩慢移動，惡劣天氣之寬度，較暖鋒面上壞天氣之寬度狹窄甚多。急速移動冷鋒惡劣天氣寬度絕少超過64-80公里，而緩慢移動冷鋒惡劣天氣寬度約為160公里左右（暖鋒惡劣天氣寬度約480-640公里），飛機如對冷鋒以垂直方向飛行，其通過之時間很少超過30分鐘。

　　我國台灣冷鋒自晚秋開始增強，至冬季強度達最高峰後，轉趨衰微。因值冬季半年，冷暖氣團秉性差別較大，故鋒面坡度大，移動速度快，積冰程度嚴重，積雲與積雨雲頂雖不如夏季者高聳，但亂流仍強，有時且有猛烈雷雨出現，飛行員及領航員宜慎之戒之。

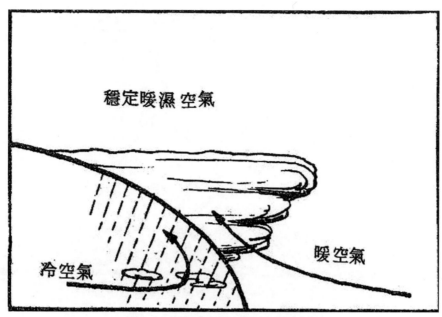

圖9-7　緩慢移動冷鋒與穩定暖空氣

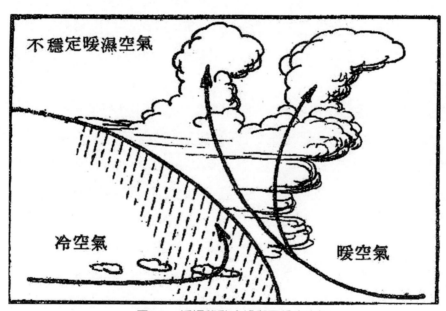

圖9-8　緩慢移動冷鋒與不穩定空氣

（一）冷鋒之副產物

1. 颮線（squall line）：

颮線又稱不穩定線（instability line），實為成熟之不穩定線。所謂不穩定線，係一條狹窄非鋒面線，或係一條對流活動帶，如果發展成一系列之

圖9-9　冷鋒楔形縱面及伴隨典型颮線雷雨

雷雨天氣，則這條線就是颮線。不穩定線形成於潮濕不穩定空氣，遠離鋒面，而常在冷鋒前方發展，有時成為多系列之颮線，活動於冷鋒之前方。構成強烈雷雨不穩定線之有利位置為露點鋒面（dew-point front）或乾線（dry line）地區。

　　颮線常在靠近急速移動冷鋒之前端產生，緩慢移動冷鋒上少見，而暖鋒上更無颮線現象產生。因急速移動冷鋒後之冷空氣行動快速，地上摩擦力將緊貼地面之冷空氣及冷鋒向後拉，而較高層冷氣仍向前衝，鋒面形成楔形鼻狀，常超過地面冷鋒位置前數哩，在向前衝出楔形冷空氣與地面夾層間留存一團暖空氣，同時冷鋒仍舊繼續推進，於是夾層間之暖空氣愈積愈多，無法溢出，在極端情況下，該暖空氣衝破上方之楔形冷鋒，暖空氣猛烈向上爆發，於是緊靠冷鋒之前端，產生一系列雷雨群，即所謂颮線，可能有壞飛行天氣出現，所幸與冷鋒平行之颮線長度雖可伸展數百哩，但其寬度很少超過40公里以上，如圖9-9。

2. 鋒前颮線（pre-frontal squall line或 pre-cold frontal line）：

　　暖空氣異常不穩定時，而冷鋒推進速度特快，在鋒之前方較遠處（160-320公里）產生一系列之雷雨，略與鋒面平行，移動多與冷鋒相似，此雷雨系列，稱為鋒前颮線。其與冷鋒不同者，即飛機通過鋒前颮線時，溫度與

風向並無任何變化。鋒前颮線有被解釋為氣壓躍動現象，對冷鋒供給最初似活塞之衝擊力，暖空氣沿一線產生水平向輻合，故而使其脫離。主冷鋒上雷雨產生之冷空氣，沿著主冷鋒向前推進，與周圍的暖空氣交接，成為假冷鋒（pseudo cold front），觸發假冷鋒颮線上之雷雨。通常當鋒前颮線增強時，主冷鋒會減弱而趨消失。

3. 副冷鋒（secondary cold-front）：

　　冬季寒冷大陸極地氣團猛烈爆發，與冷鋒前暖性海洋氣團溫度差異頗大，在緊接鋒面後之冷空氣受熱，溫度徐徐上升，該段空氣變性，於是又與來自極地氣團中心之新鮮冷氣團發生相當差別，因此其間又產生較弱之冷鋒，此即副冷鋒。副冷鋒與主冷鋒間，距離通常約320-480公里左右，強度較主冷鋒為弱，風向與氣壓之變化亦較輕微，但給予飛行員很多困擾，如圖9-10及圖9-11。

（二）冷鋒上之飛行天氣

1. 冷鋒積冰（cold front icing）：

　　飛機飛進或穿越冷鋒常遭遇積冰，尤其冬季積冰之可能性最大，圖9-12網狀部分表示主要嚴重積冰區，大概局限於鋒面附近之狹窄帶上。當飛機

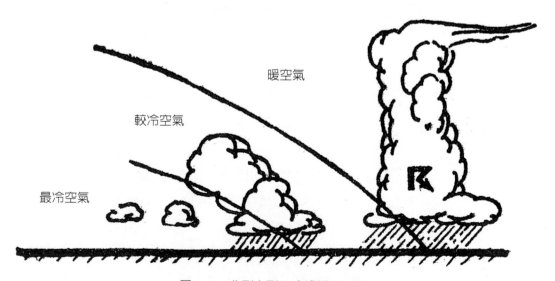

暖空氣

較冷空氣

最冷空氣

圖9-10　典型主副二冷鋒縱剖面圖

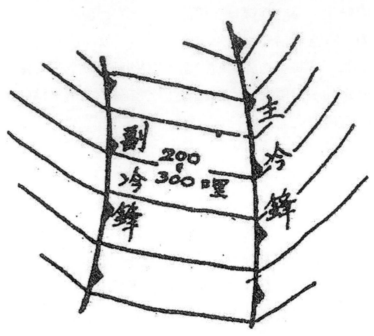

圖9-11　地面天氣圖主副二冷鋒位置略圖

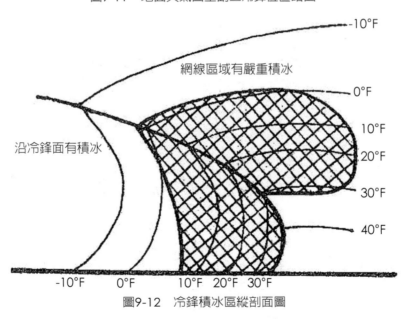

圖9-12　冷鋒積冰區縱剖面圖

飛行於冷鋒雲層時，如果氣溫低於0°C，在機翼與螺旋槳上常呈積冰現象，如果溫度降至-9.4°C以下，空中水分凍結成固體狀態，積冰現象反降至最輕之程度。可知飛機穿越冷鋒面而避免積冰之唯一途徑，即飛行於氣溫高過0°C或低過-9.4°C間，機翼及機身均不見積冰，其中以在高過0°C間，尤為妥當。若飛行在雲層任何高度，溫度高於雲層外邊之同一高度上之溫度。

2. 冷鋒亂流與風變（cold front turbulence and wind shifts）：

飛機穿越冷鋒可能遭遇猛烈陣風、強烈亂流與突然風向變化等危險飛行天氣。由於冷鋒快速移動，在冷鋒面上空氣強烈混合，使鋒面上或鋒面前端，暖空氣猛烈地向上方爆發，引發極強烈亂流（extreme turbulence）與強烈升降氣流不斷發展，尤其是冷鋒雷雨上本有之亂流，兩者相加，整個冷鋒亂流之嚴重程度可想而知。比較強烈與快速之冷鋒，其風向突變，顯得強烈，通常冷鋒經過時，風向變化約在90°-180°間，所需時間約在15-30分鐘之間。由圖9-13可知凡飛機穿越冷鋒，風向變化常自左方轉向右方。例如，飛機自暖空氣飛向冷鋒，在飛達鋒面前，風向來自西南方，即來自飛機之左前方，待穿越鋒面後，風向突然轉變，成為西北風，即來自飛機之右前方。反之另一架飛機自冷空氣飛向冷鋒，在飛達鋒面前，風向係來自西北方，即來自飛機之左後方，待穿越鋒面後，風向突變，成為西南風，即來自飛機之右後方。基於風向變化緣故，飛越冷鋒時，必須密切注意機身外，大氣溫度之變化，如果溫度突然變化，表示飛機已通過冷鋒，於是飛行員採用適當步驟，逐漸自左向右校正飛行角度，以保持飛機在正確航線上飛行。

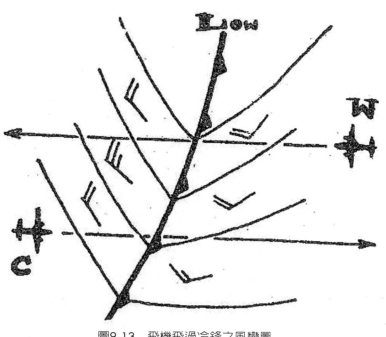

圖9-13　飛機飛過冷鋒之風變圖

3. 冷鋒與能見度：

飛機飛進或飛越冷鋒，常遭遇惡劣飛行天氣，除了亂流及積冰外，尚有惡劣能見度之困擾。當雷雨開始，使能見度劇降為零，因在冷鋒左右積雨雲之下方，常形成襤褸破碎雲層，雲底部接近地面時，能見度必然是十分惡劣。

（三）冷鋒中飛行應注意之事項

所有冷鋒性質並非一致，因時因地而有參差，惟有下列事項，對飛行操作有幫助，飛行員於遭遇冷鋒時應注意。

1. 飛機應垂直飛越冷鋒，使飛機在最短時間內通過鋒面地帶，飛行員對於冷鋒變化較佳了解，適時校正飛行方向，以免迷失航線。

2. 主要冷鋒雲系之前，常有一片雲層存在，飛機如飛向冷鋒，除非在雲下飛行，否則可爬升雲層頂上，以便察看冷鋒。

3. 飛機飛行於兩雷雨個體頂峰間，盡可能高飛，因為二雷雨頂峰間，氣流平穩無波。

4. 如有雲幕高，飛機可選擇雲下飛行，但其飛行高度不可超過地面至雲底高度之1/3，以避免鄰近雲層底部之擾動氣流。

5. 當飛機在雲下飛行時，若自暖空氣一方飛向冷鋒時，應略低於正常飛行高度。反之自冷空氣下方，飛向冷鋒，應略高於正常飛行高度。由圖9-14可以得到解釋，冷鋒上之雷雨通常伴以升降氣流，飛機在雲下自暖空氣飛進強烈上升氣流中，迫使飛機自動上升，經過降水區時，發現下降氣流，繼續前飛，再遭遇到輕微上升氣流，最後穿過冷鋒，離開雷雨地帶，立刻飛進強烈下降氣流。

6. 若雷雨上下方均無法飛行，唯有飛入雷雨。但必須盡可能避免飛進雷雨雲2/3高度區域，因為自雷雨底向上至雲頂約2/3高度區是亂流最兇猛，冰雹最嚴重，飛行天氣最惡劣之地帶。

7. 盡可能避免飛進氣溫在-9.4°C與0°C間之空層，因為在該空層，積冰現象最嚴重，故飛在冰點線下300公尺或盡量高過-9.4°C等溫線上，為最相宜和最妥善。

圖9-14　飛機飛過冷鋒雷雨區域氣流之變化

8. 在飛進冷鋒雲系前，應降低飛行速度，勿以巡航速度飛進強烈亂流層，避免與亂流博鬥，同時也避免飛進危險高度。

9. 航機果真開始穿越冷鋒面，切不可畏難而退，飛行員盡可運用氣象常識及飛行經驗，依往直前，因為垂直飛過冷鋒最惡劣區域為時不過30分鐘。

10. 冷鋒之強弱與否，端視鋒面移動之速度及暖空氣之穩定與否而定，飛行員務必諮詢氣象人員，因其對於鋒面之猛烈強弱較多瞭解，飛行員亦應常注意研究天氣圖，對各地天氣有所認識。

11. 盡可能避免採用與冷鋒面平行之飛行計畫航線。盡可能遠離冷鋒，如必須穿越時，愈快愈好。

二、暖鋒（warm front）

　　冷暖兩氣團相遇，暖空氣向前推進較快，迫使冷空氣後退，而暖空氣取代冷空氣之位置，同時暖空氣爬升至冷空氣之上，其間所形成之不連續地帶，稱為暖鋒。立體模型圖9-15為經放大後之暖鋒模型。實際上，暖鋒坡度較平坦，概自1:50至1:200，平均坡度約為1:100，例如飛機飛行高度為1,500公尺，飛行員在離開地面天氣圖上暖鋒所在位置前後約160公里，空中可能遭遇暖鋒，暖鋒移動速度也比較緩慢，僅及冷鋒移動速度之半。又暖鋒兩側風向風速及溫度濕度之不連續情況不如冷鋒之顯著。

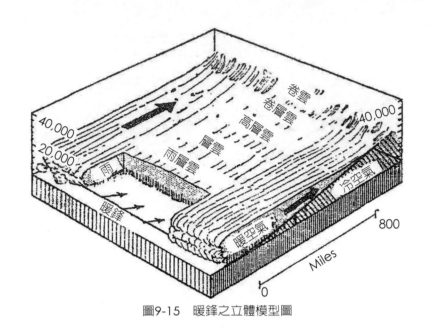

圖9-15　暖鋒之立體模型圖

　　在氣象台日常繪製地面天氣圖上，用紅線表示暖鋒，如用粗黑線，則須附加若干黑色小半圓形於暖鋒線上，小半圓形之彎曲部分所指方向，即代表暖鋒進行之方向，如圖9-16。

　　暖空氣在暖鋒上慢慢爬升，溫度絕熱冷卻，降至露點後，空中水氣飽和，凝結成廣闊之層狀雲系，在地面暖鋒位置前800公里至1100公里即可出現暖鋒雲系，故暖鋒降水以及惡劣天氣範圍較冷鋒遼闊。若暖空氣潮濕而穩定時，暖鋒上形成雲之順序為卷雲（Ci），卷層雲（Cs），高層雲（As），雨層雲（Ns）與層雲（St），如圖9-17。愈接近暖鋒，降水逐漸增加，直至穿越鋒面後，降水始行停止。

　　暖空氣為潮濕而且條件不穩定時，暖鋒上形成之雲，大體上為積狀雲，當飛機飛行方向正與暖鋒移動方向相反時，則天空中出現各種雲之順序為卷雲（Ci），卷積雲（Cc），高積雲（Ac），層積雲（Sc），積雨雲（Cb）（參閱圖9-18）。同時常有稀疏雷雨群體，隱藏於濃密之積雨雲，所以飛機等待飛進暖鋒之積雨雲後，始發現有雷雨之存在，屆時措手不及躲避，危險堪虞。

　　暖鋒下方之冷空氣，若異常寒冷，可能阻止暖鋒移動，最低限度使暖鋒移動極慢，高層暖鋒面上常有波狀起伏，於是暖空氣爬升時，產生許多薄弱的楔狀群體，每一楔端均出現積雨雲層，故在地面上暖鋒之前方，於相當距離內，呈一系列之平行雨區，如圖9-19。

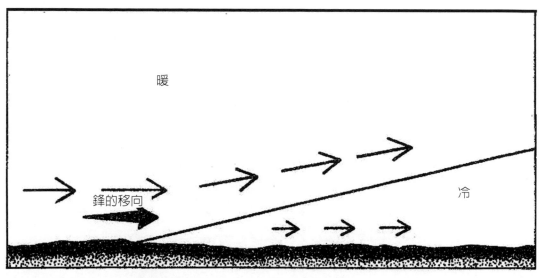

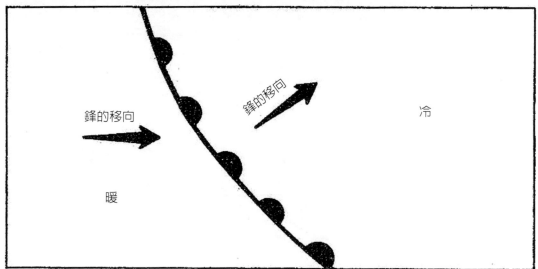

圖9-16　暖鋒剖面圖

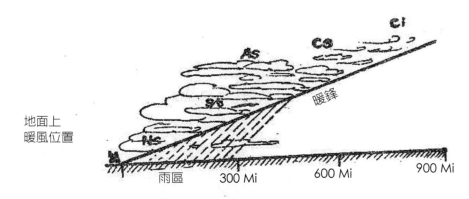

圖9-17　暖鋒與穩定暖空氣縱剖面圖

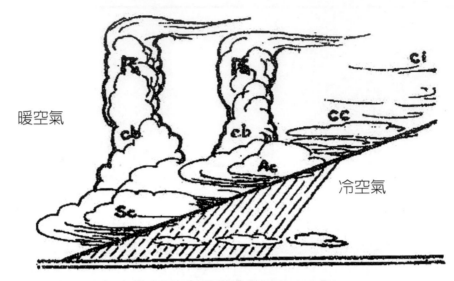

圖9-18　暖鋒與不穩定空氣縱剖面圖

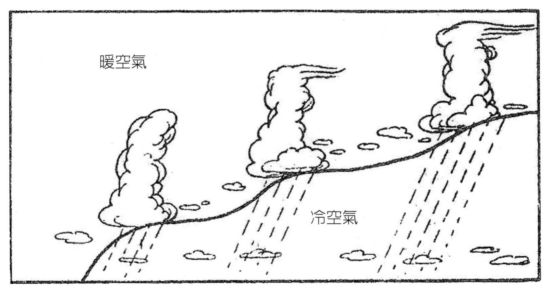

圖9-19　波狀暖鋒

（一）暖鋒上之飛行天氣

1. 暖鋒霧（frontal fog）：

　　暖鋒前雨區，在暖鋒下方接近鋒面之地上位置或其前方有時發生濃重大霧，霧區如圖9-20黑色部分所示者。產生大霧之原因，係由於暖空氣中水氣隨雨水降落於冷氣團，增加冷空氣中之水氣，易於飽和。如在夜間或空氣沿山坡上升，空氣冷卻，水氣凝結成霧，在數百哩範圍內，大霧瀰漫，產生極低雲幕及惡劣能見度，低空飛行之飛機，必須採用儀器飛行規則（IFR），

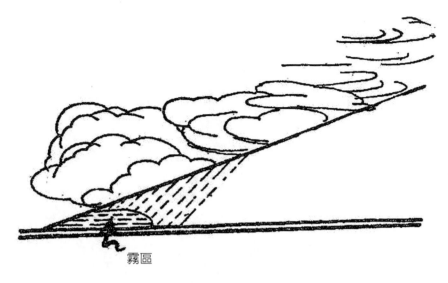

霧區

圖9-20　暖鋒霧區

以較長時間飛行於雲霧中，但雲層平穩無波，極少有亂流現象，如果冷空氣已降至冰點以下，則降水變為凍雨或雨夾雪。有時在暖鋒後暖空氣產生輕霧，因為暖鋒前進時，冷空氣退縮，而地表面溫度依舊保持寒冷，鋒後之暖空氣平流移動於寒冷地面上，地面霧於焉產生。

2. 暖鋒風變與亂流（warm front wind shifts and turbulence）：

　　飛機飛進或飛越暖鋒，將遭遇風向之轉變，惟較冷鋒上之風變為輕微而溫和，通常風變幅度約為30°-90°，較近地面，風變較強，但由於暖鋒之坡度平坦，風向轉變慢慢進行，並不猛烈。

　　由圖9-21可知飛機以直角方向飛越暖鋒，溫度發生顯著變化時，風向開始自右向左慢慢轉變，與在冷鋒上之風變相同。例如飛機自冷空氣一方飛向暖鋒，在飛達鋒前時，風向係來自西南方，即在左前方，待越過鋒面後，風向轉變成西北風，即來自飛機之右前方。反之另一飛機自暖空氣一方飛向暖鋒，在到達鋒面前，風向係來自西北，即飛機之左後方，待越過鋒面後，風向轉變成西南風，即來自飛機之右後方。飛行員為減少飛行路線之偏差，故必須適時予以校正。飛機通過暖鋒，最顯著之徵兆，莫過於氣溫大幅升降，靠近地面氣溫變化幅度，大至11°C以上，飛行愈高，氣溫愈小，3,000公尺之高空，氣溫變幅僅不過3°C而已。暖空氣沿暖鋒向上爬升，空氣變為不穩

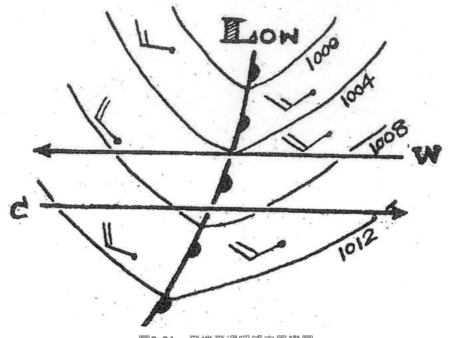

圖9-21　飛機飛過暖鋒之風變圖

定，可能導致對流性之亂流，加之暖鋒前後風向風速差別較大，鋒面上高空溫度差亦大，暖鋒風切隨之增大，由於對流與風切之雙重作用，則較強烈之亂流應運而生。

3. 暖鋒積冰：

　　冬季暖鋒下之冷空氣溫度概低於0°C，其上之暖空氣溫度在數千呎高度內則高於0°C，由圖9-22暖鋒上方雲之結構及其下方降水包括雪，霰（sleet）、凍雨（freezing rain）及雨等之分佈情形。在溫度低於-9.4°C之雲層，雲體主要為冰晶構成。在0°C等溫線下即溫度高於0°C之雲層，雲體全為水滴構成，均少有積冰現在存在。溫度在-9.4°C與0°C間之雲層，其雲體之構成為冰晶或過冷水滴（super-cooled water droplets）之混和體，此過冷水滴能導致嚴重積冰，因暖鋒上大體為層狀雲，水滴微細，積冰之形態大致為霧淞（rime）。

　　冬季暖鋒產生降水有雪、霰、凍雨及雨等四種不同形態，由圖9-25可知當飛機自冷空氣飛向暖鋒時，首遇降雪，沿鋒面暖雲溫度略低於冰點，雨水自暖雲下降，穿過鋒面下的冷空氣層，於是水滴凍結成霰（sleet），而在暖雲與霰間，雖溫度在冰點以下，水滴仍屬液體，稱為凍雨。若飛機之任何部

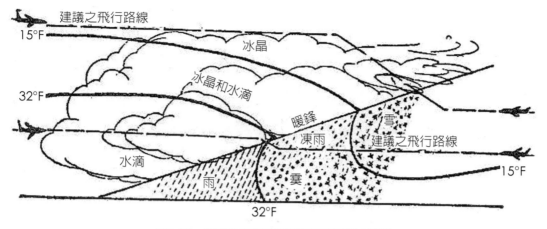

圖9-22　暖鋒附近天氣縱剖面圖及積冰情形

分接觸凍雨，則遭致嚴重之積冰。飛行員必須盡可能避開凍雨區域，至於避免之方法，可爬高至暖鋒上方，因其溫度低於冰點以下很多，飛機如再繼續向鋒面接近時，暖空氣溫度上升，則自暖雲下降之雨水溫度增高，無論鋒面前後，降水永無積冰之虞。

　　由圖9-22顯示飛機通過暖鋒時比較妥善之飛行航線，其途徑之一，在較高層中飛行，即飛機飛行於溫度低於-9.4°C之高空，鮮有積冰可能。因在冷空氣中少見雨雪，飛行於暖鋒上之暖空氣冰晶層，亦很少積冰。至另一途徑為飛行高度較低，飛行時遇有降雪轉變為霰時，應開始爬高到暖鋒上非凍結之暖空氣中，亦能達到逃避積冰之目的。

4. 暖鋒上隱藏之雷暴：

　　前述穩定之暖空氣爬升於暖鋒上，形成層狀雲，故飛行其間較為平穩。但不穩定之暖空氣爬升於暖鋒上，雷雨自地面暖鋒位置起至鋒前320-480公里處，常零星出現，此隱而不顯之雷雨，大都埋藏於濃厚雲層中，極難發現，圖9-23為地面天氣圖暖鋒前雨區有疏落雷雨或陣雨之情況。暖鋒雷雨底部通常很高而其強度較弱，但飛行於其中難免顛簸。因雷雨躲藏於外表平穩之雲層中，欲使飛機適時避開隱而不顯之高層雷雨，是不容易的事。

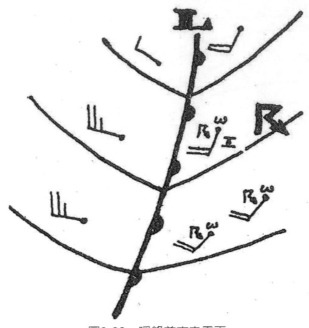

圖9-23　暖鋒前方之雷雨

（二）暖鋒飛行應注意之事項

　　每一氣團性質不同，冷暖氣團所產生之暖鋒，性質不同，因此在其中飛行，所遭遇之天氣，自亦難期相似。飛行員在某一暖鋒所採用之飛行技術良好，但在另一暖鋒採取用樣飛行技術，遭遇很大危險或困擾。故飛機飛進或穿越暖鋒之最安全步驟或最妥善方法，幾無一定規則可循。飛行員僅善加運用氣象常識及飛行經驗，來制訂飛行計畫，惟下列事項，對一般飛行操作有幫助，值得飛行員之參考與注意。

1. 飛機應垂直飛越暖鋒，通過暖鋒雲層之時間，可縮至最短，而且飛機積冰之時間亦可縮至最短。

2. 飛機避免飛進中等高度，當接近暖鋒雲層時，最好將飛行高度提升至4,500公尺以上，即在雲層上方飛行，否則降低飛行高度至1,800公尺以下。因為在1,800-4500公尺間之中等高度，常為雷雨隱匿場所及嚴重積冰所在，惟如選擇1,800公尺以下之飛行高度，在海上實施則可，在陸地上必須十分熟悉地形，否則有撞山之虞。

3. 若飛機飛進雲層，其遭遇之降水型態，可間接明瞭其上方之溫度情況。例如，飛機飛經下雪區，飛行員可估測上方氣溫低於冰點下很

多，如飛經霰區，則航機之上方，氣溫接近冰點或略低於冰點，而在霰區之上方當係凍雨區。顯示在較高層雲之溫度高於冰點。如飛經下雪區，發現降霰時，可在此點爬升到鋒面上暖空氣，繼續飛行。惟在陸上飛行，以高飛較低飛為妥，因凍雨區可伸展下達地面。

4. 冬季飛行於暖鋒，常有積冰現象，除非海洋上低空溫度在冰點以上，飛行高度在15-30公尺方可避免積冰。故仍以選擇高空飛行為宜，因其溫度已在-9.4°C以下，並無積冰危險。

5. 飛行員在準備飛行計畫時，如發現暖鋒接近目的地或向目的地推進，應設法提早起飛，使飛機到達目的地時，暖鋒尚在320公里以外。或者延緩起飛，使到達目的地時，暖鋒已過。當暖鋒正在目的地上空時，飛機必須避免降落該目的地。

6. 若飛機必要飛越暖鋒時，機上必須攜帶足夠油料，以便在十分惡劣之情況下，降落於暖鋒外之其他輔助機場（alternate aerodrome）。

7. 飛機自暖空氣穿越暖鋒到冷空氣，發生積冰情形較自冷空氣以反方向穿越暖鋒，發生積冰情形為嚴重，因為自暖空氣飛到冷空氣，機上積冰總是有增無減；而自冷空氣飛到暖空氣，機上積冰因溫度漸增而慢慢融化，總量逐漸減少。

三、一般正常冷暖鋒之特性

下表列出典型之冷暖鋒特性（normal frontal characteristics），但實際上各個冷暖氣團性質，因時因地而各不相同，致其間之冷暖鋒之性質自難一致，表9-1及表9-2所列作為參考資料。

四、滯留鋒（stationary front）

冷暖兩氣團勢力相當，相互推移，其間鋒面帶呈現些微運動或停滯，這種鋒面稱為滯留鋒（stationary front）。滯留鋒兩邊所吹風向通常與鋒面平行，其坡度有時較陡，視兩邊風場分布及密度差異情形而定，但滯留鋒面通常都很平淺，圖9-24為滯留鋒剖面圖（上圖）及相配合之地面天氣圖（下圖）。在粗黑線上附有若干小三角形及小半圓形，彼此以不同方向相間排列，該粗黑線即表示地面天氣圖上之滯留鋒。小三角形之尖端朝向暖空氣方

表9-1　典型冷鋒特性綜合表

氣象要素	鋒前	鋒正通過時	鋒後
氣壓	下降	突然上升	繼續上升，但上升速度較慢
風	風向逆轉，風速增加，有短暫之陣風	風向突然順轉，可能有陣風	在陣風後，風向稍稍逆轉，並在以後之陣風中，風速很穩定，或較多順轉
氣溫	穩定，但在鋒面前，雨中溫度下降	突然下降	些微變化，在陣雨時溫度變化不定
露點	輕微變化	突然下降	輕微變化
相對濕度	在鋒面前降水，相對濕度增高	降水，相對濕度保持很高	降水停止，相對濕度急速降低，在有陣雨時，相對濕度變化不定
雲	層雲（St）或層積雲（Sc），高積雲（Ac），高積雲（As），隨後為積雨雲（Cb）	積雨雲（Cb），與碎層雲（Fs），碎積雲（Fc）或很低之雨層雲（Ns）	雲層快速舉升，隨後短時間之高積雲，高層雲，最後為積雲或積雨雲
天氣	零星降雨，可能有雷聲	大雨（或雪），可能有雷聲及冰雹	短期大雨（或雪），但有時繼續保持大雨強度，隨後雨過天晴，但時有陣雨
能見度	中度或惡劣，有霧	短期極為惡劣，隨後快速轉佳	極佳

表9-2　典型暖鋒特性綜合表

氣象要素	鋒前	鋒正通過時	鋒後
氣壓	穩定下降	停止下降	些微變化或慢慢下降
風	風向逆轉，風速增加	風向順轉，風速減弱	風向穩定
氣溫	穩定或徐徐上升	上升	些微變化
露點	在降水中上升	上升	穩定
相對濕度	在降水中上升	未飽和，繼續上升	有些變化，飽和
雲	依順序為卷雲（Ci），卷層雲（Cs），高層雲（As），雨層雲（Ns），在高層雲及雨層雲之下有碎層雲與碎積雲	低雨層雲及碎層雲	層雲或層積雲仍出現卷雲
天氣	連續下雨（或雪）	降水幾乎或完全停止	晴天或毛毛雨或間歇小雨
能見度	除非下雨（或雪），能見度一般良好	有霧靄（mist），能見度惡劣	中度或惡劣能見度，霧或靄仍可保持

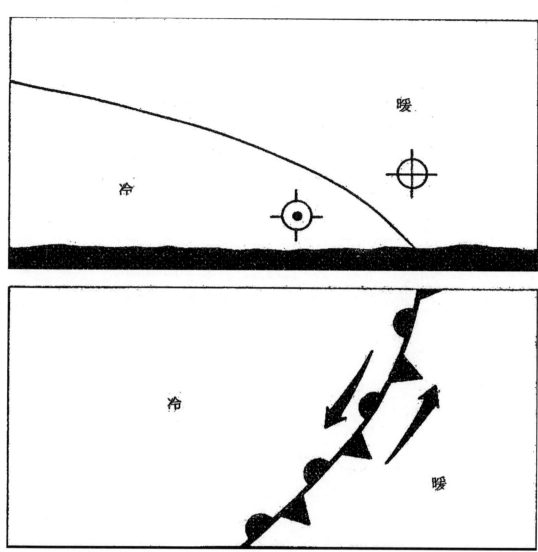

圖9-24　滯留鋒剖面圖，在暖空氣中十字圓形符號，係表示進入書頁中之風箭頭尾部，在冷空氣
中圓圈黑點符號，係表示出自書頁之風箭頭尖部。下圖為上圖相配合之地面圖。

面，小半圖形之彎曲面朝向冷空氣方面，氣象單位繪製地面天氣圖上，滯留
鋒係以紅藍相間之線段表示。

　　滯留鋒面除強度較弱外，其所伴隨之天氣情況與暖鋒者相似，惟因其停
留一地不動之關係，陰雨連綿之壞天氣可能連續數日之久，也阻礙了航機之
飛行操作。

五、囚錮鋒（occluded front）與鋒波（frontal waves）

　　鋒波之產生，係兩種不同性質氣團相互作用之結果，通常形成於滯留鋒面上或行動緩慢之冷鋒上。滯留鋒面兩邊空氣流動方向相反而平行，由於兩氣團間風切（shearing）或拖曳作用，空氣將形成小擾動，加之地區性熱力不平衡與不規則地形等影響，是以鋒面無法保持平直，故發展成彎曲狀態或扭折狀態（kink），即鋒波之初期形態。如立體模型圖9-25（A），初期鋒波繼續發展，反時鐘方向（氣旋）環流於焉形成，冷空氣推向暖區，暖空氣推向冷空氣區，在轉折點之右方鋒面，開始被推動，成為暖鋒；在其左方鋒面，亦開始移動，成為冷鋒。此種鋒之變形（deformation），稱為鋒波（frontal waves）。鋒波再繼續發展加強，即其彎曲狀態加深，同時彎曲之頂點氣壓降低，逐漸形成低氣壓中心，冷空氣向暖空氣區域插進，同時暖空氣更向其前方之暖空氣推移，而其頂點常指向冷空氣區域，如立體模型圖（B）所示。在頂點之左方，冷鋒與冷空氣向南方或東南方推進，其右方暖鋒向東彎曲成一大弧形，此為鋒面波之發展期，即氣旋強度以此階段為最旺盛。

　　低氣壓中心加深，氣旋環流加強，地面風速增大，足夠推動鋒面前進，冷鋒以較快速度推進，追及暖鋒，並插入暖鋒之底部，將冷暖兩鋒間暖區（warm sector）之暖空氣完全被舉升，地表為冷鋒後之最冷空氣佔據，並與暖鋒底下較冷空氣接觸，此時在地上不見暖鋒，暖鋒被高舉，即為囚錮鋒，其作用如立體模型圖（C）所示，囚錮鋒面之暖空氣如相當穩定，形成濃厚層狀雲與穩定之降雨或降雪；囚錮鋒上之暖空氣如不穩定，由於底下冷空氣之抬舉，形成積雨雲，如囚錮鋒立體模型圖（E）所示。

　　囚錮作用繼續進行，囚錮鋒長度增加，氣旋環流轉弱，低氣壓中心停止加深，鋒面移動速度減慢，於是囚錮鋒開始消逝。因暖空氣被舉升後，含有之水氣凝結下降，且將潛熱放出，而在無濕暖空氣之供應，故氣旋消滅，如立體模型圖（D）所示，而鋒面仍變為平直。

　　氣象單位繪製地面天氣圖上，囚錮鋒面係以紫色線段表示。如用粗黑線，則附加相間之黑色小三角形及小半圓形於粗線上，惟此時小三角形及小半圓形同在粗線之一側，即表示囚錮鋒移動之方向。

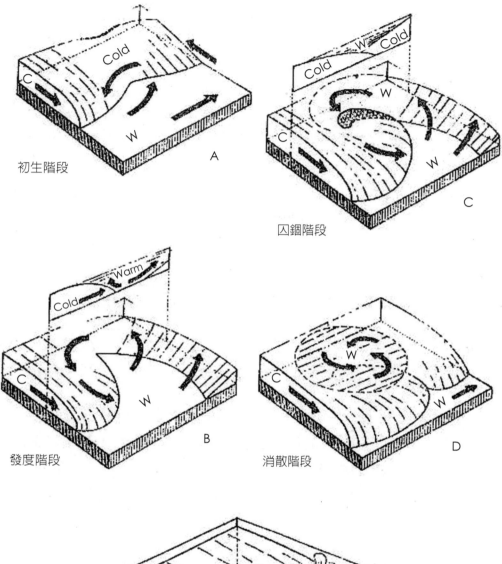

初生階段 A

發度階段 B

囚錮階段 C

消散階段 D

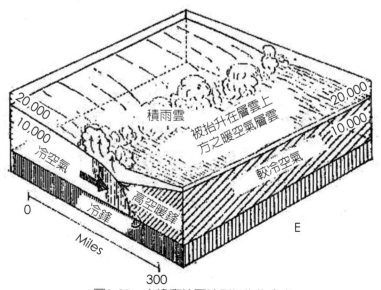

圖9-25 中緯度地區波型氣旋生命史

囚錮鋒，因冷暖兩鋒移動速度不同而產生冷鋒囚錮（或冷囚錮）與暖鋒
囚錮（或暖囚錮）。

（一）冷鋒囚錮（cold-front occlusion）：

當冷鋒移動速度較暖鋒者為快，而冷鋒後之冷空氣較暖鋒前之冷空氣
更冷時，冷鋒楔入暖鋒之下，並取代其在地面上之位置，則暖鋒後之暖空氣
與暖鋒前之冷空氣，被暖鋒後之最冷空氣所舉升，原來暖鋒本身亦被冷鋒抬
舉，成為高空暖鋒（upper warm front），在地面上仍似冷鋒存在，故稱冷鋒
囚錮。圖9-26係地面天氣圖冷鋒囚錮之結構情形，但高空暖鋒絕少標示在天
氣圖上，圖9-27為表示冷鋒囚錮之縱剖面。囚錮之初期，鋒前天氣及雲系與
暖鋒前天氣及雲系，極相類似。而靠近囚錮鋒地面位置之天氣雲系則又與冷
鋒天氣雲系相類似，囚錮繼續發展，被迫抬舉之暖空氣越發升高，原暖鋒鋒
前雲系消失不見，最後囚錮鋒前天氣及雲系完全與冷鋒者類似。

（二）暖鋒囚錮（warm-front occlusion）：

當暖鋒前之冷空氣較冷鋒後之冷空氣為更冷時，冷鋒移動速度較快，
且當冷鋒追及暖鋒並取代暖鋒時，冷鋒前暖空氣與其後之冷空氣爬升於暖鋒
前最冷空氣之上方，原來冷鋒爬上暖鋒成為高空冷鋒（upper cold front），
在地面上仍似暖鋒存在，故稱暖鋒囚錮，惟此型囚錮較冷鋒型者發生機會為
少。圖9-28係地面天氣圖上暖鋒囚錮之結構情形，有時當海平面氣壓顯著
下降，構成低壓槽時，則高空冷鋒可在地面天氣圖上勾繪出來。圖9-29縱
剖面表示暖鋒囚錮之天氣及雲系，可知冷鋒及暖鋒之天氣特性。進一步分
析，在囚錮前之天氣雲系與暖鋒前之天氣雲系很類似，而在高空冷鋒附近，
為冷鋒天氣雲系，爬升之暖空氣或冷空氣為潮濕而不穩定，陣雨或有時雷雨
發生。

暖鋒囚錮之天氣變化急速，於發展之初期，天氣變化猛烈，繼續發展，
暖空氣或稍冷空氣越發升高，天氣變化即形消逝。

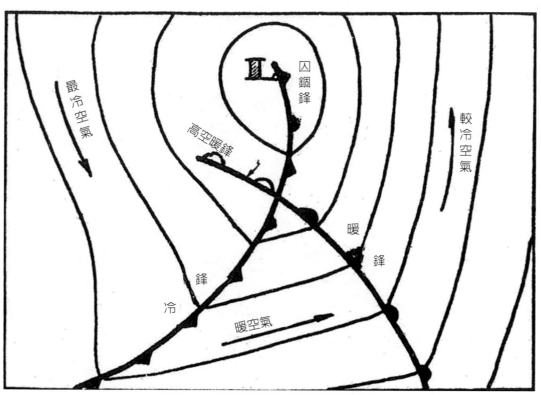

圖9-26　地面天氣圖上冷鋒囚錮結構圖

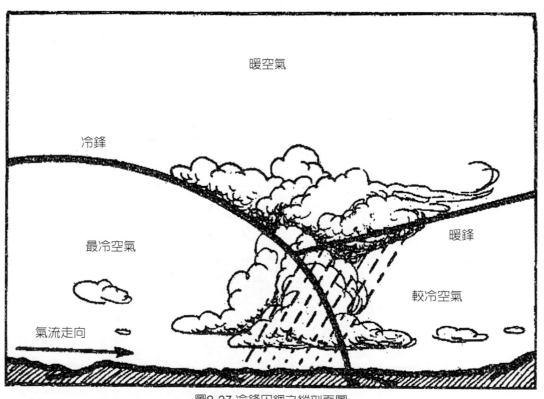

圖9-27 冷鋒囚錮之縱剖面圖

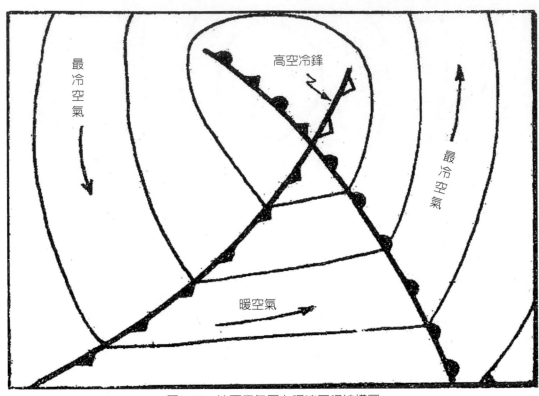

圖9-28　地面天氣圖上暖流囚錮結構圖

圖9-29　暖鋒囚錮縱剖面圖

氣旋即低氣壓中心，在北半球，氣流以反時鐘方向吹入氣旋中心，氣旋出現於各緯度，其大小與強度各有不同，熱帶出現者如颱風（typhoon）或颶風（hurricane）常十分猛烈，在少數特殊地區出現者如龍捲風（tornado），其範圍雖小有時亦猛烈異常。其詳細情形，將於此後數章中述之。本節所討論之氣旋為中高緯度帶冷暖兩氣團間鋒波上產生之低氣壓，即所謂溫帶氣旋（extratropical cyclones）者是也。

氣旋即低氣壓，在北半球，氣流以反時針方向吹進氣旋中心，氣旋出現於各緯度，其大小與強度各有不同，熱帶出現，如颱風（typhoon）或颶風（hurricane）十分猛烈，在少數特殊地區出現，如龍捲風（tornado），範圍雖小有時兇猛異常。本節所討論之氣旋為中高緯度帶冷暖兩氣團間鋒波上產生之低氣壓，即所謂溫帶氣旋（extratropical cyclones）。

在北半球，氣旋大致向東移動，移動速度在2,040哩/時之間，自氣旋發生之初期，至囚錮後消滅階段，運行之路程有時為地球周圍之三分之一或二分之一，強度大小不定，風速可至70哩/時或稍大，帶來豪雨或大雪。海洋上如北大西洋、北太平洋以及南半球40°S至70°S間海洋上等地，氣旋經常加深，冬季尤為劇烈，常導致狂風大浪，對海洋船隻造成極大威脅。反之強度小者，甚至不見雲雨。

由於鋒面為兩種不同性質氣團間之界線，而無鋒低氣壓（non-frontal lows）存在於一個性質接近的氣團。在夏季，中國境內華西山區常有無鋒低氣壓出現，為一種半滯留狀態之無鋒熱低壓（thermal lows）。此外熱帶低氣壓（tropical depression），亦屬無鋒型低壓。

第七節　高空鋒面（Upper fronts）

伴隨冷鋒囚錮之高空暖鋒與暖鋒囚錮之高空冷鋒之外，在冬季尚有一種高空鋒，實際上係冷鋒移動於靠近地面之較寒冷氣團之上方，圖9-30表示北美洛磯山東麓之高空鋒面。該高空鋒面係活動於極冷之極地大陸氣團（cP）之上。但cP氣團不在洛磯山西麓出現，故高空冷鋒常見於北美之東部。

圖9-30　高空冷鋒之縱剖面圖

第八節　不活動之鋒面（Inactive fronts）

　　前已述及，並非所有鋒面，均產生壞天氣如雲和雨雪等，因此飛行員常經驗到在天氣圖上，雖明白顯示鋒面存在，而飛機飛臨時，並無任何鋒面天氣現象，因為暖空氣十分乾燥時，雖在鋒面舉升而冷卻，但缺水氣凝結，故雲層沒有出現。

　　地面天氣圖上標出乾鋒（dry front）之主要目的僅指示不同性質兩氣團間之分界線，很可能產生惡劣飛行天氣。因暖空氣逐漸變為潮濕，鋒面附近可能有雲雨出現。在地面或低空之乾鋒，並可指示風向風速之變化。

第九節　鋒面生成（Frontogenesis）

　　一個地區兩氣團之密度差漸形增大，其間之過渡地帶繼續發展，同時空氣流動情況慢慢發生差異，於是不連續之鋒面逐漸形成。

　　圖9-31表示鋒面生成過程，A圖為一廣大之氣團，停留一地，為時較久，其北部通常較南部為寒冷，加以當時風速微弱，空氣無法交流，南北兩方空氣受不同性質之影響，而各自變性，經數日後，南北方空氣性質發生較大差異，同時南北兩方氣壓各自上升，原為一大高壓分裂為二小高壓，結果

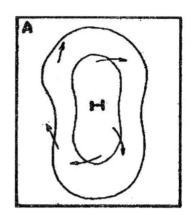
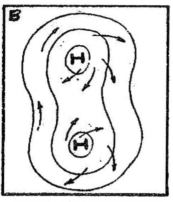
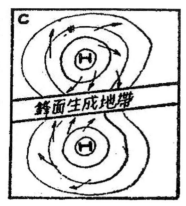

圖9-31　鋒面生成之三步驟

空氣流動，如圖B所示。二高壓間氣流方向相反，且因此一大氣團盤桓時間較久，北部小高壓愈冷，南部小高壓愈暖，兩者溫度差別愈形增大，結果形成兩個不同性質之氣團。中間地帶不連續情況益形顯著，鋒面於焉形成，此一地區稱為鋒面生成帶（frontogenesis area）如C圖所示。不過初生之鋒面為滯留鋒。

第十節　鋒面消失（Frontolysis）

鋒面生命史，時長時短，氣團常遠離源地，冷氣團移入暖氣團區域，暖氣團移進冷氣團地區。氣團不斷變性，最後與當地氣團性質相差無幾，冷暖兩氣團接近相似，其間氣溫與氣壓差數幾乎不見，其分界線自然趨於消滅，如圖9-32表示鋒面消失之三步驟。

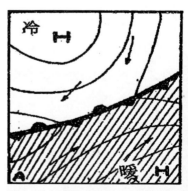
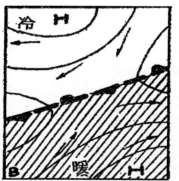
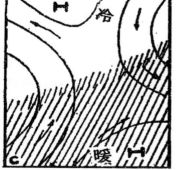

圖9-32　鋒面消失之三步驟，圖A之滯留鋒逐漸擴散後，即用斷粗線表示該滯留鋒接近消失階段（如圖B）。至最後鋒面不現，表示兩氣團性質完全相似（如圖C）。

第十章　大氣亂流
（Air turbulence）

　　大氣亂流乃是大氣之渦流（eddies）或垂直氣流而生之不規則運動，其強度可視大氣穩定性而定。凡是氣流發生任何細微或垂直流動，只要使飛機飛行高度或路線突發劇變，稱為亂流。飛機遭遇亂流，飛經大氣中飛行方向與速度之突變。飛機遭遇亂流是飛機在飛行中遭遇不規則運動，特別是當大氣風速的快速變化引起快速上下運動時。亂流從煩人的顛簸到嚴重的顛簸不等，這些顛簸會對飛機造成結構損壞和／或對乘客造成傷害。亂流強度及其相關的飛機反應在航空信息手冊（Aeronautical Information Manual, AIM）中有描述。

　　大氣亂流強烈陣風，使飛機零件支離破碎，在高空遭遇強烈陣風時，使飛機發生非常大之應力（shearing）與失速，以致於無法控制，特別危險。飛機遭遇大氣亂流，除飛機本身有撞毀之虞外，機身起伏不定，致令乘客暈機嘔吐，極不舒適，使飛行員產生疲勞。

　　大氣亂流擾動，影響飛行操作、航行安全與乘客舒適，小範圍局部氣流擾動，使飛機突然上升或下降，致乘客有不適之感；大規模強烈氣流起伏翻騰，使飛機顛簸震動，最劇烈導致飛機結構損壞。大氣亂流與各種天氣情況有關連，明瞭各種亂流擾動之成因與影響，有助於避免或減少在飛機起降及

飛行時遭遇亂流之危險。

　　所謂大氣亂流，即當不規則大氣劇烈渦動或迴旋，使飛機發生一連串顛簸與震動之現象。亂流生存於不同天氣情況，甚至無雲時亦會發生，存在區域或大或小，或高至40,000呎，或低至靠近跑道，影響飛機起降。大氣亂流由對流、表面摩擦、重力波（gravity wave）與亂流層之平均氣流等四種主要來源獲得能量。形成大氣亂流最主要之原因有熱力使大氣發生對流垂直運動；大氣環繞或爬過高山或障礙物而起，鋒面暖大氣上升；風切（wind shear）；以及機尾亂流（wake turbulence）。大氣亂流區域，有時上述兩種或三種起因常同時存在。

第一節　對流大氣（Convective currents）

　　大氣對流之垂直升降運動，所造成之亂流擾動，為飛機在炎熱季節飛行於低空時，飛行員經常遇到之現象。每一上升氣流，都有下降氣流補償之。

　　夏日午後靜風，接觸地面之大氣受熱快速，於是氣流向上升翻騰，直到與周圍溫度相等之高度，始行停止上升，然後向水平擴展而復行下降，形成局部上下對流現象。上升氣流之強度與地面所受熱力成正比，貧瘠不毛之地，如砂石、荒地及已耕地，較植物叢生地面容易受熱，地面情況各異，大氣受熱不一致，在極短促之距離間，對流強度懸殊。圖10-1與圖10-2係表示飛機於近場降落時，所遭受各種不同對流強度之影響。因對流而產生之亂流擾動現象，稱為熱亂流（thermal turbulence），又稱為對流性亂流（convective turbulence）。

　　在近場區（approach area）之亂流引起空速突然變化，在危險之低空造成失速。為了防止此種危險，可略微增加空速，稍稍超過正常近場速度。該項措施可能違背飛機穿越亂流，減低空速之原則，但是要記住，飛機近場速度已低過亂流時所規定之速度。

　　海風陸風之成因，係海陸受熱不同所形成之對流現象，尤其炎熱季節，飛機於飛過海岸線時，飛行員常感機身起伏，顛簸不穩，因大氣對流作用而產生亂流擾動之另一例證。

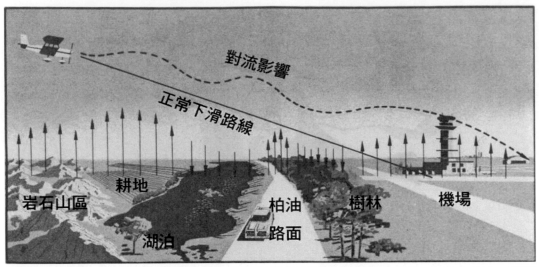

圖10-1 優勢的上升氣流與飛機降落時，飛越於正常下滑道（normal glide path）之上，超越跑道著陸點落地。

圖10-2 優勢的下降氣流與飛機降落時，飛越於正常下滑道之下方，使飛機在未達跑道頭著地。

　　當天空出現濃厚圓頂狀雲（如積雲）與大塊砧狀雲（如積雨雲）時，通常伴隨亂流擾動現象，如圖10-3。如果積雲塊缺乏繼續發展，飛機在雲上飛行時，平穩無波，表示無亂流存在，有時大氣水分少，天空不見雲彩，但大氣對流仍就在發展，且相當強烈，預測殊難，稱之為晴空亂流（clear air turbulence; CAT）。當雷暴發生時，在積雨雲及其周圍常有嚴重性之亂流擾動。

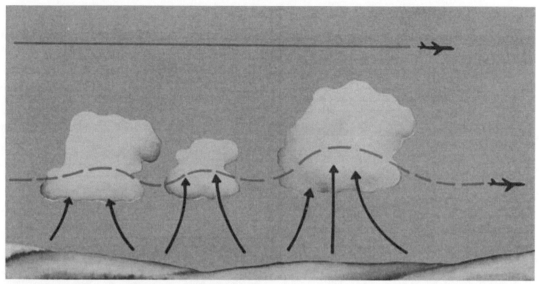

圖10-3　飛機飛在對流雲雲頂，以避開雲中亂流。

　　冷大氣移向溫暖地表，底部受熱，冷大氣之下方成為不穩定，致發生對流與渦動，可達數千呎。飛行於冷大氣，可能遭遇輕微簸動或較劇烈亂流，在任何季節之冷鋒過後發生。有時當大氣上升冷卻或高空冷大氣，移向暖大氣上方，高空產生亂流，厚度可達數千呎。如大氣有充份水氣，會出現捲軸狀雲類，是大氣亂流活動之指標。

　　飛機大小及對亂流之程度有不同，飛行於對流性大氣，大氣擾動頻率與飛行速度成正比例。一定時間內，飛機穿過較多起伏不平之氣流，由於機身垂直上下運動，變動快速，亂流擾動愈強烈。機型愈小及速度愈慢之飛機，飛行時，對大氣擾動愈敏感。飛行員應瞭解大氣亂流強烈與否，機型、機速以及天氣三者間互有因果關係。

第二節　障礙物對於氣流之影響（Obstructions to wind flow）

　　地面障礙物如建築物、樹林、起伏不平之地形、冷暖鋒面等，會阻礙破壞平滑之氣流，變成複雜混亂之渦流。飛機飛過該等渦流地區，將遭遇亂流。因障礙物阻撓空氣正常流動之亂流現象，而非因任何氣象因素，是自由流動之空氣，經過機械性的破壞而產生之亂流，稱為機械性亂流（mechanical turbulence），或稱動力性亂流（dynamic turbulence）。氣象因

素對亂流強度及亂流範圍，甚具影響。強風時，所產生之亂流，遠較和風時，所產生者為烈，風力愈強，產生渦動愈劇烈，向下風移動之範圍愈遠。且與地表面起伏不平之程度成正比例，地面愈粗糙，渦動愈強烈，如圖10-4所示。大氣穩定度也會影響機械性亂流。穩定大氣導致機械性亂流順風而下移動之距離，較在不穩定大氣中為遠。至於有多遠？則視風速及穩定度而定。在不穩定大氣中形成之渦動，較在穩定大氣中形成者為大。不過不穩定大氣中渦動被破壞很快，而在穩定大氣中渦動被消除很慢。

　　機械性亂流在擾動層之頂端產生雲層，雲層之外型，表示係機械緘之混和抑係由於對流性之混和。機械性混合形成行列狀或帶紋狀之層積雲，而對流性混和，則形成不規則之雲形。

　　機場區域最易出現地面陣風所造成之機械性亂流，當飛機低空近場或爬升時，在陣風使空速發生變動，使飛機可能失速。在極端陣風時，飛機保持略高於正常近場或爬升速度。當降落時，如有陣性側風，如圖10-5，須提高警覺在大型機棚背面或靠跑道附近之建築物，隨時會遭遇機械性亂流，地面陣風也會使飛機滑行發生困難。

　　當飛機飛越丘陵起伏不平地區時，將遭遇輕微之機械性亂流，雖然不致構成很大危害，但是使人苦惱不適。唯一避免方法，就是爬升較高高度。如果在崎嶇山地或高山峻嶺飛行，會遭遇亂流，若山區風速超過40浬／時，預期會有強烈亂流發生。至於在何處發生及伸展範圍如何？則視當大氣穩定度而定。如吹越山嶺地區之大氣為不穩定，在向風坡會有亂流發生，再如該等氣流十分潮濕，則對流性雲層形成，增強亂流強度。凡是山頂或山脊有對流性雲層，如圖6-7所示為不穩定大氣存在之標記，在向風坡與山頂上有亂流發生。

　　不穩定大氣越過山脊後，向背風坡下滑，常常形成強烈下降氣流，有時下降氣流之速度，超過飛機之最大爬升率，迫使飛機降低高度，致無法控制撞及山坡，如圖10-6。在大氣越過山脊之過程，因混合作用，或多或少會減低其不穩定性，使不穩定大氣之危害性亂流，不致向下風區伸展太遠。

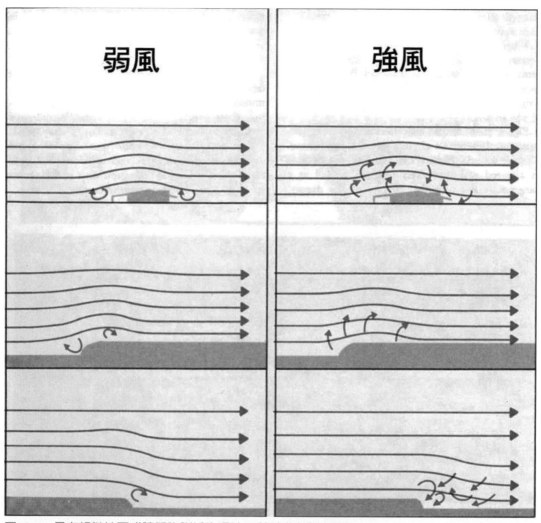

弱風　強風

圖10-4　風在粗糙地面或障礙物附近吹過時，所形成之亂流現象。

圖10-5　機場區域龐大建築物附近，有亂流渦動現象。

第十章　大氣亂流（Air turbulence）

173

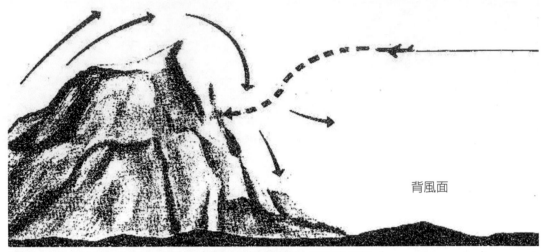

背風面

圖10-6　大氣在山區流動，危險的下降氣流在背風面，出現山岳坡（mountain wave）。

一、山岳坡（Mountain wave）

　　當穩定大氣越過山嶺地區時，大氣擾動發生變化，大氣沿向風坡爬升時，氣流比較平穩，翻山越嶺後，氣流發生波動。普通越過山脈區之氣流為層流狀態（laminar flow），即層狀之流動，山脈區可能造成層流波動，宛似在擾動之水面上，構成之空氣波動一樣。當風快速吹過層流波動時，該等波動幾乎停滯。波動型態，如圖10-7為駐留波（standing wave）或山岳波（mountain wave）。因該等與山脈發生關連之波動，滯留不動。此種波型自山區向下風流動，會延伸至100浬（160公里）或以上之距離，波峰向上升發展高出山峰數倍，有時達於平流層之底部。每一波峰之下方，有一滾軸狀旋轉環流，如圖10-7右下方所示滾軸狀雲（rotor clouds）。滾軸環流形成於山頂高度以下，甚至接近地面，且與山脈平行。在翻滾旋轉環流中，亂流十分猛烈。在波動上升與下降氣流中，也會構成相當強烈之亂流。

　　當空中水氣充足時，山區向風坡，形成之雲，大半為層狀雲，在其背風面駐留波峰上會有滯留的透鏡型雲層出現，稱之為駐留筴狀雲（standing lenticular cloud），圖10-7為駐留筴狀雲之典型照片。該種雲形成於上升氣流中，而消失於下降氣流，即使氣流吹過，仍然絲毫不為所動。其所以筴狀雲出現於波峰上而消失於波谷，係因上升氣流絕熱冷卻，導致凝結作用而成雲；下降氣流絕熱增溫，導致蒸發作用而消雲。旋轉狀氣流之存在，顯示

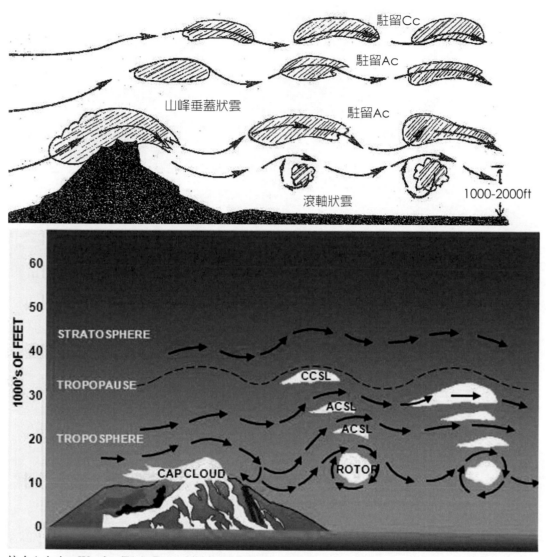

摘自Aviation Weather/FAA, Date: 8/23/16 AC 00-6B 17-4

圖10-7　山岳坡剖面圖，駐留波型從山區順風流向右方，在波峰之下方出現滾軸環流（rotary circulation），如果大氣具有充份水氣，就形成特殊雲狀。

滾軸狀雲，圖10-8為一連串滾軸狀雲之照片。每一滾軸狀雲，都在波峰之下方。但山岳波存在時，不一定會出現滾軸狀雲，因為有時空氣乾燥缺乏水氣，無法凝結成雲。總之，在強風風速達40浬／時或更強時，吹越山區或山脊，氣流穩定，仍預期有山岳波亂流發生。

　　在山岳波中遇到各種程度之亂流，不足為奇，自山岳波報告可知其亂流從無到強烈足以損壞飛機之強度。但大多數山岳波報告指出其強度介於其間。

圖10-8　駐留波滾軸雲

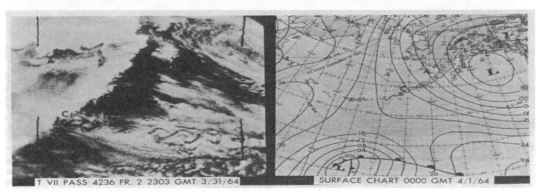

圖10-9　人造衛星雲圖照片（左）與地面天氣圖（右）

二、山區飛行（Mountain flying）

　　在崇山峻嶺之山區飛行，必須事先收集天氣資料，如雲層、風場以及大氣穩定度等資料。衛星雲圖資料可確定山岳波之位置，圖10-9為1964年3月31日2303GMT衛星雲圖之山岳波照片（左）及相同時間（1964年4月1日0000GMT）之地面天氣圖（右）。飛行人員必須對於空中雲形隨時提高警覺。然而在飛行前計畫與在飛行需要注意些什麼呢？凡是在山巔風速25浬／時，可能有亂流發生。如果風速超過40浬／時，尤應特別注意。層狀雲屬於穩定氣流之表徵，駐留莢狀雲與滾軸狀雲屬於山岳波徵狀，預期背風面出現

亂流，迎風面則相當平穩無波。若在山之迎風面為對流性雲狀，表示大氣不穩定，則山脈之兩邊有亂流發生。

當強風時，飛機飛向背風面，應在遠離山區前，開始爬高，即在山岳波內距離山峰100哩或30-50哩處開始爬高，爬升至高出山峰3,000-5,000呎。最佳良策以45°仰角對著山脊前進，俾得以迅速進入較平靜之氣流中。如果嘗試未獲成功，但飛機性能較佳，具有高高度之爬升能力，可以飛回頭，再以較高高度作第二次嘗試。有時也可就返程或繞道兩者擇一而行。

強風期間，飛機飛過山隘或山谷，實非安全之策，因山峰迫使通過隘口或深谷之風力增強而強化亂流之強度。若山頂風力很強，則需爬高或繞道飛行。

當高空風強烈，而群山環繞之谷底，風力可能相當平靜。如飛機自谷底起飛，應於爬升山峰上方後，始行離開山谷。若飛機不幸飛入下降氣流中，則應保持遠離山區，使能足夠恢復平穩。

山岳波之最大危害為強烈下降氣流與亂流。強烈下降氣流迫使飛機撞山或墜地；最強烈亂流會損壞飛機，該等危害因素有時會同時發生。另外一種危害係由於氣流大擾動，使高度計發生誤差，有時高度計誤差會高達1,000呎。

三、鋒面亂流（Turbulence with front）

鋒面兩邊有不同的風向風速，且在鋒面區裡有逆溫層，風切亂流會沿鋒上產生與發展。與雲層及大氣穩定度不發生關連的鋒面，尤其快速移動之鋒面，前方之輻合作用，在鋒前有渦動，靠近鋒面處加強渦動程度。大氣穩定時，渦動，僅限於低空，強度很少超過中度。如果大氣為不穩定時，產生對流性亂流，並發展於輻合區，使渦動亂流展伸至很高的高度，強度自輕度增強至最強烈，但須視當時大氣穩定度而定。圖10-10表示急速移動冷鋒與穩定氣流及不穩定氣流之關係。

飛機飛近鋒面時，亂流逐漸增強，當飛機穿過鋒面時，亂流強度達於最強。以機場而言，鋒面移近時，亂流逐漸加強，鋒面通過該機場時，亂流強度達於最強。即使鋒面兩邊都是乾燥而穩定之兩種氣團，鋒面上可能無雲層出現，但由於鋒面上風向的突變，可能產生風切亂流。

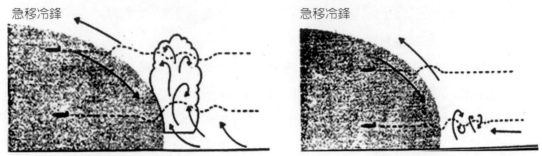

圖10-10 鋒面風切亂流圖，右圖表示渦動產生於穩定大氣中，左圖表示對流性亂流（不穩定大氣）發展於輻合區。

第三節　風切（Wind shear）

　　風切在不同方向和／或速度的兩個風流之間產生亂流。風切可能與大氣中任何級別的風向或風速梯度有關。

　　風切乃指大氣中單位距離內，風速或風向或兩者同時發生之變化，如以數學式表示，則

$$風切 = \triangle_v^{\rightarrow} \, / \, \triangle_s^{\rightarrow}$$

　　式中，$\triangle_v^{\rightarrow}$ 及 $\triangle_s^{\rightarrow}$ 分別代表風向量之變化及產生該變化之距離。風切發生在大氣中任何高度，分為水平方向或垂直方向，亦可同時發生在水平與垂直兩個方向上。用浬／時／1,000呎表示垂直風切單位，與浬／時／150哩（浬／時／2.5緯度）表示水平風切單位。

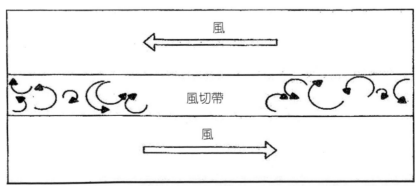

圖10-11 風切帶圖，兩層氣流方向與速度不同之時，其間產生磨擦與切變，在風切帶之混合，產生渦動與迴旋之擾動。

兩個物體相互摩擦，產生摩擦力，如果兩個物體都為固體物質，在他們之間並無質量之交換作用。如果兩個物體屬氣體，摩擦力在互相接觸混合之狹窄地帶，產生渦動。因此質量交換作用，引起渦動與混合地帶，稱為風切帶（shear zone）。圖10-11表示兩相鄰氣流間之風切地帶。由於風切地帶之氣流形成渦旋狀態，於是形成風切亂流（wind shear turbulence），其強度視風切之大小而定。依形成原因而言，風切主要分動力風切（dynamic wind shear）與熱力風切（thermal wind shear）兩種。動力風切有分為水平風切（horizontal wind shear）與垂直風切（vertical wind shear），其中水平風切再分為異向氣流之水平風切與同向氣流，但速度不同之水平風切。同理，垂直風切再分為異向氣流之垂直風切與同向氣流，但速度不同之垂直風切，如圖10-12。至於熱力風切為顯著不同溫度（逆溫層）之兩層間混合帶所產生之渦動，在無風或微風之晴朗夜晚，靠近地面之處，容易形成逆溫層。夜間地面輻射冷卻，致使接近地面約幾百呎厚之大氣，形成冷靜狀態，其上方為風速較強之暖空氣，風切帶就會在下方靜風與其上方較強風之間發展。飛機起降穿過逆溫層之風切帶時，就會遭遇到相當嚴重之亂流，如圖10-13。該風切帶的擾動造成飛機空速出現不規則變動，使空速偏低，僅略高於失速之速度。

　　地面上風力微弱或靜風，飛機可由任何方向起降，隨同逆溫層上方之風向起飛，當穿越逆溫層爬升時，會遭遇到突然出現之順風（tailwind），同時空速降低而引起失速。如果在逆溫層上方近場，當飛機穿過逆溫層下降時，會突然失去逆風（head wind），降低空速而導致失速。

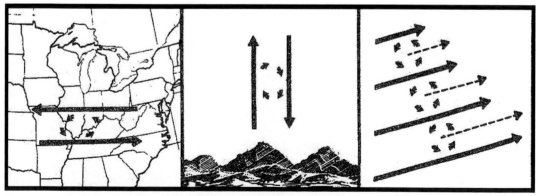

圖10-12　風切與亂流渦動關係示意圖，左圖為異向水平風切，中圖為異向垂直風切，右圖為同向但不同速度之水平風切，如果風切達到強烈程度，渦動在氣流的任何地方均可發生，擾動現象沿平均風速（右圖中虛線箭頭）滾轉。

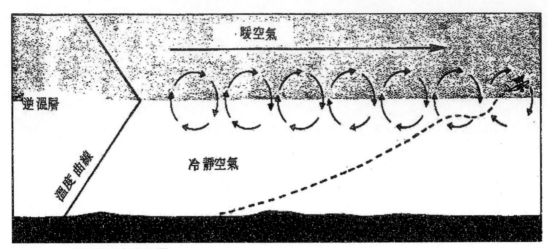

圖10-13　風切亂流與逆溫層

　　日出前後數小時內，天氣晴朗，風力微弱或靜止情況下，飛機起飛或降落時，要注意靠近地面之逆溫層，如果知道2,000-4,000呎高度之風速為25浬／時或較大時，可以確定逆溫層風切帶之存在。為了減輕亂流失速或風速突變之危險，飛機必須保持在正常爬升或近場速度以上之最低空速。

　　就向量而言，風切為單位距離內風向量（wind vector）之變化，或可稱為向量風切（vector wind shear），如圖10-14，假設航線上A、B二點之風向量各為A及B時，則風向量之變化應為B-A。

　　下列四種型態之分向量。

(一) 逆風風切（headwind shear）：係逆風分速之增加或順風分速之減少，使飛機指示空速增加而提升其高度。

(二) 順風風切（tailwind shear）：係順風分速之增加或逆風分速之減少，使飛機之指示空速減少而致下降。

(三) 側風風切（crosswind shear）：指左右方向側風分力之增加或減少，導致飛機偏左或偏右。

(四) 下爆風切（downburst shear）：指上下方向風分力之增加或減少，即由於垂直風切關係，而使飛機急速下降。

　　上述四種風切型態會混合同時發生，但通常是一種風切型態控制全局。

　　飛機依靠空氣向下加速運動得到舉升力，因此，機翼上浮，機翼下方空氣被迫向下運動，而產生翼端空氣之旋轉運動或渦旋（vortices）亂流。當飛機降落後，翼端渦旋亂流無由發展。但飛機於起飛之時，翼端渦旋亂流立刻發生，圖10-14說明飛機飛離地面時，機尾出現渦旋亂流。這種渦旋亂流繼續發生於整個航程，直到飛機完全降落為止。大多數噴射機在起飛之滑行中點收起鼻輪（nose wheel），因此渦旋亂流大約在起飛滑行中點開始產生。螺旋槳飛機在起飛後很短距離內，即開始產生渦旋亂流。而任何類型飛機之降落過程，祇要鼻輪著陸時，渦旋即行停止。為避免穿越機尾亂流，當使用同一跑道時，對於一架較輕型飛機之因應措施如下：

（一）若正在一架較重型飛機後面降落時，應在它近場之上場近場，並超越它的鼻輪著陸點著陸，如圖10-15-A。

（二）若正在一架較重型離場飛機後面降落時，唯有在到達該離場飛機起飛滑滾中點之前，完成著陸滑行，方能降落，如圖10-16-B。

（三）若正在一架較重離場飛機後方起飛，唯有在到達該重型飛機起飛滑滾中點之前完成起飛，而且要爬升夠快，方能保持在重型飛機飛行路徑之上方，如圖10-16-C。

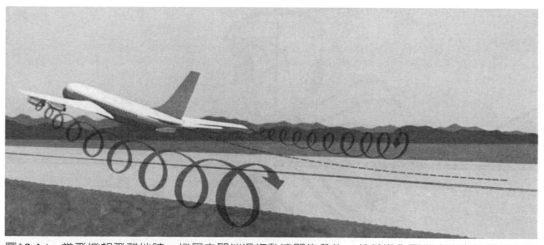

圖10-14　當飛機起飛離地時，機尾之翼端渦旋亂流即告發生。待其進入飛行高度與機翼進行舉升，渦旋亂流繼續發展。

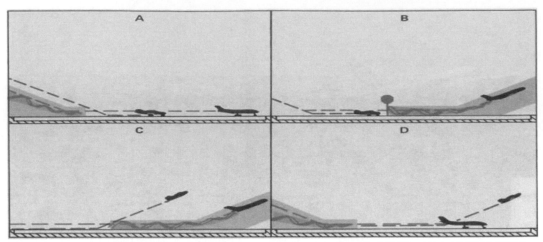

圖10-15　為避開重型飛機後方之機尾亂流，較輕型飛機起降應慎重進行。圖中四種不同情況，
　　　　指示吾人適當方法。

（四）若正在一架較重型著陸飛機後方起飛，除非能滑行超越該重型飛機鼻輪
　　　著陸點，且有足夠剩餘長度之跑道，才能安全起飛，如圖10-16-D。

　　　機場如有兩條平行跑道可以使用，當時有側風，重型飛機使用下風跑道
起飛，則輕型者可使用上風跑道。相反地，重型飛機使用上風跑道時，輕型
者絕不可使用下風跑道起降。如果有兩條相互交叉之跑道，當時有側風，則
輕型飛機可安全使用跑道之上風部份。在重型飛機起飛滑行中點之後方，輕
型者可隨後穿越起飛離場。在重型飛機降落鼻輪著陸點之前方，輕型者可超
前穿越起飛離場。假定實施上述各種程序都有困難時，就稍待五分鐘，待機
尾渦旋亂流稍散或隨風吹出跑道範圍以外後實施。

第五節　大氣亂流之分類

　　　航空人員與氣象人員應密切注意大氣亂流對於飛航安全之威脅與危害，
不斷研究大氣亂流發生之天氣因素及設法預知大氣亂流與避免大氣亂流，同
時進行設計偵測大氣亂流之儀器，希望在大氣亂流發生前或正在發生時，用
儀器測知等研究發展之措施。

　　　由於歷年因大氣亂流所發生空難事故，經研究分析，發現產生亂流之天
氣因素種類很多，本章前數節雖陸續論及，為綜合歸納種類，並以發生之高
度為基準，將大氣亂流分為低空亂流與高空亂流兩大類。根據美國聯邦航空

總署（FAA）及美國國家海洋大氣總署（NOAA）共同規定，凡在1,500呎以下低空所發生之亂流稱為低空亂流（low level turbulence）；發生在1,500呎以上高空者稱為高空亂流（high level turbulence）。至於採取1,500呎作為高低空亂流分界線之理由，係基於一般飛航管制程序規定，即到場飛機，自此高度開始近場下滑，離場飛機，自此高度以上趨向於正常航路飛行。通常低空亂流對飛機之危害最嚴重，因為飛航於低空遭遇亂流，控制不易，接近地面，無回轉餘地，常有撞地墜毀之虞。如在高空遭遇亂流，高空輻度較大，飛機雖上下顛簸，除在山區外，具有足夠之安全空間，較易應付，危險性較小。

　　無論低空亂流或高空亂流，發生原因，如係由風切所致，稱為低空風切（low level wind shear）或高空風切（high level wind shear）。

一、低空亂流

　　促使低空亂流發生之天氣或地形因素，計有下列七種：

（一）雷雨低空亂流（thunderstorm low level turbulence）

　　雷雨亂流屬於對流性亂流或熱力亂流，為極端不穩定之天氣現象，積雲與積雨雲之雲裡雲外都有十分強烈而複雜之上升與下降氣流，即所謂旺盛之對流現象。雲裡雲外之升降氣流造成風切之主因，故知雷雨之裡裡外外上上下下皆可能有亂流之存在，本節著重研討雷雨1,500呎高度以下之低空亂流現象。

　　成熟階段（mature stage）之雷雨，低層氣流大致自積雨雲內部向下，又向外圍擴散，瀉出近似水平之冷空氣，是為冷空氣外流（cold air outflow），而雷雨外圍四周暖空氣，則沿外流之冷空氣上方收斂流入積雨雲，是為暖空氣內流帶（warm air inflow），如圖10-16。故在雷暴雨下半截之低空部份，氣流方向不同與冷暖差異之內外流帶間，形成不連續之風切線，常發生陣風，特稱為陣風鋒面（gust front）。自積雨雲之中心至下瀉冷氣流前緣（leading edge），陣風鋒面之前緣，距離約為5-6哩，有時可達15哩左右，陣風鋒面之前緣，常形成鼻狀（又稱陣風鋒面鼻gust front nose），接近地面處，因地面摩擦關係，使前緣略向後方收縮，鼻狀高度不定，約在100-1,000呎間，也有高

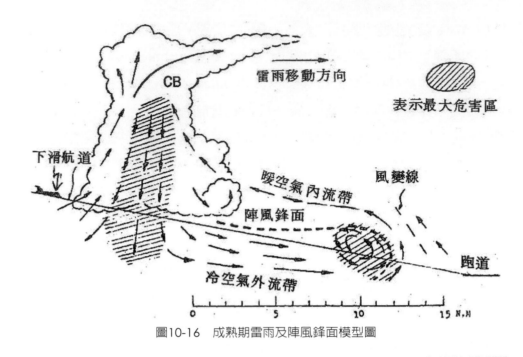

圖10-16　成熟期雷雨及陣風鋒面模型圖

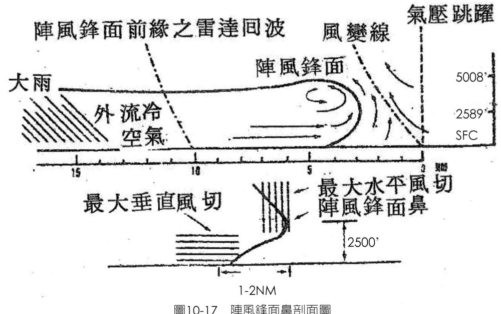

圖10-17　陣風鋒面鼻剖面圖

至2,500呎，如圖10-17。陣風鋒面之存在與否，變幻莫測，氣象雷達偶而可偵測到，但常常遁形，如其在機場附近出現，極端危害飛航安全。

　　積雨雲頂（高至平流層），因重力作用向下衝瀉之冷氣流，夾帶大雨滴向前後左右四方擴散，尤其向前方為最大。最強烈的下衝氣流（down draft）為猛烈之下爆氣流（down burst）。下爆氣流為低空100公尺高度以下，局部

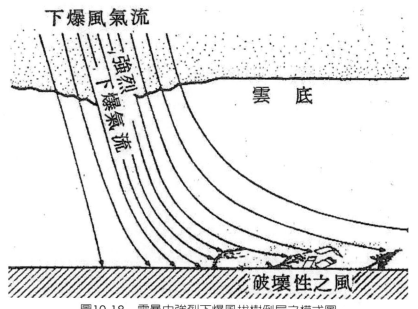

圖10-18　雷暴中強烈下爆風拔樹倒屋之模式圖

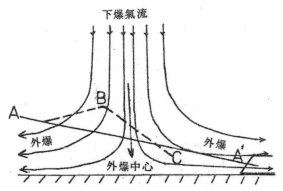

圖10-19　雷雨伴隨下爆氣流側視圖，其對於降落
　　　　飛機（原應沿下滑道AA'）之影響（改
　　　　為ABC）。

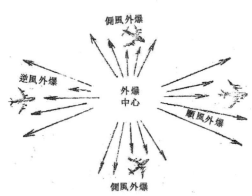

圖10-20　雷雨伴隨下爆氣流上視圖，發生側
　　　　風、順風及逆風等外爆現象。

下衝氣流速度超過3.6公尺／秒。圖10-18為下爆氣流之模式，顯示其強烈程度。下爆氣流在外爆中心（outburst center）衝擊地面後，急速向外擴張而為外爆（outburst），圖10-19為外爆氣流側視圖，圖10-20為外爆氣流上視圖。隨下衝氣流或下爆氣流直瀉而下之大雨柱特稱為雨箭桿（rain shaft）。

（二）鋒面低空亂流（frontal low level turbulence）

　　鋒面低空亂流屬於機械性亂流或動力亂流，氣流遭遇無形障礙物（鋒面）之影響而產生的一種亂流。凡是快速移動之鋒面，推動不穩定暖空氣

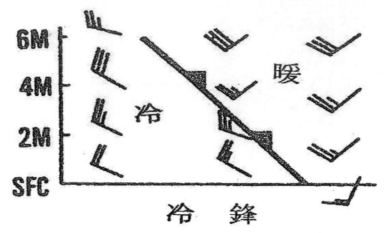

圖10-21　冷鋒垂直風場剖面圖

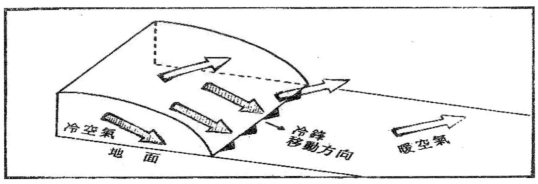

圖10-22　冷鋒垂直剖面模型圖

上升，產生強烈亂流，同時鋒面中有逆溫層存在，發生風切作用而助長其
亂流。

　　鋒面低空亂流又分為冷鋒低空亂流與暖鋒低空亂流兩種。

　　急速移動冷鋒低空亂流，如圖10-21冷鋒風場垂直剖面圖及圖10-22冷鋒
垂直剖面模型圖，冷鋒斜面向後上方升起，坡度較大，而低空亂流大都發生
於沿鋒表面附近及鋒面，冷鋒底部通過機場，機場低空會有亂流，例如冷鋒
移動速度為每時30浬，當通過機場約三小時後，該機場上空約5,000呎處仍
有冷鋒存在，仍有亂流存在。換言之，機場低空（1,500呎以下）亂流至少
持續1-2小時。

　　急速移動暖鋒低空亂流，如圖10-23暖鋒風場垂直剖面圖及圖10-25暖鋒
垂直剖面模型圖，暖鋒斜面之傾斜方向適與冷鋒者相反，係向前方升起，惟
坡度較小，亂流沿暖鋒表面附近及鋒面，亂流存在之情況正與冷鋒相反，因

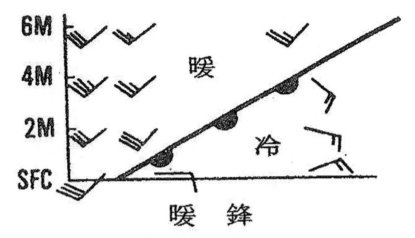

圖10-23　暖鋒垂直風場剖面圖

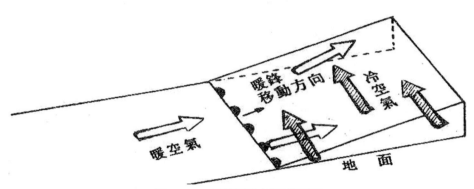

圖10-24　暖鋒垂直剖面模型圖

其傾斜度平緩，地面暖鋒尚未到達機場5-6小時前，機場上空5,000呎高度附近，發現有暖鋒通過，當然在5,000呎高度附近有亂流存在。暖鋒底部通過機場時，機場低空附近有亂流。待暖鋒遠離機場後，低空亂流即不存在。換言之，暖鋒亂流存在於地面暖鋒前五至六小時，即機場低空（1,500呎以下）亂流會持續二至三小時。由於暖鋒前後風向風速差別較之冷鋒前後者為大，如圖10-23與圖10-21，故暖鋒面風切較大，暖鋒低空亂流較冷鋒為強烈。

（三）背風波低空滾轉亂流（lee wave rotor turbulence）

山岳波為機械性亂流之一種，山頂上風速超過25kts時，山岳背風面常有輕微亂流發生，如山頂上風速超過40kts以上時，則有強烈亂流發生。山岳背風面常有波浪狀之氣流與滾轉狀之氣流，總稱為山岳波，本章第二節已有說明，惟本節指出每一波浪狀之波峰最下方，常有滾轉渦旋（rotor）存在，即

滾轉狀之亂流，出現高度通常低於山峰，甚至靠近地面，如圖10-7。故在山岳波低空形成一連串之滾轉亂流，向前延伸之距離視風速而定，達100哩或更遠，以最初兩三波為最明顯，強度猛烈，因含有上下旋轉滾動之氣流。

（四）地面障礙物影響之亂流（ground obstruction turbulence）

地面障礙物如高大建築物、樹林及起伏不平之粗糙地形，破壞原為平穩流動之空氣，產生無數複雜混亂之漩渦，屬於機械性之亂流。其強弱程度視地面風速、地面粗糙程度以及空氣穩定情況而定。即風速愈大、地面愈凹凸不平以及大氣愈不穩定，亂流愈強烈。凡是地面風速到達20kts或以上時，所有地面任何障礙物均會產生各種不同之亂流，如圖10-4。如果地面風速更強，其亂流可影響直升飛機及輕型飛機之安全。該種亂流之頂部，有時會產生成列或成帶之層積雲（Sc）。

（五）低空噴射亂流（low level jet stream turbulence）

根據高空風觀測資料，顯示地面至2,000呎之低空高度間，常有最大風速層超過50kts，如圖10-25，因與一般高空噴射氣流有別，取名為低空噴射氣流。在夜間地面上產生逆溫層時，穩定大氣上，恰在逆溫層頂上會出現強風軸，地面風速微弱小於10kts，向上之低空間，風速幾乎無增減，至逆溫層頂，風速陡增，約在600-1,500呎高度間，風速增至25-40kts，甚至到達50kts以上者。再向上到梯度風層（gradient level）間，風速減為15-25kts，因此該噴射氣流核心恰好在逆溫層頂上，如圖10-26，稱為夜間低空噴射氣流（nocturnal low level jet）。此種現象之發生，需要地形之配合，如低窪地區及丘陵地背風面，夜間由於地面輻射冷卻，使地面會有一層冷空氣，上層空氣溫度反而較暖，由於地形阻擋，下層空氣移動緩慢（靜風或微風），而上層風速較大，再高處（梯度風層）減小，仍形成強風軸。當地面溫度因太陽輻射增溫，逆溫層減弱或消失，低空噴射氣流（強風軸）由於亂流混合而減低風速，強風軸隨之消失。

低空噴射氣流剖面圖，如圖10-27，可知自地面至1,000呎間，風速差別相當大，產生相當程度之風切。此種風切亂流強度，視上層暖空氣風速大小而定，其範圍則由有利地形之大小而定。

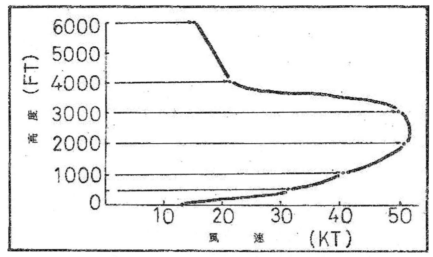

圖10-25　低空噴射氣流之風切垂直剖面圖

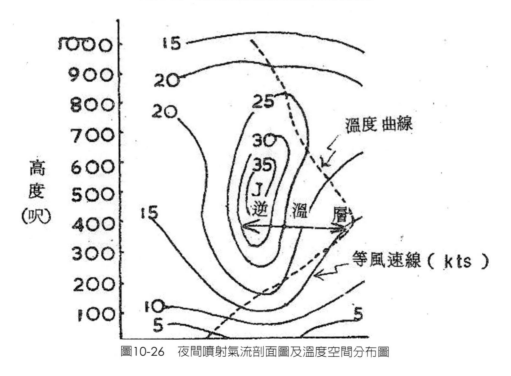

圖10-26　夜間噴射氣流剖面圖及溫度空間分布圖

（六）逆溫層低空亂流（low level inversion turbulence）

逆溫層低空亂流屬於熱力風切亂流，在本章第三節中已有詳盡說明，但與上述夜間低空噴射氣流之亂流（動力風切）性質有別。由於靠近地面之低空層為靜風或微風，其上方有時為風速較強之暖空氣，風切現象就在兩層間混合地帶發展，導致輕微亂流。

地面上風速微弱，飛機可選擇任何跑道頭起降，若起降方向與逆溫層上方暖空氣風向相同，當穿越逆溫層（即亂流層）後，飛機突遭風速之劇變，可能導致飛機僅離地面幾百呎上空失速之危險。若起降方向與逆溫層上方暖空氣方向相反，則飛行情況較佳。

（七）海陸風交替亂流（land and sea breezes turbulence）

海陸風通常在靠近寬廣海面沿岸一帶出現，氣流來往交替於海陸日夜受熱與冷卻之差異。海風為中尺度鋒面型之界面，可伸入陸地10-15哩，其強度通常為15-20kts，厚度約2,000呎，於日出後3-4小時開始，而在最高溫度後1-2小時達於最強，其與陸上暖空氣交界處，具有冷鋒性質，如圖10-27，穿過海風鋒面時有明顯之風切，有亂流發生。

陸風發生於夜間，多在午夜前開始，至日出前，達於最強，但較相對之海風弱得很多。由於陸風風切區大多發生於海上，除深夜飛機由低空海上進場外，對飛航安全影響甚微。

海陸風亂流為時短暫，不顯著，不易察覺。近年來藉助於聲波雷達（acoustic radar）觀測資料，可分析研判海陸風交替時，所產生的鋒面，間接研判亂流之所在。

二、高空亂流

凡是在1,500呎以上之高空所發生之亂流稱為高空亂流，促使高空亂流發生之天氣因素或地形影響，計有下列四種：

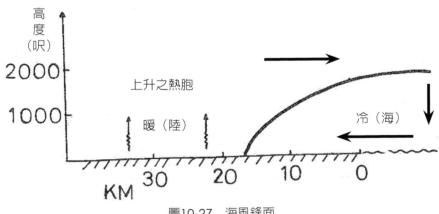

圖10-27　海風鋒面

（一）雷雨高空亂流（thunderstorm high level turbulence）

在1,500呎度以上之雷雨群體，雲裡雲外都有亂流之存在，雲裡有上升下降氣流，雲外有冷暖氣流之交替，甚至雲頂之上方，難免有亂流之出現。一般雷雨外圍亂流，可能擴及積雨雲外5-10哩，雷雨雲頂亂流可能衝至雲頂上方5,000呎高度。

（二）鋒面高空亂流（frontal high level turbulence）

就雲系雨型而言，鋒面高空所達高度，不會超過4,500-6,000公尺，就溫度差別而言，其高空可達對流層頂。在1,500呎高度以上之鋒面附近及鋒面，亂流仍然盛行。

（三）山岳波高空亂流（mountain wave high level turbulence）

山岳波上層波浪形之氣流，構成上下之波峰與波谷，如圖10-7，高度可達對流層頂或更高。波峰為上升氣流，波谷為下降氣流。如果空中水氣充足，在波峰上，常形成駐留狀態之笑狀雲（standing lenticular clouds），由於波峰氣流之上升，絕熱冷卻而凝結為雲。相反地，由於波谷氣流之下降，絕熱增溫而使水氣蒸發，致無法成雲。在較高層波峰上形成卷積雲型之駐留笑狀雲（cirrocumulus standing lenticular, CCSL），在中層波峰上形成高積雲型駐留笑狀雲（altocumulus standing lenticular, ACSL）。

風沿向風坡爬升，如果大氣穩定，山坡上氣流平穩無波，如果大氣不穩定，山坡上有輕度亂流，可是在背風面，氣流會急速下降，可能一直下降到山岳背風波之地面上，使飛機於不知不覺中下墜，同時在高層產生一連串之大型波動，可延伸到山背後100哩或更遠。雖然有風吹過波峰波谷，但它們仍然停滯不動，飛機如不察，飛經其間，該等亂流可使飛機損毀，最危險者莫過於無雲之山岳波。此外山岳波可能使高度表發生1,000呎之高度誤差。

（四）高空噴射氣流之亂流（high level jet stream turbulence）

噴射飛機飛行高度提升至高空噴射氣流附近之高度，由於噴射氣流附近之垂直風切與水平風切，顯著存在與發展，在晴空中容易產生亂流。且高空

噴射氣流附近少見雲層，噴射飛機在萬里無雲之天空飛行，常感機身顛簸跳動，宛如高速汽船在波浪滔滔大海中行駛，顯示有看不見之亂流存在，此種亂流特稱為晴空亂流（clear air turbulence; CAT）。雖然在低空或其他種類之亂流，可能產生於晴空，但晴空亂流一詞在習慣上似乎專指高空噴射氣流附近之風切亂流而言。因此在噴射氣流附近，即使在卷雲中有亂流存在時，仍泛稱為晴空亂流，實際上高空風切亂流（high level wind shear turbulence）一詞，卻能反應出亂流之成因，比較適當。晴空亂流不僅常出現於噴射氣流附近，有時在加深氣旋之風場中發展，成為強烈至極強烈亂流。

高空晴空亂流具有不連續條狀與短暫生命之特徵，條狀輻度大小不一，變化多端，普通有2,000呎之厚度，20哩之寬度，50哩或更多之長度，它向風吹的一方延展。無論在水平方向或垂直方向，探空觀測報告或測風報告，均極少發現。所以此種中小尺度晴空亂流常無法認出，因此在航空氣象業務處理方面，如主動報告資料、必要的天氣分析以及預報該中小尺度現象等，實有基本上難以克服之困難。

圖10-28根據理論及統計資料繪製之噴射氣流核心、鋒面區、對流層頂等與晴空亂流關係之南北向立體構造圖。亂流最強區在風切最大區，即在等風速線（isotachs）最密集區，圖中晴空亂流區分為A、B、C、D四區，茲分別說明如下：

1. A區在鋒面區裡，接近對流層頂處，等風速線最密集，晴空亂流最強烈。通常溫帶氣旋所伴隨之鋒面區，其厚度大約5,000-8,000呎，坡度為1/100至1/150。表10-1為鋒面區之橫切面長度與噴射氣流以巡航高度0.82馬赫飛越時所需之時間。

2. B區在副熱帶對流層頂（sub-tropical tropopause）與噴射氣流核心之上方（即在同溫層），晴空亂流強度僅次於A區，B區高度在40,000呎附近，一般中或短距離飛行之噴射客機（飛行高度約在26,000呎-35,000呎間）影響不大。

3. C區在噴射氣流核心下方，近鋒面區之暖氣團，有中度至強烈之晴空亂流。

4. D區在暖氣團，距離鋒面區及噴射氣流核心較下方與較遠，晴空亂流為輕度或無。

A、B、C、D各區平均垂直風切與晴空亂流強度，如表10-2。

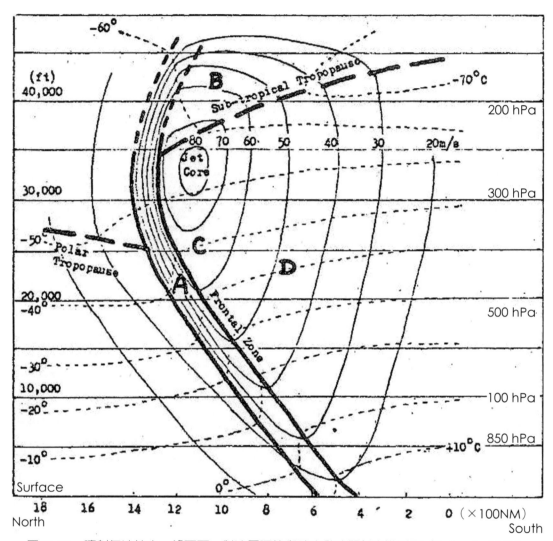

圖10-28　噴射氣流核心、鋒面區、對流層頂等與晴空亂流關係之模型圖（Palme'n 1969）

表10-1　噴射客機（巡航速度0.82馬赫）橫過鋒面區所需時間

鋒面區厚度（呎）	斜坡	水平距離（浬）（與鋒面垂直）	所需要時間（分）
5,000	1/100	83	10.5
	1/150	124	15
8,000	1/100	133	17
	1/150	200	25

表10-2　噴射氣流核心周圍分為四個區域的亂流強度

Area	平均垂直風切（kts/1,000ft）	亂流強度
A區（鋒面帶）	15	強烈至極強烈
B區（副熱帶對流層頂上面）	10	強烈
C區（噴射氣流核心附近）	6-10	中度至強烈
D區（離噴射氣流核心較遠）	2	輕度或無

第六節　大氣亂流強度

　　飛行員報告亂流與預報員估測亂流，決定其強度之標準常發生差別，主要由於人之因素、操作之因素以及天氣之因素，造成亂流強度區分難以一致，例如兩個以上飛行員分別駕駛同型飛機，在航程中遇到同等程度之亂流，而各別對於亂流強度之估計可能相差很遠，即使在同一飛機上操作之飛行人員，對於某種程度之亂流，亦有不同評價。因為各個飛行人員判定亂流強度，係基於各人所受訓練之背景、經驗以及當時個別之心理反應等因素，結果自難趨於劃一。

　　飛機速度、飛機重量、機翼靜力負荷（wing loading）、飛行高度、及飛機結構等特性均影響亂流所起之反作用。譬如同一飛機，飛行初期對於亂流所起之反作用，與消耗大量汽油後，機重減輕，其對於亂流所起之反作用，差別很大。飛行員亦無法直接測量大氣亂流強度，故預報員大都以飛行員之亂流報告為根據，輔以其他天氣情況為參考。飛行員亂流報告給予其他飛行員與預報員判定亂流程度時有很重要之價值，但飛行員亂流強度報告係主觀之估計，並不能絕對代表其真實強度。譬如同一強度之亂流，大型飛機報告為中度，小型飛機可能報告為強烈。從經驗得知，不同型飛機可能報告不同強度之亂流。

　　大氣亂流無法直接測量，航空氣象預報人員知道產生亂流之地形及天氣徵兆，但對寶貴之天氣徵兆，僅為少數定時而地點遙遠之報告。故氣象預報員在預報亂流方面，較作其他天氣預報更為需要依賴飛行員之飛機氣象報告。

　　因此多年來航空科學家們曾致力於解決之問題，係用客觀方法決定亂流之強度，其他各天氣狀況與亂流之關連性，以及制定表示亂流程度

之通用文字。同時也致力於在實地飛行中之亂流調查。結果認為加速表（accelerometer）所決定之轉換陣風速度為最佳之亂流強度指示計。美國國家航空太空總署（National Aeronautics and Space Administration）制定亂流強度準則表，如表10-3，美國氣象與航空機構所採用之標準。

表10-3　大氣亂流強度報告準則表

亂流強度類別	飛機反應	飛機內部反應	相關對流雲層	轉換後相當之陣風風速
輕度（light）	飛機發生短暫輕微不穩定之高度或姿態改變者，為輕度亂流。	乘客可能安全帶稍微有拉緊之感覺，未固定之物品，稍為移動，送食物服務，可以執行，走路很少或沒有困難。	晴天積雲與高積雲。	3-5kts（5-20ft/sec）
中度（moderate）	與輕度亂流相似，但較強，會發生高度或姿態改變。在整個過程，仍可完全控制，空速有變動，為中度亂流。	乘客對安全帶有明顯拉緊之感覺，未固定之物品會移位，送食物之服務及走路都感困難。	雷雨、積雨雲與塔狀積雲。	12-21kts（20-35ft/sec）
強烈（severe）	飛機之高度或姿態發生強烈而突然改變，指示空速發生大變動，飛機可能有短時間不能被控制，為強烈亂流。	乘客安全帶猛烈摔動，未固定物品被拋出並反覆打滾，送食物及走路均不可能，飛機有時無法控制。	成熟期或快速成長之雷雨與偶有積雨雲及塔狀積雲。	21-30kts（35-50ft/sec）
極強烈（extreme）	飛機被猛烈拋擲，實已無法控制，飛機結構損壞，為極強烈亂流。	如果罕有之極強烈亂流發生時，機身將猛烈翻覆打滾，無法控制。	猛烈雷雨。	>30kts（>50ft/sec）

註：高空無積雲類（包括雷雨）之晴空亂流，應附加CAT之強度。

　　國際民航組織目前所採用之大氣亂流強度分類標準與美國所採用除增添最輕度亂流外，其餘則大同小異，茲簡列於後，作為參考。

　　最輕度（very light），機上人員能感覺到（perceptible）輕微簸動。

　　輕度（light），機上人員感覺不適（slight discomfort）。

　　中度（moderate），機上人員行動困難（difficulty in walking）。

　　強烈（severe），不固定物品拋落（loose objects dislodged）。

　　極強烈（extreme），機身猛烈翻騰顛簸（aircraft violently tossed about）。

第七節　天氣現象及地形對大氣亂流強度之影響

大氣亂流肇因不同，強度各異，為使航空氣象預報員及飛行員更具體明瞭亂流分類起見，扼要列出各種不同天氣狀況，可能遭遇不同強度之亂流，亂流類別進一步簡述。

一、輕度亂流之產生與下列情形有關

(一) 在微風（小於25浬／時）天氣之丘陵地帶或峻嶺區域。

(二) 在小塊積雲中或其鄰近。

(三) 在炎熱地面上之晴天對流空氣層。

(四) 當微弱風切在高空槽（或地面鋒之上空）、高空低壓中心、噴射氣流和對流層頂附近時。

(五) 1,500公尺以下大氣層，當風速接近15浬／時，1,500公尺以下大氣層空氣冷於其下方地面時。

二、中度亂流之產生與下列情形有關

(一) 在山區裡，各種風向具有25-50浬／時之分風速，垂直並靠近山頂高度層時。

　　1. 自地面至對流層頂以上1,500公尺各高度層均能產生，但在山頂高度層1,500公尺以內者、在對流層頂以下之較穩定大氣層之底部、在對流層頂裡等尤為常現

　　2. 自山峰背風面向外伸展240-480公里之空間裡。

(二) 在消失階段之雷雨與其附近

(三) 在其他塔狀積雲或其附近。

(四) 在對流層1,500公尺低空，當地風速超過25浬／時、在地面受熱非常劇烈之情形下和在極端寒冷空氣中，有逆溫層時。

(五) 在高空鋒面中（或地面鋒之上空）。

(六) 當垂直風切超過6浬／時／1,000呎時，或當水平風切超過18浬／時／150哩時。

三、強烈亂流之產生與下列情形有關

（一）在山區裡，各種風向具有50浬／時之分風速垂直並靠近山頂高度時：

    1. 在1,500公尺各層內、於捲軸雲中或漩渦空氣中、在山頂高度層或其方面之1,500公尺高度層內、在對流層頂之1,500公尺高度層內和在對流層頂以下之其他較穩定大氣層底部之1,500公尺高度層內。

    2. 自山峰背風面向外伸展80-240公里之空間裡。

（二）在初生與成熟階段之雷雨中與其附近。

（三）有時在其他塔狀積雨雲。

（四）在噴射氣流中心冷的一邊80公里至160公里間之高空槽，與高空低壓而垂直風切超過6浬／時／1,000呎者，與水平風切超過40浬／時／150哩者。

四、極強烈亂流之產生與下列情形有關

（一）當山岳波存在時，在發展極佳之捲軸雲或其底部，極強烈亂流有時伸展到地面。

（二）在初生階段之強烈雷暴（在明顯颮線最常見），有下列情形，能產生極強烈亂流。

    1. 大型冰雹（其直徑等於或大於3/4吋）。

    2. 強烈雷達回波（radar echo），或

    3. 有繼續閃電。

（三）在急速移動冷鋒（fast moving cold front）之上空。

第八節　大氣亂流中飛行

經驗豐富之飛行員，仍不可忽視大氣亂流，會使飛機操縱失靈之可能性，其應付亂流之操縱技術，原無定則可循，端視亂流之原因、亂流之強度、陣風大小以及飛機之類型而定，但在大多數亂流之下，飛行員宜記取下列飛行操作程序。

（一）當地面風平靜或輕微，但2,000-4,000呎高空有強風時，可能有風切亂流存在，飛機為了避免失速，通過風切區域時，應保持大於正常爬升速度。

(二)沿鋒面對流雲，有強烈或極強烈之對流性亂流存在。沿無對流雲之鋒面時，有輕度或中度風切亂流存在。飛機應避開鋒面對流性亂流，但通常可平安飛過鋒面風切型亂流。氣象人員必須忠告飛經或接近鋒面之飛機，說明可能遭遇之強度。即使沿鋒面沒有其他顯著危害天氣出現，仍應加以注意。

(三)當側風吹過跑道，沿障礙物上升，可能產生機械性亂流，應示警飛行員注意。但應付此種危害天氣屬於飛行操作問題。

(四)當山峰高度上之風速為30浬／時或以上時，山區裡可能有中度至強烈機械性亂流。飛機應遠離山峰數哩外或山峰上方3,000呎至5,000呎或以上高度飛行。

(五)當山脈峰頂上之風速為40浬／時或以上，而風向幾乎垂直於山脊時，通常有山岳波。山岳波常有強烈至極強烈亂流與猛烈之下降氣流。飛機飛近山岳波盛行地區時，應爬升至山峰以上5,000呎或更高，否則改道飛行。假如飛近山脈地帶，在高高度遭遇到中度亂流時，應立即返航而避開危險地區。

(六)山區中出現駐留筴狀高積雲（ACSL）、駐留筴狀卷積雲（CCSL）或滾軸狀雲（rotor clouds），顯示有山岳波存在。有時雖然沒有出現上述雲類，但山岳波仍有存在之可能。

(七)在高高度，晴空亂流（CAT）大致發生於噴射氣流附近及強度氣旋型環流。高空顯著危害天氣預測圖（significant weather prog.）描述中度或強烈晴空亂流之範圍與高度，如果預期有強烈或極強烈晴空亂流發生，應發佈顯著危害天氣報告（SIGMET），以指明其可能位置。飛機為了避開晴空亂流，可改道飛行或改變高度。

(八)遇有亂流時，飛機應在失速速率標準以上或減低空速50%。如引擎溫度因減速關係而快速下降時，則於放下襟翼（flaps）而減速，同時可增大馬力，以維持適當溫度，惟起因於水平陣風之亂流，減速之效果不佳。

(九)遇有亂流時，可輕微控制操縱裝置，在適當範圍內維持正常飛行方向及必須空速。當陣風對飛機衝擊時，自不必每次校正操縱系統，因有時連續陣風，飛機激烈升降不定，致高度有重大改變時，則操縱系統必須作適度之調整。

(十)　在亂流中飛行，飛機如確在所有障礙物安全高度之上方，自不必過份耽心飛行高度。通常保持飛行空速為第一要務，至飛行高度則其次。

(十一)　飛行員應試圖預知亂流位置與其高度，應盡量迴避亂流之發生區，必要時可改變飛行高度，尤其必須避開有風切線（shear line）之範圍。

(十二)　在亂流中飛行，空速切勿超過兩倍於失速速率。因空速愈大，陣風之撞擊力更強。如高速飛行遭遇強烈陣風，可導致飛機結構破損之後果。中速飛行，有時出現會有失速信號，應隨時提高警覺，以防不測。如飛機超載，不慎飛進亂流裡，尤應特別小心操作。

(十三)　飛機偶或不慎飛進亂流或竟無法避開亂流區域時，除必須保持正常之空速外，也應避免任何飛行動作而遭致產生失速或螺旋下墜（spin）之現象。

第十一章　雷雨
（Thunderstorm）

　　雷雨是84公釐局部風暴，總是由積雨雲產生，並總是伴隨著閃電和雷聲，通常伴有強風、大雨，有時還有冰雹。對飛行操作威脅最嚴重之惡劣天氣，諸如亂流、下衝氣流、積冰、冰雹、閃電與惡劣能見度等現象。飛機如飛入猛烈雷雨中，必遭致危險性之困擾，機身被措手不及之投擲轉動，時而上升氣流，將其抬高，時而有下降氣流行，將其摔低，冰雹打擊，雷電閃擊，機翼或邊緣積冰，雲霧迷漫，能見度低劣，機身扭轉，輕者飛行員失去控制飛機之能力，旅客暈機發生嘔吐不安現象；重者機體破損或碰山，造成空中失事之災難。

　　大多數雷雨強烈異常，飛機遭遇，應設法避開為上策，如實不可能，則提高其飛行高度。更有進者，如雷達幕上發現雷雨雲頂至六、七萬呎，採取危險性較少之途徑飛行。雷暴是空中交通的障礙，因為它們通常太高而不能飛越，飛越或飛越危險，並且難以繞行。全世界每天有多達40,000次雷暴發生，台灣當然也有類似經歷。雷雨發生，以熱帶地方佔大多數，中緯度地帶大概自初秋至晚冬，雷雨比較頻繁，隆冬季節雷雨偶而與強烈冷鋒伴生，但機會不多，炎夏季節雷雨能遠達北極區。

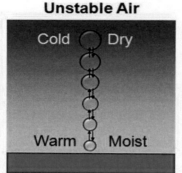

摘自 Aviation Weather/FAA, Date: 8/23/16 AC 00-6B 19-1

圖11-1　雷雨胞形成的必要條件

第一節　雷雨形成之必要條件

　　雷雨胞形成的必要條件為雷雨胞的形成需要三個要素：充足的水蒸氣、不穩定的空氣和舉升機制（見圖11-1）。必須存在足夠的水氣（通常使用露點測量）才能產生不穩定的空氣。幾乎所有的陣雨和雷雨都是在被歸類為條件不穩定的氣團中形成的。條件不穩定的氣團需要一個足夠強大的舉升機構來釋放不穩定性。舉升機制包括：圍繞地表低壓、鋒面、上坡氣流、乾線、先前雷雨產生的流出邊界和局部風系，如海風、湖風、陸風和山谷風環流。

　　形成雷雨之基本條件為大氣不穩定，大致與形成對流性雲相同，即不穩定大氣、抬舉作用及大氣含有豐足水份等條件，茲分述如下：

一、不穩定大氣

　　因為雷雨之形成，最低限度，大氣為條件不穩定，因地形或鋒面等外力舉升，大氣變成絕對不穩定時，必須至溫度某一點高於周圍溫度，該點高度稱為自由對流高度（level of free convection），自該點起溫暖大氣繼續自由上升，直至溫度低於周圍溫度之高度為止。

二、抬舉作用

　　地面暖空氣因外力抬舉至自由對流高度，過此高度後，即繼續自由舉升，構成抬舉作用之原因，有鋒面抬舉、地形抬舉、下層受熱抬舉以及大氣自兩方面輻合而產生垂直運動之抬舉等四種抬舉。

三、水氣

暖空氣被迫舉升，含有之水氣凝結成雲，除非暖大空氣含有充份水氣，上升達自由對流高度，否則積雲生成並不顯著，僅為晴天積雲而已，暖空氣含水氣愈豐富，愈容易上升達自由對流高度，產生積雨雲與雷雨之機會愈大。如大氣中含水氣不夠，而構成雷雨之其他條件雖然適合，但亦無法成雲致雨。在此情形下，飛行員常遭逢強烈亂流，即所謂晴空亂流（clear air turbulence）。相反地，如大氣中含有充份水氣，由於在凝結過程中放出大量潛熱，使得整個大氣更加不穩定，加之其他條件適於形成雷雨，則大氣在條件性不穩定之情況下，亦足以形成雷雨。

第二節　雷雨之結構

熱力對流（thermal convection）與舉升作用（dynamic lifting）造成初期之上升氣流，上升氣流之水氣，因絕熱膨脹冷卻而凝結成冰或冰晶之積雲。凝結潛熱抵銷飽和上升氣流之部份絕熱冷卻，使得積雲中大氣更具有浮力，而加強上升氣流，浮力更帶動上升氣流，快速吸取更多水氣投入雲中，並增加水滴碰撞結合之機會，加速積雲發展。

塔狀積雲向上增長，濕絕熱冷卻之繼續進行上升，直自雷雨雲頂層溫度低於其周圍大氣溫度為止。溫度差別與水滴或冰晶重量增加，上升氣流再無力托住，且也阻礙氣流之上升。較大水滴不克懸浮空中，而致降落地面，即為降雨。雨滴在降落途中，因為摩擦所生拖曳力之關係，帶著大小水滴隨著下降，增強下降氣流，於是在降雨區造成強烈之下衝氣流。這種濕冷之大氣到達地面時，迅速向外流出，形成強烈之陣風鋒面。

雷雨範圍大小不一，大至直徑數公里，小至六、七公里。雷雨雲底高度自幾百呎（潮濕季節）至一萬呎左右（乾燥地區），雲頂高度自25,000-4,5000呎，有時可達65,000呎，其中有顯著高速垂直氣流（drafts）。此種氣流又有上升垂直氣流（updrafts）與下降垂直氣流（downdrafts）之分。高度可達數千呎，不同高度間垂直氣流速度逐漸變化，此與陣風（gusts）情形不同，陣風速度幅度廣，垂直氣流係突發而規模小。凡是飛機遭遇積雲時，發

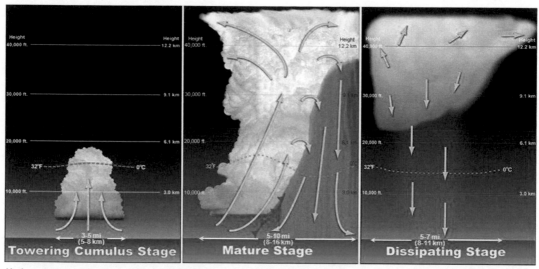

摘自 Aviation Weather/FAA, Date: 8/23/16 AC 00-6B 19-2

圖11-1-1　雷雨胞生命史之示意圖

生嚴重之上下顛簸現象，即受陣風之影響。垂直氣流與陣風兩者間之區別並不顯著，例如某種氣流對於小型飛機而言為垂直氣流，但對於大型飛機而言則僅係陣風而已，雷雨陣風常包含於垂直氣流之中。

一、雷雨生命史

　　雷雨由無數雷雨個體（cell）組成，大半成群結隊，連續發生，雷雨群之範圍廣達數百哩，延續時間長至六小時以上，雷雨胞是具有閃電和雷聲的積雨雲對流單元。它在其生命史中經歷了三個不同的階段，高聳的積雲、成熟和消散，如圖11-1-1。整個生命史通常約為30分鐘。

　　然而雷雨個體範圍很小，直徑罕有超過十數公里以上，整個生命自二十分鐘至一個半小時間，罕有超過二小時，依個體雷雨結構之特性，其生命史分成三個階段，即初生階段、成熟階段與消散階段。

（一）初生階段或積雲階段（growing stage or cumulus stage）

　　高聳的積雲階段，其顯著特徵是強烈的對流上升氣流。上升氣流是一個溫暖的上升大氣氣泡，集中在雲層頂部附近，在其尾跡（cloud trail）後留下多雲的蹤跡。上升氣流速度可以超過每分鐘3,000英尺。雖然大多數積雲不會發展為雷雨，但雷雨之初期常有積雲存在。故積雲出現，可為雷雨之信

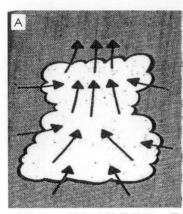

圖11-1A　雷雨之積雲階段，雲裡雲外均為上升氣流。

圖11-1B　雷雨之成熟階段，下降氣流穿過上升氣流而阻礙上升氣流，本階段產生最大垂直風切，故亂流最劇烈。

圖11-1C　雷雨之消散階段，大部為下降氣流，降水漸停止。

號，積雲在成長階段之主要特徵為：

1. 雲中、雲上、雲下及雲周圍都有上升垂直氣流，但因時因地而異。積雲如繼續發展，至本階段之後期，上升垂直氣流速度加強，在上層發現最強上升氣流，速度高達每分鐘900公尺以上。如圖11-1A。

2. 積雲層中，氣溫高於雲外溫度，內外溫度差別以在高層最顯著。

3. 積雲初期，雲滴微小，因不斷向上伸展，雲滴體積逐漸增大為雨滴，被氣流抬高至結冰高度層以上之12,000公尺高空，雨滴仍舊保持液體狀態。

4. 雷雨初生階段，積雲雲頂高度普通在9,000公尺左右。

上層過冷雨滴如再上升或氣層被震動，部份雨滴凍結成雪，形成雨雪混雜現象，稱為濕雪（wet snow），進一步發展，最後變成乾雪（dry snow）。在此階段，因雨滴雪花被上升氣流抬舉或懸浮空際，地面不見降水。

個體積雲發展，完成本階段，平均需時僅20分鐘。

（二）成熟階段（mature stage）

當降水到達地表時，雷雨胞過渡到成熟階段。降水穿過雲層下降並將相鄰的大氣向下拖動，在上升氣流的旁邊產生強烈的下降氣流。下降氣流沿地表擴散，遠早於母雷雨胞，形成一股涼爽的陣風空氣。下降氣流的弧形前緣類似於微型冷鋒，稱為陣風鋒面。沿陣風鋒面的發生可能會觸發新雷雨胞的

形成，有時遠在母雷雨胞之前。積雨雲頂部經常滲入平流層底部，高處強風將雲頂扭曲成鐵砧形狀。天氣災害在成熟階段結束時達到高峰強度。

　　大氣對流加強，積雲繼續向上發展成為積雨雲，雲中雨滴雪花不斷相互碰撞，體積與重量增大，至上升垂直氣流無法支持時，雨雪即行下降，地面開始降雨，並下大雨，表示雷雨已到達成熟階段。此時積雨雲雲頂常高至7,500-10,600公尺間，有時衝過對流層頂達15,000-19,500公尺間。

　　雨水下降時，將冷空氣拖帶而下，於是形成下降垂直氣流，此現象通常在積雨雲之中層及前半部發展，並擴大厚度與寬度，如圖11-1B。下降氣流速度不一，最高者可達每分鐘750公尺，氣流下降至距地面1,500公尺高度時，由於地面阻擋作用，使下降速度減低，並使空氣向水平方向伸展，尤其向前方伸展較後方為多，成為楔形之冷核心（cold core）。向水平方向流出之空氣，在地面上形成猛烈陣風，同時氣溫突降而氣壓陡升。

　　在本階段初期，持續之上升氣流，仍繼續增加速度，最高可超過每分鐘1,800公尺。換言之，積雨雲中之氣流有升有降，速度極為驚人，同時強烈亂流與冰雹常出現，此一階段為雷雨強度之最高峰，中小型飛機冒險飛進，會造成嚴重之損失。本階段之進行，為時約15-20分鐘之間。

（三）消散階段（dissipating stage）

　　消散階段的特點是強烈的下降氣流嵌入降水區。下降的空氣取代了整個雲中的上升氣流，有效地切斷了上升氣流提供的水分供應。降水逐漸減少並結束。絕熱壓縮使下降的空氣變暖並且相對濕度下降。對流雲從下方逐漸蒸發，只留下殘存的砧狀雲。

　　雷雨在全盛時期（即成熟階段），下降氣流繼續發展，並且向垂直與水平兩方向伸張，而上升垂直氣流逐漸減弱，亂流則急速減弱，最後下降氣流控制整個積雨雲，如圖11-1C，雲內溫度反較雲外為低。

　　自高層雨滴下降，經過加熱與乾燥之過程，水分蒸發，地面降水停止，下降垂直氣流減少，於是雷雨顯著衰老，積雨雲鬆散，下部出現層狀雲，上部頂平如削，為砧狀雲結構。砧狀雷雨出現，並非全為雷雨衰老象徵，因為有時砧狀雷雨雲會出現極端惡劣之天氣。

　　本階段之進行，需時約30分鐘。

　　雷雨伴隨惡劣危害天氣，計有強烈或極強烈亂流、積冰、下爆氣流、降水與壞能見度、地面陣風以及閃電等，程度比較強烈時，能產生冰雹，甚至附帶龍捲風。

一、亂流（turbulence）

　　凡是雷雨都有破壞性亂流，大雷雨產生極強烈之亂流與冰雹，強烈與極強烈亂流存在於上升與下降氣流間，引起風切之積雨雲中層或高層，約在雲層三分之二高度。陣風鋒面上風切引發亂流，出現於低空雲層中與雲層下方。

　　垂直運動是雷雨結構之基礎，積雨雲中，大氣之垂直運動不斷進行，高度可達數萬呎，寬度不定，自數十呎至數千呎不等。飛機穿越雷暴雨時，垂直氣流迫使飛機改變高度，使飛機無法保持指定巡航高度。

　　下衝氣流在雲底距地面三、四百呎內繼續發展，通常速度大，構成雷雨下方之飛行危害，如豪雨及惡劣能見度伴隨著下衝氣流時，則危害尤劇。

　　雷雨亂流又分為垂直氣流、陣風及初陣風三種：

（一）垂直氣流

　　雷雨生命史，可知垂直氣流充斥於雷雨裡，流向則依所達到之階段而定，在初生階段，除開雷雨邊緣偶有輕微下降氣流外，大部為上升氣流，成熟後，上升及下降氣流併行，至消散階段，大致下降氣流盛行。垂直氣流對飛機結構造成損害，要視氣流中之陣風數量而定，如垂直氣流均勻一致，飛行員採用正常飛行操作時，亂流微弱至最低程度。在上升與下降氣流鄰近區，常存在最大之風切、亂流與最大陣風，下列所述為研究雷雨垂直氣流強度之結論：

　　1. 雷雨上層盛行強烈之上升氣流。
　　2. 水平與垂直方面，上升氣流通常較下降氣流為強，為廣。如果飛行高度較低，下降氣流迫使飛機直線下降，如圖11-2，遇有不規則之地形，肇禍堪虞，飛行員如試圖在積雨雲下飛行時，必須特別注意。

圖11-2 雷雨區域與近地面下降強風

3. 雷雨之中層常發現強烈之下降氣流。

4. 雷雨上層盛行垂直氣流，飛機被迫垂直位移，上升位移將中型飛機抬高每分鐘有達1,800公尺之記錄，普通均低於每分鐘900公尺。飛行高度愈高，位移愈大，愈低位移愈小。

5. 雷雨之中、上層，飛機被上升氣流位移，平均較被下降氣流位移為多，但在2,400公尺高度有下降位移之紀錄。

（二）陣風（gusts）

陣風發展於大規模持續流動之垂直氣流，由直徑數吋至數百呎大小不等之旋渦而生成。產生之原因有上升氣流與下降氣流間之風切作用（shearing action）和舉升作用（lifting action）。陣風會導致飛機顛簸，偏航與滾動，強烈使飛機損毀。下列為在航程研究雷雨陣風之結論：

1. 強烈亂流有每900公尺水平距離內6次以上之陣風。

2. 雷雨各層輕微陣風比強烈陣風為頻繁，但強烈陣風在各高度出現，飛機飛入雷雨中很難避免陣風之侵擾。

3. 在強烈雷雨中經常發現118浬／時之陣風垂直速度，最高達124浬／時之記錄。

（三）初陣風（first gust）

　　雷雨前方，低空與地面風向風速發生驟變，由於下降氣流接近地面時，氣流向水平方向沖瀉而成猛烈陣風，成為雷雨危險性之惡劣天氣，此種雷雨緊前方之陣風稱為初陣風，又稱犁頭風（plow wind）。

　　飛機在雷雨前方起飛降落，造成嚴重災害，最強烈之初陣風，風速可達100浬／時，風向會有180°之改變。但為時短促，一般初陣風平均風速約15浬／時，風向平均約有40°之改變。速度大致為雷雨前進速度與下降氣流速度之總和，雷雨前緣之風速較尾部之風速強烈。

　　強烈初陣風發生於滾軸雲及陣雨之前部，如圖11-3，塵土飛揚，飛沙走石，顯示雷雨來臨之前奏。滾軸雲於冷鋒雷雨及颮線雷雨盛行，滾軸雲表示強烈亂流之地帶。在雷雨雲之外圍，風切和亂流出現在雲端數千呎，雲側20哩以內。

二、冰雹（hail）

　　雷雨於成熟階段，積雨雲有冰雹，大部分冰雹，體積不大，下降遇暖，沿途融化，到達地面前，整體消融。但飛機飛行於高空，危險性仍然存在，

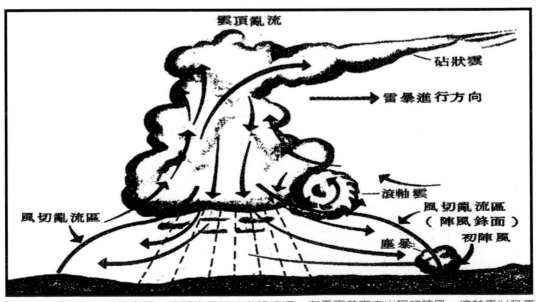

圖11-3　雷雨縱剖面示意圖，箭頭表示氣流升降情況，在雷雨前下方出現初陣風、滾軸雲以及雲下粗實線附近為風切亂流區。

大型冰雹會擊損機體，雷雨內部如有冰雹，對流非常旺盛。大量冰雹或大型冰雹形成於強大而高聳之雷雨雲。冰雹之大小與雷雨和亂流之強烈程度成正比，冰雹體積愈大，雷雨愈強烈，亂流愈厲害。

　　冰雹以球狀或不規則冰塊形式降下，大者如梨，小者如葡萄，在9,000公尺之高空，發現有五吋直徑之大塊冰雹，個體之冰雹稱為雹塊（hailstone），透明與混濁層次相間。

　　冰雹不外強烈上升垂直氣流、含有大量水氣、雲滴很大以及在高空雲層裡等四種情形。冰雹發生高度約在3,000與9,000公尺間，在10,600公尺以上之高空，大冰雹發生減少，積雨雲任何高度都可能出現冰雹，有時接近雲外之晴朗天空，亦會遭遇冰雹。飛機設法避免上升氣流，遭逢冰雹之機會就減少，但有時雖避開上升氣流，但仍然遭遇冰雹。直徑大於半吋或四分之三吋之冰雹，在幾秒鐘內造成嚴重飛機損害。

　　副熱帶與熱帶之雷雨發生冰雹較在溫帶與寒帶為稀少，副熱帶與熱帶之地面上冰雹特別少見。

三、閃電（lightning）

　　雷雨中遭遇閃電，在短時間內使人目眩，瞬時無法觀察駕駛艙之儀表。閃電造成之危害，使導航系統及電子裝備損毀。閃電如直接擊中飛機外殼，打成遍體鱗傷。閃電與降水而產生靜電現象，使無線電失靈，飛行員遭受航空通信之困擾。

　　晴朗天氣，大氣中電位梯度自上向下遞減，通常地面帶負電荷，如發生雷雨，電場情勢改變，積雨雲之上部帶正電荷，下部帶負電荷，地面因之被誘導帶正電荷，如圖11-4。負電荷平均位置集中於結冰高度層之下方，正電荷集中於負電荷集中層上數千呎，另外，尚有幾處小範圍正負電荷集中區域，而閃電通常發生於正負電荷較集中之處。下列為雷雨與閃電之關係。

（一）雷雨雲向上發展，待達氣溫約-20°C之高度之後，開始發生閃電。

（二）雷雨閃電一經開始，雲頂降低，氣溫增加，閃電仍延續相當時間。

（三）雲與雲間閃電，較在雲與地面間閃電為頻繁。

（四）積雨雲高聳雲霄達最高點時，閃電最頻繁。當雷雨在成熟階段，最廣闊水平向閃電，發生於結冰高度層向上至氣溫約-10°C間之高層裡。儘管

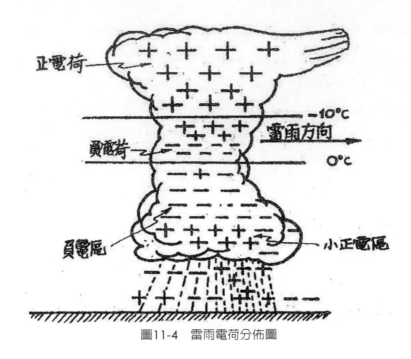

圖11-4　雷雨電荷分佈圖

　　雷雨到處有閃電，比較猛烈之閃電通常於雲層底部，而接近地面之低空，發生猛烈閃電之機會較少。

（五）雷雨在成熟階段，積雨雲高度低沉，閃電隨之減少，但有時零星個別閃電之強度，仍然保持猛烈之程度。

（六）在最大頻度閃電之後，常繼之以傾盆大雨。

　　降水靜電（precipitation static），飛機經含水滴與固體質點（冰、灰塵）之雲裡，因與飛機表面磨擦關係，產生自動帶電（autogenous electrification），於是靜電電荷增加，飛機上無線電天線或其他金屬突出部份，形成強烈連續環形放電（corona discharges），對飛機無線電通信低頻率有干擾，但對於超高頻率（ultra-high frequencies）之無線電通信，則無干擾。

　　降水靜電現象在雷雨雲裡，或附近發生，最強烈發生高度，在結冰高度層之附近，該層為雨滴變成雪或雪變成雨滴、強烈亂流以及上升下降氣流旺盛之處，對飛機最威脅性。

四、積冰（icing）

　　雷雨積雨雲，高聳雲霄，但範圍不廣，飛機飛在積雲裡，積在翼面之明冰（clear ice）層，極為有限，最嚴重之積冰，發生在緊接於結冰高度層

上方，結冰高度層，過冷水滴集中地帶，在結冰高度層以上，氣溫自0°C至-10°C範圍內積冰最嚴重。飛機飛過濕雪（wet snow）區域，機身前緣迅速積成乳白色不透明之霧淞（rime ice），結冰高度層有強烈亂流、雨水及上升下降氣流旺盛區，在雷雨雲裡，此特殊高度層對於飛行操作有很大的威脅，飛行員應盡可能予以避開。

孤立雷雨或雷雨個體疏散天空之區域，飛機積冰問題不嚴重，因在雷雨雲中飛行時間短促。相反地，在雷雨群裡飛行，飛機暴露在積冰下時間較久，飛機積冰問題較為嚴重。

五、降水（precipitation）

雷雨雲挾帶豐富水分，部份水滴隨氣流上升，懸浮於空際，成熟階段之雷雨，結冰高度（freezing level）層之底部有雨滴，而上方液體水分減少，係雪與過冰水滴之混合體。在6,000公尺高空上下，中度雪與強度雪發生機會最大。降水強度與亂流強度有關連，雷雨雲裡雨雪，在高空為升降氣流所左右。陣雨到達地面時，常構成低雲幕與壞能見度，對於飛機之起降更加困難。

六、地面風（surface winds）

雷雨來臨前，積雨雲層底部下降氣流以水平方向散佈，使地面風向風速快速變化，如圖11-3。地面上觀測到的初期風湧（wind surge）或稱下衝風湧（down surge），稱為初陣風。初陣風對於飛機在雷雨前方急速降落，有很大危險。初陣風在滾軸雲到達之前出現，是雷雨接近而開始降雨之前奏。狂飆一起，塵土飛揚，表示雷雨之即將來臨。初陣風之強度為在雷雨過程，地面所觀測到的最強風速，最猛烈者可達100浬／時。在快速移動的冷鋒或颮線之前緣，常有滾軸雲存在，滾軸雲表示雷雨接近時，亂流之劇烈情況。

七、下爆氣流（downburst）

雷雨雲裡出現下爆氣流，係源自同溫層（平流圖）移至低濕之大氣，如圖11-5，至低空再挾帶大雨水滴及冰晶，向下猛衝，成為猛烈之下爆氣流，下瀉雨柱稱為雨箭桿（rain shaft），如圖1-15。下爆氣流之出現，用傳統式觀測方法，時間與大氣均太長與太大，常無能為力，如圖11-6。

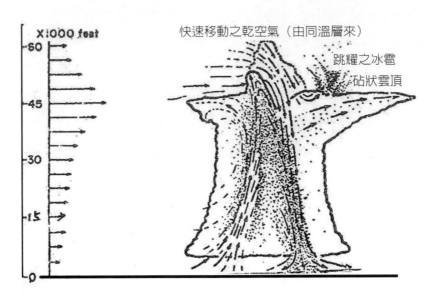

圖11-5 雷雨下爆氣流之模式

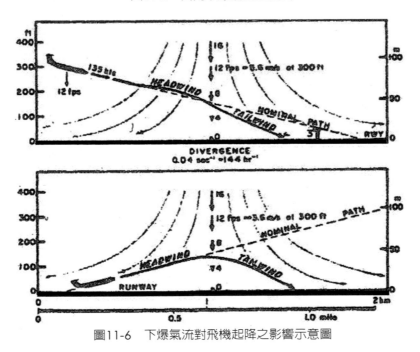

圖11-6 下爆氣流對飛機起降之影響示意圖

八、氣壓變化

　　雷雨有氣壓變化，雷雨接近時，氣壓急速下降；初陣風與陣風開始，氣壓突然上升；雷雨繼續向前移動，降雨停止，氣壓逐漸恢復正常等三種情形。氣壓變化由降而升，再由升而趨正常，整個過程所需時間約為15分鐘。

雷雨發生期如不適時校正高度撥定值，飛機上顯示高度，可能有30公尺之誤差發生。

雷雨期間，短時間氣壓變化，會有5-7hPa之差別，稱為氣壓跳動（pressure jump），請參閱（蒲金與林清榮，2017：馬祖南竿機場誤失進場風切與氣壓跳動分析。航空安全及管理季刊，4，65-78。4卷1期）。近年來，蒲氏根據低空亂流警告系統發明專利權（發明第I611198號）以及新式樣專利權（新型第M533697號）開發LLTAS系統，於2019年8月23日在松山機場安裝氣壓感應器，感應器將觀測的資料上傳至雲端儲存，並去除雜訊，再透過數學運算，如果任一個氣壓感測點的氣壓變量超過1σ，即時在電腦或手機等行動裝置發出低空亂流警告訊息。蒲氏在松山機場設置低空亂流警告系統，係利用氣壓跳動現象，做為偵察陣風鋒面之設備。通常雷雨愈強，氣壓升降幅度越大。

九、龍捲風（tornado）

最猛烈之雷暴雨，以最大活力將大氣吸進積雨雲底部，被吸進之大氣，具有潛在旋轉動力，自地面至雲層間，形成非常猛烈漩渦，使大氣、水氣與灰塵雜質劇烈迴旋於空際，漩渦直徑在100呎至半哩之間不等，漩渦中心氣壓相當低，風速常超過200浬／時，移動速度通常在25-50浬／時間。低氣壓漩渦雲自雲底，向下伸展，構成漏斗狀，未達地面或水面稱漏斗狀雲（funnel clouds）。接觸到地面稱之為陸龍捲風（tornado）。接觸到水面稱之為水龍捲風（waterspout）。

大多數龍捲風與穩定狀態雷雨之冷鋒或颮線同時發生，與孤立雷雨伴隨極少。龍捲風或漏斗狀雲係雷雨之附屬品，自閃電及降雨區，向外伸展達數哩之遙，漩渦可上升至雷雨母雲裡，飛行員如飛進雷雨雲裡，會遭遇到隱藏漩渦，損毀飛機結構。

積雨雲類之乳房狀雲層出現，可能有劇烈雷雨與龍捲風發生。乳房狀雲自雲底部往下垂，不規則圓形錢袋狀或綵球形狀，有強烈至極強烈之亂流。

十、颮線（squall lines）

非鋒面性之狹窄雷雨帶，稱為颮線。通常在冷鋒前方之潮濕不穩定大氣

中發展，可在離開鋒面很遠之不穩定大氣中形成。颮線長度不定，可自數哩至數百哩不等，寬度亦各異，可自10哩-50哩不等。具有小型氣象雷達裝備之飛機，可以穿越颮線薄弱部份。颮線包含許多強烈之穩定型雷雨，對於重型飛機之儀器飛行會構成最嚴重之危害。颮線通常快速形成，又快速移動，整個生命延續時間不會超過24小時，大都在黃昏或初夜，為最強烈程度出現時刻。

十一、低雲幕與壞能見度（low ceiling and poor visibility）

雷雨雲裡能見度很差，有時幾乎為零。在雷雨雲底與地面間，豪雨與揚塵交織，發生低雲幕和惡劣能見度。每當亂流、冰雹及閃電等雷雨危害天氣伴隨時，雲幕及能見度之危害更加嚴重，幾乎連精密儀器飛行都不可能。

第四節　雷雨之分類

雷雨形成之必要條件為大氣舉升作用，諸如，對流大氣、山岳地形、鋒面以及氣流輻合等。雷雨之性質大致相同，分類僅根據發展原因與結構，分為有限狀態雷雨（limited state thunderstorm）與穩定狀態雷雨（steady state thunderstorm）等兩大類。有限狀態雷雨持續時間僅1-2小時，有中度陣風及陣雨，也有強烈亂流，對飛行威脅頗大。穩定狀態雷雨通常成帶狀或鏈環狀（in lines or in chains），持續時間較長，有強烈陣風、陣雨、亂流甚至冰雹或龍捲風都可能發生，對飛行操作，破壞力更大。

一、有限狀態雷雨

有限狀態雷雨稱之為氣團雷雨（air mass thunderstorm），由於地面受熱，雷雨會快速發展，於成熟階段，結構影響雷雨生命及強度。當上升氣流很弱，幾乎無力支持空中水滴，則雨水穿過上升氣流而降落。如果上升氣流十分強勁，阻止雨水穿過上升氣流下降，雨水立刻下落於上升氣流之外圍。下降雨水常導致磨擦力，拖延上升氣流，緩慢上升，倒轉為下降氣流。該下降氣流及冷性降雨，使雷雨雲底部及下方之地表變冷。下降氣流阻斷水氣之注入，無法補充能量，致雷雨胞之能量耗盡，終致雷雨消散。此種自毀性雷

雨胞，生命史僅20分鐘至1.5小時。一個有限狀態之雷雨複合體，包含許多不同階段之雷雨個體（雷雨胞），亦能維持數小時之久。在陸地上，通常下午或較遲，雷雨達到最強烈程度與最多頻率。在沿海地區，當夜間地面溫度最低，陸地上較冷大氣吹向溫暖海面，故雷雨在後半夜最多。

有限狀態雷雨產生強烈亂流、嚴重積水、冰雹，該等危害天氣因素會造成飛機結構之損毀。

氣團雷雨形成雷雨之氣團，必高溫而潮濕，與鋒面無涉；以及雷雨通常孤立星散於廣大區域等二種基本特性。細分為對流雷雨（convective thunderstorm）和地形雷雨（topographic thunderstorm）。

（一）對流雷雨（convective thunderstorm）

地面受熱或地面氣流輻合而成對流雷雨，又稱為熱雷雨或局部雷雨，範圍不廣，移動距離短，多因大氣下層，日射強烈，風速微弱，地面受熱過甚，而生對流作用，常見於盛夏午後。夏季發現於熱帶海洋氣團或赤道海洋氣團，該二種氣團水分豐沛，且常在條件性不穩定大氣，最易招致強烈之對流與凝結。沿海地區，午後風速微弱，較冷而潮濕之海上大氣，氣流移動於高溫陸地上，下部受熱而大氣對流，雷雨在近海岸線上形成，如圖11-7。相反地，在深夜與清晨時分，當陸地上較冷大氣移動於溫暖水面時，在海外形成雷雨，又稱夜間雷雨（nocturnal thunderstorm）。

地面氣流輻合而成之雷雨，通常在無鋒之低壓槽中形成。陸地上因太陽日射關係，以午後與黃昏時刻雷雨最活躍。海上因雲頂輻射作用，以深夜與清晨雷雨最活躍。

（二）地形雷雨（topographic thunderstorm）

雷雨在山區較平原出現為民頻繁，尤其炎夏季節，山坡受熱較快，大氣被迫沿山坡上升，如氣團為潮濕條件性不穩定，加之山地垂直擾動大，容易形成積雲和積雨雲，最後雷雨產生，稱為地形雷雨。夏日午後與黃昏時刻，在向風坡峰頂附近，常出現疏落不連續之雷雨個體，在背風山坡，雷雨即行消散。

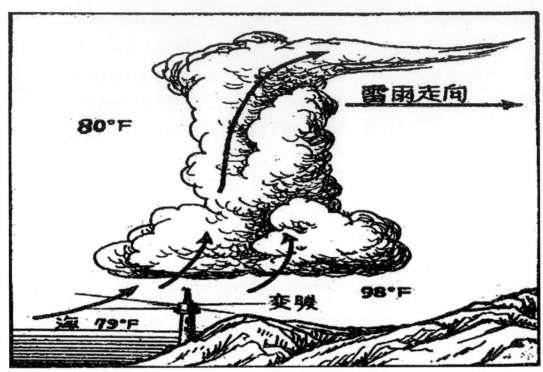

圖11-7　對流性海岸雷雨

二、穩定狀態雷雨

　　強烈穩定狀態雷雨複合體包含許多生生滅之雷雨胞，整個延續時間可長達24小時或以上，移動距離可遠至1,000哩，除非受外在影響或雷雨胞機械力發生變化而自行消失，否則總是在穩定狀態中持續不絕。

　　穩定狀態雷雨常伴生於天氣系統（weather system），鋒面、輻合氣流及高空槽（鋒面雷雨）等強迫氣流上升而產生雷雨，更可發展為颮線（颮線雷雨），午後加熱增強雷雨猛烈程度。

　　雨水不會穿過上升氣流而降落，即雨箭桿（rain shaft）及相伴之下降氣流不會頓挫或消減上升氣流，在穩定狀態雷雨，發現上升與下降氣流同時並存而呈現許多不同型態。上升氣流在雷雨中以傾斜姿態環繞、半環繞或與下降氣流並存，圖11-8表示成熟階段之穩定狀態雷雨胞示意圖。

　　穩定狀態雷雨存在時，會產生帶狀形式之最猛烈雷雨，極強烈亂流關係，飛機機翼或附件會遭受損毀，有時在無法控制之情況下，飛機俯衝而下，撞毀於地面。

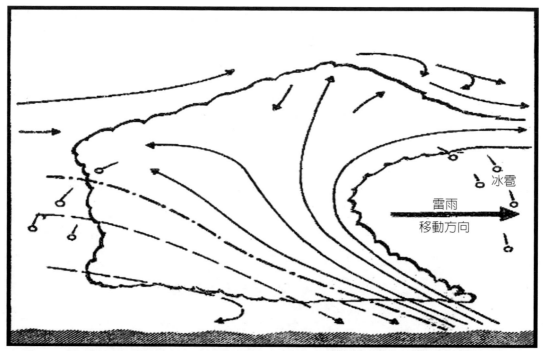

圖11-8　表示雷雨胞上升氣流與下降氣流之形態，而降水或冰雹卻在上升氣流之外圍而不阻撓上
　　　　升氣流。成熟階段之穩定狀態雷雨，可持續相當長時間，輸出最猛烈之雷雨亂流。

（一）鋒面雷雨（frontal thunderstorm）

　　暖鋒坡度緩和，鋒上形成之雲層成層狀，偶有雷雨隱而不顯，強度最微弱。除開颮線雷雨之外，與冷鋒相伴之雷雨，成為鋒雷雨之最強烈。雷雨群沿著冷鋒排列，雷雨雲，雲的高度較低，而在下午活動特強。暖鋒囚錮常產生雷雨，群體大半沿高空冷鋒上排列，較暖鋒雷雨為強烈，但與暖鋒雷雨相似，常常隱匿於層狀雲裡。

（二）颮線雷雨（squall line thunderstorm）

　　沿颮線之雷雨與沿鋒面之雷雨相似，惟較為猛烈，雲的底部低沉，雲頂高聳，最強烈的颮線雷雨有冰雹，颮風（squall winds），甚至龍捲風伴隨。發生時刻不定，以日暮黃昏產生之颮線，雷雨最為強烈。

　　颮線與雷雨伴隨，急速移動的冷鋒前80-480公里，與冷鋒平行，雷雨群（亦稱颮線）緊接發展於冷鋒附近，隨之颮線快速移動於冷鋒之前方。冷鋒時常快速產生一系列之新颮線，新颮線萌芽生長替代其前方快速移出而衰

老之舊者，如此新陳代謝，生生不已，雷雨群隨之繁生。強烈雷雨，延續不已，造成極端惡劣之天氣。

颮線雷雨除與冷鋒伴隨外，亦形成於低壓槽（low pressure troughs）、間熱帶輻合區（intertropical convergence zone）、風切線（shear line）以及東風波（easterly waves），甚至在低空氣流輻合地帶。

第五節　雷達觀測雷雨

氣象雷達觀測雷雨位置及強度，在航空安全上很大價值。雷雨雲層裡，常有大量冰雹與大水滴，對雷達波具有最強之反射信號，在雷達指示器上顯示雷達回波輪廓。小水滴與雪花僅為昏暗模糊之雷達回波（echo）。雷雨雲之積冰及亂流與回波強度有直接關係。

氣象雷達偵察降雨水滴及冰晶之大小與數量，雷達回波強度與雨滴大小及雨滴數量有關，雨滴愈大及數量愈多，雷達回波愈強。氣象學家認為雨滴大小與降雨率（rainfall rate）成正比例，最大降雨率發生於雷雨，最強烈雷達回波必有雷雨。冰雹塊（hailstones）外表包有一層水分，宛如一個大雨滴，雷達回波為所有回波之最強烈。陣雨回波並非十分顯明與強勁，中度雨雪回波最弱。

由於最強烈雷達回波大都出現自雷雨雲，最強的回波可視為劇烈危害天氣之指標。地面氣象雷達資料作為飛行前計畫（pre-flight plan）之參考，如圖11-9，空用氣象雷達（airborne radar）可作為航程規避雷雨之有利工具。

(一) 雷達幕上之雷雨回波，高達10,600公尺以上，高速移動之孤立狀態雷雨胞回波，移速等於或大於40浬／時，常有極強烈之亂流與冰雹。

(二) 稀雷雨回波與惡劣天氣伴隨時，飛機應繞道飛行。

(三) 強烈雷雨回波之間隙距離小於64公里時，其間隙處常發生強烈晴空亂流與冰雹。雷雨之形成與消失，過程快速，雷雨之移動速度快，飛行計畫不可嘗試穿越回波縫隙。最好利用地面氣象雷達資料，分析回波範圍及其涵蓋情況。在航程之飛機，以目視或空用雷達所觀測到的每一雷雨胞，必須盡可能避開。

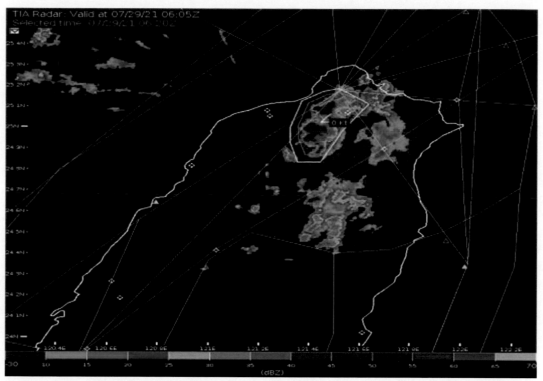

圖11-9　2021年7月29日0605UTC民用航空局桃園國際機場都卜勒氣象雷達回波圖之示意圖

　　空用氣象雷達用為迴避劇烈天氣，如果視為穿越劇烈天氣工具，殊有危險。至於可否飛進雷雨回波區，則視回波之強度、回波之空隙、飛機之性能以及飛行員之駕駛能力等因素而定。氣象雷達為偵察降雨較大水滴，至空中細小水滴，非一般氣象雷達偵察之功能。因此雷達幕無法提供在雲霧中飛行之天氣資料，雲與霧在雷達幕上無回波，故在強烈回波之空隙間，有如雲或霧存在，雷達幕上依然一片空白，並非表示可以自由飛行。

　　最強烈回波表示最強烈雷雨，冰雹在雷雨雲外數哩降落，危害亂流可延展至雷雨雲外20哩，飛機應避開回波於20哩之外，即回波有40哩以上之隔離時，方可飛行其空隙間，如圖11-9-1。若回波強度轉弱，可縮短其間之隔離。

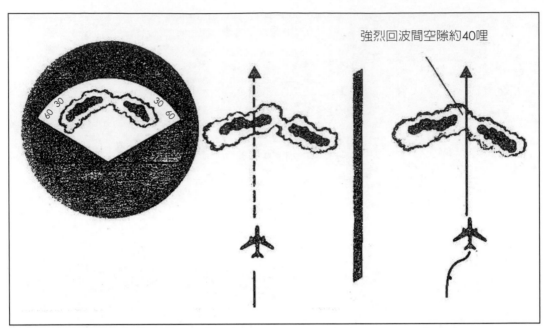

強烈回波間空隙約40哩

圖11-9-1　利用空用雷達迴避亂流、冰雹及豪雨

第六節　雷雨中飛行問題

雷雨之危險以及對飛航安全構成之威脅性，有關雷雨中飛行之問題。

（一）飛機以避開雷雨為上策

雷雨之危險性與威脅性很大，不可因為雷達報告回波不強，就視為輕微。

1. 飛機盡可能避開雷雨，尤其小型飛機不可輕易冒險，即使大型客機亦應迴避雷雨。不可試圖緊接繞飛超過5/8雲量之積雨雲（有雷雨）。

2. 當雷雨在機場上空或接近機場時，飛機不可冒險起飛或降落。因為風向風速會突變、低空有亂流、下爆氣流、滾軸雲、強烈陣風以及豪雨，會使飛機失去控制。

3. 在雷雨下方，即使能見度很好與雲幕不差，仍勿飛行，因積雲階段之雷雨下方有強烈上升氣流，而成熟階段之雷雨下方，有下衝氣流及亂流，會導致飛機失事。

4. 飛機未裝有空用雷達者，不可飛入稀疏雷雨之雲裡。

5. 強烈雷雨或雷達幕上呈現強烈回波，飛機應遠離雷雨外圍20哩繞飛，

尤其在大塊積雨砧狀雲之下方，不可穿越飛行。因為強烈雷雨雲外圍20哩以內和砧狀雲下方，常有冰雹及強烈亂流存在。

6. 飛機在強烈雷雨雲之雲頂飛行，必須提升飛行高度，提升之標準，視雲頂上方風速而定，雲頂上方風速每10浬／時，提升飛行高度1,000呎，因為雷雨雲頂上有亂流存在，風速愈大，亂流愈強，影響之高度也愈高。

7. 凡是空中有閃電時，表示強烈雷雨正在發生。

8. 無論雷雨雲頂由目視或由雷達偵測，雷雨雲頂高度在35,000呎或以上，視為強烈雷雨，飛機必須迴避。因為極端強烈之惡劣天氣，常與此種雷雨伴隨。

9. 積雨雲底高出山頂，飛機仍不可試圖在積雨雲之底部飛行。因為強烈氣流，構成大氣舉升作用。雷雨在山峰間會引起危險之亂流，再加下降氣流盛行，迫使飛機失去高度，導致撞山，造成空中災難。

（二）冒雷雨危險而飛行之先決條件

在航線上有雷雨，必須先考慮下列條件。

1. 飛行員應具備穿越雷雨之飛行經驗及瞭解飛機結構之抗力。

2. 繫好安全帶，繫上降落傘繩子，固定機艙中所有鬆動物品。

3. 計畫飛行路徑，使穿越雷雨時間減至最短。

4. 飛機不得飛入雷雨裡，應盡量避免在結冰高度層與-10°C（約在結冰高度層上5,000呎）間之高度飛行，因該層次為雷雨雲最危險之區域。穿越高度以在結冰高度層之下方或-15°C之上較為妥善。

5. 開動空速管（皮氏管pitot）加熱器與汽化器（carburetor）或噴射引擎氣門（jet inlet）之加熱器，飛機積冰會在任何高度迅速發生，使飛機動力瞬時失常或空速指示器失效。

6. 固定飛機上之動力裝置，降低穿越亂流時指定之空速，降低空速可減輕加諸飛機上之結構切力。

7. 開大駕駛艙燈光，以減輕因為閃電而令人暫時目眩之危險。

8. 採用空用雷達，必要時將天線上下擺動，天線向上，可偵察航線上之冰雹；天線向下，可偵察雷雨胞之成長。

9. 採用自動空速管，放鬆高度與速度保持方式，自動高度與控制速度會
增加飛機之操縱功能，增加飛機之結構切力。

10. 在雷雨雲瀰漫之山區飛行，飛行高度最低需高過山頂1,200公尺。

（三）飛機正當穿越雷雨時應注意事項

　　飛行員集中目光於儀表，專心注意飛行動態。目光轉移駕駛艙外，因
閃電而令人目眩。不可改變飛機之動力裝置，可利用阻板（flaps）或起落架
（gears）等方法以減低空速。保持正常高度，讓飛機順著氣流飛行。如用
人工操縱，試圖保持不變高度飛行，會增加飛機之切力，嚴重會損壞機體之
結構。在雷雨中採直線穿越，盡快飛離惡劣天氣地帶，不可半途折返。

第十二章　飛機積冰
（Aircraft icing）

第一節　飛機積冰之危害

結冰是在物體上形成的任何冰沉積物。它是航空的主要天氣災害之一。結冰是一種累積危害。飛機積冰的時間越長，危險就越嚴重。冷凍是一個複雜的過程。懸浮在空氣中的純水在溫度達到-40°C之前不會結冰。這是因為液態水滴的表面張力抑制了凍結。水滴越小、越純淨，過冷的可能性就越大。此外過冷水可以作為稱為過冷大水滴（Supercooled Large Drops, SLD）的大水滴存在。SLD在凍雨和結凍毛毛雨情況下很常見。雲的過冷水含量隨溫度變化。0到-10°C之間的雲主要由過冷水滴組成。在-10到-20°C間，液態水滴與冰晶共存。低於-20°C，雲通常完全由冰晶組成。然而，強大的垂直流（例如積雨雲）可能會將過冷水帶到溫度低至-40°C的高處。如果充分攪拌，過冷水很容易結冰。這解釋了為什麼飛機在穿過液態雲或由過冷液態水滴組成的降水時會積聚成冰。

飛機經過冷雲層（super-cooling clouds）或雨雪區域，機翼機尾及螺旋槳或其他部份，積聚冰晶，厚度至數吋，影響飛航操作，稱為飛機積冰（Aircraft icing）。氣溫在冰點以下，水氣容易凍結，構成飛機操作之危險。在發展儀器飛行（instrument flight）以前，因強度積冰通常發現於惡劣天氣，飛機避開惡劣天氣飛行，所以飛行員絕少遭遇飛機積冰問題。近年來，航空儀表更加精密，儀器飛行全面採用，飛機常在最惡劣天氣之雲層飛行，飛機積冰之嚴重情勢仍舊存在。

　　飛機積冰為航空主要危害天氣之一，影響飛機，大致分為外表的飛機架構積冰（structural icing）、內部進氣系統積冰（induction system icing）及儀表積冰（instrument icing）等三大類，對飛機危害，有下列：

（一）冰晶堆積，增加飛機重量，減低大氣動力之效能。

（二）機翼機尾積聚成冰殼，損壞流線外形，喪失飛機之舉升力，增大拖曳力。

（三）螺旋槳籠罩一層冰晶外殼，外形改變，致喪失飛機之衝力。

（四）汽化器（carburetor）與噴射發動機進氣口（jet engine intake）積冰，喪失發動機之發動能力。

（五）操縱面（control surfaces），煞車（brakes）及起落架（landing gears）積冰，傷害正常動作。

（六）螺旋槳槳葉上積冰多寡不勻，失去平衡，致轉動時產生搖擺現象。

（七）空速管（pitot tube）積冰，使飛行速度與高度表讀數失真。

（八）天線積冰，使無線電及雷達信號失靈。

（九）擋風玻璃積冰，喪失機艙對外界之能見度。

第二節　飛機積冰之形成

　　飛機架構之積冰，形成之條件有自由大氣溫度、可見之液體水滴以及昇華等三種。

一、自由大氣溫度

　　飛機在氣溫0°C或較冷大氣中飛行，機體上容易積冰，最嚴重積冰之氣溫在0°C與-9.4°C間，當氣溫更低在-9.4°C-25°C間，積冰常見。相反地，機艙外圍氣溫在0°C以上者，少有積冰。惟因大氣動力冷卻（aerodynamic cooling）作用，飛機在飛行時，流經機翼或機舵周圍之大氣壓力稍為降低，

航空氣象學（2022年版）

224

氣體本身膨脹，隨之氣溫稍降1°C-2°C，自由大氣溫度雖然接近0°C或稍高，仍在翼舵上積冰。

二、可見之液體水滴

　　雲為最易見到之液體水滴，積雲狀如積雲、積雨雲與層積雲等，最適宜於積冰之形成。凡空中水氣在冰點以下而不結冰，仍保持液體水狀態，即謂過冷水滴（super-cooling drops）。過冷水滴存在於不穩定之大氣，飛機飛過，大氣受擾動，過冷水滴立刻積冰於機體上。最危險之積冰常與凍雨並存，在數秒鐘內，在機體上積成嚴重之冰量。

三、昇華

　　大氣濕度大，含有過冷水氣與大量凝結核，容易構成昇華作用，飛機穿越，大氣受擾動，迅速凝聚積冰。雖天空晴朗，但結冰高度層（freezing level）上方之氣溫與露點十分接近時，積冰之趨勢仍然存在，如氣溫在-40°C以下時，很少有積冰，在此溫度下，空中水氣多半成為結晶體狀態。

第三節　飛機架構上積冰之形成速率

　　積冰聚集速率大小不定，小則每小時積冰半吋，多則在幾秒鐘內積水二、三吋，其積冰速率受大氣中液體水氣量、水滴體積之大小、飛機空速（airspeed）以及飛機翼舵之大小與形式等四種因素之影響。

（一）大氣中液體水氣量

　　濃厚雲層較稀薄雲層，積冰快速。積冰形成及聚集速率直接與大氣中過冷水氣量成正比。

（二）水滴體積之大小

　　細微小水滴受機翼之偏轉影響，隨氣流飛舞，不易停留於翼面上。而大水滴在暴露之機翼舵上，或機體部份比較容易停聚，迅速堆積。

（三）飛機空速

飛機空速增加，積冰速率隨之增加。每時640公里之空速為積冰形成率之極限。超過每時640公里空速後，大氣與飛機表面發生磨擦力而產生之熱量大增，積冰形成速率反降，雖已有積冰，立刻被融化。低溫為達到除冰之目的，加大空速則屬必要。另外必須考慮高度之因素，高層大氣較稀薄，摩擦熱力較在低層大氣為小，飛行員最好不做關於增加摩擦熱力而緩和積冰問題。

（四）飛機翼面之大小與形式

在薄形、平滑而高度流線形之飛機翼面，較在粗糙而凹凸不平之翼面，積冰為易。翼面一旦凝結一層冰體，積冰更形增多與加速。

第四節　飛機結構上積冰之形態

結構結冰是聚積在飛機外部的東西。當過冷水滴撞擊機身並凍結時，就會發生這種情況。飛機結構積冰之形態，隨水滴大小與積冰速度而異，水氣凍結釋出之潛熱，使部份水氣溫度升高至溶化點（melting point），可是飛機之大氣動力效應，部份水氣溫度降低至結冰程度，結凍方式可決定積冰形態。決定積冰形態或種類之因素為水滴大小、積冰速度與積冰方式。結構積冰種類大致分為明冰（clear ice）、霧淞（rime）以及明冰霧淞混合型積冰（mixed）等三種，如圖12-1。地面積冰（ground icing）及霜（frost）同為積冰，對飛機有不同之效應。

一、明冰

通常明冰是一種有光澤、清澈或半透明的冰，由大的過冷水滴相對緩慢地凍結而成。在溫度較高、液態水含量較高和水滴較大的環境中，更容易出現明顯的結冰條件。當只有一小部分水滴立即凍結而剩餘的未凍結部分在飛機表面流動並逐漸凍結時，就會形成明冰。在這個漸進的過程中幾乎沒有氣泡被困住。因此，明冰是一種更危險的冰類型。它往往在機翼前緣的頂部和

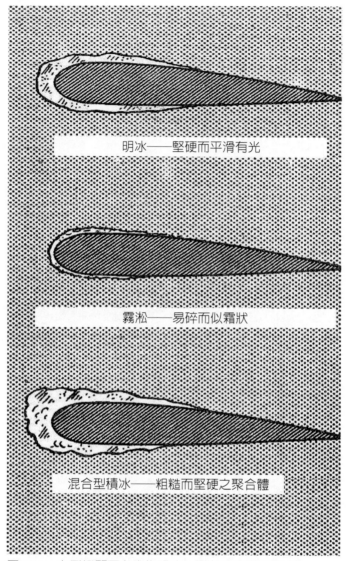

圖12-1　在飛機翼面上產生明冰、霧淞及混合型積冰。

底部附近形成喇叭，大大地影響氣流。這導致氣流中斷和亂流的區域比霧淞造成的區域大得多。由於它清晰且難以看到，飛行員可能無法快速識別它正在發生。它可能難以去除，因為它可以擴散到除冰或防冰設備之外，儘管在大多數情況下，它幾乎可以被除冰設備完全去除。

　　當冷水滴經過飛機開始撞擊震動後，液態過冷水吹在機體表面，緩慢凍結成為平滑薄層之固體冰面，明冰即告形成。若有凍雨（freezing rain）、雪片、霰（sleet）或小粒冰雹摻雜時，則表面變粗，而色澤變白，並呈不規則狀態。明冰形成於機翼或機舵之前緣、天線、發動機整流罩之周圍與螺旋

槳等處，因附著力強固而不易剷除，導致飛機結構與外表變形，減低飛行效能。由大型過冷水滴而緩慢凝結為冰晶，逐漸擴展於飛機各部表面，因於結凍時，無氣泡摻入，常呈透明狀態。機翼積冰會減弱舉升力，螺旋槳積冰降低推動力，冰晶堆積於機體之任何部份，增加飛機重量與後拖力，明冰積儲速度快速，構成飛航操作之立即困難。

　　形成明冰最有利條件為大量水氣、大型水滴、溫度略在冰點以下、飛機空速與薄型機翼機舵等，在積雲狀之雲幕，構成明冰之條件。飛機在凍雨毛毛雨中飛行，機體表面上會很快積成明冰。

二、霧淞

　　凡是附著於草木葉面上之固體凝結物均稱為霧淞，霧淞是粗糙的、乳白色的、不透明的冰，是由過冷的小水滴撞擊飛機後瞬間凍結而形成的。這是最常報告的結冰類型。霧冰會造成危險，因為其鋸齒狀的質地會破壞飛機的空氣動力學完整性。霧淞的形成有利於較低的溫度、較低的液態水含量和小液滴。當液態水滴在撞擊飛機時迅速凍結時，它就會增長。快速冷凍會捕獲空氣並形成多孔、易碎、不透明且呈乳白色的冰。霧淞從機翼的前緣和機身的其他暴露部分生長到氣流中，霧淞較明冰容易剷除，惟產生機會，較明冰多二、三倍。

　　霧淞通常集結於機體或翼舵面前緣，並向前突出，比較尖銳。溫度在0°C與-40°C間，機翼上容易結成霧淞，尤以-9.4°C與-20°C間為甚，在層狀雲常有構成霧淞之條件，積狀雲溫度在-9.4°C以下時，形成霧淞之機會很普遍。霧淞雖較易使機翼與機舵變形，因容易剷除，故不致構成大害。

三、明冰霧淞混合型積冰

　　過冷水滴大小不一或液態水滴混合攙雜雪花與冰晶時，混合型積冰於是形成。形成速度快。雪花或冰晶鑲嵌在明冰或外層，構成粗糙而堅硬之聚合體，有時在機翼前緣形成蕈狀，外表如圖12-1之下方圖形所示。混合型積冰為最具損害機翼效能與增加拖曳力。

　　飛機積冰之形態，歸納為上述三類，實際上，有時為水與雪混合構成之積冰。

第五節　飛機架構上積冰對於飛機之影響

　　飛機積冰影響機翼、機舵、螺旋槳、油箱、空速管、天線、擋風玻璃與駕駛艙罩、機體以及其他顯露之部份。兩翼及方向舵上積冰，大都在翼舵之前緣，有時可擴展至半個翼面。機體及天線上積冰，有時積聚甚厚。螺旋槳上積冰，較難聚集，因螺旋槳轉動快速，冰體容易脫落，但極堅固者仍能停留於螺旋槳葉上，使螺旋槳失去原有之平衡。飛機架構上積冰，所蒙受之影響，約有下列數種：

一、機翼及尾舵表面積冰

　　機翼及尾舵表面上積冰，使周圍氣流改變，如圖12-2。積冰增加機體重量，飛機速度減少之影響並不大，但當飛機喪失舉升力與推動力時，危害飛行操作十分嚴重。

　　根據風洞（wind tunnel）試驗結果，獲知飛機兩翼與尾舵前緣上積冰僅半吋，舉升力減少50%，並且增添失速速度（stalling speed），半吋或一吋厚度之積冰，為時僅不過一兩分鐘，可知機翼和尾舵積冰之嚴重影響。

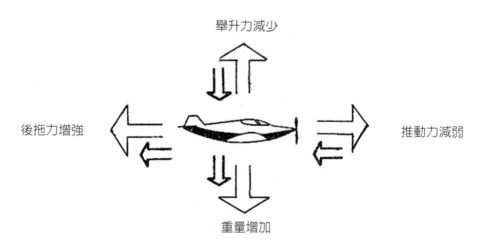

圖12-2　飛機架構上積冰之影響力

積冰影響之積累

舉升力減少

後拖力增強

推動力減弱

重量增加

失速速度之遞增

二、螺旋槳上積冰

螺旋槳葉與螺旋槳中樞之積冰，會降低螺旋槳之效能，減少飛機之空速，雖開足油門加大馬力，以圖增加推動力，維持飛行速度，亦未見奏效，增加油料之消耗。螺旋葉上積冰分布不均，重量不勻，使槳葉轉動發生擺動現象，因螺旋槳葉製造精微，重量和體積都極平衡，任何細微冰加諸其上，失去原有之平衡作用，而此種擺動現象亦會加諸發動機架及螺旋槳本體之應力（stress）。

通常螺旋槳旋轉較快易積冰，在槳中樞積冰較在槳葉上積冰為快速，普通積冰形成槳中樞先於槳葉。

三、可拋油箱與翼梢油箱（drop and tip tank）積冰

噴射機之可拋油箱與翼梢油箱先積冰，他種類型飛機之可拋油箱亦為良好之積冰處，其最大影響僅增加飛行時之拖曳力。

四、空速管（皮氏管或動壓管）與靜壓管口（pitot tube and static pressure port）積冰

空速管與靜壓管口積冰之危險為大氣不流通，導致飛行空速與高度表讀數之誤差。他種與靜壓系統有關連之飛行儀表如轉彎傾斜指示器（turn-and-bank indicator）及升降速率表（rate-of-climb indicator）等變為不可靠，機身兩側設置靜壓管口之噴射飛機，受積冰影響更為嚴重。因此當飛機之任何部份發現積冰時，飛行員必須提高警覺，應預知在靜壓管口上有較多積冰發生。

五、無線電或雷達天線（radio or radar antenna）積冰

最大影響為通訊失靈，無線電與雷達喪失效用，飛行員對外失去通訊連絡。無線電天線通常最難形成積冰，除非機體其他部份都先已積冰，換言之，天線一經發現積冰，其餘架構上必早已積滿冰晶。

六、擋風玻璃（windshield）積冰

飛機在起降或在高空飛行時，擋風玻璃上結成一片薄冰或一層霜芒，影響飛機機艙對外之能見度，惟對於實施儀器飛行之飛機並無大礙，僅於降落前時，先予設法清除之。

第六節　飛機架構上積冰強度

美國聯邦航空總署（Federal Aviation Administration; FAA）與美國軍民航空氣象單位達成協議，訂立飛機積冰強度標準，統一實施，將飛機積冰分為四種等級，供航空人員研究與認識每一強度等級之冰晶累積率與對飛機構成之影響。尤應注意者，當積冰強度增加時，飛行操作應變時間如何被縮短。如果積冰快速，飛行員幾乎沒有充裕時間，對飛行操作應變措施和作成決定。積冰強度在航空信息手冊 （Aeronautical Information Manual, AIM）中有描述。

積冰強度等級：

（一）冰跡（trace）

積冰之痕跡可被察覺，貯積率較昇華作用積冰略快。除非遇到積冰時間延長超過一小時，否則不使用除冰或防冰裝置。

（二）輕度（light）

輕度積冰環境長時間超過一小時之飛行，堆積率構成問題。適時使用除冰或防冰裝置，可除去或防止積冰。對飛機飛行操作與安全，尚無大礙。

（三）中度（moderate）

飛機即使短暫在中度積冰飛行，構成危害趨勢，必須使用除冰或冰防裝置。

（四）嚴重（severe）

飛機在嚴重積冰下，除冰或防冰裝置失去效能，必須立刻改變飛行操作。

第七節　飛機停在地面上之積冰與霜

隆冬季節，天寒地凍，飛機停放在地面上，會發生積冰，如霜、雪、凍雨及冰珠（ice pellet）等，停在機場上積冰之飛機，等於停在戶外積冰之汽車，汽車積冰，對汽車引擎發動影響極微，但飛機積冰會增加飛行阻力，改變通過飛機周圍之氣流，積有厚冰之飛機，起飛不久，失事之原因，即緣於此。

假定溫度條件適宜，以下為飛機在地面上積冰之各種情況：

（一）地面飛機上水氣凍結，對操縱系統轉軸與鉸接部份之動作影響很大，如起飛之前，事先除冰，否則於飛行時容易發生故障。

（二）飛機於滑行、起飛或降落時，將滑行道上或跑道上積冰激起，使水花濺入起落架、副翼、煞車，操作系統之轉轉與鉸接部份與機翼、機尾、擋風玻璃等結構之暴露部份，因氣溫過低，凍結成冰，失去結構之原有作用。

（三）下凍雨時，飛機拖出棚廠，飛機表面上容易積冰。

（四）當大氣相對濕度很高時，雖然發動機發動，溫度增高，但在螺旋槳仍有積冰之虞。

（五）嚴寒而潮濕之隆冬，飛機整夜停置停機棚，機翼表面凝結霜芒。雖然淺薄霜芒不致影響飛機之升舉力與推動力，但是於起飛時，會發生決定性之危害。

霜芒主要形成於晴朗無風而穩定天氣之地面，有經驗之飛行員知道在起飛前掃除機翼之霜芒。輕薄金屬機翼對霜之形成特別敏感，霜芒並不會改變機翼之基本大氣動力形態，但由於機翼表面變為粗糙而破壞大氣之平滑流動，致使氣流變慢，翼面大氣提早分離，因此降低舉升力。

第八節	飛機架構上積冰之消除與防禦 （De-icing and anti-icing）

軍用、民用以及他種飛機，多數有除冰或防冰裝置，小型飛機或經常在溫暖地區飛行之飛機，通常沒裝此種設備。飛行員飛進寒冷區域，為應付積冰問題，於起飛前必須檢查除冰設備，以資防範。

飛機上雖具備除冰與防冰設備，但不能保證解決所有飛機積冰問題。所以飛機盡可能避開積冰為上策。減少飛機積冰方法有機械力破冰法、液體化學藥品消融法以及加熱融冰法等三種方法。

（一）機械力破冰法

在機翼與機尾邊緣裝置橡皮除冰套（de-ice boots），經導管將大氣充入套中，時充時放，使除冰套漲縮變形，冰塊破碎，隨氣流吹去，同時也利用漲縮時之彈力，使冰雪不易在飛機上聚集，螺旋槳和民航飛機，大抵有此裝置。

（二）液體化學藥品防冰法

在螺旋槳端，不時噴出液態化學藥品如酒精等，藉離心力向外擴散至螺旋槳表面，以阻止冰晶附著其上，同時藉離心力，使積冰拋落，此種防冰法，效果很好。

在機翼前緣，裝置小橡皮管，噴注酒精，並攪雜甘油，以增加酒精之黏力。因水氣遇酒精，可降低冰點，飛機在寒冷大氣中飛行，機翼上不時噴灑酒精，即使遇到過寒之水，因冰點降低，普通溫度下不易積冰，已凍結者，亦因冰點降低而復歸融解。甘油使酒精黏著於翼面，不致有酒精缺乏之虞。以往歐洲民航飛機，大抵採用此種裝置。

（三）加熱融冰法

在飛機易積冰處，如機翼、機尾、空速管與螺旋槳等表面，裝設熱氣管，輸送電熱或發動機熱氣於積冰部位，飛機遇有積冰危險時，開放熱氣管，使溫度不致降至冰點以下而積冰。

飛機進氣系統如汽化器（carburetor）、燃油系統（fuel system）及進油系統（induction system）等內部積冰，會影響發動機之運轉。化油器結冰，在吸氣式發動機中，汽化過程可以將進入的空氣溫度降低多達33℃。如果水分含量足夠，節流板（throttle plate）和文丘里管（venturi tube）上會結冰，逐漸切斷發動機的空氣供應。即使是少量的化油器結冰也會導致功率損失，並可能使發動機運轉不暢。如果相對濕度為50%或更高，即使在天空晴朗且積外溫度高達33℃（90°F）的情況下，也可能會形成化油器結冰。

（一）汽化器積冰

由圖12-3可知汽化器內部積冰，阻礙燃料輸送，影響發動機運轉。發生時，天空雖晴朗，但相對濕度高，氣溫高至25℃左右，被汽化器吸入潮濕空

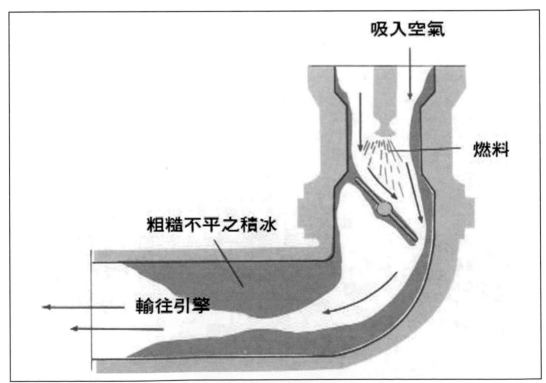

圖12-3　飛機汽化器內部之積冰。空氣膨脹冷卻與燃料（汽油）蒸發作用，導致沿汽化器壁部凍結，阻礙空氣流通。

氣後，內壁常形成冰晶，當溫度與露點在20°C時，汽化器積冰最嚴重，有時氣溫約-9.4°C，汽化器亦會積冰，凡是相對濕度很高時，飛行員應提高警覺，防範汽化器積冰。

空氣進入汽化器，因汽油蒸發與空氣膨脹發生雙重冷卻作用，導致汽化器內部溫度降低極快，如濕度充足，水氣極易昇華而積冰。汽化器中溫度會於一分鐘內溫度陡降40°C，通常下降20°C左右。補救方法，唯有開放附設之加熱器，使大氣進入汽化器前，增高溫度，來阻止積冰發生。

（二）噴射飛機燃油系統積冰

因為噴射機油料容易和水氣混合，吸收高濕大氣中大量水氣，如噴射飛機在冷大氣飛行，而油溫在冰點（水）或以下時，則於燃油系統常產生積冰，應用電熱或發動機熱氣加熱於濾油器，即可減緩積冰。

（三）噴射飛機進油系統積冰

每當空中有可見之水氣與冰點以下之溫度，適合於架構上積冰之大氣條件時，噴射機進油系統會形成冰晶，在高濕之晴空中，氣溫在10°C或以下，進油系統可能積冰。

第十節　飛機儀表之積冰（Instrument icing）

飛機儀表上容易積冰之處，不外空速管（動壓管）與無線電天線兩部份。空速管積冰，使空速指示器上大氣壓力受到阻塞，儀表發生誤差。目前最現代化之航空器，動壓靜電系統（pitot-static system）上裝設外部靜電壓力汽門（static pressure port）。該汽門積冰，對所有系統上之儀表，空速管、爬升率與高度計，減低可靠性，如圖12-4。飛機無線電天線上積冰，會扭曲天線外型，增加拖曳力，並引起顫動，使飛機之通訊系統完全失效。至於該種積冰之嚴重性，端視天線外型、天線位置與天線方向而定。

第十二章　飛機積冰（Aircraft icing）

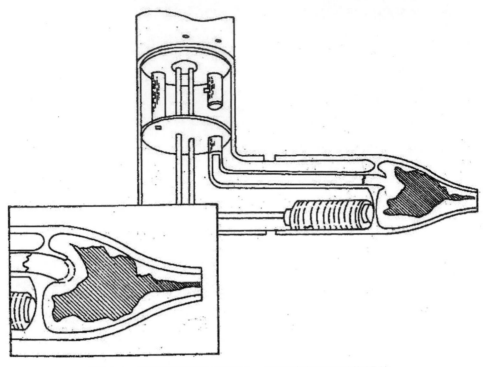

圖12-4　飛機空速管內部積冰，使空速指示器發生誤差。

積冰與雲型（Icing and cloud types）

　　任何雲型之溫度，凡是達到冰點以下，都有積冰之可能。然而雲中水滴大小、水滴分布狀況以及飛機大氣動力效應等會影響飛機積冰之形成。即使積冰之可能性存在，而上述條件不具備時，不一定會形成積冰。

　　最有利於嚴重積冰之條件為雲層中有大型過冷水滴，反之等量或較少量之小型水滴存在時，積冰速度會變慢。細水滴存在於霧與低層雲，在低空層雲中出現之積冰，普通屬於輕度霧凇之形態。

　　濃厚層狀雲如高層雲與雨層雲，含有豐富大型水滴，會產生連續性降雨。隆冬季節，濃厚雲型會籠罩廣大地區，在長程飛行途中會遭遇到十分嚴重之積冰。尤其在濃厚層狀雲，溫度稍高，水氣較豐富，在結冰層上方出現嚴重積冰。在層狀雲，如有連續積冰，厚度很少會超過5,000呎，厚度約為2,000-3,000呎。

　　積狀雲垂直上升氣流為有利於大型水滴之形成，有能力支持大型水滴懸浮空際，雨滴之大小與降水之強度，可由陣雨及雷雨體驗出來。當一架飛機

飛進積狀雲中之大量水氣聚集時，大型水滴被破碎而快速散佈在機翼前緣之表面，形成薄水膜，如溫度低至凍結程度或更低，機翼上薄水膜立刻凍結成固體之明冰。因此飛機最好遠避積狀雲區。

積狀雲之上升氣流有大量過冷液態水氣，抬舉至結冰層上方，會達雷雨雲頂30,000-40,000呎高度或更高，所幸絕少有飛機積冰現象發生，因該等高度之大氣溫度低至-40°C以下，所有水氣早已結成固體冰晶，飛機如穿越其間，反而無法構成飛機積冰。

第十二節　飛機積冰之天氣

飛機積冰最基本之天氣條件為天空濃密雲層（即濕度很高）與氣溫在冰點以下，積冰之形態、多寡、層次以及發生環境等，與天氣類型有連帶關係。

一、氣團天氣之積冰

穩定氣團常形成層狀雲，積冰範圍廣闊而持續，形態大都為霧淞類積冰。飛行員如不適時改變飛行高度，可能造成空中災難。普通層狀雲之個體厚度，很少超過900公尺。但因數層雲體高低參差不齊，最大持續積冰厚度會在1,500公尺左右。

不穩定氣團產生積狀雲，水平積冰範圍狹窄，嚴重積冰常發生於積狀雲上層，形態多數為明冰，積狀雲含過冷水滴特別多，積冰量豐，但持續時間較為短暫。

在同一天氣情況而合乎積冰之條件下，飛機於山岳地帶積冰常較他種地形積冰為多，氣溫在0°C至-9.4°C間或左右，空中滿佈積狀雲時，飛機雖在高出山峰以上1,500公尺處飛行，常發生嚴重之積冰。

二、冷鋒天氣之積冰

（一）冷鋒與颮線

冷鋒與颮線惡劣天氣與積冰，如圖12-5，範圍狹窄成帶狀，多數為積狀雲，積冰區總厚度約3,000公尺，大部分為明冰，如上層之暖大氣為不穩

定，積冰將十分嚴重。由圖12-6可知積冰帶狀寬度約在160公里，總厚度約為10,000呎，下層明冰之氣溫範圍在0°C與-9.4°C間，中層明冰與霧淞混雜區域之氣溫範圍在-9.4°C與-15°C間，上層純霧淞區域之氣溫範圍在-9.4°C與-15°C間，溫度更低區如-25°C與-40°C間，分別產生明冰與霧淞。

（二）暖鋒與滯留鋒

暖鋒與滯留鋒惡劣天氣與積冰，如圖12-7，範圍廣闊成帶狀，多數為層狀雲，積冰區總厚度常為3,000公尺，大部分為霧淞，如上層之暖空為不

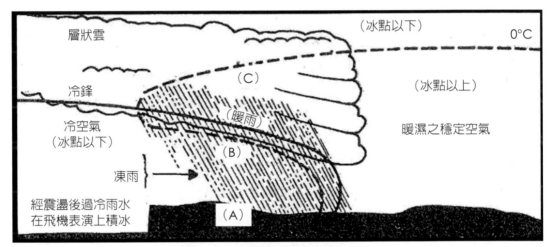

圖12-5　冰點以上雨滴穿過冷鋒圖

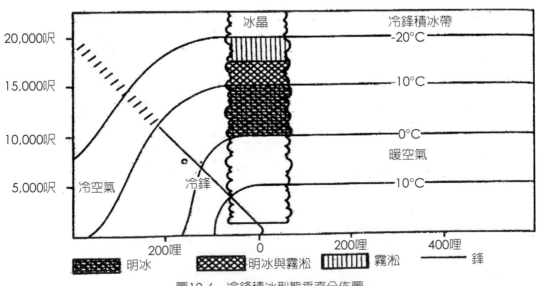

圖12-6　冷鋒積冰型態垂直分佈圖

穩定，出現積雲時，會產生嚴重之積冰。由圖12-8可知積冰之寬度約800公里，包括凍雨區域之總厚度為5,100公尺，明冰霧淞混雜區域之氣溫範圍在0°C與-9.4°C間，上方霧淞之氣溫範圍在-9.4°C與-20°C間，更低溫區如在-20°C以下，可能產生霧淞。

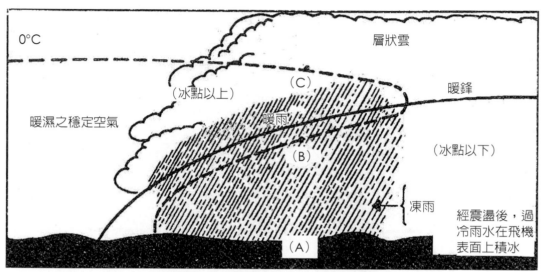

圖12-7　冰點以上暖雨水滴穿過暖鋒圖

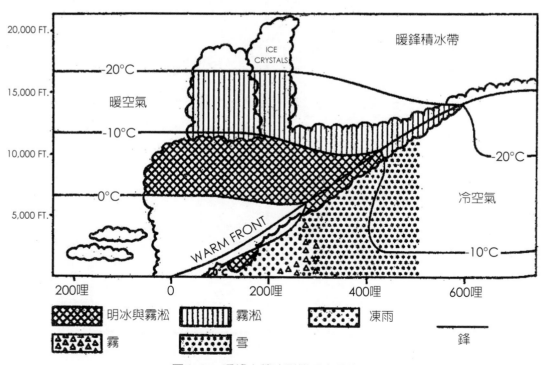

圖12-8　暖鋒之積冰型態垂直分佈圖

圖12-9係描述在圖12-5與圖12-7，經過（A）、（B）、（C）三點之垂直大氣柱之溫度結構。圖12-7冰點以上暖雨滴穿過暖鋒，降落至冰點以下冷大氣，成為過冷之凍雨，飛機飛經震盪過冷水，容易導致積冰。

（三）囚錮鋒

　　囚錮鋒惡劣天氣與積冰，範圍廣闊成帶，層狀雲與積狀雲並存，積冰區總厚度約為6,000公尺，為明冰與霧淞錯綜混合，如暖氣團為不穩定，則積冰情況將異常嚴重。由圖12-10可知積冰層寬度約為720公里，大部份厚度約4,500公尺。明冰之氣溫範圍在0°C與-9.4°C與-15°C間，霧淞之氣溫範圍在-15°C與-20°C間。

　　圖12-9係描述在圖12-5中與圖12-7中，經過（A）、（B）、（C）三點之垂直空氣柱之溫度結構。

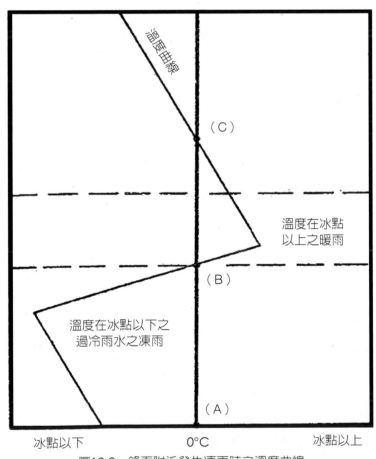

圖12-9　鋒面附近發生凍雨時之溫度曲線

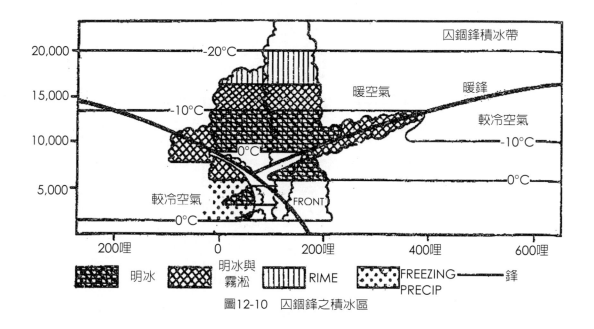

圖12-10　囚錮鋒之積冰區

圖例：
- 明冰
- 明冰與霧淞
- RIME
- FREEZING PRECIP
- 鋒

三、雷雨天氣之積冰

雷雨形成通常分為初生、成熟及消散等三階段，圖12-11表示雷雨在各階段中形成之積冰範圍與形態。

（一）初生階段

積雲逐漸發展為雷雨，冰點以上，雲滴全為液態水氣，冰點以下之雲滴，水氣豐富，會形成嚴重積冰，當雲頂高度突出-20°C等溫線之範圍，冰晶於焉形成，但飛機積冰反而減少。

（二）成熟階段

積雲後方上升氣流區，溫度高於-9.4°C之雲滴，幾乎是液態水氣，溫度冷於-20°C，大部分為冰晶，積雲前方下降氣流區域0°C與-9.4°C間，為冰晶與水滴雜處，溫度冷於-9.4°C，都是冰晶。

（三）消散階段

高空大部為冰晶，僅底部淺薄一層，氣溫接近冰點，冰晶與水滴雜處，為飛機積冰之發生地帶。

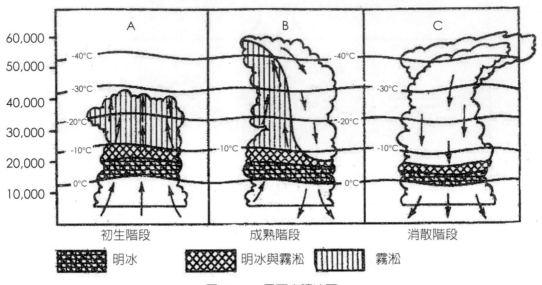

圖12-11　雷雨之積冰區

明冰　　明冰與霧淞　　霧淞

初生階段　　　成熟階段　　　消散階段

　　總之用肉眼無法觀測雷雨各階段，飛行員要注意大氣溫度，如在冰點附近或以下時，預計有積冰發生，尤其氣溫剛在冰點及以上時，積冰之情況最為嚴重。積雨雲頂端之砧狀偽卷雲，因許多過冷水滴，被上升氣流舉至偽卷雲中，未立刻冰結，飛機飛經，大氣受擾動，該過冷水滴立刻形成積冰。

第十三節　形成飛機積冰之其他因素

一、積冰與地形效應（terrain effects on icing）

　　像升坡霧（upslope fog）一樣，大氣沿山坡之迎風面向上爬升，經絕熱冷卻，冷至冰點以下，水滴變成過冷水。如大氣穩定，氣流沿平緩山坡爬升時，較大水滴降落為雨，留下較小水滴，積冰速度相當緩慢。如大氣不穩定，對流性雲層發展，成為更嚴重之積冰，詳如本章第十一節積冰與雲形。

　　重巒疊嶂之山區，積冰之可能性與嚴重性，較之其他地形為更多與更大。廣大山脈，大氣在迎風坡急速上升，上升氣流支持大型水滴，如同時鋒面系統越過該山區，結合鋒面本身正常抬舉作用與山區升坡效應，構成十分嚴重之積冰地帶。山區有利於積冰條件之地帶，端視山脈對氣流之方向而定，最嚴重積冰區，多數發生於山脊之迎風面與山峰之上方，高度常會伸展至山峰上5,000呎，如果是積狀雲會伸展更高。

二、積冰與季節效應（seasonal effect）

　　飛機積冰在任何季節發生，但是在溫帶地方，冬季積冰頻率較高，冬季結冰層高度比夏季者較接近地面，故冬季僅留下更薄之低空層免於積冰。冬季，氣旋風暴（cyclone storms）較為頻繁，雲系較為廣闊。春秋兩季，北極地區有最嚴重積冰。冬季極地地區經常很冷，大氣中無法包含積冰所需之密集水氣，大部雲系為由冰晶所組成之層狀雲。

第十四節　積冰飛航應注意事項

　　飛機積冰與大氣亂流相似，積冰較為局部性和暫時性。航空氣象預報人員認知積冰發生地區，但卻無法確切指出發生地點。飛行人員準備飛行計畫時，應避開飛機無法負荷之嚴重積冰區，在航程中如不幸遭遇到危害性積冰時，應準備遠離或逃避，以策安全。

（一）飛機停在地面上

1. 起飛前，應檢查飛機架構上，和進氣系統或儀表上有無積冰存在，有則設法清除之，惟清除時避免用熱水，否則積冰情況更糟。
2. 在停機坪上、滑行道上及跑道上滑行時，盡量避開凍結之水塘、泥坑或深厚之積雪，如無法避開，則降低滑行速度，並於起飛前，檢查操縱部門。
3. 起飛前，應詳細檢查除冰與防冰裝置之操作情況。
4. 起飛前，應詳細檢查汽化器之溫度，如接近冰點，應加熱阻止積冰之形成，或融除已積之冰。除非絕非必要，汽化器不須加熱。
5. 對於噴射發動機之大氣進口導管（air intake ducts）與壓縮進氣室（compressor- inlet screens）之積冰，要提高警覺。

（二）飛機在航程中

1. 盡可能避開已知有積冰之航線飛行。如飛機已飛進積冰區，可變在積冰最輕微之高度與航線飛行。

2. 避免在冰點或冰點以下之雲層或雨區飛行，如不能改變航線，爬升至氣溫為-18°C（0°F）以下之高度飛行。但爬升速度要比平時較快，以避免失速。

3. 當積冰慢慢累積於飛機各部位，且不太大時，應使用除冰或防冰裝置。如使用效果逐漸降低時，應改變飛行路線或飛行高度，盡可能快離積冰區。

4. 飛行時，汽化器預先加熱，以防積冰之形成。

5. 飛機上附有濃厚積冰時，不可作突然轉彎，亦不可陡直爬升。

6. 在積冰之雨雪及雲層飛行時，將空速管系統之加熱器（pitot heater）開動，以避免空速指示器、爬升率指示器及高度計發生錯誤讀數。

7. 為減輕積冰之威脅，飛機在雲中可改變飛行高度，飛到高於0°C之氣層或低於-10°C之氣層，改變高度或飛出雲區。霧淞積冰在層狀雲，水平範圍異常廣闊，明冰在積狀雲中，常在快速與濃重情況中形成。

8. 鋒面性凍雨，選擇氣溫在冰點以上層次飛行，在凍雨中至少有一層氣溫在冰點以上。飛機如正在爬升，須快速爬升，耽擱過久，會使飛機上積累更多冰層。如正在下降，必須要知道下層氣溫與地形情況。

9. 在積冰下，隨時將飛行操縱系統輕微開動，以阻止積冰。並隨時注意空速，積冰加多，會增加飛機之失速。

10. 當飛機表面覆蓋嚴重積冰時，飛機失去部分大氣動力效應，應避免遽然停止操作，以免發生危險。

11. 噴射飛機在積雲頂時，常容易積冰，應加防範。

（三）飛機降落前後

1. 螺旋槳飛機於進場前，將油門輕微前後開動，以確定汽化器活門不會積冰，同時將起落架不斷伸縮。

2. 積有冰晶之飛機，於降落時，應增加速度，並經常保持在失速前之安全距離。

3. 有大量積雪之跑道上，勿降落。

4. 積冰之跑道上，勿過分使用煞車。

第十三章　視程障礙與低雲幕

　　能見度障礙包括：霧、薄霧、陰霾、煙霧、降水、吹雪、沙塵暴、沙塵暴和火山灰，低雲幕（low ceilings）與低能見度（poor visibilities）是造成多數飛機失事原因之一，對於飛機起飛降落之影響，比其他惡劣天氣因素更為多見。

第一節　雲幕與能見度之定義

　　雲幕指天空最低雲層或視障（obscuring phenomenon）之垂直高度，所謂雲層係指雲量在八分之五以上之裂雲（broken）和密雲（overcast）；視障指整個天空朦朧昏暗看不清，雲幕高（cloud ceiling）與視障幕高（obscuration ceiling）略有差別。

　　能見度係對著地面上明顯的目標物，以正常肉眼所能辨識之最大距離。通常氣象觀測所指的能見度，係指在地面上任一水平方向之最低能見度，飛航應用上除了需要知道地面能見度之外，尚有飛行能見度（flight visibility or air to air visibility）與斜視能見度（slant range visibility），或稱之為近場能見度（approaching visibility），如圖13-1。此三種能見度有時不盡相同，通常地面能見度最容易觀測，而飛行能見度與斜視能見度尚無儀器和實際測定

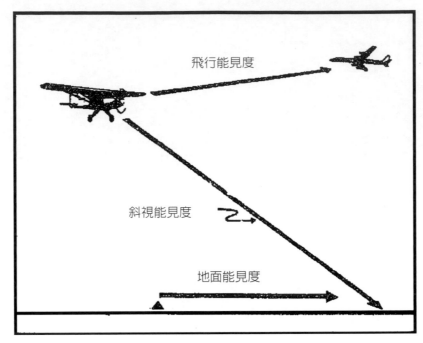

飛行能見度

斜視能見度

地面能見度

圖13-1　三種航空方面所用的能見度

法則，目前僅能從飛行員報告中獲知這些資料。當飛機（尤其噴射機）在低雲幕和低能見度下，降落時，位在近場區域之斜視能見度就非常重要。跑道視程（runway visual range; RVR）指飛機駕駛員在跑道中心線上，能夠看見跑道面標線或跑道邊界，能辨識跑道中心線燈光之最大距離。

一、地面水平能見度（horizontal surface visibility）

地面水平能見度（horizontal surface visibility）不佳，主要受地面天氣現象霧、低雲、靄、煙、吹塵、吹沙、吹雪、灰塵或降雨等影響，而低地面水平能見度常構成飛機降落或起飛階段的障礙，尤其以跑道上能見度的影響為甚。當飛機實施目視飛行規則（Visual Flight Rule; VFR）飛行時，飛行員必須保持地面目視參考（visual-reference）。

二、飛行能見度

飛行能見度（inflight or air to air visibility）常受高空雲層與高空視程障礙等影響，當飛機在雲中（或視障中）飛行時，就如同氣象觀測員在地面霧中觀測能見度一樣，能見度可能降至1,000公尺以下。

三、斜視能見度

斜視能見度（slant or air to ground visibility）常受制於高空天氣或地面視障，或受制於兩者之混合現象。斜視能見度大於或小於地面能見度，端視高空天氣現象之強度與地面視障之深度而定。在航機近場降落時，飛行員無不重視斜視能見度。

四、跑道能見度與跑道視程

跑道能見度（runway visibility）為飛行員在跑道上無燈光或中等亮度無距焦燈光下，所能見到之最大距離。目前國際民航組織規定當機場能見度低於1,500公尺時，飛機起飛或下降能見度改以機場跑道視程（RVR）為起降標準，除了可確保飛機起降安全之外，並可提高跑道使用率。所謂跑道視程（runway visual range; RVR）指飛行員在跑道中心線上，能夠看清跑道標線或邊界，可辨識跑道中心線燈光之最大距離。由於觀測員無法在跑道上觀測，因此依國際民航組織（ICAO）規定，在距離跑道中心線120公尺以內，跑道兩端降落區和跑道中段位置之跑道側邊，裝設有跑道視程儀，利用跑道燈光、背景光及消光係數等三項計算跑道視程。換言之，跑道視程係在強烈跑道燈光下測得之跑道水平能見度數值，它與飛行員在飛機上斜視所見之能見度是有所不同。

霧是位於地球表面的微小水滴的可見積聚體，將水平能見度降低到1000公尺以下；不像毛毛雨，它不會掉到地上。霧與雲的不同之處僅在於它的底部必須在地球表面，而雲則在地表之上。即使氣溫低於冰點，雲滴也可以保持液態。由水滴組成並在溫度等於或低於冰點時出現的霧稱為凍霧（freezing fog）。當霧由冰晶組成時，稱為冰霧（ice fog）。如果霧很淺，以至於在地表上方2公尺的高度不妨礙視線，則簡稱為淺霧（shallow fog）或地面霧（ground fog）。當空氣的溫度和露點變得相同（或幾乎相同）時，就會形成霧。這可能將空氣冷卻到略高於其露點（產生輻射霧、平流霧

或上坡霧），或通過增加水分從而提高露點（產生鋒霧或蒸汽霧）而發生。當溫度露點差分布大於2°C時，霧很少形成。

霧（Fog）是構成視程障礙（restrictions to visibility）之重要因素，就航空安全而言，霧為最常見而持久性危害天氣之一。機場大霧，能見度下降，嚴重影響飛機起降。尤其是突發性大霧，在幾分鐘內，能見度自數公里降至1,000公尺以下，造成飛機起降之危險，特別嚴重。根據霧之國際定義，當地面能見度低於1,000公尺而當時大氣潮濕，溫度露點差通常在2.2°C以下，始稱為霧。霧是由迷漫於接近地面大氣之細微水滴或冰晶所組成，大致與雲相同，不過，霧為低雲，雲也是一種高霧，其明顯區別為，霧底高度指地面至15.2公尺間，而雲底高度則至少在地面15.5公尺以上。空中水滴或冰晶增多，使能見度降低至4.8公里以下，成為輕霧（light fog）；有時且降低為零，成為濃霧（heavy fog）。通常在能見度未急速降低前，空中已浮懸大量水滴，待能見度降到1,600公尺以下時，霧迅速變濃。早晨太陽初升之頃，通常霧之濃度最大。

形成霧之基本條件為大氣穩定，相對濕度高，凝結核豐富，風速微弱以及開始凝結時之冷卻作用。在工業區和沿海地帶有較多的凝結核，常見霧氣，有時候，雖然相對濕度不足100%，但常產生持久性之濃霧。平均言之，全球出現霧之機會在冬半年比夏半年為多。

霧發生之原因，大致有因大氣冷卻降溫，氣溫接近露點溫度，大氣中水氣達到飽合而形成霧。因冷卻作用而形成之霧稱為冷卻霧（cooling fog），大都出現在同一氣團裡，又稱氣團霧（air mass fog）。冷卻霧通常在地面逆溫層下之穩定大氣產生。如輻射霧（radiation fog）、平流霧（advection fog）、升坡霧（upslope fog）和冰霧（ice fog）等。或因近地層水氣增加而使露點溫度增加而接近氣溫，大氣中水氣達到飽和而成為霧，如鋒面霧（frontal fog）和蒸汽霧（steam fog）等。

一、輻射霧（radiation fog）

近地表大氣因夜間地表輻射（terrestrial radiation）冷卻，氣溫降接近露點溫度，大氣中水氣達到飽和而凝結成細微水滴，懸浮於低層大氣中，是為輻射霧，又稱之為低霧（ground fog）。形成輻射霧之有利條件為寒冬或春

季在夜間晴朗的天空，地表散熱冷卻快，相對濕度迅速升高，加上無風狀態下，最容易形成輻射霧。

　　早晨的輻射霧，在太陽升起後，氣溫逐漸升高，相對濕度變小，能見度隨之變好，下層大氣增溫，大氣逐漸變為不穩定，引起上下大氣混合，霧氣則漸漸消散。唯當輻射霧之上方有雲時，會阻止或延緩太陽輻射到達地面，使霧氣不易消散，能見度轉佳速度變為十分緩慢。或在平坦陸地上，如機場經常發生的淺薄輻射霧，風速在每小時5浬左右時，上下大氣會有輕微混和，近地層冷卻高度增加，輻射霧厚度亦隨之加大。

二、平流霧（advection fog）

　　溫暖潮濕的大氣平流至較冷之陸面或海面，冷卻降溫，大氣中的水氣達到飽和，凝結而形成霧，是為平流霧。發生在海上或沿海地帶的平流霧，又稱海霧（sea fog），常會往內陸地區移動。有時平流霧也會和輻射霧同時產生。當風速增至15浬／時，平流霧擴大。若風速再增強，平流霧被舉升，變為低層雲（low stratus）或層積雲（low stratocumulus）。

　　美國西海岸加州沿海一帶是容易形成平流霧的地區，潮濕大氣在較冷水面上移動，遂形成海岸外之平流霧，平流霧常常隨風吹至加州內陸。冬季，北美洲墨西哥灣暖濕大氣北移至美國中部及東部較冷的內陸地區，形成平流霧，範圍可伸展至大湖地區（Great Lakes）。

　　炎夏季節，高緯度海洋，周年溫度變化不大，但自熱帶地區暖濕大氣移至寒冷的北極海上，因下部冷卻而產生濃厚的海霧。

　　除了平流霧上方籠罩雲層外，航機飛行於平流霧與輻射霧上空，兩者幾乎無差別。然而，前者常較後者範圍廣闊與持續長久，且無論日夜，平流霧比輻射霧移動快速。

三、升坡霧（upslope fog）

　　潮濕大氣吹向山坡，經絕熱膨脹冷卻作用，溫度降低，水氣飽和，在半山腰或山頂上凝結形成霧，稱為升坡霧（upslope fog）。所謂升坡霧是指身處在山坡或山頂而言，若身處在平地上而言，升坡霧卻為山間之雲層。風一旦停止，升坡霧即形消散。升坡霧與輻射霧兩者是不相同，升坡霧可以在中

度或強度風速之下，或在有雲層之天氣中形成。

在穩定大氣中，只要氣溫降至山坡上之露點溫度時，就會形成升坡霧。氣溫與露點兩者的接近率約為8.2°C/1,000m或4.5°F/1,000ft，如在標高1,000呎之山麓測得溫度與露點差數為4°F，穩定潮濕大氣被風吹上2,000呎高度之山坡後，其差數接近零度，即出現升坡霧。

在不穩定大氣，大氣被風吹上山坡，形成對流性雲層，當山坡上水氣飽和達凝結狀態時，形成升坡霧。

四、冰霧（ice fog）

含水氣充沛之大氣，在極寒冷和靜風下，水氣常容易直接凍結為冰霧。當氣溫在-31°C以下時，空中水氣急速昇華為細針狀冰晶，懸浮空際，太陽照射，閃爍發光，影響能見度，航機如飛向太陽之一方，常令飛行員有目眩之感。

冰霧，除了在氣溫很低和極端寒冷中形成之外，冰霧和輻射霧兩者相同。通常在高緯度極地嚴寒地區，如中國新疆、蒙古及東北等地，在城鎮或機場地區，人煙集中，工廠、汽車和飛機等等排放甚多的水氣和凝結核，每遇到風速微弱和氣溫低至-35°C時，冰霧就快速形成。有時瀰漫機場，但為時長短不一，久者維持數天，短者僅數分鐘。

五、鋒面霧（frontal fog）

暖鋒前通常有廣闊下雨區，通常在接近地面之暖鋒下方的冷氣團，常發生大霧，稱之為鋒面霧（frontal fog）。形成原因為暖大氣爬上暖鋒斜坡而冷卻，凝結形成雨水（warm rain），比較暖的雨水降落於暖鋒斜坡下方的冷氣團裡而蒸發，增加了冷大氣中的水氣，形成飽和狀態，凝結形成大霧，如圖13-2。暖鋒降雨引發大霧，持續時間與降雨時間相同。鋒面霧常見於冬季，日間溫度上升很少，霧氣歷久不散，除非降雨停止或鋒面系統他移，否則能見度將無法改善。

降雨引發之大霧，範圍廣闊，多數隨暖鋒出現，有時隨著緩慢移動的冷鋒或滯留鋒面出現，多數在鋒面之前方，又稱鋒前霧（pre-frontal fog）。降雨區或其附近地帶的大霧，常伴隨積冰、亂流及雷雨等危害天氣，飛行員應特別注意。

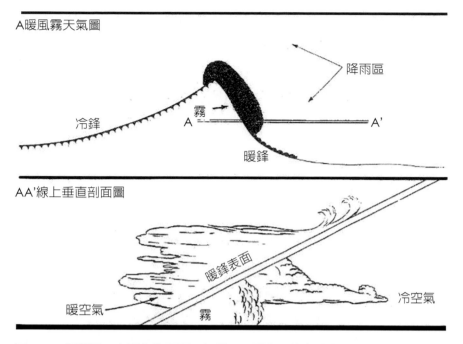

圖13-2　暖鋒霧，上圖為海平面天氣圖，下圖為沿線上之剖面圖。

六、蒸汽霧（steam fog）

　　冷大氣流經很溫暖的水面，暖水面的水氣蒸發出來，凝結形成霧，稱之為蒸汽霧（steam fog）。蒸汽霧常自暖水面（或海面）瀰漫升起，霧氣如煙，又稱海煙（sea smoke）。蒸汽霧的底部溫度比較熱，最低層趨於不穩定之狀態，有對流擾動作用。

　　蒸汽霧出現的地區，在南北極海洋地區十分普遍，稱為極地海煙（arctic sea smoke）。偶而在其他緯度地區，也會出現，如中緯度地區之湖泊與河流上，秋季因水面冷卻比陸地慢，較之入侵的冷大氣尚溫暖很多，致常發生蒸汽霧。

第三節　他種視程障礙

　　惡劣能見度常構成飛機起飛或降落階段的障礙，主要受地面天氣現象的影響，這種天氣現象除了大霧之外，其他尚有靄、煙、低層雲、吹塵、吹沙、吹雪、或降水等等現象。

一、霾和煙（haze and smoke）

　　大氣中浮游著大小不等和化學成分微粒子，通稱之為氣懸膠體（aerosol）。氣懸膠體有土壤粒子、海浪捲起的海鹽粒子、火山灰、工廠和汽車排放的污染粒子以及其他光化微粒。

　　通常在低層穩定大氣，如果有鹽粒或乾燥微粒等聚集時，會構成視程的障礙，稱之為霾（haze）。霾不可視為塵埃或他種現象，當目視背景暗黑（如山嶺）之遠方物體，因霾層的存在而使物體變成淡藍色或淡黃色或蒼白色；當目視背景明亮（如靠近地平線之陽光或積雪之山嶺）之遠方物體，因霾層之存在，使物體變成暗黃色或橙黃色，日光因霾呈銀灰色。當近地面層大氣穩定性增加時，霾層會更加濃厚。普通霾層的垂直厚度約有幾千呎，甚至15,000呎左右。當自上空往下看時，常發現顯明之水平霾層界線，稱之為霾線（haze line）或稱之為塵地平（dust horizon）。在霾線以上能見度極良好時，自霾線上方往下看時，垂直能見度卻非常惡劣。但在霾層中水平能見度之惡劣程度，仍須視觀測者面對太陽或背太陽以為斷，通常以面對太陽時，能見度為最壞，甚至於為零，在機場上有霾層存在時，飛行員應避免朝太陽之方向降落。

　　煙氣常停留在近地面逆溫層之下方，它常集中於大都市或工業區之下風地帶，煙氣不易消散。煙氣最常出現在夜間或清晨時段，有時持續整日，如果霾、煙與霧或低雲同時發生時，又稱之為煙霧（smog），例如，英國倫敦大霧，常常是此種煙霧所造成的。工業區噴出之煙，常含有大氣污染之有毒物質，對陽光具有化學反應，如果日出前有煙存在，日出後常可能有濃霧產生。

　　當霾或煙之上方天空為晴朗時，白天能見度不至太差，但能見度轉佳之速度較慢。霧因細小水滴蒸發而消散，而霾或煙則因大氣流動而散失，所以霾或煙可能被風吹散，可能白天太陽熱力，導致大氣對流混合，使霾或煙散向上方，而減少地面上霾或煙聚集。

　　夜間或清晨發生的輻射霧或低雲，常與煙霾結合一起。白天霧或低雲雖然快速消散，但是煙霾常徘徊不去。有時白天霾或煙之上方為濃重雲層所掩蓋，遮斷陽光之透射，致使霾或煙無法消散，造成壞能見度一直無法好轉。

森林火災發生之濃煙，升入高空，常會飄移甚遠。飛機若在途中碰到火山灰，常導致飛行能見度與斜視能見度異常的惡劣。

二、吹塵（blowing dust）、吹沙（blowing sand）與吹雪（blowing snow）

半乾燥（semi-arid）地區，當強風自地面將細鬆粒子如塵、沙與雪捲入空中，使空中昏暗朦朧，致使廣大地區的能見度變得很差。例如，在中國內蒙古、華北及西北一帶，當大氣不穩定，對流強勁，地面強風將沙塵揚起，沙塵所達的範圍，非常廣闊，厚度可高達15,000呎，且沙塵被高空風吹至非常遠的地區，造成地面及高空的惡劣能見度。大氣穩定時，沙塵揚起高度與範圍不大，風勢平息後，灰塵尚懸浮空中，能見度不佳，仍會持續維持達數小時之久，待氣團被替換或降雨洗清空中灰塵後，能見度始有實質之改善，此種現象稱為吹塵（blowing dust）。

沙漠地區，如蒙古共和國和新疆一帶，常因狂風，飛沙走石，天昏地暗，能見度極端惡劣達於零。惟吹沙所達高度及範圍不廣，較具局部性，沙粒較大，飛揚高度較低，很少超過50呎高度，稱之為吹沙（blowing sand）。

積雪地區，強勁風速將雪花吹起，飛舞空際，降低能見度，對飛航之困擾與霧相似。雪花被舉升之高度較低，稱之為低吹雪（drifting snow）；如風速更大，雪花飄升更高（數百呎），稱之為高吹雪（blowing snow）。當強風平息後，能見度即行轉佳。

三、降水（precipitation）

下雪、毛毛雨及下雨等降水，是妨礙能見度，最普通之天氣現象，降水現象中，以下雪為最容易降低能見度，大雪可能使能見度降為零。其次，毛毛雨亦是很嚴重地降低能見度，蓋毛毛雨發生於穩定大氣中，常和霧、靄或煙同時出現。但是除了陣雨外，其他的降水現象，很少會使能見度降至1哩以下，並且它有洗淨大氣塵埃與靄之功能，尤其冷性雨水尚能將大氣中之霧氣消除。

下雨與毛毛雨降落至飛機擋風玻璃上，會大大降低飛行員之對外視野，稱之為機艙能見度（cockpit visibility），且比起機艙外的能見度更低。乾雪

花不易黏附於擋風玻璃上，所以很少影響機艙能見度。

四、低層雲（low stratus clouds）

低層雲之成分與霧相同，都是很細微水滴浮游於大氣而成，主要區別為霧接觸地面，地面能見度減低；而低層雲只要離開地面一段距離，地面能見度就不受影響。霧與低層雲之另一區別，視觀測者地位而定，山間有層雲時，在山中觀測為霧，而在地面觀測則為低層雲。

霧與低層雲常同時存在，霧頂與層雲底間之過渡地帶不明顯，自地面向上，霧濃度較淺，飛行能見度較佳，待進入層雲後，濃度陡增，飛行能見度與斜視能見度都會轉壞，近乎於零。

夜間與清晨，低層雲的高度最低，自日出以後或下午時刻，由於日射地面加熱，低層雲舉升或消散。在任何溫度露點差很小之情況下，當潮濕大氣與較冷氣團相混和時，低層雲常會出現。

第四節　天空不明

自地面垂直觀測天空，發現晴空或雲層被煙、霧、霾、塵沙、降水或他種視障所遮蔽，稱之為天空不明（obscured sky）。

一、全天不明（total obscuration）

整個天空為視程障礙所遮蔽，視障幕之高度，稱之為垂直能見度（vertical visibility）。例如，全天為煙氣所遮蔽，自地面向上觀看，目力所及150公尺，視障幕高度為150公尺。但不同於雲幕高度150公尺。以雲幕高度而論，當飛機下降至雲底150公尺以下時，水平能見度或垂直能見度均極良好，如圖13-3，飛行員在下滑道（glide path）附近可看到地面與跑道。

視障幕高度與雲幕高度兩者不同，視障幕高度因視障現象（如降水、霧、霾、煙等）籠罩於地面上，飛機雖下降至視障幕高度150公尺以下，於近場降落時，飛行員仍無法看到跑道或進場燈，如圖13-4，飛行員在視障幕高度150公尺以下，垂直向下俯視可見地面，但飛機下降近場，距離跑道或近場燈在150公尺（500呎）以上，則無法看清跑道或近場燈，飛機必須

圖13-3　雲幕高500呎，飛機在雲底下方並無視程障礙。

飛行員佔計雲幕高度為500呎

斜視能見度良好

觀測報告雲幕高500呎

A

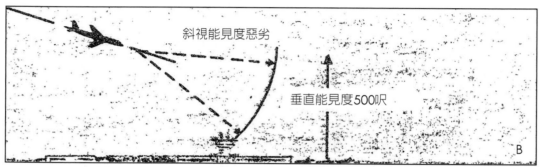

圖13-4　天空不明，視障幕高500呎，斜視能見度亦為500呎。

斜視能見度惡劣

垂直能見度500呎

B

待斜視直接距離小於150公尺（500呎）後，方見跑道，才能實施目視規則降落。

　　除了儀器降落之外，飛行員如實施目視進場降落時，通常最注意於能否看到跑道或進場燈。換言之，飛機在開始下降以前，斜視能見度必須達於跑道或進場燈視程範圍之內，才能保障飛航安全。

二、部份天空不明（partial obscuration）

　　透過視障可見部份天空或雲層時，稱之為部份不明（partial obscuration）。此與全天不明大異，無視障幕高度，即無垂直能見度。在降落時，對飛行員所發生斜視能見度之問題，不像全天不明之嚴重。

　　構成儀器飛行之低能見度與低雲幕等天氣現象，是飛行前準備工作，所不可或缺的。尤其當產生儀器飛行規則（IFR）天氣條件時，或接近目視

飛行規則（VFR）邊緣條件時，更需提高警覺。在飛行前，可從天氣講解人員，根據最近天氣圖、特別天氣分析以及預測天氣圖等獲知天氣狀況，而且在飛行途中，飛行員自行實施天氣觀測，從機艙窗口親自目睹之天氣狀況為更新穎更確實的天氣。

當天氣條件僅適合於儀器飛行規則時，絕不可勉強使用目視飛行規則。造成絕大多數飛機失事原因，就是在惡劣天氣中採用目視飛行規則飛行，或雖採用儀器飛行規則，但天氣情況極端惡劣，仍不宜進行起飛降落。

構成儀器飛行天氣因素形成與發展之條件，提供飛行員之參考，隨時提高警覺，以確保飛航安全。

(一) 黃昏時刻，天氣晴朗，靜風或微風，溫度露點差等於或小於8°C，翌日清晨將發生輻射霧。

(二) 當溫度和露點溫度相差很小，且連續降雨或毛毛細雨時，有霧氣發生。

(三) 當氣溫和露點溫度差距等於或小於2.2°C且繼續縮減時，會有霧氣發生。

(四) 冷風吹向溫暖的水面上時，會產生蒸氣霧。

(五) 溫暖且潮濕的氣流吹向寒冷地面時，會有霧氣發生。

(六) 氣流沿山坡向上舉升，且溫度露點差逐漸減少，大氣水氣達飽和時，將有霧氣與低雲發生。

(七) 雨或毛毛雨降落穿過較冷大氣時，將會形成霧。尤其在寒冷季節，暖鋒前方與滯留鋒後方或停留不動之冷鋒後面，霧氣會特別盛行。

(八) 低層潮濕大氣流爬上淺冷氣團上空時，產生低雲。

(九) 高壓系統停滯於工業區地帶時，產生霾與煙，導致惡劣能見度。

(十) 半乾燥（semi-arid）或乾燥（arid）或雪封地區，大氣不穩定，風力很強時，產生高吹塵或高吹沙或高吹雪，導致惡劣能見度。此等現象在春季特別盛行。如果沙塵向上空發展至中等高度或較高高度時，可被帶到很遠地區

(十一) 下雪或毛毛雨時，能見度會降低。

(十二) 當大氣穩定，風力微弱，天空晴朗或為層狀雲所掩蔽時，在工業區或他種產煙地區，會有煙霾發生。

(十三) 當上述第（十二）項與（一）、（二）、（三）項等條件同時存在時，會形成煙與霧混合型之視程障礙。當下列天氣情況存在時，很難能見度

轉佳。霧存在於濃厚雲層掩蔽天空之下方、霧與連續性（或預測連續）雨或毛毛雨及其他降水同時發生、塵灰向上發展而預測無鋒面通過或無降水、煙或靄存在，於濃厚雲層掩蔽天空之下方以及在工業地區有一滯留高壓持久不動者。

第十四章　噴射飛機與高高度天氣
（Jet plane and high altitude weather）

　　噴射飛機活動高度，尚限於對流層上方與平流層下方之高高度範圍，為飛行安全起見，除現有氣象知識外，對於高高度天氣應多瞭解。在高高度飛行時所遭遇之問題，例如，有關對流層頂、噴射氣流、晴空亂流、卷雲、凝結尾（condensation trail）、平流層、高高度霾層（high altitude haze layers）、機艙罩靜電（canopy static），以及其他高高度積冰與雷雨危害天氣現象等，將於本章扼要討論，使吾人明瞭在高高度中飛行之安全程序。

第一節　對流層頂（Tropopause）

　　對流層頂附近溫度與風向風速之變化很大，影響飛航安全、飛行效能與乘客舒適。最大風速發生之層次，通常靠近對流層頂，最大風速層構成狹長之風切帶，導致亂流。事先預知對流層頂附近之風場、氣溫與風切等情況，實為飛行計畫所必需。

　　對流層頂，為對流層與平流層間之過渡層面，實係淺薄之一層，為天氣變化與氣溫向上遞減之終點層。對流層頂高度不一，熱帶上空較高，約15,000公尺至18,000公尺，赤道上對流層頂最高約65,000呎，南北兩極上空

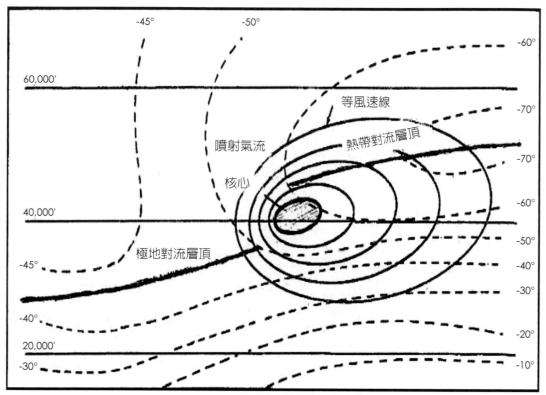

圖14-1　極地對流層頂與熱帶對流層頂

高度約僅熱帶之半，最低高度約為20,000呎或更低，在中緯度地帶，對流層頂高度變化特別大，通常在中緯度地帶，對流層頂分裂為二，是為熱帶對流層頂（tropical tropopause）與極地對流層頂（polar tropopause）。有時兩者連接構成平緩之坡度，有時兩者重疊一段距離。圖14-1為對流層上方與平流層下方之剖面圖，說明對流層頂（粗黑線）、高空等溫線（虛線）、高空等風速線（實線）以及噴射氣流核心（斜線圓圈）等天氣特性。在對流層頂之斷裂處，正好是噴射氣流發生之區域，其核心地帶為最大風速之所在。氣溫垂直遞減率之突變，為對流層頂之特性，在熱帶對流層頂之上方，氣溫為向上遞增；而在極地對流層頂之上方，氣溫向上幾乎相同。對流層頂（無論熱帶或極地）實為一高空逆溫層。

　　因對流層頂附近常出現強烈風切，該過渡層面常為亂流之所在，由於晴朗天空，故稱亂流。噴射氣流常發現於靠近對流層頂之下方，自此層向下，風速漸減，其出現位置尤其常在熱帶對流層頂與極地對流層頂之斷裂處，高度約在40,000呎左右。

第二節　噴射氣流（Jet stream）

　　噴射氣流是大氣高層相對較窄的強風帶，風以急流的形式從西向東吹，但通常呈波浪狀向南和向北蜿蜒。噴射流順著冷熱大氣間的邊界而移動。第二次世界大戰，美國空軍B-29轟炸機在太平洋執行轟炸日本之任務，飛行員於日本上空遭遇十分強勁之高空風，由於有連續不正常之高空風資料，從此開始搜集高空天氣資料，經過全球廣泛的調查，發現一項重要天氣現象，即目前世人皆知之噴射氣流。對於噴射氣流產生之原因，認為噴射氣流與盛行風之環流發生關連，以極地鋒面噴射氣流而言，它與盛行西風帶伴隨，同時中緯度寒潮爆發，促進噴射氣流形成或增進其強度。南下冷空氣使極地對流層頂降低高度，在寒潮爆發地帶會加大中緯度對流層頂之溫度梯度，故噴射氣流之增強與極地鋒面移動和極地鋒面位置有關。極地對流層頂與熱帶對流層頂間之氣壓和氣溫，有顯著差異，氣壓梯度大，風速強。當寒潮爆發時，更加強原有之盛行西風，形成一股強勁的噴射氣流。

　　噴射氣流為狹窄、平淺、快速、彎曲之強風帶，環繞地球，常斷裂成數條不連續之片段，風速自外圍緩慢向中間增強，於其核心（core）地帶，風速達到最大。噴射氣流具有形成、增強、移動以及消失之生命史，多與極地鋒面有關。厚度、最大風速、位置與方向，因經緯度、高度與時間而異。世界氣象組織（World Meteorological Organization; WMO）對噴射氣流加以定義，噴射氣流係一股強勁而狹窄之高空氣流，集中於對流層之上方或平流層之下方，近乎水平之軸心，有很大之垂直與水平風切，以及一個或一個以上之最大風速。通常有數千哩之長度，數百哩之寬度，以及數哩之厚度。垂直風切約每300公尺有3-6浬／時之風速差，水平風切約每16公里有2浬／時之風速差。噴射氣流之最大風速軸，長為300哩，邊緣最小風速為50浬／時。

　　噴射飛機飛經高空噴射氣流（jet stream）附近（30,000-35,000ft高度），經常高達每小時100-200海浬之風速，約有1-2倍強烈颱風的風速，並有顯著的上下垂直風切與南北水平風切。高空噴射氣流附近雲層很少，飛機飛經萬里無雲之天空，偶而遭遇亂流，機身突然震動或猛烈摔動，此種亂

流特稱為晴空亂流（clear air turbulence; CAT）。晴空亂流，習慣上專指高空噴射氣流附近之風切亂流，在噴射氣流附近，即使在卷雲裡，有亂流存在時，仍泛稱為晴空亂流。實際上，以「高空風切亂流」（high level wind shear turbulence）比較能反應出亂流之成因。晴空亂流不僅出現於噴射氣流附近，在加深氣旋之風場裡，發展成為強烈至極強烈亂流。

一、噴射氣流位置

在大氣環流的三胞環流中，30°N/S和50°-60°N/S附近的區域是溫度變化最大的區域。隨著兩個位置之間的溫差增加，風的強度也增加。因此，30°N/S和50°-60°N/S附近的區域也是高層大氣風最強的區域，三胞環流和噴射流位置，如圖14-1-1。

噴射氣流常出現於冷暖氣團間之水平溫度差很大之地帶。20,000呎高度左右為較大水平溫度差之所在，在對流層頂下方有相當距離，實際噴射氣流卻較靠近於對流層頂附近。溫度差出現地區，常與冷鋒或高空寒潮爆發相伴。噴射氣流位於極地對流層頂之末端，與熱帶對流層頂之下方約5,000呎，其最大風速核心高度鄰近30,000呎。圖14-2為北極至赤道間之垂直剖面圖，在極地鋒面上方，伴有噴射氣流。

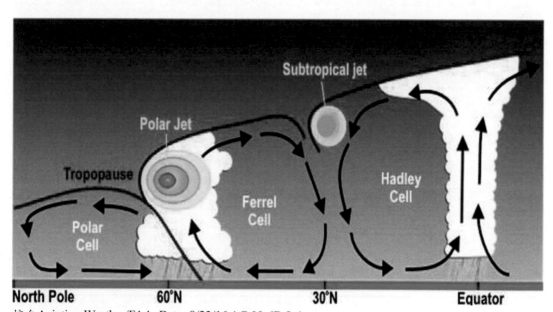

摘自Aviation Weather/FAA, Date: 8/23/16 AC 00-6B 8-4

圖14-1-1　三胞環流和噴射流位置

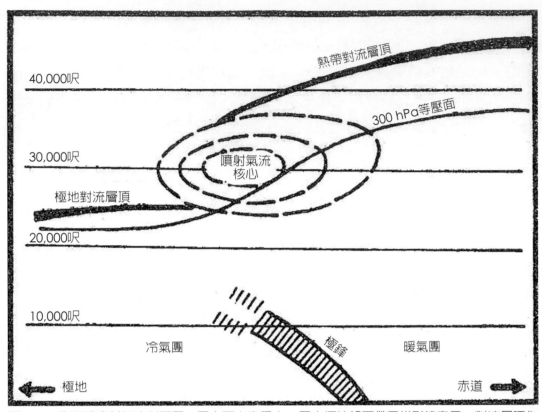

圖14-2　北半球噴射氣流剖面圖，圖自西向東看去，圖中極地鋒面帶用梯形線表示，對流層頂為黑粗線。

　　噴射氣流常因季節變化，平均位置與極地鋒面同進退，冬季南移，最南極限約在20°N；夏季則向北退，至40°N與45°N間，如圖14-3與圖14-5所示。底層高度因季節與強度而有不同，冬季可低至3,600公尺或4,500公尺，平常為6,700公尺左右，夏季高度概在6,000公尺以上，普通接近9,000公尺。噴射氣流之高層，高度約自7,600公尺至15,000公尺，平常高度在對流層頂。

　　在300百帕（hPa）或250百帕之高空天氣圖上，顯示噴射氣流之位置，普通用棕色箭頭表示，有時兩股或兩股以上噴射氣流，同時出現於圖上（圖14-5），大都平行於等高線，箭頭係表示氣流方向。

二、噴射氣流之風速

　　噴射氣流風速，最小為50浬／時，最大可能高達300浬／時，強勁的風速通常達100-200浬／時，極端情況下200-250浬／時。噴射氣流之最大風帶可延伸很長距離，但中心最大風速核心之上方、下方與左右方，均急劇減弱，尤

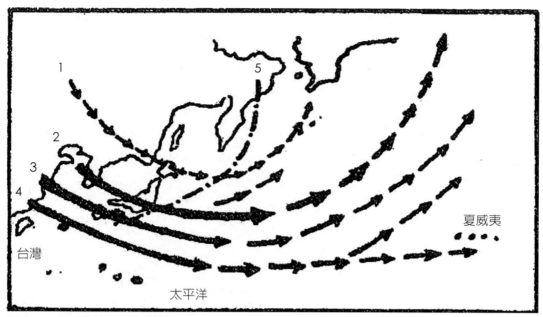

圖14-3　冬季北太平洋噴射氣流之平均位置圖
　　　　1. 北極噴射氣流（Arctic jet stream）
　　　　2. 副北極噴射氣流（sub-Arctic jet stream）
　　　　3. 極地噴射氣流（polar jet stream）
　　　　4. 副熱帶噴射氣流（subtropical jet stream）
　　　　5. 氣壓槽平均位置

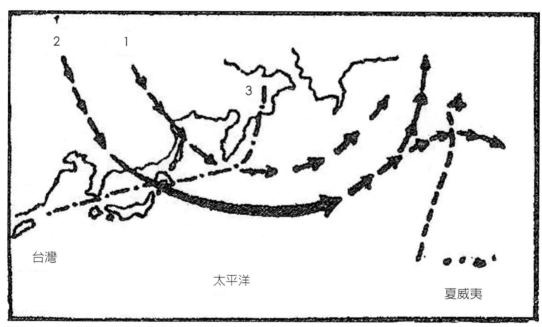

圖14-4　夏季北太平洋噴射氣流之平均位置圖
　　　　1. 極地噴射氣流
　　　　2. 副熱帶噴射氣流
　　　　3. 氣壓槽平均位置
　　　　4. 氣壓脊平均位置

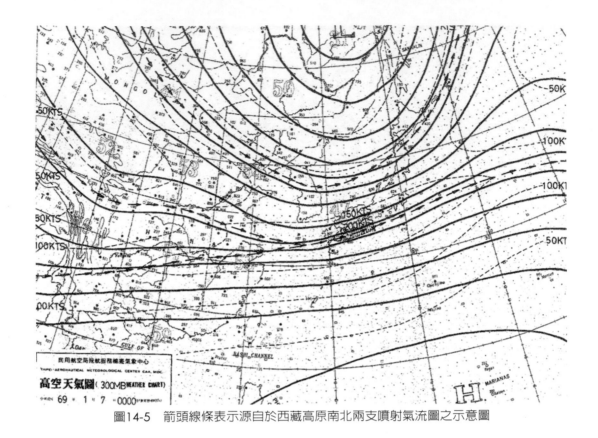

圖14-5　箭頭線條表示源自於西藏高原南北兩支噴射氣流圖之示意圖

其在噴射氣流極地（北）邊，風速減弱最快，赤道（南）邊，減弱較緩。噴射氣流的北邊，水平風切（風速水平變化）自核心向外劇減，快至每100哩距離中，減速100浬／時之多，在噴射氣流的南邊，水平風切自核心向外緩慢減少，約每100哩距離，減速僅25浬／時。噴射氣流上下方之垂直風切（風速垂直變化）普通每1,000呎高度，減速30-40浬／時。噴射氣流靠極地邊之水平風切大於靠熱帶邊，而垂直風切，則上下方近似。飛行員發現已飛進噴射氣流中而與惡劣之逆風，航機必須向冷空氣（極地邊）方向爬升或下降，逆風風速之減速，在暖空氣（熱帶邊）方向，爬升或下降風速減慢快速多。

三、噴射氣流特性

噴射氣流（主要為副熱帶噴射氣流）是一條環繞地球溫帶一周之帶狀高速氣流，但常常斷裂成一系列顯著而不連續之片段。南北水平向波動與垂直向起伏，同一時間有兩條或兩條以上噴射氣流。

噴射氣流與極地鋒面伴生時，噴射氣流係位於暖空氣裡，並位於極地氣團與熱帶氣團間最大溫度梯度之南緣，或沿著南緣一帶。噴射氣流核心之高度層，水平溫差為零。靠近高度層或高度層以下，氣溫向極地方向降低，在噴射氣流核心高度層以上，常在熱帶之一方氣溫較低。

　　噴射氣流出現頻率，冬夏兩季出現次數相差無幾。在中高緯度，極地鋒面冬夏季節，南北位移，噴射氣流平均位置亦隨之南北移動，冬季南移，夏季北移，冬季強於夏季。

　　噴射氣流在亞洲大陸及北美洲大陸，常出現兩支，核心高度約在25,000呎-45,000呎間，但並不一致，端視所在緯度與季節而定。同時因移動之不穩定，核心高度，有時高，有時低。

　　噴射氣流在高空，常隨高壓脊與低壓槽遷移，噴射氣流移動較氣壓系統移動為快速，最大風速之強弱，視通過氣壓系統而定。

　　強勁而長弧形之噴射氣流，常與加深高空槽或低壓下方之地面低壓及鋒面系統相伴而生。氣旋於噴射氣流之南方產生，氣旋中心氣壓愈加深，氣旋愈靠近噴射氣流。囚錮鋒低壓中心移向噴射氣流之北方，而噴射氣流軸卻穿越鋒面系統之囚錮點（point of occlusion）。圖14-6表示噴射氣流與地面氣壓系統位置之相關。修長之噴射氣流為高空大氣層冷暖空氣邊界之指標，為卷狀雲類（cirriform clouds）容易形成之場所。

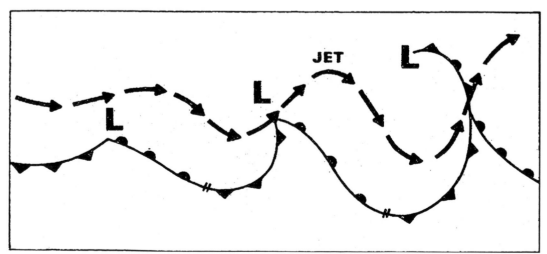

圖14-6　噴射氣流與地面天氣系統相關位置圖，地面系統之初生氣旋，低氣壓常在噴射氣流之南方，如圖左部份。氣旋加深，噴射氣流接近氣旋，低壓中心，如圖中部。氣旋囚錮後，噴射氣流穿越囚錮點，而氣旋低壓中心在噴射氣流之北方，如圖右部。

第三節　晴空亂流（Clear air turbulence）

　　噴射飛機飛經高空噴射氣流（jet stream）附近（30,000ft-35,000ft），經常遇到高達每小時100-200海浬之風速，約有1-2倍強烈颱風的風速，並有顯著的上下垂直風切與南北水平風切。高空噴射氣流附近雲層很少，飛機飛經萬里無雲之天空，偶而會遭遇亂流，機身突然震動或猛烈摔動，此種亂流特稱為晴空亂流（clear air turbulence; CAT）。晴空亂流，習慣上專指高空噴射氣流附近之風切和亂流，噴射氣流附近，即使在卷雲有亂流存在時，仍泛稱為晴空亂流。實際上，以高空風切和亂流（high level wind shear turbulence）比較能反應出亂流之成因。晴空亂流不僅出現於噴射氣流附近，也在加深氣旋之風場裡發展成為強烈至極強烈亂流。本節偏重於高空噴射氣流附近之晴空亂流。

　　寒潮爆發，衝擊南方之暖空氣，沿冷暖空氣交界處，噴射氣流附近之天氣系統將加強，晴空亂流在此兩不相同的氣團間，以擾動能量交換之方式，加以發展，冷暖平流伴隨著強烈風切，在靠近噴射氣流附近發生，尤其在加深之高空槽裡，噴射氣流彎曲度顯著增加之地方，晴空亂流會特別加強發展。在冬天冷暖空氣溫度梯度最大區，晴空亂流最為顯著。

　　晴空亂流最容易出現在噴射氣流較冷邊（極地）之高空槽裡，沿著高空噴射氣流在地面深低壓區之北與東北方，也會出現晴空亂流，如圖14-7。另外，在加深中的低壓、高空槽和脊區等高線劇烈彎曲地帶，以及強勁冷暖平流風切區，雖然沒有強噴射氣流，還是會遇到晴空亂流。山岳波從山峰以上到對流層頂上方5,000呎之間也會產生晴空亂流，水平範圍達背風面向下游延展至100哩或以上。

　　晴空亂流有時候會受強風的影響，強風將擾動空氣，帶離源地，而在下風區出現，但強度較弱。有時晴空亂流預報區會伸展至某方，表示亂流從源地飄向下風區。

　　晴空亂流預報之空間，與整個航空區域範圍相比，實在藐小，但與局部亂流範圍相比，卻是廣大。在預報空間晴空亂流係塊狀散佈，只能預期間歇性地遭遇，甚至不會遇到亂流。飛航於亂流預報區，平均只有10-15%的機會遭遇到輕度擾動之亂流，大約有2-3%的機會需要準備座艙安全措施。

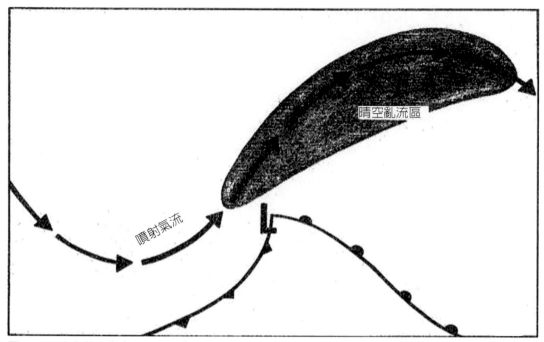

圖14-7　晴空亂流常常出現之位置，係沿噴射氣流，且在快速加深中之地面低壓之北方與東北方。

　　擬定飛行計劃時，可利用高空分析圖及高空預報圖來判斷噴射氣流、風切以及最有可能發生亂流之地區。如果實在無法完全避開所預報之亂流地區，於飛航途中務必小心，要避免飛入垂直風切大於6kts/1,000呎或水平風切大於40kts/150哩之地區。

　　若飛入晴空亂流，猛烈程度遠非飛行所能應付時，靠近噴射氣流核心，應爬升或下降數千呎，或飛離其核心。另外，飛行途中遭遇到與噴射氣流不相關連之晴空亂流時，最好選擇變更飛行高度，或者從其他飛行員之飛機氣象報告（AIREP）資料，應付晴空亂流，也很有助益。

第四節　卷雲（Cirrus clouds）

　　空氣以螺旋形路徑繞著噴射氣流核心流動，在赤道邊為上升運動。當高空含有充份水氣時，卷狀雲形成於噴射氣流赤道邊。此種噴射氣流卷雲與良好結構之氣壓系統並無關連。淺薄層狀或條紋狀卷雲之掩蓋量自疏雲至裂雲不等，有時呈現魚鉤狀或氣流線狀，表示被強烈高空風吹過之外形，遠遠離開發展中或劇烈之天氣系統。

濃密卷狀雲，常伴隨結構良好之天氣系統，具有寬闊之帶狀外形，在高空槽尤其濃密，向下風區增厚，且在下風山脊之頂部最為濃密。卷狀雲層經過峰脊到達下降氣流區後逐漸消失。向極地一方卷雲帶之邊緣，常常截然切斷，而在低雲層上出現陰影，尤其是在囚錮鋒系中更加清楚。

濃密帶狀卷雲之上限為靠近對流層頂，帶狀卷雲可能為單層，亦可能為10,000-20,000呎厚的數層。濃密噴射氣流卷狀雲，大多數沿著中緯度噴射氣流與極地噴射氣流形成。冬季，當很深的高空槽向南方伸入熱帶地區時，卷雲常沿著副熱帶噴射氣流形成。

噴射氣流卷雲幕之特性為伴隨亂流，廣大濃密卷雲，常與加深之地面低壓與高空低壓同時出現，而該等深邃之低壓系統會產生最大亂流。

第五節　凝結尾（Condensation trails）

飛機在潮濕之空氣中飛行時，其尾部會形成一條類似雲帶，尤其噴射飛機爬上較高高度後，常於機尾後方出現一道狹窄帶狀白雲，盤繞空中，此白色雲帶稱為凝結尾（Condensation trails; Contrails），又稱水氣尾（vapor trail）。凝結尾可能由排氣凝結尾（exhaust trails）和空氣動力凝結尾（aerodynamic trails）等兩種不同程序所產生。至於消散尾（dissipation trails; distrails），則與凝結尾完全不同，為飛機在薄薄的雲層中飛行時，其後方留下一條晴朗裂縫。

一、排氣凝結尾（exhaust trails）

從飛機引擎所排出之廢氣，常含有充份水氣，增加濕氣於飛機所經過之路徑上。因高空氣溫甚低，增濕效應超過相伴之燃燒增熱效應，則在飛機路徑上之水氣，容易凝結成雲狀之凝結尾，此種效應僅在溫度甚低時，位於對流層頂附近始易發生，故排氣凝結尾在飛機到達高空以前不常見。飛機發動機排出之廢氣中含有無數較大固體雜質，供給凝結或昇華所需之凝結核，間接助長凝結尾之形成。噴灑極細微核子（如塵埃）於空氣中，使空中水氣先凝結或昇華於極細核子上，凝結物細小，不易為肉眼所見，結果阻止凝結尾產生。

二、空氣動力凝結尾（aerodynamic trails）

晴朗而幾近於飽和之空氣，螺旋槳尖端及機翼尖端四周空氣隨氣流產生空氣動力壓（aerodynamic pressure）之減低，以致空氣冷卻，足夠誘發凝結，於是形成凝結尾。但螺旋槳端凝結尾及翼端凝結尾鮮有達排氣凝結尾之濃度，故不常見。空氣動力凝結尾大都形成於冬季，夏季極少，但排氣凝結尾，無論冬天或夏天都會出現。實際上排氣凝結尾與空氣動力凝結尾，對民航飛機操作均不致發生問題。惟對從事敵後偵察工作之軍用飛機，則不希望在任何高度發生凝結尾現象，恐為敵方發現。

三、消散尾（dissipation trails）

飛機在稀薄雲層中飛行，排出之高溫廢氣，使沿飛過路徑上之雲層增溫，飛機後方雲層水氣，不但無法凝結，而且使已凝結之雲層蒸發，結果雲層消失，天空出現一條罅隙，此種現象稱為消散尾。然而消散尾必須在雲層很薄與空中溫度相當高之條件下始克形成，出現之機會不多。

第六節　高高度霾層（High altitude haze layers）

高高度之霾層無法在地面上辨識，係低密度冰晶狀態之淺淡卷雲，其頂部通常很清晰地存在於對流層頂。初爆發之極地寒潮上空，絕少出現高高度霾層。相反地，停滯不動之氣團上空，則容易出現。因此北冰洋冬季，高高度霾層相當普遍。

高高度霾層對飛行能見度影響很大，有時能見度可降低至零，尤其於面對陽光時更甚。為避免惡劣能見度，航機可爬升至平流層底部或下降至霾層之下方。惟霾層頂部大氣較底部為佳，能見度奇佳。

第七節　座艙罩靜電（Canopy static）

座艙罩靜電與降水靜電相似，在低空層有時會遭遇到。由於高空細微灰塵與冰晶，擦過飛機上之塑膠表面，而致發生放電現象。靜電之放電，產生

噪音，而干擾無線電之接收效能。快速接連地發生，致使無線電干擾現象。由於卷雲灰塵與冰晶為座艙罩靜電之主要製造者，避免之法，唯改變飛行高度。

第八節　高高度積冰（High altitude icing）

在噴射機飛行之高高度上，常有積冰情況，惟不若低高度積冰之普遍與嚴重。它可在機翼及噴射引擎暴露部份快速形成。在高高度上，飛機架構積冰型態，雖可能有明冰，但通常多屬霧淞型積冰。

高高度積冰普通產生於高聳霄漢之積雲頂上、砧狀雲上以及卷雲。山峰上空雲層含有之液態水，因山坡之外力舉升作用，較之緩和坡度地形之水分為多，在崇山峻嶺地區，高高度飛機積冰較多，比較危險。

因高高度飛機積冰累積緩慢，以防冰裝置，就能發生效果。不過目前所用的防冰系統，並非完全適用，採取改變飛行高度或飛航路徑，保持晴空飛行，為避免高高度積冰之最佳途徑。

第九節　雷雨

第十一章敘述雷雨雲頂端常高聳達對流層之上方，有時且直衝平流層，有時雷雨上升氣流之主流，將冰雹拋至雷雨雲上部或其頂部之上方，飛機可能在遠離雷雨雲外上方或周圍之晴空，遭遇到嚴重冰雹與強烈亂流，特別在砧狀雲下。在發展中雷雨雲上方和周圍離開雷雨不遠的地方，常常發生晴空亂流，飛行員宜隨時警覺。

關於避開雷雨之飛行規則，已在第十一章論及，同樣也適用於高高度之飛行措施。當在晴朗天空中飛行時，目視避開所有雷雨雲之頂端，在猛烈雷雨情況下，遠離雲頂周圍至少20哩。在儀器飛行時，航機上，空用氣象雷達可避免遭受雷雨之危害。如果飛行在強烈雷雨區域，則最低限度應避開最強回波處20哩。

第十節　噴射機在平流層之飛行天氣

　　雲、霧、降水及積冰等天氣現象，均侷限於對流層。在平流層，此等天氣絕少見。噴射機一旦飛升至平流層後，氣層即見晴朗，碧空萬里，能見度良好，相對濕度極低，如在夜間，飛機實施天文航行（astro-navigation），絕無任何障礙。通常高空風速自下向上增強，直至對流層頂部風速達最大程度，在平流層風速反而緩和，噴射機如要避開最大逆風（head winds）層，勢須爬升至平流層。

　　無論對流層或平流層之任何高度上，即使晴朗天氣，亂流偶而會出現，即事先無任何象跡之強烈晴空亂流出現，尤使飛行員措手不及。在高空，晴空亂流通常伴隨噴射氣流、對流層頂、高空低壓或高空槽，佔最大頻率，約有三分之二強烈晴空亂流出現於極地鋒面噴射氣流附近，位於極地冷空氣之一邊，靠近極地對流層頂，並且在噴射氣流軸心之下方。在對流層頂附近，噴射氣流常與輕度亂流並存。在平流層中，強烈亂流常因高度增加而減少。

　　高高度航程遇有凝結尾現象時，可飛進平流層避免之，如仍不見其消失，則繼續爬高，待其消失於無形為止。

　　綜合言之，噴射機為提高飛行安全與增進飛行績效起見，勢必避免強烈逆風、強烈亂流與凝結尾形成，其最佳途徑，唯盡可能高飛於平流層。

第十一節　超音速噴射機之航空氣象問題

　　民用航空運輸客機大多使用次音速噴射機（sub-sonic jet），如B-747，B-767，DC-8，DC-10，CV-880等，近年來，蘇聯及英法等國製造一種超音速噴射客機（super-sonic transportation，簡稱SST），如英法兩國合作生產之協和式超音速噴射客機（concord SST）已加入國際空運行列多年。其飛行速度為音速二至三倍，飛行高度約為次音速噴射機之兩倍，即在50-100百帕高度上飛行。在此高度內，空氣稀薄，密度很小，各種氣象條件與對流層者不同，根據現有少數資料，可能發生之有關氣象問題，敘述於後。

一、高空氣流

　　超音速噴射機本身速度很快，高空氣流雖常有100-200浬／時之速度，但與超音速機之速度相較，仍屬小巫見大巫。次音速噴射機冬季進入噴射氣流軸心內（300百帕或200百帕附近，其風速約為150-200浬／時）時，高空氣流影響飛行速度約30%-50%，但對於超音速噴射機飛行速度影響極微。

二、晴空亂流

　　在50百帕以上平流層區，因空氣密度太小，氣溫變化十分靈敏，垂直風切（vertical wind shear）可能較大，晴空亂流可能比對流層區強烈。特別在冬季高緯度與兩極上空20-30公里（12-18哩）之高度，平均氣溫降至-80°C，因此受熱力風（thermal wind）影響，此區域形成相當強烈之西風帶，平均風速在120浬／時以上，此種氣流稱為極地黑夜噴射氣流（polar night jet stream），垂直風切伴隨水平風切，隨之發生晴空亂流。

三、高空氣溫

　　氣溫影響噴射機油量之消耗，據估計，超音速噴射機起飛後，爬升至巡航高度所需油量很多，假如氣溫比正常溫度高出10°C時，油量要增加約20%。

　　在18,000公尺或60,000呎（50百帕）以上，因空氣密度小，溫度變化靈敏，特別是在冬春之交，平流層有時受太陽影響，臭氧（O）急劇增加，氣溫每日昇高10°C左右，且會延續一星期之久，即氣溫由-80°C昇至-10°C左右，此種現象會影響超音速噴射發動機之馬力（power）。

四、臭氧

　　平流層臭氧在赤道附近多，在兩極附近少。但冬季和春季之交，有時在高緯度地區，臭氧會急劇增加，此種現象會使金屬或橡皮腐蝕。

五、宇宙射線（cosmic rays）

　　平流層自星際太空射入快速質點之宇宙射線，射線太強，巨大速度而具有極高能之原子核，直接危害飛行員及乘客之身體，因此必須要調查瞭解高

空宇宙射線之變化狀況。

六、音爆（sonic boom）

超音速噴射機飛行速度超過音速2-3倍，時常發生音爆。但與其他氣象條件有密切關係，在雨天、陰天、晴天或逆溫層，音爆傳播狀態一定不相同。

七、跑道氣象

飛機不管如何進步，在起降時，跑道氣象（如風、能見度、雲幕、溫度等）仍非常重要。將來使用超音速噴射機時，對於跑道氣象之要求，需更為精確與迅捷，因此各機場必須分別研究各種氣象因素。

第十五章 熱帶天氣
（Tropical weather）

　　熱帶地區位於北緯23.5°和南緯23.5°之間。然而，該地區的典型天氣有時會從赤道延伸至45°。人們可能會認為熱帶地區是均勻多雨、溫暖和潮濕的。然而，事實是熱帶地區包含世界上最潮濕和最乾燥的地區。本章描述了熱帶地區的基本環流、決定乾旱和潮濕地區的地形影響，以及侵入或擾亂基本熱帶環流的過渡系統。

　　從副熱帶高壓帶吹向赤道的風形成了兩個半球的東北和東南信風。這些信風在大氣上升的赤道附近匯聚。這個輻合帶就是間熱帶輻合帶（ITCZ）。在世界上的一些地區，陸地和水域之間的季節性溫差會產生相當大的環流模式，壓倒了信風環流；這些地區是季風區。這裡討論的熱帶天氣包括副熱帶高壓帶、信風帶、ITCZ和季風區。

　　熱帶天氣與中緯度地帶（溫帶地區）天氣主要區別之一，熱帶天氣出現於氣團之中，而中緯度天氣經常受鋒面影響。冬天極鋒之強烈程度，深入熱帶地區。移入時，伴隨雷雨、陣雨、風變以及氣溫下降等等天氣，靠近廣闊大陸地帶，成為乾熱氣團與濕熱氣團之過渡帶。絕大部分熱帶天氣都出現於氣團，而非出現於兩氣團間之鋒面地帶。

　　熱帶天氣燠熱悶濕，事實上，熱帶地區不但包括世界上最潮濕之地區，

也包括世界上最乾燥之地區。

第一節　熱帶天氣變化

廣大熱帶地區主要為海洋，除海洋水域外，尚包括山地之群島、海岸地帶甚至洲大陸之大部分，討論熱帶天氣，應從熱帶海洋、熱帶島嶼、熱帶海岸以及熱帶洲大陸內部等地區之天氣著手。不同地表狀態會產生不同熱帶天氣特性，茲分別扼要敘述。

一、熱帶海洋天氣（oceanic tropical weather）

積狀雲經常出現，是為熱帶海洋天氣之特徵。南北半球副熱帶高壓區南北緣之熱帶海洋天空，積狀雲量不多，平均雲底高度約2,000呎，雲頂高度在3,000呎至6,000呎間，端視逆溫層高度而定。在南北半球信風區之熱帶海洋天空，積狀雲量為疏雲至裂雲，雲頂高度在3,000-8,000呎間。信風區陣雨雖較副熱帶高壓區為多，但仍屬輕微而雨量不大。雲幕與能見度佳，除陣雨時受限制外，普通適合目視飛行。

熱帶海洋地區海面與高空之溫度很一致，少變化，海面上溫度變化少有超過1°C或2°C以上。溫度日變化與季變化都很小，結冰高度層（freezing level）始終維持在16,500呎左右。

廣大熱帶海洋地區之海面氣壓少變化，在熱帶海洋地區飛行，高度計不必經常撥定。

風向風速對於遼闊熱帶海洋地區之天氣，構成重大影響。風向風速致使大氣堆積，形成輻合作用（convergence）。大氣堆積過程，大氣垂直上升旺盛，產生積狀雲及降雨，積狀雲發展很高，並常豪雨。

二、熱帶島嶼及熱帶大陸海岸地區天氣

熱帶大陸沿海地區天氣大致與多山島嶼天氣相似，白晝，暖濕大氣移到海岸，被地形抬升，大塊積狀雲因而形成，雲層和降水較熱帶海洋為多，為豐富。熱帶海洋地區常以聳立之塔狀積雲為島嶼或大陸海岸存在之指標，氣溫與氣壓如熱帶海洋，少有變化。尤其熱帶無山島嶼，天氣近乎熱帶海洋天

氣，雲層與降雨較稀少。

　　信風區熱帶多山島嶼及熱帶大陸沿海地帶之天氣，受信風影響顯著，信風幾乎吹自同一方向，信風區多山島嶼，有迎風面與背風面之分，信風吹向迎風區，雨量頻繁豐富，雲高不超過10,000呎以上，少有雷雨。相反地，在下坡風之背風區，乾燥增溫，天空晴朗，極少雨水。在信風區，許多迎風區之島嶼，植物茂盛，森林稠密，甚至構成雨林帶（rain forests）。背風區為半乾燥荒蕪不毛之地，相去懸殊。例如，夏威夷群島之歐湖島（Oahu），暴露在信風區約24哩寬，其迎風面平均年雨量，自迎風海岸約60吋至山頂上多達200吋。可是在該島之背風面平均年雨量，劇降至10吋左右。飛機飛進島嶼時，最大之飛行危害，莫過於山峰為雲層掩蓋而模糊不清，在迎風面有陣雨時，雲幕與能見度常限制採用目視飛行規則（VFR），而在背風面飛行時，採用儀器飛行規則（IFR）。

三、熱帶大陸天氣（tropical continental weather）

　　熱帶大陸地區氣溫與氣壓變化較大，非比熱帶海洋地區、熱帶島嶼及熱帶海岸地帶氣溫氣壓之都無變化。熱帶大陸溫度日變化輻度很大，下午上升很高，入夜始行下降。熱帶大陸氣壓系統屬於半永久性，該等氣壓系統與地形性氣壓變化，是為極端乾燥氣候之原因。例如南美洲與非洲之沙漠地區，即屬於此型天氣。

　　熱帶大陸西海岸，在半久永性副熱帶高壓帶東南緣籠罩之下，大氣比較穩定，逆溫層最強而高度最低，反氣旋之東緣，覆蓋於熱帶大陸西部之上空，水氣被壓制於逆溫層之下方，不克消散，常出現霧氣與低雲層。但水氣層十分淺薄，大氣又穩定，降水稀少。人煙稠密之熱帶大陸地區，很多污染物滲入大氣中，被壓制於逆溫層下方，不易吹散，造成大氣污染問題。例如，美國最西南部，即南加州一帶，夏季在副熱帶高氣壓控制之下，成為半乾燥性氣候地帶，降雨稀少，沿海岸地帶常常發生霧。在強逆溫層下，被壓制之污染物與霧同時出現，形成嚴重之煙霧（smog），常持續數日之久。冬季，副熱帶高氣壓向南移動，南加州在反氣旋環流影響下，增加降水機會，偶而因極地冷大氣之爆發，也會帶來晴朗、高雲幕與良好能見度之天氣。

熱帶大陸東海岸情形，適得其反，副熱帶高氣壓西南緣籠罩之下，逆溫層最弱而高度最高，對流作用強烈，可以穿過逆溫層，因而陣雨及雷雨常有發生，雨水足夠供應植物生長，構成熱帶叢林地區。例如，美國與南加州同緯度之大西洋岸地區為潤濕多雨。

　　信風區大陸西海岸及內陸，雲量少，雨水少，乾燥而晴朗，能見度除地面吹沙、吹塵與高空塵霾之外，大致良好。如少量雨水為山脈阻擋，內陸地區成為沙漠。例如，非洲西海岸之撒哈拉沙漠及美國西南部之乾燥地區。相反地，信風帶大陸東海岸及內陸，暴露於海洋氣流之侵襲下，雲量多，雨水豐，降雨及偶發雷雨。例如，墨西哥東海岸叢林區，無山脈阻擋之地方，豐沛雨水可遠達內陸。能見度有時受制於陣雨及低雲伴隨之大雷雨，變為十分惡劣。

　　熱帶大陸地區，風向風速之變化，為決定日常天氣變化之主因。熱帶大陸不規則地形區域，當潮濕大氣吹進大陸時，在迎風面出現濃厚雲層及豐富雨量，在背風面則顯著乾燥，雲雨少見。

第二節　熱帶季風（Tropical monsoon）

　　廣大亞洲大陸地區，副熱帶高氣壓完全瓦解，冬季亞洲大陸為強盛高氣壓所佔據，夏季為發展良好的低氣壓所籠罩，在南半球雖然季節相反，澳洲及非洲中南部，冬季為高氣壓所覆蓋，夏季則為廣大低氣壓所盤據，如圖3-5及圖3-6。

　　冬季乾冷高氣壓，導致風自內陸吹向沿海地區，夏季風向相反，海洋溫濕大氣被帶進內陸低壓區，此種冬、夏兩季風向之變換，稱為季風（monsoon），視為大規模之海陸風。最有名之季風區，要算南亞與東南亞地區，其次澳洲及中南非洲地區。

　　盛夏季節，亞洲大陸中部低氣壓，吸引來自西南與東南方海洋暖濕而不穩定大氣，達於陸地，地面劇烈增溫，促使大氣舉升至較高地帶，產生廣大雲層、霪雨與無數雷雨。印度地區多雨，即為一例，印度許多雨量站年雨量超過400吋（10,160公厘），每年六至十月間，為雨量最多時節。

　　副熱帶高壓在北半球冬季向南移動，夏季向北移動。季節變化、逆溫

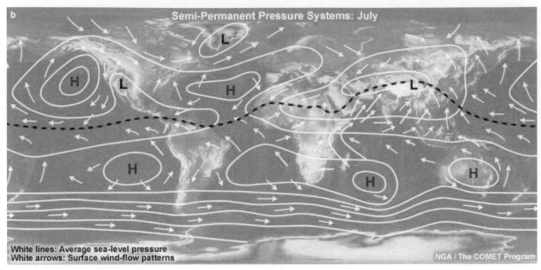

摘自 Aviation Weather/FAA, Date: 8/23/16 AC 00-6B 21-2

圖15-1　七月份（夏季）全球平均海平面氣壓分布和全球盛行風，紅色虛線是間熱帶輻合區。

高度和強度以及地形特徵決定了副熱帶高壓帶的天氣，如圖15-1和圖15-2所示。夏季，熱帶季風之影響力，可及於離大陸海岸線外之海洋上大氣環流。如圖15-1，可知來自赤道吹向亞洲南部與東南部海岸之盛行風為南、東南或西南風，如果沒有季風之影響力，亞洲南部及東南部海岸地區應為東北信風所控制。

　　冬季，熱帶季風流動狀況與夏季者正相反。如圖15-2，可知亞洲內陸西藏高原吹出之乾冷大氣，因喜馬拉雅山脈（Himalayan Mountains）南麓地形降低，乾冷大氣下降，經絕熱增溫過程，大氣溫度增高，而益形乾燥。因此，冬季在印度半島內陸幾無雨量。待乾燥大氣移到海岸外之溫暖水面時，即時容納較多水氣，下層變暖而呈不穩定大氣。由於大氣在海上長時間停留，吸入充份水氣，使近海島嶼甚至海岸地帶時常下雨。

　　菲律賓群島季風，夏季為南來季風，雨量豐沛。冬季為東北季風，是東北信風與東北季風之變化地帶，此時天氣究竟是信風抑或是季風，殊難判斷。不過無論屬於何者，都會產生豐沛雨量。因此菲律賓群島終年為潮濕熱帶氣候。

　　澳洲七月（南半球冬季）為高氣壓所籠罩，由圖15-1可知風向均自內陸中心向外海吹散，故澳洲大陸，冬季為乾燥季節。澳洲一月（南半球為夏季）為低氣壓所盤據，由圖15-2可知風向自外海吹向內陸。然而，澳洲大陸

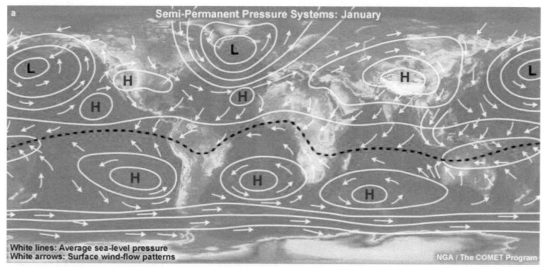

摘自 Aviation Weather/FAA, Date: 8/23/16 AC 00-6B 21-2

圖15-2　一月份（冬季）全球平均海平面氣壓分布和全球盛行風，紅色虛線是間熱帶輻合區。

周圍大部份圍繞山脈，沿海地帶，海風吹內陸，爬上山坡，顯得潮濕多雨，而內陸地區，因背風面之下坡風，顯得乾燥。

中非洲潮濕氣候與熱帶叢林地區，由圖15-1與圖15-2可知非洲中部地區終年盛行風向均自海洋吹上陸地。有些地區終年潤濕，有些地區具有季節性之季風變遷，致夏季潮濕而冬季乾燥。

南美洲亞馬遜河谷（Amazon Valley），七月（南半球冬季）吹東南信風，由圖15-1可知信風會深入河谷，攜帶大量雨水，構成熱帶叢林氣候。至一月（南半球夏季）間熱帶輻合區，移入河谷之南方，如圖15-2可知東北信風跨過赤道而深入亞馬遜河谷。一年四季，亞馬遜河谷之叢林區，大部份係由季風帶入大量潮濕大氣，而形成該河谷區充沛雨量。

| 第三節 | 間熱帶輻合區
（Intertropical convergence zone; ITCZ） |

　　間熱帶輻合區名稱，如間熱帶槽（intertropical trough, ITT）、赤道槽（equatorial trough）以及赤道鋒（equatorial front）等。在北半球兩海洋的副熱帶高氣壓系統之中間地帶，赤道左右之赤道地區，太陽輻射強烈，海面大氣受熱上升，加之東北信風與東南信風之輻合作用，大氣被迫上升，對流

旺盛，副熱帶高壓帶與信風帶之逆溫層消失，產生低壓槽，圖15-1及圖15-2雙斜線帶狀部份表示間熱帶輻合區冬季和夏季位置變動情形，夏季移向赤道以北，如圖15-1，冬季移向赤道以南，如圖15-2，在緯度5°S與15°N之間活動。熱帶海洋地區，間熱帶輻合區顯著，但在大陸地區，則甚為微弱而不易辨識。

　　間熱帶輻合區對流旺盛，攜帶大量水氣到很高地方，塔狀積雲之雲頂常高達45,000呎以上，如圖15-3。帶狀間熱帶輻合區，常出現一系列之積雲、雷雨及陣雨，可能形成熱帶風暴（tropical storm），雨量十分豐富。由於對流作用支配著間熱帶輻合區，所以無論在廣闊海洋上或島嶼上，在間熱帶輻合區影響下之天氣現象，幾乎相同。

　　飛機飛越間熱帶輻合區，如果遵守一般規避雷雨飛行原則，不致構成問題，飛機在雷暴間隙尋求通道。

　　大陸地區間熱帶輻合區為地形所破壞，難以辨識其存在，無法描述天氣與間熱帶輻合區之關係。

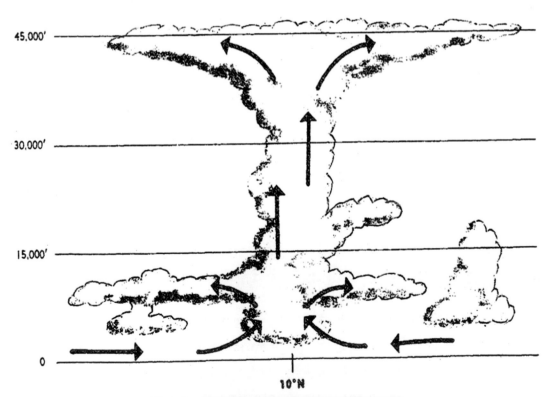

圖15-3　間熱帶輻合區對流現象之垂直剖面圖

第四節 熱帶風切線（Shear line）

　　熱帶地區風切線，主要受中緯度天氣系統之影響，在第八章曾說明氣團離開源地後，經長途跋涉，受沿途地面或水面之影響，原有秉性逐漸遞變。例如，高緯度地區長時間中蘊育而成之冷氣團，遷移至熱帶地區，沿途變性，溫度與水氣幾乎與熱帶溫濕情況相同，即冷鋒兩側之氣團秉性幾乎一致，可是其間仍存在風切線或風變（wind shift）。當半永久性高氣壓分裂成兩個小型高氣壓時，中間導引為一條槽線，如圖15-4，形成一條風切線。

　　風切線為氣流輻合地帶，構成大氣強迫上升運動。沿風切線地帶常為劇烈雷雨及陣雨活動之處。

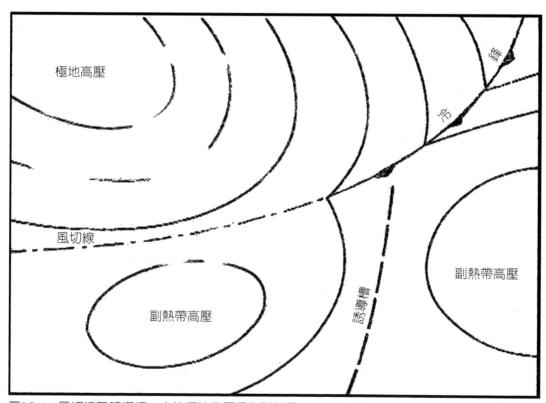

圖15-4　風切線及誘導槽，由於極地高壓侵入副熱帶地區而生成。

第五節　熱帶高空槽（Tropical trough aloft）

　　熱帶高空槽發展成為熱帶高空氣旋（upper level cyclone），槽線或氣旋環流最初肇端於高空，氣壓逐漸下降，一旦地面氣旋（低氣壓）形成，整個對流層為氣旋所支配。然而高空槽線或高空氣旋並非一定影響地面環流。

　　當熱帶高大氣旋形成後，環流向下伸展到10,000-20,000呎高度，廣闊層雲與降水發生。再向下伸展及於地面時，氣旋環流即控制整個對流氣層。在太平洋，由於阿留申低氣壓（Aleutian low）往南或東南移動，形成在夏威夷群島附近之熱帶高空槽或高大氣旋，如圖15-5，特稱為可娜風暴（Kona Storm），可娜是玻里尼西亞語（Polynesian word），意為背風面（leeward）。可娜風暴大都發生於冬季，每年約有五次，如果發生在強烈副熱帶噴射氣流附近，可能帶來長時間之壞天氣，如豪雨、濃密對流性雲層以及高空之晴空亂流。

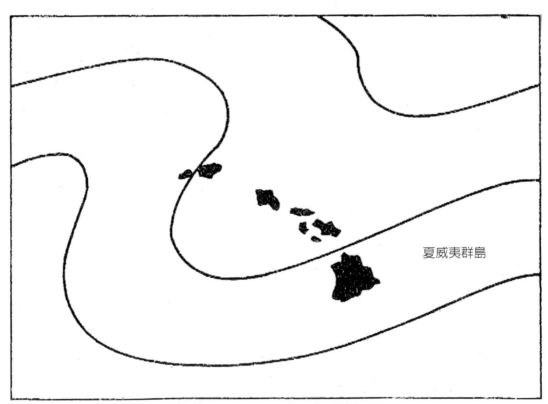

夏威夷群島

圖15-5　橫過夏威夷群島之高空槽線，槽線東方有強盛的雲層發展。

熱帶高空槽或高大氣旋（可娜風暴）會產生大量雨水，尤其在多山之陸地，地面受熱，大氣被迫上升至飽和狀態，雨水更為豐盛，例如，夏威夷群島堪伊島（Kauai）瓦里爾山（MT. Waialeale）年雨量高達460吋（11,684毫米）之多，實為熱帶高大氣旋之傑作。

　　然而，此類熱帶高空槽或高空氣旋並非限於夏威夷群島，在亞速爾群島（Azorse）一帶亦會出現，甚至遠達威克島（Wake Island），美國東南部熱帶地區也會發生，但在南太平洋並不多見。

第六節　東風波（Easterly waves）

　　東風波又稱熱帶波（tropical waves），是為熱帶天氣擾動現象，是熱帶風暴（颱風或颶風）之溫床，發生在信風帶（trade wind belt），約在南北緯十度間，北半球，東風波發展並活躍於副熱帶高氣壓系統之東南周邊，自東向西沿著熱帶盛行東風環流移動。天氣圖上東風波為較密集等壓線，顯著之風變（wind shifts）與輕微之氣壓降低之區域。東風波通過時，風向變化發生，自東北風轉變為東南東風或東南風，如圖15-6。

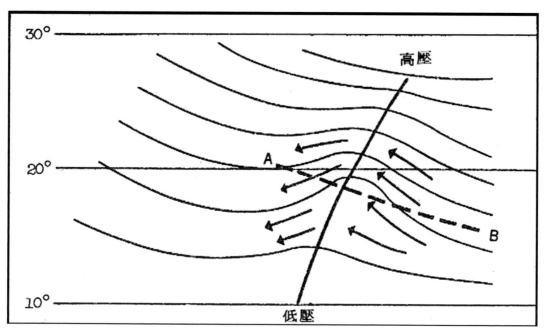

圖15-6　北半球東風波，自A至B發生波動，波動自東向西移動，風變自東北風轉變為東南風，波動前方天氣良好，接近後為強盛之雲層與降水。

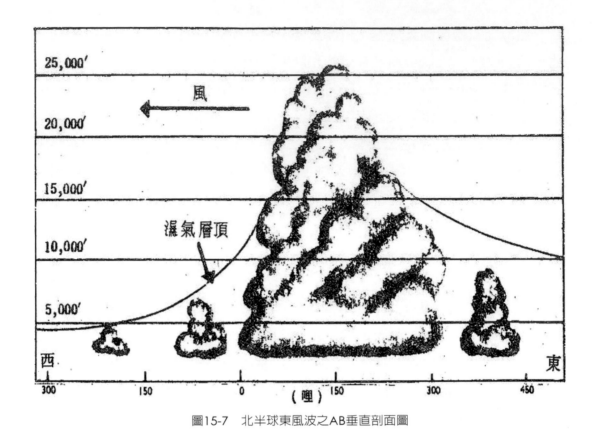

圖15-7　北半球東風波之AB垂直剖面圖

　　在東風波西方200浬，天氣大致良好，在此距離內，除稀疏積雲外，尚有強烈霾層，潮濕層頂高度約為5,000呎，東風波主軸移近時，潮濕層頂逐漸增至20,000呎，靠近東風波及其東方，雷雨、低雲幕、雨或中度至強烈陣雨，被惡劣天氣所籠罩，如圖15-7。惡劣天氣沿南北向形成，像似中緯度之冷鋒天氣或颮線天氣。

　　一年四季，東風波出現，夏季與初秋較多且較強烈。太平洋區之東風波，常影響夏威夷群島一帶天氣，大西洋區東風波，有時會移近墨西哥灣（Gulf of Mexico），最近可到達美國東海岸。

第七節　熱帶風暴（Tropical storms）

　　熱帶風暴又稱熱帶氣旋（tropical cyclones），發生於熱帶海洋極強烈氣旋之總稱。地球上各區熱帶風暴名稱不一，在西印度群島形成，向西、西北西或西北移動，移到美國東南沿海之強烈熱帶氣旋稱為颶風（hurricanes）。

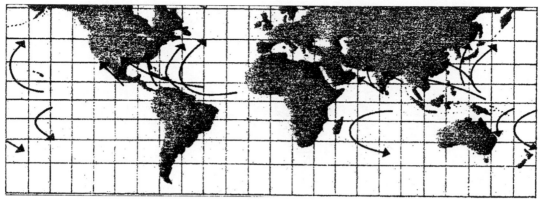

圖15-8　熱帶風暴之主要源地及移動路徑

在菲律賓群島以東之洋面形成，向西、西北西或西北移動，移到中國東南沿海，復轉向東北直指日本，熱帶氣旋稱為颱風（typhoons），我們台灣又稱風颱，日本和中國稱台風。在印度洋形成，向西北移動，移到印度半島之熱帶低壓則稱為氣旋（cyclones）。在澳洲東北洋面形成，向西南移動，移到澳洲大陸北部沿海之熱帶低壓則稱為澳洲大旋風或威利威利（Willy Willy）。

　　熱帶風暴源地通常在南北緯5°至20°間之熱帶海洋。因靠近赤道地區，地球偏向力（科氏力）極小，幾等於零，致無力驅使大氣環繞低氣壓流動，在赤道南北緯5°以內，風直接流入赤道低氣壓區，很快地被填塞，很少會形成熱帶風暴。

　　熱帶風暴形成與加強後，向西或西北（南半球為西或西南）移動，最初移動速度較慢，約3-5浬／時，待遠離赤道，移動速度漸增，到達南北緯30°附近，大多數開始轉向北方或東北方（南半球為南或東南方）移動，如圖15-8。

　　熱帶風暴（熱帶氣旋）之平均生命約為六天，有短暫生命者僅數小時，較長者達十四天之久。

一、熱帶風暴之性質

　　熱帶風暴通常發生和發展於熱帶海洋，成熟或加強於副熱帶海洋。移動至溫帶地區後，變為溫帶氣旋（extratropical cyclone）或漸趨消滅。地面天氣圖如圖15-9略作同心圓之密集閉合等壓線，近中心部份等壓線呈正圓形，中心氣壓很低，惟無鋒面存在，與溫帶氣旋有不同。熱帶風暴四周大氣向內

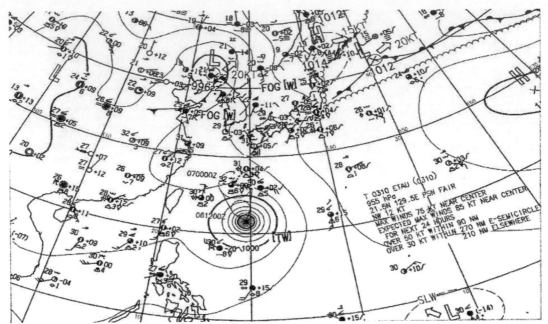

圖15-9　2003年8月6日0000UTC地面天氣圖，中度颱風艾陶（ETAU）位於21.5° N 129.5° E，中心氣壓955 hPa，接近中心最大風速為75kt。

部旋轉吹入，至中心附近，氣流旋轉而上升，濃厚之雨層雲及積雨雲密布，傾盆大雨，降雨雲幕常低至60公尺，愈近中心，雨勢愈強。至於氣流繞中心旋轉，在北半球為逆時針方向，在南半球為順時針方向，風力十分強勁，愈近中心，風力愈強。中心地帶稱為風暴眼（eye of storm），上升氣流微弱，且有下降氣流。颱風眼之範圍甚小，直徑僅數公里至數十公里，最小8公里，最大不超過48公里，眼內風力微弱，天氣晴朗，偶有稀疏之碎積雲或碎層雲，與颱風眼外天氣大不相同，如圖15-10及圖15-11。

　　伴隨熱帶風暴移近，雲之順序，大致與靠近之暖鋒之順序相似，首見卷雲出現，接著卷雲增厚為卷層雲，再由卷層雲形成高層雲與高積雲，進而出現積雲與積雨雲，向高空聳立，衝出雲層，最後積雲、雨層雲及積雨雲增多，圍繞暴風眼四周構成雲牆（wall cloud），如圖15-12。雲牆的高度可伸展至50,000呎以上，狂風豪雨及最強風速，有風暴達175浬／時之風速記錄。

　　熱帶風暴上升氣流旺盛，積雨雲頂高聳及13,000-18,000公尺高度，接近平流層，風暴上升氣流衝至極限後，向外圍流散去，並挾卷雲而移動，從數百哩外，高空出現卷雲，預兆熱帶風暴即將來臨，卷雲快速移動之方向，可斷定風暴中心之動向。

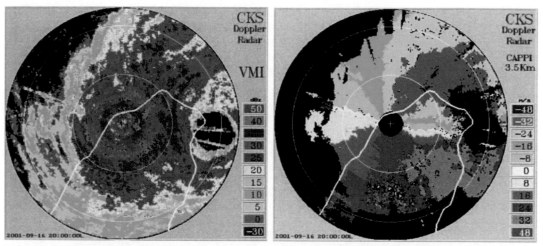

圖15-10 西元2001年9月16日 1200UTC民用航空局台灣桃園都卜勒氣象雷達幕上納莉颱風
（NARI）及其外圍環流及颱風眼之回波圖。

圖15-11 2003年8月7日 0023UTC東亞可見光衛星雲圖，中度颱風艾陶（ETAU）位於26.6° N
128.2° E，中心氣壓950hPa，接近中心最大風速為80kt。

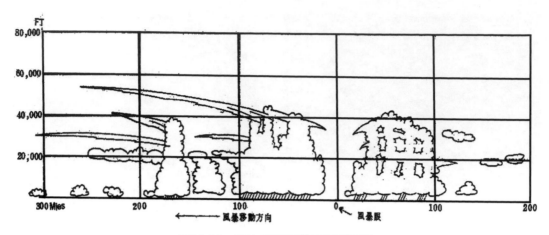

圖15-12　海上典型熱帶風暴剖面圖

　　逐漸接近中心，風力開始增強與降下間歇性之陣雨，更近中心雲層加厚，出現濃密之雨層雲與積雨雲，風雨逐漸加強，愈近中心風力愈形猛烈，進入颱風眼裡，雨息風停，天空豁然開朗，颱風眼區經過某一地點約需一小時，眼過後狂風暴雨又行大作，惟風向已與未進入眼之前相反，此後距中心漸遠，風雨亦減弱。

　　熱帶風暴雨水十分豐富，因強烈風速關係，降水量誤差很大，熱帶風暴降水量及分佈狀況缺乏代表性。例如，在菲律賓某些測站之颱風降水記錄，顯示最多雨量高達88吋（2,235毫米），另一測站雨量僅雨跡（trace）而已。強烈雷雨常伴隨熱帶風暴而來，美國佛羅里達州最多降雨量常於颱風眼到達前之相當距離內出現。

　　熱帶氣旋之地面風速達34浬／時或以上強度時，稱為颱風或颶風。熱帶氣旋常發生於南北緯5°至20°間之熱帶洋面，北半球八、九及十等三個月份為熱帶氣旋最多季節，北大西洋及東北太平洋，自十二月份至翌年五月份，絕少見到熱帶氣旋，可是在西北太平洋區，於上述月份中，尚會出現平均三次之熱帶氣旋。

　　隨颱風（颶風）而來之狂風暴雨與巨大浪潮，經常產生極大災害。颱風之強烈特性，具有間歇性，一段時間，狂風怒號與暴雨傾盆，另一段時間又相當平靜。狹窄雲帶及豪雨與不清楚雲層及中度降雨出現，颱風眼仍有部份晴朗，並非全天是雲。帶狀雲雨常自數百浬，呈螺旋狀向風暴中心旋轉。

二、熱帶風暴生成條件、季節、路徑與等級

（一）熱帶風暴生成條件

　　廣大海洋，溫度高，濕度大，風力微弱而穩定，有利於對流作用之進行。南北緯5°與20°間之地帶，地轉偏向作用有助於氣旋環流之形成。對流旺盛，氣流上升，引起降雨，雨量豐沛，所釋放之潛能，足以助長對流之進行，使地面暖大氣內流。因地轉作用，內流大氣乃成渦漩行徑吹入，角運動量（angular momentum）之保守作用，為造成強烈環流之原因。熱帶風暴區內氣流運行強烈，能量之供應，上升氣流之釋放大量凝結潛熱。南北緯5°與20°間之海洋地帶，處於赤道輻合線，氣流輻合，利於渦旋之生成。

　　有利於熱帶風暴生成與發展之重要條件為適宜之海面溫度，天氣系統會產生低空輻合以及氣旋型風切等現象。產生熱帶氣旋之溫床為東風波、高空槽與沿著東北信風及東南信風輻合區之間熱帶輻合區（ITCZ），在對流層上空有水平外流輻散。

　　上述條件之集合，產生大氣柱之煙囪（chimney）現象，大氣被迫上升，凝結成雲致雨，凝結釋放大量潛熱，使周圍大氣溫度升高，進而加速大氣上升運動。氣溫上升，導致地面氣壓降低，增加低空輻合作用，因而吸引更多水氣進入熱帶氣旋系統。該等連鎖反應繼續進行時，巨大之渦旋便會形成，達巔峰狀態，即為颱風或颶風。

　　新生之熱帶風暴，範圍小，威力弱，由於氣流旋轉上升，發生絕熱冷卻，致水氣凝結，釋出大量潛熱，能量增加，氣旋逐漸發展，成熟後，範圍擴大，直徑多在320-800公里（200-500浬）間，伴隨雲系，範圍較風暴範圍更廣，直徑可達1,600公里（1,000浬）左右。

　　熱帶風暴生成季節：

　　熱帶風暴之興衰，隨四季而轉移。西太平洋與西大西洋，以夏秋兩季為頻繁。印度外海，以春秋兩季為甚。南太平洋，以北半球之冬季為較多，表15-1為各地熱帶風暴發生之百分率：

表15-1 西太平洋、西大西洋、北印度洋及南太平洋熱帶風暴發生百分率

區域 \ 月	一	二	三	四	五	六	七	八	九	十	十一	十二
西太平洋	1.2	0.6	0.6	1.4	4.5	7.0	17.1	19.8	20.1	13.8	9.6	4.2
西大西洋					1	6	7	22	32	26	6	
北印度洋	3		3	10	20	10	1	2	3	19	19	5
南太平洋	30	20	26	6	1				1	1	3	12

（二）熱帶風暴路徑

　　熱帶風暴發生於熱帶海洋西部地區，侵襲大陸東岸，常受大規模氣流之影響而移動。低緯度熱帶氣旋，初期多自東向西移動，其後在北半球，漸偏向西北西以至西北，至20°-25°N附近，熱帶風暴在兩種風場系統，即低空熱風系統與高空盛行西風系統互為控制之影響，移向不穩定，甚至反向或回轉移動，最後盛行西風佔優勢，漸轉北移動，最後進入西風帶而轉向東北，在中緯度地帶，漸趨消滅，或變為溫帶氣旋。全部路徑，大略如拋物線形（參閱圖15-8）。在南半球者，性質相似，初自東向西移動，繼續偏向西南西、西南、以至南，終於轉向東南。每一個熱帶風暴，移動路徑不相同，進入熱帶或副熱帶大陸後即趨消失，少數在熱帶海洋上即行消滅，甚至倒退打轉等怪異路徑。

　　熱帶風暴移動速度，平均每小時約8-13浬，轉向前，速度減慢，或近乎滯留，既經轉向後，速度突增，有時大至每小時15-25浬，為移動最快之階段。

（三）風暴之等級

　　熱帶風暴按強度分為

　　1. 熱帶低壓（tropical depression）：持續風速最高為34浬／時（64km/h）。

　　2. 熱帶風暴（tropical storm）：持續風速為35-64浬／時（65-119km/h）。

　　3. 颱風或颶風（typhoon or hurricane）：持續風速為65浬／時（120km/h）以上。

　　另外一種分類法，美國多採用之，按強度分為以下四級：

熱帶擾動（tropical disturbance）：輕微之地面環流，一條封閉之等壓線或無。

　　熱帶低壓（tropical depression）：風速27浬／時以下，一條或數條封閉之等壓線。

　　熱帶風暴（hurricane）：風速大於27浬／時，但小於66浬／時。

　　颶風（hurricane）：風速到達66浬／時以上。

　　我國台灣熱帶風暴之等級與美國採用的略有不同，凡熱帶氣旋中心最大風速達34浬／時及以上，稱颱風，按風力之大小劃分為三類：

　　輕度颱風：颱風中心最大風速34-63浬／時，或17.2-32.6公尺／秒。

　　中度颱風：颱風中心最大風速64-99浬／時，或32.7-50.9公尺／秒。

　　強烈颱風：颱風中心最大風速100浬／時及以上，或51.0公尺／秒及以上。

　　我國台灣空軍氣象聯隊增加分類條件，按半徑範圍（指風速34浬／時）之大小，再劃分為三類：

　　小型颱風：半徑範圍不足160公里（100浬）。

　　中型颱風：半徑範圍在160-320公里（100-199浬）之間。

　　大型颱風：半徑範圍在320公里（200浬）及以上。

　　例如：中型強烈颱風，係指半徑範圍在160-320公里（100-199浬）間，風速在100浬／時或以上之颱風。

三、熱帶風暴之危險性

　　北半球熱帶風暴，威力甚大，在陸地、海上與空中造成災害。熱帶風暴之前半部，因逐漸接近中心，風雨特強，較為危險；後半部，因逐漸遠離中心，較為安全。熱帶風暴所經之地，原來氣流如信風或盛行西風等，與風暴本身之環流相加或相減之作用。風暴進行方向之右側，原有氣流與風暴本身氣流，方向大略相同，風速較強大。相反地，在進行方向之左側，兩者氣流近於相反，互相抵消，風速稍弱。因此其前進之右側較危險，左側較安全。綜合言之，北半球之熱帶風暴，右前象限最危險，左後象限較安全，由圖15-13可知海上船隻或空中飛機，如收聽颱風警報，得悉風暴位置、強度與

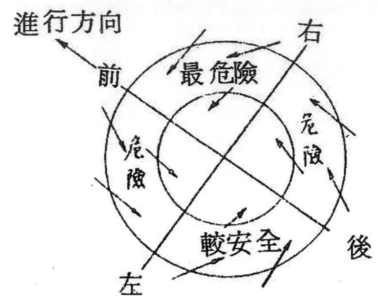

圖15-13　北半球熱帶風暴之危險區

動向後，則避開之，最少應迴避其右前象限，設法進入安全地區。

任何飛行必須避開危險之風暴，噴射飛機飛越小型或在較弱之熱帶風暴上方，熱帶風暴各層高度都有危險性。熱帶風暴積雨雲頂高度在50,000呎以上，低層風速最強，向上遞減。在18,000呎高度，遭遇到100浬／時之強風。在低空，由於快速吹動之大氣，受地面摩擦力影響，飛機即暴露於持續而跳動之亂流和螺旋形雲帶（spiral bands）裡，亂流強度增加，進入環繞暴風眼之雲牆裡，亂流最為猛烈。

熱帶風暴裡高度計高度讀數誤差，導因於風暴外圍氣壓與風暴中心氣壓很大差別。美國有一架偵察機，高度計始終顯示5,000呎高度，而於穿越風暴時，幾乎失去2,000呎之真實高度。

熱帶風暴確屬十分危險，避開它，以最短時間繞過。最好飛在風暴的右象限，以獲得順風之利益，飛入風暴的左象限，遭遇強烈逆風，使飛機到達降落區前，油料可能已消耗殆盡。

四、飛機繞避熱帶風暴之飛行路線

熱帶風暴威力大，破壞力強，依當時情況判斷，必須設法繞避。根據熱帶風暴環流原則，飛機如直接向熱帶風暴中心飛行，強風係來自左方；如飛

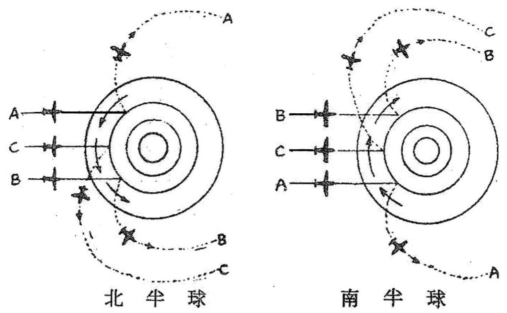

圖15-14　飛機迴避熱帶風暴之飛行路徑（圖中虛線所表示者）

機轉向，使熱帶風暴中心尾隨其後，強風來自右方，航程中之飛機，若遭遇熱帶風暴時，通常採用如圖15-14之三條繞避路線：

1. 如強風吹向飛機之左前方，則盡速改變飛航路線，盡量繞向左方避開，使強風吹向飛機之右前方，並續向左方飛行，直至情況轉佳後，再返回原航線前進，如圖15-14飛航路線AA）。

2. 如強風吹向飛機之左後方，則盡速改變飛航路線，盡量向右方避開，使強風吹向飛機之右後方，並續向右方方行，直至情況轉佳後，再返回原航線前進，如圖15-14飛航路線BB。

3. 如強風與飛機飛行方向正相垂直，盡速向右方避開，使強風吹向飛機之右後方，並續向右方飛，直至情況良好時，再回歸原航線上前進，如圖15-14飛航路線CC。南半球飛機繞避熱帶風暴之路徑與北半球者完全相反。

五、颱風

發生於赤道以北，東經180°以西，之太平洋熱帶風暴，最大風速達34浬／時，稱為颱風，大多數颱風形成於西太平洋加羅林群島（Caroline island）至菲律賓群島以東之熱帶洋面，中國南海亦為颱風發生地之一，惟發生次數

不多，威力較小。

　　在西太平洋熱帶洋面上，風暴終年發生。惟會達到颱風威力者，以六月至十一月間發生頻率為最多，五月與十二月次之，一月至四月幾等於零。侵襲我國台灣之颱風，最早為四月，最遲月份為十二月，而以七、八、九、十各月為最多，如圖15-15。

　　颱風之命名僅為便於識別、敘述及報告之用，颱風名字與颱風之性質無關聯。當有兩、三個颱風同時發生時，常會不明所指，發生混淆，於是在1947年美國駐關島的聯合颱風警報中心（Joint Typhoon Warning Center，JTWC）西北太平洋及南海颱風自1947年開始由在關島的美軍聯合颱風警報中心（JTWC）統一命名，開始對每次發生的颱風予以定名，以資分辨。定名的原則是北半球180度以西，按英文字母順序排列4組女性名字（每組21個名字，4組共計84個名字），週而復始，輪流使用；北半球180度以東地區，

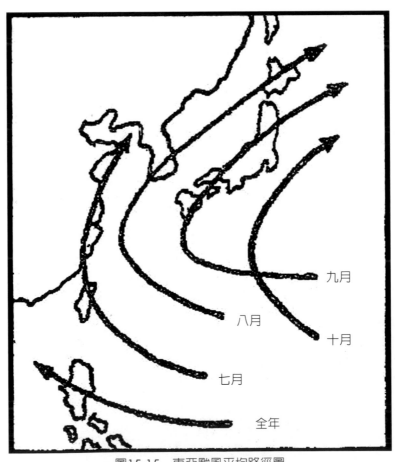

九月

八月

十月

七月

全年

圖15-15　東亞颱風平均路徑圖

另定數組女性名字使用。至於南半球所發生之颱風，則用男性名字。如此即可分辨颱風所發生之區域和先後的次序而不致混亂。

1979年北太平洋西部再變更定名方式，颱風之名稱改變為男性、女性相間排列。1990年北太平洋西部之颱風名稱再度更換，且每組增加2個名字，使得颱風名稱的總數擴增為92個，1996年更改颱風名稱，颱風之編號是用四位數字編列，前二位表示年代，後二位表示當年颱風的發生順序，例如「編號9608 賀伯颱風」，即表示賀伯颱風為在1996年北太平洋西部所發生的第8個颱風。

世界氣象組織於1998年12月在菲律賓馬尼拉召開的第31屆颱風委員會決議，自2000年1月1日起，在國際航空及航海上使用之北太平洋西部及南海地區颱風統一識別方式，除編號維持原狀外（例如2004年第1個颱風編號為0401），颱風名字全部更換，改編140個名字，共分5組，每組28個，分別由北太平洋西部及南海海域國家或地區中14個颱風委員會成員（柬埔寨、中國、北韓、香港、日本、寮國、澳門、馬來西亞、密克羅尼西亞、菲律賓、南韓、泰國、美國及越南）所提供，每一成員提供10個。再由日本東京隸屬世界氣象組織之區域專業氣象中心（RSMC），負責依排定之順序統一命名。

由於新的140個颱風名字原文來自不同國家及地區，不僅包括過去慣用的人名，而且包括動物、植物、星象、地名、神話人物、珠寶等名詞，非按英文A至Z的排序，因而十分複雜而不規律。近年來每屆颱風委員會，都會因發音或譯意等原因變更少數名字，2006年6月接獲報導變動第3組2個、第4組4個颱風之名字。茲將本區2006年最新之颱風名字，如表2，共分5組，每組有28個名字，依序使用。少數颱風名稱略有修訂，並於2008年1月1日生效。遺憾的是我們台灣尚未成為該組織的會員國，無法參與提供颱風名稱，將來我國台灣成為會員國時，建議增加颱風名稱，如玉山、阿里山、日月潭、濁水溪、百合花、蝴蝶蘭、甘蔗、水稻、獼猴及水牛等，讀者也許還有更好的建議。颱風名稱國際命名、中文音譯及原文涵義對照表如表15-2。

表15-2 西北太平洋及南海颱風國際命名、中文譯名及原文涵義對照表（2021年5月更新）

國家	第1組	第2組	第3組	第4組	第5組
柬埔寨	丹瑞	康芮	娜克莉	科羅旺	翠絲
	Damrey	Kong-rey	Nakri	Krovanh	Trases
	象	女子名	花名	樹名	啄木鳥
中國	海葵	銀杏	風神	杜鵑	木蘭
	Haikui	Yinxing	Fengshen	Dujuan	Mulan
	海葵	樹名	風神	花名	木蘭花
北韓	鴻雁	桔梗	海鷗	舒力基	米雷
	Kirogi	Toraji	Kalmaegi	Surigae	Meari
	候鳥	花名	海鷗	鷹	回音
香港	鴛鴦	萬宜	鳳凰	彩雲	馬鞍
	Yun-yeung	Man-yi	Fung-wong	Choi-wan	Ma-on
日本	小犬	天兔	天琴	小熊	蝎虎
	Koinu	Usagi	Koto	Koguma	Tokage
	小犬座	天兔座	天琴星座	小熊星座	蝎虎座
寮國	布拉萬	帕布	洛鞍	薔琶	軒嵐諾
	Bolaven	Pabuk	Nokaen	Champi	Hinnamnor
	高原	淡水魚	燕子	花名	國家保護區
澳門	三巴	蝴蝶	黃蜂	烟花	梅花
	Sanba	Wutip	Vongfong	In-Fa	Muifa
	地方名	蝴蝶	黃蜂	煙火	花名
馬來西亞	鯉魚	聖帕	鸚鵡	查帕卡	莫柏
	Jelawat	Sepat	Nuri	Cempaka	Merbok
	鯉魚	淡水魚	鸚鵡	植物名	鳩類
米克羅尼西亞	艾維尼	木恩	辛樂克	尼伯特	南瑪都
	Ewiniar	Mun	Sinlaku	Nepartak	Nanmadol
	暴風雨神	六月	女神名	戰士名	著名廢墟
菲律賓	馬力斯	丹娜絲	哈格比	盧碧	塔拉斯
	Maliksi	Danas	Hagupit	Lupit	Talas
	快速	經驗	鞭撻	殘暴	銳利
南韓	凱米	百合	薔蜜	銀河	諾盧
	Gaemi	Nari	Jangmi	Mirinae	Noru
	螞蟻	百合	薔薇	銀河	鹿
泰國	巴比侖	薇帕	米克拉	妮妲	庫拉
	Prapiroon	Wipha	Mekkhala	Nida	Kulap
	雨神	女子名	雷神	女子名	玫瑰

國家	第1組	第2組	第3組	第4組	第5組
美國	瑪莉亞 Maria 女子名	范斯高 Francisco 男子名	無花果 Higos 無花果	奧麥斯 Omais 漫遊	洛克 Roke 男子名
越南	山神 Son-Tinh 山神	竹節草 Co-may 植物名	巴威 Bavi 山脈名	康森 Conson 風景區名	桑卡 Sonca 鳥名
柬埔寨	安比 Ampil 水果名	柯羅莎 Krosa 鶴	梅莎 Maysak 樹名	璨樹 Chanthu 花名	尼莎 Nesat 漁民
中國	悟空 Wukong 美猴王	白鹿 Bailu 白色的鹿	海神 Haishen 海神	電母 Dianmu 女神名	海棠 Haitang 海棠
北韓	雲雀 Jongdari 雲雀	楊柳 Podul 柳樹	紅霞 Noul 紅霞	蒲公英 Mindulle 蒲公英	奈格 Nalgae 翅膀
香港	珊珊 Shanshan 女子名	玲玲 Lingling 女子名	白海豚 Dolphin 白海豚	獅子山 Lionrock 獅子山	榕樹 Banyan 榕樹
日本	摩羯 Yagi 摩羯座	劍魚 Kajiki 劍魚座	鯨魚 Kujira 鯨魚座	圓規 Kompasu 圓規座	山貓 Yamaneko 貓科動物
寮國	麗琵 Leepi 瀑布名	藍湖 Nongfa 湖泊名	昌鴻 Chan-hom 樹名	南修 Namtheun 河流	帕卡 Pakhar 淡水魚名
澳門	貝碧佳 Bebinca 牛奶布丁	琵琶 Peipah 寵物魚	蓮花 Linfa 花名	瑪瑙 Malou 珠寶	珊瑚 Sanvu 珠寶
馬來西亞	葡萄桑 Pulasan 水果名	塔巴 Tapah 鯰魚	南卡 Nangka 波羅蜜	妮亞圖 Nyatoh 樹名	瑪娃 Mawar 玫瑰
米克羅尼西亞	蘇力 Soulik 酋長頭銜	米塔 Mitag 女子名	沙德爾 Saudel 戰士	雷伊 Rai 石頭貨幣	谷超 Guchol 香料名
菲律賓	西馬隆 Cimaron 野牛	樺加沙 Ragasa 快速移動	莫拉菲 Molave 硬木	馬勒卡 Malakas 強壯有力	泰利 Talim 刀刃
南韓	燕子 Jebi 燕子	浣熊 Neoguri 浣熊	天鵝 Goni 天鵝	梅姬 Megi 鯰魚	杜蘇芮 Doksuri 猛禽

國家	第1組	第2組	第3組	第4組	第5組
泰國	山陀兒	博羅依	閃電	芙蓉	卡努
	Krathon	Bualoi	Atsani	Chaba	Khanun
	水果名	泰式甜品	閃電	芙蓉花	波羅蜜
美國	百里嘉	麥德姆	艾陶	艾利	蘭恩
	Barijat	Matmo	Etau	Aere	Lan
	沿岸受風浪影響	大雨	風暴雲	風暴	風暴
越南	潭美	哈隆	梵高	桑達	蘇拉
	Trami	Halong	Vamco	Songda	Saola
	薔薇	風景區名	河流	紅河支流	動物名

第十六章　北極區天氣
（Arctic weather）

　　北極區是指北緯66.5°以北地區，如圖16-1，圖中虛線表示北極圈（Arctic Circle）。北極圈內多數為北大洋（Arctic Ocean）面、歐亞大陸及北美大陸之北部地區。本章調查了北極的氣候、氣團和鋒面，介紹了一些北極天氣特徵，並討論了北極的天氣災害。

　　蒐集北極地區之氣象科學知識，十分緩慢，主要因為缺乏科學探險之適當交通工具，北極區長程海陸交通，對任何交通工具，都十分困難。二十世紀發明飛機，使北極區探險問題簡化。而今北極區快速成為世界空中交通之樞紐。不但將世界大都市間之距離縮短，而且認為北極區之一般飛行天氣較諸原先海路天氣為良好。由於對於北極區天氣知識日積月累，瞭解增多，因此北極飛行漸成普通路徑。

　　瞭解北極地區重要天氣情況，必須先認識構成該地區氣候之基本因素。

第一節　北極區溫度之季節變化

　　任何地區太陽熱能接收量，為決定氣候之主要因素，地球上任一地方所能接收之熱量，視太陽光線投射角度及陽光照射時間而定。地球接收太陽熱

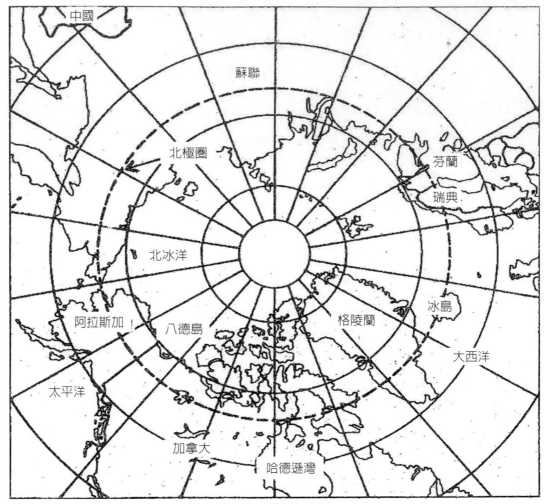

圖16-1　北極區略圖

能，自赤道向兩極遞減，其接收量因季節而異，如圖16-2，北半球自十二月
廿二日（冬至）起太陽開始照射北極區，日光照射時間漸增，至三月廿一日
（春分），晝夜平分秋色，自此北極區晝長夜短，至六月廿一日（夏至），
北極區為永晝（24小時太陽照射）。此後日光照射北極區時間漸減，至九月
廿二日（秋分），晝夜再相等，自此北極區晝短夜長，至十二月廿二日，北
極區為永夜（24小時不見太陽）。可知冬季北極區接收太陽熱能很少，有時
甚至不見陽光，幾無熱量可言，是故北極區冬季半年十分嚴寒，溫度極低。

　　如果說太陽熱量為唯一影響地區氣候之因素，則緯度高低可決定地區氣
候。可是並不竟然，在許多緯度上，不同地區發生不同氣候，考察其原因，
水陸分佈與陸上地形變化導致不同氣候，圖16-3說明北極區水陸分布狀況。

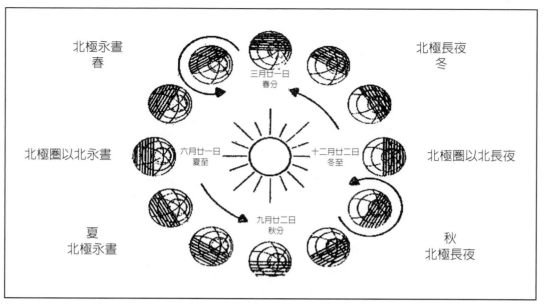

圖16-2　地球表面日光投射循環圖

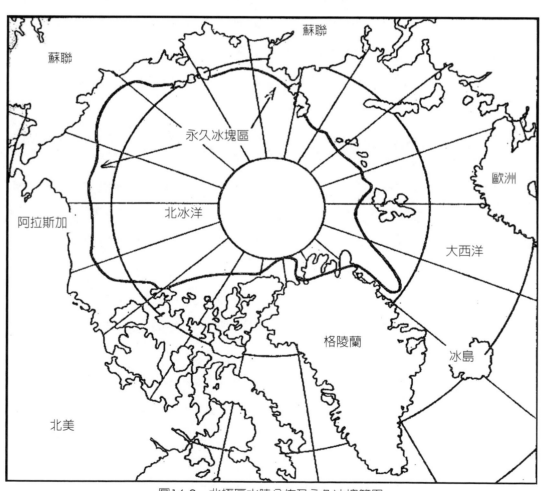

圖16-3　北極區水陸分佈及永久冰塊範圍

一、北極區之水域

北極地區，水域包括北冰洋（Arctic Ocean）、北大西洋（North Atlantic Ocean）及北太平洋（North Pacific Ocean），該等水域可做氣溫調節器（moderator），因為大部份水域，終年結冰，季節性之溫度變化甚微，氣候比較溫和。陸地包括歐亞大陸（Eurasia）之北部地區、北美洲（North America）之小部分、格陵蘭（Greenland）之大部分及及加拿大之多島海（Canadian Archipelago），正與水域相反，陸地因季節性之溫度變化甚大，氣溫受制於極端季節性之增減熱量作用。

二、北極區之山嶺

西伯利亞與北美洲之北極地區山脈為限制大氣運動之有效障礙物，是形成該區氣候及氣團特性之主要因素。風速微弱時，大氣因山脈阻擋而停滯不動，大氣為獲取下方地面之溫度與濕度等之特性，故北極區大陸成為氣團源地，尤其在隆冬季節，地面為冰雪所覆蓋時，更加有效地構成氣團源地。

第二節　北極區之氣團

冬季自北極區陸上形成之氣團，其整個大氣柱水氣含量甚低。夏季由於北極區與近北極（subpolar）一帶地表狀況近乎一致，潮濕與乾燥之區別不顯著，在全日24小時陽光照射之下，地面解凍，冰河與巨大冰塊上之積雪融化，冰凍湖泊融化，致北極盆地（Polar Basin）水域顯著擴大，因此北極地區之夏季，具有溫和、潮濕與半海洋之特性，此時氣溫常在0°C至-46°C之間。偶爾來自南方之不正常天氣，使氣溫短暫上升。但是極端溫度、水平溫差及日溫差均微不足道。

冬季氣團形成於冰雪掩蓋之北極區上方，如圖16-4所示，該等氣團之秉性，受制於寒冷地面大氣、低濕度及廣大低層逆溫。大氣含有之水氣量視溫度而定，溫度極低之北極區，大氣中水氣含量極少。源自海洋上之氣團，冬季並無地面逆溫存在，所以海面溫度比較和暖，其大氣含水量會相對增加。則當海洋濕冷大氣移進陸地時，冬季罕見之雲層與降水，卻在冬季發生。

圖16-4　典型之北極區冰凍海洋、冰上及山峰都覆蓋冰雪

夏季北極區永凍層（permafrost layer）之表層融化，地面十分潮濕，同時北極盆地水域顯著擴增，以較豐富之水氣，供給大氣，因此整個北極區變為更潮濕、相當溫和與半海洋性之特色，結果大量雲層與降水，會在內陸地區出現。

第三節　北極區之鋒面

中緯地區之鋒面觀念，在北極區並非完全有效，尤其在冬季，差異更大。冷鋒之通過，較冷大氣將地面逆溫層掃除，常使氣溫升高-15°C至-4°C。然後輻射冷卻使地面溫度更冷，逆溫層重行建立。囚錮鋒經常發生於隆冬季節，暴風雪出現低雲、大雪、壞能見度與偶爾有霧。最大風速在鋒面正通過與剛通過後之發生，強風呼號，附帶產生吹雪與亂流，使飛航操作遭遇極為困難。所幸大氣極為乾燥，雲層與降水較少。

北極區最佳飛行天氣莫過於夏季，該季鋒面弱與風暴少，天氣較佳，但因大氣中水氣增加，致有廣泛雲層與降水。而最壞之惡劣天氣，則以秋冬二季最為頻繁，春季其次，其時鋒面系統結構良好，活動力強，大氣擾動劇烈，中度至嚴重飛機積冰常伸展至高空，可是雲層與降水卻不如夏季之廣泛。

　　一般想法，認為北極區溫度終年苦寒，可是並不盡然，在西伯利亞（Siberia）、北加拿大（Northern Canada）與阿拉斯加（Alaska）等內陸地區，都有溫暖之夏季，每天有很多小時之陽光，圖16-5說明北極區各地每年溫度在冰點以上之平均日數，從圖中可瞭解內陸地區與沿海地帶之溫差甚大。

　　夏天，北極區內陸地帶，溫度常上升至16°C或21°C，亦有升至21°C或27°C，偶爾會高至32°C。例如阿拉斯加之福特于空（Fort Yukon）地方，曾出現38°C最高氣溫記錄，而西伯利亞之中北部威爾霍揚斯克（Verkhoyansk）地方，亦曾出現過34°C最高溫度記錄。

　　冬天，西伯利亞、北加拿大與阿拉斯加等內陸地區，極地冷氣團之源地，極地氣團常向南方移至中緯度地帶。北半球最低氣溫記錄發生在西伯利亞中部及加拿大北部。西伯利亞之威爾霍揚斯克保持世界最低氣溫記錄-70°C，加拿大于空地區之斯納格（Sang）地方最低氣溫-64°C，為北美洲之最低氣溫記錄。冬季內陸北部地區，氣溫在零度以下，悠長黑夜下，氣溫通常下降自-29°C至-34°C間，在某些孤立地區，最低日溫降至-40°C，在中西伯利亞北部地區，最低日溫在-43°C至-49°C間。

圖16-5　北極區各測站之數字表示每年溫度在冰點以上之平均日數之示意圖

北極區沿海地帶包括加拿大北部之多海島，短暫夏季出現涼意。夏季氣溫可爬升至5°C或10°C，有時且升達15°C，最高氣溫記錄為20°C，幾乎全年溫度在冰點以下，無生長季節（growing season）。阿拉斯加之巴德島（Barter Island），溫度在冰點以上僅有42天，如圖16-5。

　　北冰洋氣溫情況除夏季略高之外，幾與沿海地帶相同。靠近北極（North Pole）佛里求斯島（Flecher's Island）有22個月氣象記錄，出現最高氣溫2°C，由於巨大冰塊之存在，全年氣溫很少在冰點以上。北冰洋岸，冬季氣溫十分寒冷，但較之某些內陸地區，仍稍遜一籌。在北極圈以南地區，一月份溫度最低；以北地區，二月份溫度最低。氣溫爬升至冰點以上之機會極少。最低氣溫記錄為-51°C至-57°C間，佛里求斯島最低氣溫記錄為-51°C。上列溫度資料令人驚異，靠近北極之溫度應該低於北極區洲大陸內部之溫度，但事實不然，原因為北極海洋盡屬冰區，冰表面與其下方水體有調溫效應，熱量自水體經由冰體傳至表面大氣，阻止氣團溫度降低，而北極區洲大陸內部地區對熱量傳導雖然無法阻止，但是大氣冷卻快速，故比較寒冷。

第五節　北極區之雲層、降水及風

一、雲層（cloudiness）

　　北極區雲層，冬春最少，夏秋最多。如圖16-6說明冬季和春季兩個冷季雲層少及夏秋暖季雲層多，夏日午後，洲大陸內陸地區常有稀疏積雲形成與發展，有時發展為孤立雷雨，罕有形成連續帶狀。沿北極區海岸一帶及北冰洋，雷雨不多見，雖然偶爾出現龍捲風，但仍屬罕見。

二、降水（precipitation）

　　北極區降水量很少，洲大陸內部年雨量約為127-381毫米間，洲大陸沿海一帶及北冰洋年雨量約為102-178毫米。北冰洋及沿洲大陸海岸地區之天氣，如沙漠乾燥，出現降水，大部分為雪；在洲大陸內部地區之降水，大部分為雨。

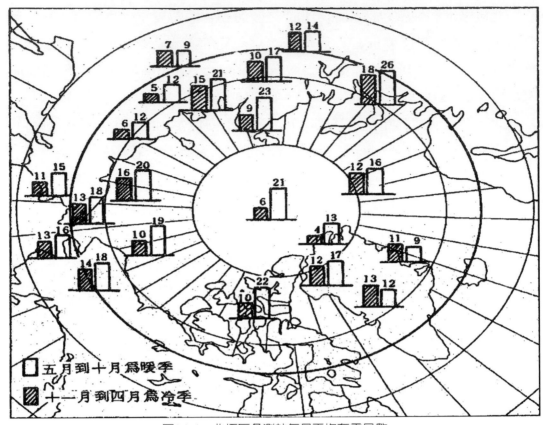

圖16-6　北極區各測站每月平均有雲日數

三、風（winds）

北極區洲大陸內陸地區，全年風速微弱，夏秋之交有最強風速出現，冬季，洲大陸內部地區為強勁之反氣旋所盤踞，輕風而已，沿海岸地帶較多強風（gale），如圖16-7說明北極區各地風速等於或大於34.5浬／時之年平均日數。可知沿海地區強風頻率，秋冬兩季較夏季為高，該等強風常造成吹雪現象；又知北冰洋上強風日數較沿海岸一帶強風日數少得很多。

在北極區沿海地帶氣象測站曾測得超過70浬／時之風速。在佛里求斯島上22個月觀測時間內，僅發現兩次風速等於或大於34.5浬／時之強風，一次強風速度為43浬／時。

北冰洋巨大冰塊區，強風機會不多見，一旦發生，則因一片冰洋，缺乏自然地形如山丘等阻擋，寒風吹拂，不曾減弱，加之氣溫極低，使北冰洋與沿海岸一帶天氣，極度令人不適，因此限制人類戶外活動。

圖16-7　北極區各地每年平均強風日數

第六節　北極區之視程障礙（Restriction to visibility in Arctic）

　　北極區之大氣乾冷而透明，視線距離十分遙遠。惟自然目標物間缺乏對比，尤其當可辨識之物體，為新雪所掩覆，對比更加困難。該兩項互相抵觸，使得北極區之能見度異常複雜。北極區視程障礙以霧、冰霧、海霧、吹雪、海煙以及局部吹煙為主，而局部吹煙僅在都市及郊區，顯得嚴重。

一、霧（fog）

　　北極視程障礙會妨礙飛行者，以霧為主。北極區最常見為平流霧與輻射霧。冬季，北冰洋溫度較陸地溫暖很多，該等高溫潮濕大氣自海上吹進寒冷陸地，在沿海地區容易凝結成霧。

二、冰霧（ice fog）

　　冰霧為北極區一種奇特天氣現象，由纖細冰晶所組成，與普通霧氣為小水滴所組成有別。冰霧於嚴寒靜止大氣，飄浮地面上很淺薄之一層，係

完全在自然狀態一溫度約在-46°C至-52°C間形成。如果溫度維持不變，冰霧可能長期存在。在城市或機場地區，取暖使用燃料之燃燒關係，溫度提高至-29°C時，即出現冰霧。如果機場風速微弱（1-2浬／時），宛如地毯之冰霧，相當長時間停留著。當溫度及水氣適於冰霧生成時，任何燃燒引擎發動，都會出現冰霧。即如飛機起飛時，機尾冒出一道如煙之冰霧，瀰漫於跑道之上，常使跑道能見度降至最低標準以下。除非冰霧被較強風吹散，否則跑道能見度難以改善。

三、海霧（sea fog）

北極區另一種奇特天氣為海霧。在北冰洋、島嶼及陸地沿海一帶之海霧，多數出現於夏季。由於溫度之對比與水面及冰面提供水氣能量之差別，會導致海霧之生成。自北冰洋地區不論加拿大多島海或沿海岸線前哨基地起飛之飛機，如有海霧，對飛行操作頗有危害。白天，海霧造成飛機觀察地面之很大阻礙。該等海霧持續時間長，飄忽不定，在沿海地區進進出出。

四、吹雪（blowing snow）

冰天雪地之北極區，秋冬季節，中度或強度風速吹起雪花，滿天飛揚，構成飛行操作之危害。吹雪在北極區所造成對飛航之危害比在中緯度地區者為嚴重。因為雪花乾而細如粉狀，輕易地被微風吹起，風速在8-12浬／時，使地面雪花吹起數呎。如地面風速突然增大，使能見度在幾分鐘內降至近乎零。更強烈之風速，使雪花吹起至1,000呎以上，並造成超過30呎深之積雪。

五、海煙（sea smoke）

海煙為蒸汽霧（steam fog）之另一名稱，形成原理與熱水面上蒸汽之形成原理相同。嚴寒冬季，大氣缺乏含水氣之能力。陸面溫度較水面溫度為冷，陸上大氣乾；氣溫較水溫為低，大氣較水面乾燥。因為較乾冷大氣從陸地移向較溫濕之海面，海面水氣即行蒸發，並凝結為蒸汽自廣闊水面上升。但因冷大氣只少量的水氣，所以凝結作用僅發生於水面上，像海煙自海面升起，如圖13-11。海煙原由細水滴組成，但通常快速凍結成冰粒，再落回水中。

第七節 北極區之地面狀況

　　北極區飛航作業之最大困擾，在於地上空勤地勤人員之生活與工作、飛機飛行前之準備以及飛機起飛降落之作業等。在航程飛航作業問題，北極區較中緯度地區困擾為少。在整個北極區之飛行天氣，全年並非十分惡劣。而在航程中最困難問題莫過於通信與導航。

　　北極區最大危害之北極光線效應（effect of polar lighting），減低飛行員對地形地物距離與彼此位置之判斷能力。此種危害原因來自數方面，如極端清晰透明之乾大氣，一片茫茫白色，幾無深淺之別，以及冰雪晶體地表對光線雜亂散射現象等，加之在某種天氣情況下，常使上述原因更加惡化。在日落後及日出前之曙光（twilight）時刻（尤其當密雲蔽天時），可見地平線，但無法辨識山丘與谷地之距離及高度，即使近咫尺之目標物，沿公路或跑道積雪，無法判定。此種現象，稱為視覺模糊（gray out），又稱為白朦天（white out）。因此在北極區飛行必須採取儀器飛行規則。

第八節 北極區之高度計誤差（Altimeter errors）

　　氣壓高度計巨大誤差，常在北極區飛行發生。因為深氣旋系統與標準以下低溫所致，此一現象為飛行於北極區之航空人員應徹底瞭解。如果發生原因與誤差已知，該種危險問題自可消除。在做飛行計畫時，可查詢氣象預報員研究航程高度計誤差值，事先設法補償。例如高度計誤差值達1,700呎，可能導因於發展良好的低氣壓，其誤差值達950呎，則可能為標準以下之溫度所造成。在該等危險狀況下之顯著高度計誤差，秋、冬、春三季最易發生，夏季則少見。

第九節 北極區之奇特天氣

　　北極區冬季常出現深厚之逆溫層，造成許多有趣味的奇特現象。在逆溫層下方，聲音傳至很遠，當逆溫層異常強烈而持續時間很長時，可以聽到遙

遠地方之人聲，若以人類聲音所能到達之正常距離來講，幾乎認為不可能。又光線穿過逆溫層會以較小角度彎曲，可產生地平線外之目標物會出現在地平線之上方，該一效應稱為海市蜃樓（looming）奇景。

北極區最有趣味景象之一為北極光（Aurora Borealis）。北極光並不僅限於在北極地區出現，惟在北極地區比較顯明。當十分明亮時，宛若有色彩之螢光帶變換強度與形態，強度自模糊光線變為清晰照耀地面之光輝，光線幾乎等於全月（full moon）時之亮光。

自雪地反射之光度較之中緯度地區黑體（black body）地表反射之光度為多為強，因此北極區光線一般較中緯度地區為強，當陽光照射時，充足陽光被雪地表面反射，使所有陰影幾乎完全消失，以致地面景物對比，反而無法察知。

在北極區夜晚雪地上，半月（half-moon）時光線亮度足可完成飛機降落任務。晴朗之夜，北極區全月（full moon）光線亮度足可閱讀報紙，即使在星光之下，光線亮度亦超過其他雪地。唯有在密雲蔽天時，北極區夜間黑暗堪與中緯度地區相似。在北緯65°以北地區，悠悠長夜，月光在地平線上，一次有好多天。

第十節　北極區之飛行天氣狀況

北極區全年飛行天氣，一般相當良好，唯在溫度極低之下，會影響地勤修護作業，而對空中飛航作業，並無不便。北極區洲大陸之內部地區，終年經常有良好之飛行天氣。關於能見度與雲幕高方面，夏季十分優良，雖然夏季雲日（cloudy day）較冬季為多，可是飛行天氣仍以夏日為優。夏季氣旋活動微弱，絕少產生強烈亂流、積冰或強風。此外夏季雷雨發展相當普遍，但對於飛航作業，如能設法迴避，不致構成嚴重威脅。

冬季，北極區天氣對飛航作業之限制，除低溫嚴寒外，以冰霧為重要。雖然它對飛航作業之危害程度不如霧氣，但它所構成之嚴重問題為出現頻率多與持續時間長。冬季有強烈氣旋時，嚴重飛機積冰與強烈亂流經常會發生，尤以山岳地區為最。

北冰洋與沿海地區，對飛行作業有影響之主要危害天氣為秋冬兩季吹雪

與地面狂風，夏季有霧。冬季吹雪出現機率為15-20%。吹雪層次淺薄，對垂直能見度並無妨礙，可是在吹雪時，水平能見度反而很壞，此一現象，常使缺乏經驗之飛行人員，蒙受欺騙。六、七、八三個月份，沿北冰洋海岸，平均每月出現霧氣19天當溫度低於攝氏度零下時，霧氣可能導致飛機積冰。所以飛機在霧中飛行，當氣溫自-1°C至-24°C時，必須提高警覺。此時在霧中飛機引擎增溫與滑行，使得螺旋槳與飛機外殼上會產生積冰。

在北極區，飛機機翼上常佈滿雪、冰與霜，不可貿然起飛，因機翼上積雪、積冰或積霜雖屬淺薄一層，但仍會影響爬升及飛行能力。在極端嚴寒之情況下，飛機停置戶外，機翼上容易產生白霜（hoarfrost），故於起飛前，必須清除。

在北極區飛行作業，噴射飛機較傳統式螺旋槳飛機為簡易。噴射飛機暴露於寒冷氣溫下，不必增溫即可起飛。而且在北極區也不必如在溫帶區之長跑道，因為北極區寒冷而密度高之大氣，其密度高度很低（low density altitude），飛機起飛較容易舉升，需要的跑道長度較短。

第三篇

航空氣象服務

近年來航空業務快速發展，民航機由中型噴射機轉變為巨無霸噴射機型（jumbo jet），且超音速噴射機（SST）已經問世，飛航要求於航空氣象服務為適時、快速、精密與準確等。本篇討論範圍著重下列數項：

（一）航空氣象業務機構與其業務。

（二）航空氣象基本要素之簡易觀測法。

（三）航空氣象觀測報告。

（四）航空天氣圖表。

（五）航空氣象預報。

第十七章　航空氣象機構與任務

世界各國設置有國家氣象機構，將航空氣象納入業務範圍。航空氣象之應用具有積極性且和快速發展，形成一特殊專業系統。根據國際民航組織與世界氣象組織規定，世界各國民用航空氣象服務機構，應設置航空氣象台（aviation meteorological offices）與航空氣象守視台（aviation meteorological watch offices）。提供航空氣象服務，以滿足飛航作業之需求。

第一節　航空氣象台

民航機場航空氣象台必須執行下列主要任務，以符合機場飛航作業之需要。

（一）收集、分析與繪製地面及高空天氣圖表，研判可能影響飛航作業之氣象系統。

（二）準備與獲取其他機場與航路氣象預報資料。

（三）持續觀測機場天氣和準備預報資料。

（四）提供飛航人員，有關天氣講解（briefing）、諮詢（consultation）和飛行氣象資料（flight documentation）。

（五）公布有關氣象資料。

（六）跟國內外氣象台交換氣象資料。

第二節　航空氣象守視台

　　提供國家或地區飛航情報區（flight information region）之飛航服務責任，設置航空氣象守視台，任務如下：

（一）守視責任區飛航天氣變化。

（二）準備責任區顯著危害天氣（SIGMET）及其他氣象資料。

（三）提供顯著危害天氣資料及其他氣象資料給相關飛航單位。

（四）傳送顯著危害天氣資料給國內外航空氣象機構。

第十八章　航空氣象簡易觀測法

　　航空氣象觀測包括地面觀測、高空觀測以及飛機觀測（aircraft observation）。其中飛行員在航程實施天氣觀測，對地面氣象觀測員有莫大幫助，飛行員在天空，視野廣闊，飛機飛在雲層上方時，可觀測到地面觀測員不容易觀測到，較高雲層或其他天氣現象。

　　本章航空氣象簡易觀測方法，提升航空人員估計天氣報告之可靠程度，譬如，地面天氣報告，雲幕高度前加M（measured）字比加E（estimated）字，更為準確可靠。

第一節　風之觀測

　　風（wind）為一向量（vector），即風向與風速。測量地面風之儀器，稱之為風速計（anemometer）。風速計種類有很多種，風杯式之風速計（cup generator anemometer），最為普遍被採用，此風速計通常有三個風杯，風杯架在轉軸上，約成垂直軸。風杯的轉速用來測量風速。用風信標（wind vane），來測量風向。

　　風的特性（behavior）隨地面的粗糙度、離地面的高度而有變化，所以訂定風速計（anemometer）架設之標準範圍，以確保風的觀測為可比

較度（comparability）。風速計之國際標準架設規範，選在附近沒有障礙物（obstruction）之寬闊平地，架設高度為離地面10m。風速計如果架設（mounted）在建築物上或靠近建築物，風的讀數，不能代表跑道上實際的風，讀數必須加以訂正。當大機場四周附近有建築物，引起風向和風速的改變時，必須架設一套以上的風速計，以便獲取讀數的代表性。

風速計，量測的風向和風速，其讀數有數種不同的顯示方法，例如，測風儀（anemograph）之記錄紙，可以連續記錄，它係利用指針（pointer）和圓柱鐘（dial）或數位化讀數。數位化讀數，係以電子電路提供尖端陣風和一段時間之平均風速，管制員提供給起降的飛行員，係以2分鐘之平均風向風速，國際民航組織提議，編報定時觀測報告（METAR）係以十分鐘之平均風向風速。

當風向風速計發生故障時，可以暫時用其他簡便儀器來替代，例如，手搖風向風速計。如果無其他簡便儀器可替代或當時風速低於風速計可量測時，可以用蒲氏風級表（表18-1）來估計。

表18-1　蒲福氏風級表（Beaufort wind scale）

蒲福風級	風速		描述風力術語	浪高（米）	海上情況	陸上情況
	節（kt）	公里／小時（km/h）				
0	0~1	0~2	無風／靜風 Calm	0	平靜如鏡。	靜，煙直向上。
1	1~3	2~6	輕微／微風／軟風 Light/Light air	0.1	無浪／海平：波紋柔和，如鱗狀，波峰不起白沫。	煙能表示風向，風向標不轉動。
2	4~6	7~12	輕微／輕風 Light/Light breeze	0.2	小浪／海平至有微波：小波相隔仍短，但波浪顯著；波峰似玻璃，光滑而不破碎。	人面感覺有風，樹葉有微響，風向標轉動。
3	7~10	13~19	和緩／溫和／微風 Moderate/Gentle breeze	0.6	小至中浪／微波：小波較大，波峰開始破碎，波逢間中有白頭浪。	樹葉及小樹枝搖動不息，旗展開。
4	11~16	20~30	和緩／和風 Moderate/Moderate breeze	1	中浪／微波至小浪：小波漸高，形狀開始拖長，白頭浪頗頻密。	吹起地面灰塵和紙張，小樹枝搖動。

蒲福風級	風速		描述風力術語	浪高（米）	海上情況	陸上情況
	節 (kt)	公里／小時 (km/h)				
5	17~21	31~40	清勁／清新／清風／勁風 Fresh/Fresh breeze	2	**中至大浪／小至中浪**：中浪，形狀明顯拖長，白頭浪更多，間有浪花飛濺。	有葉的小樹，整棵搖擺；內陸水面有波紋。
6	22~27	41~51	強風／清勁 Strong/Strong breeze	3	**大浪／中浪**：大浪出現，四周都是白頭浪，浪花頗大。	大樹枝搖擺，持傘有困難，電線有呼呼聲。
7	28~33	52~62	強風／強勁／疾風 Strong/Near gale	4	**大浪至非常大浪**：海浪突湧堆疊，碎浪之白沫，隨風吹成條紋狀。	全樹搖動，人迎風前行有困難。
8	34~40	63~75	烈風／疾勁／大風 Gale	5.5	**非常大浪至巨浪**：接近高浪，浪峰碎成浪花，白沫被風吹成明顯條紋狀。	小樹枝折斷，人向前行阻力甚大。
9	41~47	76~87	烈風 Gale/Strong gale	7	**巨浪／狂浪／猛浪**：高浪，泡沫濃密；浪峰捲曲倒懸，頗多白沫。	煙囪頂部移動，木屋受損。
10	48~55	88~103	暴風／狂風 Storm	9	**非常巨浪／狂浪至狂濤**：非常高浪。海面變成白茫茫，波濤衝擊，能見度下降。	大樹連根拔起，建築物損毀。
11	56~63	104~117	暴風／颶風 Storm/Violent storm	11.5	**非常巨浪至極巨浪／狂濤**：波濤澎湃，浪高可以遮掩中型船隻；白沫被風吹成長片於空中擺動，遍及海面，能見度減低。	陸上少見，建築物普遍損毀。
12	64+	118+	颶風／颱風 Hurricane	14+	**極巨浪／狂濤至非常巨浪**：海面空氣中充滿浪花及白沫，全海皆白；巨浪如江傾河瀉，能見度大為降低。	陸上少見，建築物普遍嚴重損毀。

蒲福氏風級（Beaufort wind force scale）是英國人弗朗西斯・蒲福（Francis Beaufort）於1805年根據風對地面物體或海面的影響程度而定出的風力等級。

台灣在12級風以上加有13至17級風，但並非世界氣象組織建議的分級。擴展風級一般只是用來分辨颱風的強度。

蒲福風級	風速		描述風力術語	浪高（米）	海上情況	陸上情況
	節（kt）	公里/小時（km/h）				
12*	64~71	118~132	颶風／颱風 Hurricane/Typhoon	14+	**極巨浪／狂濤／非常巨浪**：海面空氣中充滿浪花及白沫，全海皆白；巨浪如江傾河瀉，能見度大為減低。	陸上少見，建築物普遍嚴重損毀。
13*	72~80	133~149	颶風／颱風 Hurricane/Typhoon	14+	**極巨浪／狂濤／非常巨浪**：海面巨浪滔天，不堪設想。	陸上難以出現，如有必成災禍。
14*	81~89	150~166	強颱颶風 Severe Ty Hurricane	14+	**極巨浪／狂濤／非常巨浪**：海面巨浪滔天，不堪設想。	陸上難以出現，如有必成災禍。
15*	90~99	167~183	強颱颶風 Severe Ty Hurricane	14+	**極巨浪／狂濤／非常巨浪**：海面巨浪滔天，不堪設想。	陸上難以出現，如有必成災禍。
16*	100~108	184~201	超強颱颶風 Super Ty Hurricane	14+	**極巨浪／狂濤／非常巨浪**：海面巨浪滔天，不堪設想。	陸上難以出現，如有必成災禍。
17*	109~119	202~220	超強颱颶風 Super Ty Hurricane	14+	**極巨浪／狂濤／非常巨浪**：海面巨浪滔天，不堪設想。	陸上難以出現，如有必成災禍。
17以上*	120+	221+	極強颱颶風 Hyper Ty Hurricane	14+	**極巨浪／狂濤／非常巨浪**：海面巨浪滔天，不堪設想。可掃平一切。	毀滅性破壞。

風向風速（dddff）係採用觀測前十分鐘內之平均風向（ddd）與平均風速（ff），其後緊接著加註風速單位每小時浬（KT）或每小時公里（KMH）或每秒公尺（MPS）等三個國際民航組織標準簡字（KT、KMH or MPS）中之任何一種，以表明編報風速之單位。目前世界各國自行決定選用那一種風速單位，但是國際民航組織第五號附約（ICAO Annex 5）指定風速單位為每小時公里（KMH），然而每小時浬（KT）暫時為非國際單位系統（non-SI），而是國際單位系統（SI）之替代單位（alternative unit）。台灣和世界大部分國家目前仍採用風速單位為每小時浬（KT）。

風向乃指風的來向，來自東方者為東風，吹向北方者為南風，測定時以真北（true north）為基準，係指在十分鐘時間內所指示之盛行方向，通常用羅盤之十六方位或將圓周分為360°，以接近10°之數表示之。在明語氣象電報中有時用北（N），北北東（NNE），東北（NE），東北東（ENE）⋯⋯等十六方位。高空之風向及氣象電碼之風向多採用360°法，以每10°為單位表示，北風為360°，東風為90°，西風為270°等。

風向（ddd）以真方位之度數表示，編報至最接近十度整數。風向度數小於100°時，ddd中第一位補零，正北風以360°表示。風速值小於10，ff中第一位補零，例如風向010°，風速8KT，dddff=01008KT。若在觀測前十分鐘內，風向或風速發生顯著不連續之特性時，只使用不連續後之數據當為平均風速、最大陣風值、平均風向和風向變化範圍之依據，其平均時間之時間間距則相對縮短。此處所謂風向或風速發生顯著不連續或不穩定現象，係指當風向持續性改變30度或以上，且改變後風速增強至10KT時；或者風速變化達10KT或以上，且至少維持二分鐘。

當風向變化不穩定（variable）且平均風速小於或等於3KT時，風向（ddd）編為VRB。雖然平均風速大於3KT，但是風向變動幅度在180°或以上，其風向變化不穩定無法決定單一風向時，風向（ddd）也可以編為VRB。例如，雷雨通過機場時，機場風速甚強，但是風向變化很大，無法決定單一風向，雖然其平均風速大於3KT，風向（ddd）也可以編為VRB。

有時候，在觀測前十分鐘內，風向變化很大，其變化範圍大於或等於60度且平均風速大於3KT時，應將其風向變化範圍內之兩極端方位按順時針方向順序編在$d_nd_nd_nVd_xd_xd_x$組。若無上述情形，則此組省略不報。

實例：風向不定
2021年7月29日0600UTC松山機場飛行定時天氣報告
METAR RCSS 290600Z VRB06G18KT 1200 R10/1800D +TSRA FEW005 BKN008 SCT010CB OVC020 27/27 Q1000 TEMPO 0800 +TSRA RMK TS OVHD A2955 RA AMT 9.8MM=

靜風之時，風向風速編報為00000，其後緊接著風速單位簡字KT。

實例：

2021年8月16日1700UTC花蓮機場飛行定時天氣報告

METAR RCYU 161700Z 00000KT 9999 FEW012 26/24 Q1012 RMK A2991=

　　有時候，觀測前十分鐘內，若最大陣風風速超過平均風速10KT或以上時，其最大陣風風速（Gf_mf_m）緊接著dddff之後編報，其後再接著風速單位簡字KT。若無上述情形，則最大陣風風速組（Gf_mf_m）省略不編報。此處建議尖峰陣風（peak gust）以測風系統3秒鐘平均值為依據。

　　觀測到風速達100單位或以上時，其風速組（ff）或最大風速組（f_mf_m），以實際數值三位電碼（fff or $f_mf_mf_m$）代替二位電碼。

第二節　能見度之觀測

　　能見度（visibility）對飛行員來說，無論在地面或在空中，可說是最具關鍵性的天氣因素，飛機能不能起飛或降落，都與能見度單一因素有關。管制員必須要了解測定能見度的原理以及那些天氣條件會引起能見度的變化。

　　能見度，對氣象人員而言，它是描述大氣的穿透性（transparency）或混濁度（opacity），即可看見的距離（meteorological optical range; MOR）。在氣象上，能見度係可以看清已知物體之最大的水平距離，在白天正常光線下，以正常肉眼可以辨識的距離。在夜晚靠大氣的穿透性，當作白天正常光線下，可以辨識的距離。

　　地面能見度通常是選定若干容易辨認的目標物，測定其方位距離，諸如遠處的山丘，近處的大建築，小至機場附近較小目標物或建築某個角落，都可事先加以量測，製成能見度目標圖（圖18-1）。依此能見度目標圖，在某方位最遠處，可看清楚某目標物的距離，那就是機場的能見度。機場各個方位能見度不一致時，就選擇最差方位的能見度當為機場的能見度。觀測人員僅觀測空氣的清晰度，其他非氣象因素影響能見度可看到的距離，那就不是觀測人員所關心的。

　　夜間有雲無月光時，能見度的觀測更加困難，能夠精確觀測能見度，需有相當的經驗，才能勝任。夜間目標物附近清晰度，對能見度的觀測是有

測點	位置	距離 (m)
1	R24 變電站	1893
2	R24 RVR	1318
3	綠黃色房舍	1162
4	AST-9	1123
5	R06/24 RVR	1028
6	R06/24 跑道邊緣	913
7	R06 RVR	1916
8	R06 變電站	2552
9	南機坪接駁機房	729
10	南機坪第三照明竿	652
11	R05/23 舊航管雷達	973
12	R05/23 跑道邊緣	735
13	R05/23 樹叢（路口）	1126
14	北停車場入口	255
15	北端候車亭	190
16	停車坪休息區	172
17	塔達警衛室	67
18	雷達室	64
19	二航站南停機坪北端	175
20	二航站北門	200

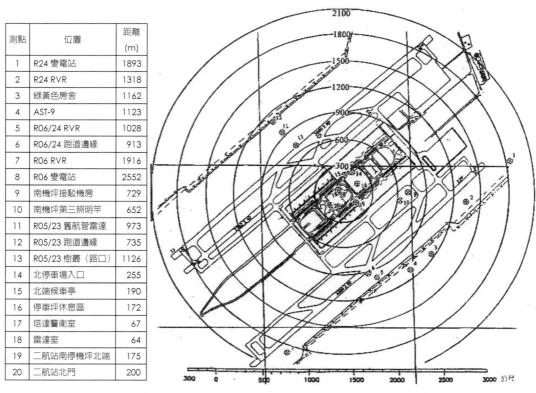

圖18-1　台灣桃園國際機場桃園航空氣象台能見度目標圖

幫助的，譬如，已知目標物之距離和有光線下目標物的清晰度等都有助於能見度的觀測。能見度不僅單單靠觀測已知目標物之距離和有光線下目標物的清晰度，還可靠金屬能見度計（gold visibility meter）作為輔助，用它來觀測固定光源的能見度。金屬能見度計係一種光學楔形片（optical wedge）的組合，一玻璃片（glass slide）的清晰度從一端可以完全穿透度（absolute transparency）到更一端完全看不見，觀測人員可以觀測到清晰的尺度。將玻璃片對準光源，移動玻璃片直到正好光可以清晰辨別為止，能見度就依據玻璃片尺度讀數和每個觀測人員的校正表加以測定。每個觀測人員都得按步就班，在最佳能見度時，一再校正個人的校正表。觀測人員從光亮的室內走出室外，得在黑暗中站立數分鐘，好讓眼睛適應再做觀測，以免造成能見度測定發生嚴重的誤差。

　　視程儀（transmissometer），如圖18-2，係使用一定燭光的燈和一光電池（片）（photo-electric cell），以量測沿水平基準線100m或200m距離間空

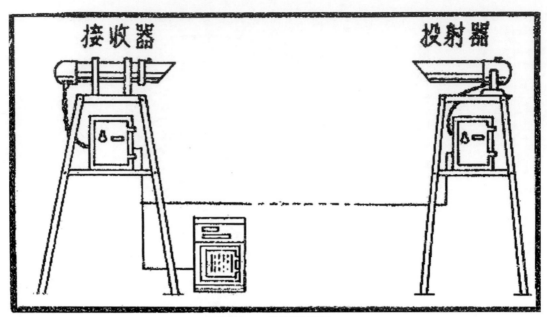

圖18-2　視程儀簡圖

氣的清晰度，量測方法係以數字顯示來，代表適當的能見度。視程儀可以測量低於8公里能見度之合理數據，但沿著水平基線所測量的大氣清晰度，可能不完全具有很好的代表性之困擾。視程儀可以在白天和夜晚使用，特別可以在惡劣能見度時使用。

在地面天氣報告之能見度僅指地面水平能見度，分為下列兩種對飛機起降有直接應用價值之能見度：

一、水平能見度

當機場水平能見度相當一致，且各方位（D_v）之能見度並無顯著的差異時，機場能見度只要編報（VVVV）四碼即可，方位碼（D_v）省略之。所謂機場不同方位的能見度有顯著的差異，就是機場某一方位之水平能見度與最低能見度，兩者之差值，高達最低能見度之50%以上時，則機場的能見度組須加編報方位指示碼（D_v）。唯最低能見度大於或等於5,000公尺時，不需指出方位差異。能見度方位（D_v）係以羅盤八分方位（N,NE,E,SE,S,SW,W,NW）中之一位或二位字母來表示。

當機場各方位的水平能見度出現不一樣時，則選取最低能見度，來編報該機場的能見度（VVVV），並加註八方位指示碼D_v（N,NE,E,SE,S,SW,W,NW），

來表示編報最低能見度所出現的方位。若最低能見度出現在兩個以上方位時，則選取對飛機操作有最大影響之方位。

當機場能見度有方位之差異，最低能見度低於1,500公尺，而另外方位能見度有超過5,000公尺時，則需編報最大能見度及其方位（$V_xV_xV_xV_xD_v$組）。否則不必編報最大能見度及其方位，即$V_xV_xV_xV_xD_v$組可省略不必編報。

編報機場水平能見度應以下列階段來編報：

（一）水平能見度小於500公尺，捨至最接近之整50公尺。

（二）水平能見度介於500公尺與5,000公尺之間，捨至最接近之整100公尺。

（三）水平能見度介於5,000公尺與9,999公尺之間，捨至最接近之整1,000公尺。

（四）以9,999代表水平能見度等於或大於10公里。

當機場雲幕和能見度良好時，其條件隨後再說明，可以編報CAVOK。

二、跑道視程跑道視程（runway visual range，簡寫RVR）

物體可見的距離端賴物體本身、物體的背景、觀測者觀測方向以及太陽高度和陽光方向等等有關，觀測者的視野，就像大氣的穿透性一樣，飛行員沿著跑道可以看到跑道起降地點就可以，倒不一定要完全像氣象上所謂的能見度一樣。沿跑道上，飛行員於著陸後，能看到跑道燈光之最大距離，通常根據某一跑道上視程儀（transmissometer）之讀數，並經目視校驗者為準。儀器測定且經標準校驗之數值，能代表飛行員自進場區沿跑道中心線方向能見之水平距離，即須能代表觀察到開至最亮之跑道燈或其他目標所見之最大距離。換言之，跑道視程乃經改變之環境下（強烈跑道燈光下之環境下）測得之跑道水平能見度數值，如圖18-3。依此觀點，當機場能見度等於或小於1,500公尺時，分開來評估跑道視程（runway visual range; RVR）。

跑道視程由觀測員在跑道頭面對飛機著陸方向測定，或藉裝置於靠近跑道頭附近之跑道視程儀側定。當飛機在惡劣天氣下起降時，跑道視程報告給予飛行員以客觀之跑道能見度數值，單位採用公尺。當機場水平能見度低於1,500公尺或者一條或多條跑道在降落區之跑道視程（RVR）低於1,500公尺時，必須增加編報一組或多組跑道視程，並於每組跑道視程值之前端，加註跑道指示碼R及跑道名稱D_RD_R，可同時編報每條跑道在降落區之跑道視程值。每條跑道之名稱以D_RD_R表示，多條平行跑道應在D_RD_R後附加L、C、或

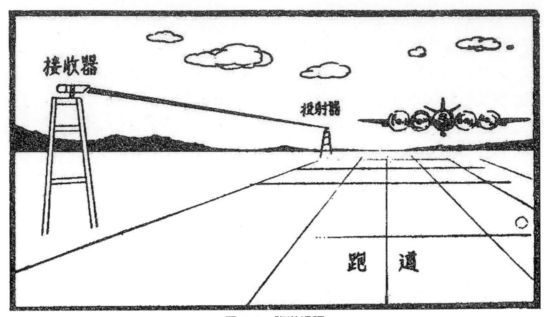

圖18-3　跑道視程

R，以區別左邊、中間或右邊之跑道。有五條平行跑道時，其附加字母別以LL、L、C、R、RR表示。

　　觀測前十分鐘內跑道視程（RVR）之平均值及趨勢組（$V_RV_RV_RV_R$ i），通常代表使用跑道著陸地帶（touchdown zone）之跑道視程（RVR）數值，最多可編報四條跑道之跑道視程（RVR）數值。若在觀測前十分鐘內，RVR有不連續，例如，平流霧突然而來，陣雪突然開始或結束，則只以RVR不連續情況開始或結束後之平均數值及變化範圍，即其平均時間之間距將相對縮短，而不再是十分鐘。若觀測到任何跑道視程值，不符合編報階段，應將此值捨至次一較低階段編報。

　　機場跑道視程之數值在觀測前十分鐘內，有明顯的上升或下降趨勢時，例如，觀測之後五分鐘，跑道視程之平均值與在觀測之前五分鐘之平均值有100公尺或以上之變化，應在RVR值後以趨勢指示碼i來表示，i =U，代表RVR值上升（increasing）；i =D，代表RVR值下降（decreasing）。若RVR值無明顯之改變，則i =N，代表RVR值不變。若無法決定RVR值趨勢，省略編報跑道視程趨勢指示碼i。

　　當機場跑道視程有顯著變化，且在觀測前十分鐘內，一分鐘平均之極端值，超過十分鐘平均值達50公尺以上，或超過十分鐘平均值20%以上時，上

述二者選取其中較大者，應按序編報一分鐘平均極小值和一分鐘平均極大值（$RD_RD_R/V_RV_RV_RV_R$ V $V_RV_RV_RV_R$ i），以取代十分鐘平均值。

當實際跑道視程之數值，超過測量儀器可測度之範圍時，採用以下程序編報：

（一）按照技術規則編報之RVR，超過被儀器估計出之最大值時，應在$V_RV_RV_RV_R$組前面冠以指示碼P，即P $V_RV_RV_RV_R$，此時之$V_RV_RV_RV_R$代表能被儀器估計出之最大值。當估計出之RVR值超過1,600公尺時，則以P1600編報。

（二）RVR低於被儀器估計出之最小值時，應在$V_RV_RV_RV_R$組前面冠以指示碼M，即M $V_RV_RV_RV_R$，此時之$V_RV_RV_RV_R$代表能被儀器估計出之最小值。當估計出RVR值低於50公尺時，則以M0050編報。

第三節　現在天氣與視程障礙之觀測

現在天氣包括降水（precipitation）、視障（obscurations）、發展良好的塵或沙旋（well-developed dust/sand whirls）、颮線（squalls）、龍捲風（tornado）、沙暴（sandstorms）以及塵暴（duststorm）等天氣現象，現在天氣可以由人工、儀器或兩者併用量測。

一、降水

降水（precipitation）係以任何形式之水滴（water particles），液體或固體，從大氣中降落至地面。降水之類型分為液體、固體及凍結三類，三類中有兩類以上或同一類有數種型式同時出現，須分別測報，不必顧及當時天氣是否有矛盾。

液態降水包括雨和毛毛雨。雨則水滴大，毛毛雨水滴微細而均勻，以緩慢速度降落地上。

固態降水包括雪、雹、冰珠、霜、霧淞及雨淞等。雪為六角形星狀白色冰晶之降水。雹係小型冰珠或其他冰塊，直徑常在5至50毫米間。霜呈鱗狀、針狀、羽狀或扇狀之纖薄冰晶，掩蓋地物之表面。霧淞通常在過冷之霧中生成，係一種冰之附著物，由顆粗狀組成。雨淞為過冷雨滴或毛毛雨滴接觸到表面溫度在0°C（32°F）以下或略高之地物，因而凍結為均勻而透明之冰層。

凍結降水包括凍雨、凍毛毛雨則係毛毛雨滴凍結在撞擊之地面上、地物上或航程中之飛機上。冰霧為極細微之冰晶浮游空中，溫度很低，常見於高緯度冬季天氣晴朗無風時。

降水性質分為連續性、間歇性、陣性（shower）以及混合性等四種。連續性為連續之降水，雖其強度未必一致，但係漸增或漸減。間歇性為強度雖屬漸增或漸減，但在過去一小時內至少曾斷續一次。陣性（shower）為強度遽變，時斷時續，偕積狀雲出現，尤以高聳之積雲與積雨雲為常見。混合性為陣性與連續性或間歇性可能同時混合出現。此種情況降水每非完全停止，倘雜以陣性雨時，則強度之驟增驟減可作為陣性降水之起訖時間。測報時可擇較為顯著之一種。

降水強度區分為小或輕度（light）、中或中度（moderate）、大或強烈（heavy）以及在鄰近（vicinity; VC）四種。其決定之準則，係根據降水率（單位時間內降水之深度）之多寡或當時能見度之大小而估計之。

降水類型如下：

（一）毛毛雨（drizzle）

毛毛雨係十分均勻的降水，水滴細小，直徑小於0.5mm，水滴與水滴間距離非常接近。毛毛雨類似霧中之水滴，常隨氣流飄浮，唯一不同的是毛毛雨之水滴會掉落至地面。

（二）雨（rain）

雨係降水的一種，水滴之直徑大於0.5mm，或直徑小於0.5mm，相對於毛毛雨，水滴與水滴間有很大的距離。

（三）雷雨（thunderstorm）

在15分鐘內曾聞有雷鳴者，即報告雷雨，如在15分鐘內曾見閃電或降冰雹，而機場飛機聲音嘈雜足以掩蓋雷鳴時，則雖未聞雷聲亦作為有雷雨活動。

觀測雷雨通常記載發生雷雨之時間（或其他現象）、雷雨中心位置對測站之方向、雷雨移行之方向、閃電發生於雲層與雲層間、雲與地面間、或在雲中以及雷雨強度。

（四）雪（snow）

雪是降水的一種，由冰晶（crystals）所構成，形狀大部分呈六角形。

（五）雪粒（snow grains）

雪粒是一種非常小，呈白色不透明的冰粒。

（六）冰晶（ice crystals）

冰晶係一種呈針狀、柱狀或碟狀之降水。

（七）冰球（ice pellets）

冰球係一種透明或半透明結冰之降水，呈球形或不規則形，少數呈錐形，直徑為5mm或更小。

（八）冰雹（hail）

冰雹係一種小球狀或其他塊狀冰之降水，掉落分離或凍結呈不規則的小球。

（九）軟雹（small hail and/or snow pellets）

白色不透明冰粒之降水，冰粒呈圓形，有時候呈錐形，直徑約為2~5mm。

（十）不明降水（unknown precipitation）

自動測站偵測到小降水發生，但無法辨別其降水型態。

二、視障（obscurations）

大氣除了降水之外，其它任何天氣現象會降低水平能見度者，稱之為視障。

（一）靄（mist）

靄為可見的微小水滴之聚集，它懸浮於大氣中，使能見度降低至1~5

公里。

（二）霧（fog）

霧為可見的微小水滴聚集在近地面，使能見度降低至1,000公尺以下。水滴懸浮在大氣中，但不掉至地面。

（三）煙（smoke）

燃燒所產生的小粒子懸浮於空中，煙粒可懸浮且移動很長的距離（40km~160km或以上），較大的煙粒會沉降至地面，較小的煙粒會擴散至大氣中時，會變成霾（haze）。天空如有煙，則日出日沒時天色極紅，白天則微呈紅色。遠處有煙（例如森林火災），每見淺灰色或淺藍色，且可展及高空。

（四）火山灰（volcanic ash）

火山灰係火山所噴出微細岩石細粉，可懸浮在大氣中很長一段時間。

（五）大範圍的灰塵（widespread dust）

大範圍的灰塵係泥土或其他物質之細粒，被風吹起而懸浮在空中，使測站或附近的水平能見度降低。大範圍的灰塵在空氣中均勻分佈，遠處目標帶黃褐色或灰色。一日任何時刻均足以使日影暗淡，無色或帶黃色。高吹塵為地上塵埃為風吹起，迴旋空際而成雲塊或雲層之狀。高吹塵有時可掩蔽全天。

（六）沙（sand）

沙係沙粒被風吹起至相當高度，足以降低水平能見度。

（七）霾（haze）

霾為極小且乾燥的粒子懸浮在空中，用肉眼無法看見，數量大到使空中出現乳白光。霾為塵埃及鹽粒構成，個體極微，肉眼無法辨察，僅使能見度減低，天空轉為乳白色，倘聚成一均勻之幕，使山川風景為之減色。背景黑

暗者（例如山嶺），此霾層微帶青色；但如背景明亮者（例如地平線之太陽或有積雲之山嶺），此霾層帶暗黃或橙色；太陽升高，日光因霾而現特殊之銀灰色，據此顏色可與輕霧區別。

（八）浪花（spray）

廣闊的水面被風激起水花，水花被帶至近距離的空中，使空中懸浮著水滴。

三、其他天氣現象
（一）塵捲風（發展顯著之塵旋風／沙旋風）（well-developed dust/ sand whirls）

整體塵沙，有時伴隨著很小的雜物，在激起旋轉的圓柱，軸心近似垂直。

（二）颮線（squall）

強風突然增加16kt，風速維持在22kt或以上至少達一分鐘之久，繼而風速減弱，隨後又有類似之變動，颮線之出現表示近地面處亂流強烈，颮線與陣風最重要之區分在於最大風速持續之久暫。

四、漏斗雲（funnel cloud）
（一）龍捲風（tornado）

當天氣適於強烈雷雨活躍時，可能有龍捲風之產生，掛於雲底之漏斗狀雲為其顯著之特徵，當劇烈旋轉的空氣柱碰觸地面時，在陸上稱龍捲風（或陸龍捲）。

（二）漏斗雲（funnel cloud）

劇烈旋轉的空氣柱，但未碰觸地面。

（三）水龍捲（waterspout）

海面上發生劇烈旋轉的空氣柱碰觸水面，如果未到達地面，或觀測不能確定其是否到達地面時，應稱為漏斗雲，亦即同一風暴在其生命歷程中可以

有不同之稱謂。觀測時應記出龍捲風或漏斗雲之來向與去向，一般而論，其動向每與相偕此現象之雲來向一致，但不記其強度。

五、沙暴（sandstorm）

沙粒被強風帶至高空，大部分僅限於離地面10英尺，少數可帶至離地50英尺以上。高吹沙為地面之沙為風吹起，或揚起如雲塊或雲層。沙陣為一陣猛烈之強風或大風將沙捲入空中，能使能見度縮減至1,000公尺以下，但並不小於500公尺者。沙粒自源地常攜帶甚遠。高吹沙之使能見度縮減至不足500公尺者則稱強沙陣（severe sandstorm）。

六、塵暴（duststorm）

在激烈的天氣下產生強風，廣大的地區空氣充滿灰塵。高吹塵之能見度減至1,000公尺以內，但並不小於500公尺者。小於500公尺者，則稱為強塵暴（severe duststorm）。塵捲風為範圍極小之劇烈旋風，為時短暫，地面沙塵常見捲起，俗稱羊角風。

第四節　雲、天空遮蔽及雲幕觀測

雲分成低雲、中雲和高雲，每位觀測員的工作必須分辨雲的種類（或主要的種類）和雲底高度，或多層雲的雲底高度和雲量，雲量採用八分量（oktas），雲佔整個天空編為8/8。雲的分辨和雲量的估計，需有專門的技術，因此必須經過訓練和長久累積經驗，才能勝任。有許多輔助方法，可以幫助觀測員來觀測雲底的高度。雲底高度之紀錄紙，可以每30秒紀錄一筆觀測資料，目前使用雷射雲高儀來觀測，夜間可用雷射光來觀測雲高，光線垂直向上投射，雲底產生光點，根據三角測量法，可求出雲底高度。另外，施放充滿氫氣的氣球，計算氣球進入雲的時間，再根據氣球上升速度，就算出雲底高度。飛行員通過雲底之高度，再經管制單位轉給觀測員。上述種種觀測方法求出雲底高度，僅供觀測員參考，最後仍需由觀測員來決定實際的雲高。

初學的觀測員應注意雲的發展和排列，觀測記錄係連續觀測天空狀況，而不是一些不相關的快照而已。雲量（$N_sN_sN_s$）分有少雲（few; 1/8~2/8）、

疏雲（scattered; 3/8~4/8）、裂雲（broken; 5/8~7/8）及密雲（overcast; 8/8）等四種雲量，雲量之簡字，分別以「FEW」、「SCT」、「BKN」及「OVC」表示。如果天空無雲和垂直能見度無視障以及不能適用CAVOK時，可以使用天空無雲簡字（SKC）。如果使用天空無雲簡字（SKC），但能見度受限於霧（FG）、沙暴（SS）、塵暴（DS）、靄（BR）、煙（FU）、霾（HZ）、塵（DU）、冰晶（IC）和沙（SA）時，不編報垂直能見度。雲量簡字之後，緊接著雲層高度（$h_s h_s h_s$）。決定各雲層（塊）之雲量，係假定其他雲層並不存在下之雲量。

一、天空遮蔽量（sky cover amount）之測定

觀測員所見地平線以上，整個天空面積（並非指天體）被雲或地面視障現象所隱蔽之量，劃分之量可分為十分量或八分量，航空氣象採用八分量（okta），即估計將天空分成八分，視每一份雲或地面視障現象所遮蔽之量，總計後而得整個天空遮蔽量。由圖18-4知道單層雲天空遮蔽量為4/8，雲底高度為2,000呎，觀測報告為「SCT020」。由圖18-5知道測站周圍單層雲天空遮蔽量仍為4/8，即雲高亦為2,000呎，則觀測報告同上。

黑夜採用雲幕儀（ceilometer）（圖18-6）或雲幕燈（ceiling light），以估計天空遮蔽之量，觀測員應立在黑暗地區，可能時，將附近之燈光熄滅，在觀測前，先使眼光適應黑暗，為時約五分鐘。

二、層次之測定

雲或視障現象之底部，約在同一高度作為一層，此層連續成分散之各部位所組成。層次多寡視雲之層次而定。普通自低而高約分三層即最低雲（lowest clouds）、中層雲（middle clouds）及最高層（highest clouds），也有超過三層，層與層間並非有清晰之空間存在，同一雲層或視障現象並非必為同一型態。如天空有兩層或兩層以上之雲層出現時，則用累計法（summation principle）。

各層之天空遮蔽量乃代表該層及以下所有天空遮蔽之合計，包括天空為地面視障現象所遮蔽之部份（參閱圖18-7及圖18-8），可知最低層遮蔽量為實有雲量，中層遮蔽量為低層實有雲量與在地面上所能見到之中層雲量之

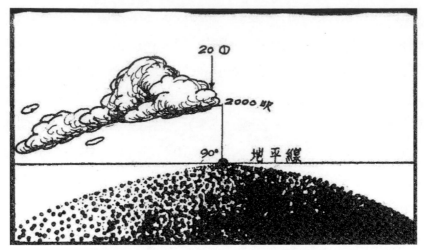

圖18-4　測站一方有雲，天空遮蔽之測定。

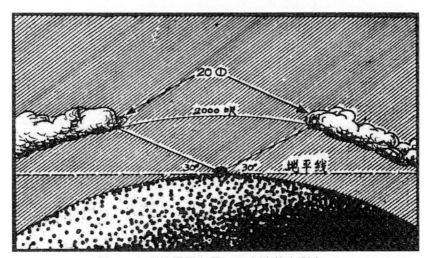

圖18-5　測站周圍有雲，天空遮蔽之測定。

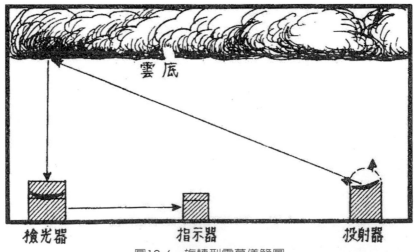

圖18-6　旋轉型雲幕儀簡圖

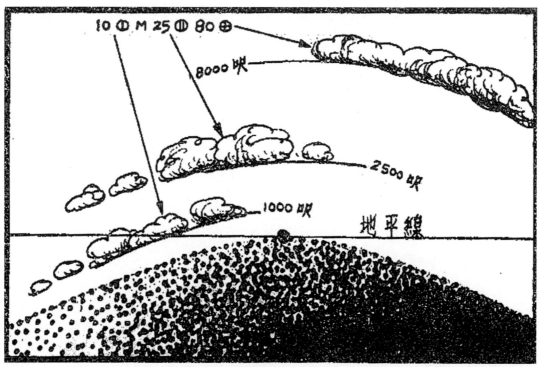

圖18-7　天空遮蔽累計法之一（雲高實際雲量雖僅4/8，但依累計法計算，該層高雲仍報密雲）

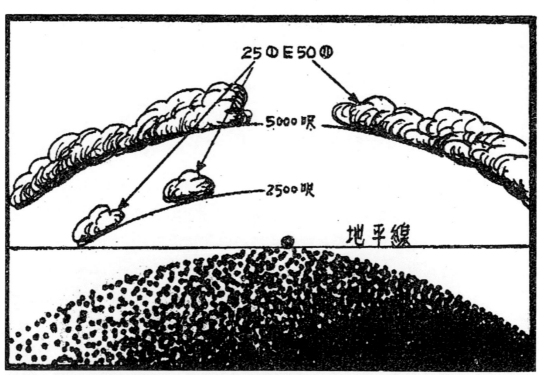

圖18-8　天空遮蔽累計法之二

和，最高層遮蔽量又為中層遮蔽量與在地面上所能見到之高層雲量之總和。因此飛行員應了解天氣報告中（除最低層雲外）某一特殊高度上之所謂「裂雲（BRKN）」或「密雲（OVC）」並非指該高度上雲層實際之遮蔽量即為5/8或以上。事實上，地面觀測員根本無法獲知較高雲層之真正擴展情形。例如，在高空觀之，較高雲量實際為疏雲，如果用累計法，加上所有下層雲量，測報為裂雲或密雲。

積狀雲向上發展可達或穿越上方之雲層，再由於其水平擴展膨大之積雲或積雨雲可變為層積雲，高積雲或濃卷雲，由此所成之雲附著於母雲時，僅其底部呈現水平且與母雲不在同一高度，方得作為另外一層，否則全部雲系即視為一層，其高度即為積雨雲底部之高度。

三、雲底高度之測定

雲幕高度指最低層雲或視障現象之高度，天空狀況報為裂雲，密雲或視障而不屬於薄雲或部份不明者。在疏雲以下，不能構成雲幕，但雲高仍須報出。當視障現象發生時，觀測員在視障媒質中，向上直見之最大距離，為垂直能見度，垂直能見度有時可視為一雲幕高數值。

決定雲底高度之方法，除經驗豐富之觀測員，作熟練之目視估計外，其他儀器觀測有雲幕氣球，雲幕燈，雲幕儀，圖18-6，及飛機觀測，此外尚有用地面雷達測出雲底及雲頂高度。

第五節 **溫度及露點之觀測**

一、溫度之測量

近地層垂直溫度梯度最大，溫度測量有必要定出標準。溫度計放置在離地4英尺高和通風良好的百葉箱裡。水銀溫度計為量測氣溫的標準儀器，同時也使用濕球溫度計，將水銀溫度計球部包裹著濕的紗布。百葉箱裡也放置最高和最低溫度計。最高溫度計是水銀溫度計，有毛細管構造，當溫度升高時，球部水銀可通過毛細管至玻璃管。溫度降低時，毛細管裡的水銀斷開，原玻璃管裡的水銀無法通過毛細管回至球部，因而高溫可保留紀錄。最低溫度計採用酒精溫度計，玻璃管酒精裡放置一小象牙棒，當溫度下降時，玻璃

管酒精表面張力之新月面，將小象牙棒往後拖曳；當溫度升高時，小象牙棒停滯在玻璃管酒精裡不動，因此可以記錄低溫。有時候在草皮上一吋處放置最低溫度計，測量草皮最低溫度。有些測站也量測水泥地上夜間的最低溫度。

二、露點

　　空氣在定壓下冷卻達到飽和水氣，此時的溫度稱之為露點（dewpoint）。更進一步冷卻，空氣超過飽和水氣，水氣將凝結成小水滴（water droplets），此時空氣接近地面，凝結成露水（dew），空氣在露點時並不會凝結，低於露點才會凝結，空氣溫度和露點溫度相等時，相對濕度為100%。露點與相對濕度不相同，空氣中水氣含量一定時，露點不隨溫度變化而改變。夜間露點往往會下降，因為空氣與地面接觸，溫度冷卻至露點以下，一些水氣凝結成露水之故。早晨太陽升起之後，溫度上升，露水開始蒸發至空氣中，露點再度回升。如果空氣在飽和溫度0°C以下達到飽和，此時相對於冰面上稱之為霜點（frostpoint）。

　　通常溫度標尺有兩種，即攝氏（Centigrade或Celsius, °C）與華氏（Fahrenheit, °F），英語國家多採用華氏度，我們台灣及其他多數國家則採用攝氏溫度。

（一）攝氏度與華氏度之換算

　　在正常海平面氣壓下，攝氏冰點為0°，沸點為100°，沸點冰點間之度數為100°；華氏冰點為32°，沸點為212°，沸點冰點間之度數為180°，攝氏與華氏沸冰點間度數之比為100°：180°，或5與9之比，換算公式有二：

1. $°C = (5/9) * (°F-32)$　　　　2. $°C = (5/9) * (°F+40) -40$

　$°F = (9/5) *°C+32$　　　　　　　$°F = (9/5) * (°C+40) -40$

　　第二種換公式較第一種容易記憶，僅是5/9與9/5之差別而已。但飛行員大多數隨身攜帶輕便航空計算尺（navigation computer），可直接讀出其換算數，避免用公式計算，以節省時間。

（二）溫度計之種類

1. 乾濕球溫度計（psychrometer）——為兩支精密水銀（或酒精）溫度計所組成，均置於百葉箱理，水銀球外包以紗布，並用棉繩吸取盆中水份者，稱濕球溫度計，水銀球露於空氣中者，稱乾球溫度計。

   乾球溫度為自由空氣之溫度，除懸掛於百葉箱裡乾濕球溫度計外，如用手搖式乾濕球溫度計時，有時雨雪飛揚使乾濕溫度計沾濕，須將球部揩乾並遮住降水，稍待片刻，使球所受外熱消失，溫度恢復正常後再行讀數。倘溫度計上降有霜層時，須用暖布揩拭，俟外熱消失後再讀示度。

   濕球溫度為濕球溫度計在一定之通風程度下，因水之蒸發所致之最低溫度，其與乾球溫度計之差數，視空氣之溫度及相對濕度而定，此項差數即名為濕球差值（wet-bulb depression），用乾濕球較差及濕球溫度，藉氣象常用表，可以求得露點溫度（簡稱露點）。若乾濕球無較差時，則濕球溫度即等於露點溫度。倘若濕球結冰，則所得之露點溫度，應換算為對水面而言之露點溫度，露點單位亦採用攝氏度。

2. 自記溫度計（thermograph）——用兩種不同性質金屬片貼在一起，其冷熱應縮率各異，使雙金屬部份發生彎曲，利用槓桿使指示器發生作用，將其變化，用自計筆尖連續記載於特製之紙上。

3. 隔測溫度計（remote recorded thermograph）——利用溫度高低變化與電阻及電流之關係而設計，故能在觀測室內讀出跑道溫度或觀測場溫度。

（三）溫度計之讀法

1. 觀測時，人體不得過份靠近溫度計，以讀到正確示度為限，避免體溫使溫度計示度升高。

2. 觀測員視線須與溫度計之水銀柱頂端相平，並與溫度計本身相垂直，如此方可避免因視線高低所產生之誤差。

3. 讀數至攝氏十分之一度，先讀小數，再讀整數。

4. 在百葉箱內觀測，應先讀乾球後讀濕球，使用手搖式者，則先讀濕球

後讀乾球。

飛機上測報溫度，使用標準溫度計，測量飛機外圍空中自由大氣溫度，其讀數常遭遇許多影響如太陽輻射、空氣壓縮與空氣摩擦等，因此飛機觀測溫度之可靠性較差，常和實際空中大氣溫度相差5°F或更多，除非將溫度計精細裝置與準確校驗訂正，否則完全信賴其讀數，將會發生相當錯誤。

第六節　氣壓及高度撥定值之觀測

大氣壓力乃單位水平面積上所受空氣柱之重量，此空氣柱係自該地面垂直向上引伸至大氣層之頂部。測量氣壓之儀器，稱為氣壓計，通常有水銀氣壓計（mercurial barometer）、空盒氣壓計（aneroid）與微型氣壓儀（microbarogragh），水銀氣壓計精確可靠，每六小時及每三小時觀測一次之地面壓溫報告（surface report from land station），均採用水銀氣壓計讀數。空盒氣壓計攜帶方便，其讀數無須溫度及重力訂正，如每六小時與水銀氣壓計訂正數校驗一次，亦十分準確。飛行天氣報告（aviation routine weather report；電碼標識為 METAR）之觀測，採用空盒氣壓計讀數，微型氣壓儀，精密之空盒氣壓計，可得連續不斷之氣壓紀錄。

一、氣壓數值

航空氣象通常所需測定之氣壓值如下：

（一）測站氣壓（station pressure）

測站水銀氣壓計之水銀槽所在高度，所量出的氣壓，即水銀氣壓計讀數，經過儀器、溫度、重力及移動四種訂正後所得之氣壓值，圖18-9。至於各種訂正方法，藉氣象常用表可以求得，茲不贅述。

（二）海平面氣壓（sea-level pressure）

由測站氣壓及當時溫度分佈情況訂正為平均海平面氣壓，此項訂正亦稱氣壓之高度訂正，藉氣象常用表直接求得。海平面氣壓與測站氣壓之單位均用百帕（hPa）。

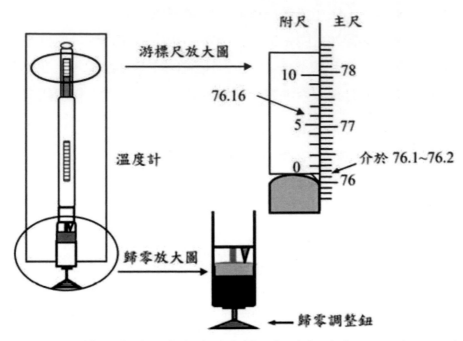

附尺　主尺

游標尺放大圖

10 ——78

76.16

5 ——77

溫度計

介於 76.1~76.2

0 ——76

歸零放大圖

歸零調整鈕

摘自：https://teaching.ch.ntu.edu.tw/gclab/doc/tech-basic/mercury_barometer.pdf

圖18-9　氣壓訂正圖解

（三）高度撥定值（altimeter setting）

　　此種氣壓數值，用以撥定氣壓標式之靈敏高度計。此氣壓撥定，可使在高出海平面上約6公尺（20呎）處，高度計適指零點。最簡便之撥定法係在機場調整高度計右方之考爾門小窗中氣壓值，至高度示數與高度計海拔高度相等，則考爾門小窗所示之氣壓值即為高度撥定值（QNH），其單位為百帕（hPa）或吋（in）。或由當時之測站氣壓另加一訂正數而得，此訂正數即測站與海平面間標準大氣之壓力。普通每一機場航空氣象台備一專用表，列出各氣壓值相當之高度撥定值，該撥定值用在飛行天氣報告（METAR）。

二、水銀氣壓計之讀法

　　先讀附屬溫度，攝氏讀至最接近之0.1°C，華氏讀至最接近之0.5°F。轉動氣壓計底部之大螺旋（限於福丁式水銀氣壓計），直至槽內水銀面觸及象

牙針尖為止（即針尖與水銀內之倒影恰好相接），假使水銀面上產生凹窩，表示水銀上升過多，因此水銀槽背後應為白色，俾易辨察象牙針尖是否接觸水銀面。在接近水銀柱頂處輕叩金屬管。調節游尺，使尺之底邊恰好在水銀柱彎曲之頂面上。其後方裝置一白色之背景，以利於此種調節。降低水銀面，使其離開象牙針尖約4吋，但游尺之位置不應變動。按照游尺及所用之標尺，將氣壓計讀至最接近之0.01百帕（或0.001吋）。將水銀氣壓計讀數，經過儀器、溫度、重力與移動等訂正後，即得出測站氣壓，再經過高度訂正，即得出海平面氣壓。

三、氣壓趨勢（pressure tendency）之特性及變量之測定

（一）氣壓趨勢兩要素

在一規定時間內氣壓變化之特性，此根據氣壓自記曲線之形式及變化之方向，即較高較低或無變化而定和在一定時間內氣壓變化之淨變量。

（二）測定法

氣壓趨勢之決定僅限於裝有微型氣壓儀之測站，自曲線測定各要素之方法，在觀測時間前三小時內氣壓之趨勢及變量，在亞洲地區，北緯30°以南之熱帶地區，採用觀測時間前二十四小時內氣壓之趨勢及變量。但我國台灣仍採用三小時內氣壓趨勢。氣壓變化之量測至0.1百帕或0.05吋，最後三小時內氣壓趨勢之特徵，詳細區分與符號，通常為先升後降、升高、穩定、先降後升、先降後穩定以及下降等等，選擇氣壓趨勢之最能代表而符合變量之符號者。

第七節	補充天氣資料──附註欄（Supplementary information）

當特殊天氣現象發生，天氣報告規定項目中，無法容納該特殊天氣時，於天氣報告（電碼或明語）之末端加一附註欄，附註欄中記載之特殊天氣與天氣報告本體所包含之天氣要素同樣重要。通常某一方向之天氣（如能見度、視障、天氣、雲及風等）與天氣報告本體中之盛行天氣有差異時，即在

附註欄中記出該方向（跑道頭等）之特殊天氣。備註電碼在適當時候有需要時，應加註在METAR和SPECI報告裡，應以空一格與METAR和SPECI報告主體內容分開，加註縮字RMK與之區分。備註電碼組（RMK）係接用於趨勢預報之後，本組所加註資料不傳送至國外。

備註電碼應遵循下列原則加以編報：

（一）備註電碼應使用認可（authorized）的縮字（contractions）、縮寫（abbreviations）和符號（symbols），使用備註電碼時意思要清楚，詳細的縮字，請參考美國聯邦航空總署（FAA）編號7340系列（FAA Order 7340 Series，*Contractions*）。

（二）加註報告發生時間以同一觀測小時之後的分鐘，如果不是同一小時所發生之時間，則加報時與分。

（三）如果報文主體使用現在天氣電碼VC時，可以更進一步描述加註所發生的天氣現象在測站的方位，例如，在測站東邊16公里以內，有未知強度的降水，備註電碼可用「VCSH E」。天氣現象發生在距離測站方向超過16公里（10 statute miles；SM=52,800英尺=16公里）以上，可以距離電碼DSNT（distant）再標示測站方位，例如，在測站西邊40公里有閃電，備註電碼可用「LTG DSNT W」。

（四）如果知道雲或天氣現象之移動方向，電碼加註天氣現象之移動方位，例如，雷雨在測站東南邊朝向東北移動，備註電碼可用「TS SE MOV NE」；積雨雲在測站西邊16公里處發展並朝向東移動，電碼可用「CB W MOV E」，如果CB在測站西邊距離測站16公里以上，備註電碼可用「CB DSNT W」。

第十九章　航空氣象測報電碼

　　機場地面氣象測報是航空氣象服務的基礎，而機場觀測業務係由機場航空氣象台負責。機場航空氣象台從事機場地面航空氣象觀測、編報和發報等工作，並將機場地面航空氣象測報資料傳送給國內外相關航空氣象、飛航諮詢、飛航管制、航空站及航空公司等單位參考使用，稱之為地面航空氣象測報（surface aviation weather report）。我國民用航空局飛航服務總台所屬台北松山、台灣桃園、高雄小港、台東豐年、蘭嶼、綠島、金門尚義、馬祖北竿以及馬祖南竿等機場航空氣象台，分別負責各該機場地面航空氣象觀測、編報和發報等工作，機場航空氣象台透過民用航空局航空電報轉換通信系統（Aeronautical Information Messages Switch System; AIMS）之電腦終端機，將觀測報告發送給相關單位參考使用。同時將所屬機場航空氣象台觀測資料，納入民航局飛航服務總台航空氣象服務網站（Aeronautical Meteorological Services，https://aoaws.anws.gov.tw/），國內外飛航作業人員、飛行員、簽派員或一般大眾透過網路取得所需機場氣象資料。

　　機場地面航空氣象測報，主要為飛行定時天氣報告（aviation routine weather

report; METAR）與飛行選擇特別天氣報告（aviation selected special weather report; SPECI）兩種，此外尚有外加觀測報告及校驗觀測報告，但前兩種報告係傳送國內外各氣象台或民航有關單位應用；後兩種報告係本地應用。每次飛行定時天氣觀測所測得之航空氣象要素，必須於規定觀測時間之前十分鐘以內舉行之，觀測完畢後應於五分鐘以內，將天氣報告傳送國內外各有關單位。

　　機場飛行定時和選擇特別天氣報告內容包含觀測種類（type of report）、航空氣象測站地名（station designator）、觀測日期和時間、風向和風速、能見度（visibility）、跑道視程（runway visual range; RVR）、現在天氣現象、天空狀況（雲量和雲高）、溫度和露點、高度撥定值（altimeter setting）、補充資料以及趨勢預報（trend-type forecast）等電碼組。

一、機場地面航空氣象觀測種類（METAR或SPECI）

　　機場地面航空氣象台負責從事每天二十四小時每小時或每半小時之定時觀測（routine observations），並編發飛行定時天氣報告（aviation routine weather report; METAR）。遇到機場地面風、能見度、跑道視程（runway visual range; RVR）、現在天氣或雲等要素有特殊變化，必須增加特別觀測（special observations），並編發飛行選擇特別天氣報告（aviation selected special weather reports; SPECI）。特別觀測之標準係由航空氣象單位、航管單位和航空公司共同協定之，其標準數值則依照機場起降最低天氣和選擇特別天氣報告之標準，並配合航管和航空公司當地的需求加以選定之，以作為觀測和編發選擇特別天氣之標準。發布SPECI之標準（criteria），詳見世界氣象組織（World Meteorological Organization; WMO）刊物第49號——技術規則[C. 3.1]。當天氣要素之變化符合特別天氣觀測報告編報準則時，應立即舉行特別天氣觀測，並編發特別天氣觀測報告。唯每個機場，因助航設施和天氣起降標準以及特殊需求，常有額外增加發布SPECI之標準。

二、機場航空氣象測站航用地名組（CCCC）

　　航空氣象測站航用地名（CCCC）係採用國際民航組織（International Civil Aviation Organization; ICAO）所規定的航用地名，以四個英文字母來表

示之，前兩英文字母為國家領域範圍，後兩英文字母分別為機場航空氣象台航用地名。台灣國內各個機場航空氣象台航用地名，前兩英文字母為國家領域範圍，以RC表示之，後兩個英文字母分別為機場航空氣象台地名。

　　台灣國內各地機場皆設有航空氣象台，由交通部民用航空局或國防部空軍氣象聯隊設立航空氣象台，負責當地機場航空氣象測報工作，表19-1為台灣國內各機場航用地名、氣象測站代號及所屬單位一覽表，其中台北松山航空氣象台（RCSS）、桃園航空氣象台（RCTP）、高雄航空氣象台（RCKH）、台東豐年航空氣象台（RCFN）、綠島航空氣象台（RCGI）、蘭嶼航空氣象台（RCLY）、金門航空氣象台（RCBS）、馬祖北竿航空氣象台（RCMT）以及馬祖南竿航空氣象台（RCFG）等九個航空氣象測站，係由交通部民用航空局飛航服務總台台北航空氣象中心所屬機場航空氣象台，來負責當地機場地面航空氣象觀測工作。其餘航空氣象測站，係由空軍氣象聯隊所屬單位及陸軍氣象等其他單位負責測報工作。

表19-1　台灣國內各機場航用地名、氣象測站代號及所屬單位一覽表

航用地名	測站代號	機場名稱	所屬單位
RCTP	46686	桃園國際機場	桃園航空氣象台
RCSS	46696	台北松山機場	台北航空氣象台
RCGM	46697	桃園空軍機場	空軍第五天氣中心
RCQC	46734	馬公機場	空軍第七天氣中心
RCBS	46736	金門尚義機場	金門航空氣象台
RCFN	46738	台東豐年機場	豐年航空氣象台
RCKH	46740	高雄國際機場	高雄航空氣象台
RCNN	46743	台南機場	空軍第一天氣中心
RCAY	46745	岡山空軍基地	空軍第十一天氣中心
RCKU	46746	嘉義水上機場	空軍第四天氣中心
RCDC	46750	屏東南機場	空軍第六天氣中心
RCPO	46756	新竹機場	空軍第二天氣中心
RCSQ	46758	屏東北機場	空軍第六天氣中心
RCQS	46760	台東志航機場	空軍第十天氣中心
RCYU	46763	花蓮機場	空軍第九天氣中心
RCDI	46769	桃園龍潭機場	陸軍氣象中心
RCMQ	46770	台中清泉崗機場	空軍第三天氣中心
RCLT	46780	綠島空軍機場	空軍氣象分隊
RCCS	46782	花蓮佳山機場	空軍第九天氣中心

航用地名	測站代號	機場名稱	所屬單位
RCGI	46786	綠島民航機場	綠島航空氣象站
RCLY	46787	蘭嶼機場	蘭嶼航空氣象站
RCMT	46788	馬祖北竿機場	北竿航空氣象站
RCFG	46789	馬祖南竿機場	南竿航空氣象站
RCLM	46810	東沙島機場	空軍氣象派遣組
RCWA		澎湖望安機場	望安航空氣象台
RCCM		澎湖七美機場	七美航空氣象台
RCWK		台南新化機場	空軍氣象分隊

上列航空氣象台係民用航空局飛航服務總台所屬單位

三、觀測日期和時間電碼組（YYGGggZ）

觀測日期和時間（YYGGggZ），採用世界標準時間（UTC），日期（YY）、時（GG）和分（gg）各有二個阿拉伯數字表示之，分鐘之後緊接加上世界標準時間指示碼簡字Z表示之。通常每小時正點和半點從事飛行定時天氣報告（METAR）觀測，遇有天氣要素變化發生之時刻，從事飛行選擇特別天氣報告（SPECI）觀測。在METAR通報中，如有實際觀測時刻與規定觀測時間（official time）相差十分鐘以上；或因應有關當局之要求時，觀測日期和時間組仍需編在個別有關之METAR內。在SPECI通報中，觀測日期和時間（YYGGggZ）應包括於每一SPECI報告內。在SPECI報告裡，觀測日期和時間（YYGGggZ）係表示天氣要素變化發生之時刻，該時刻也就是發布時刻。

觀測應盡可能接近和反應實際觀測時間已存在的狀況，多數氣象要素係由觀測員以空間平均法加以評估。自動觀測系統係以觀測前30分鐘所收集到儀器所感應的資料加以計算。

四、自動觀測資料選報電碼組（AUTO）

自動觀測資料選報電碼（AUTO）係選報電碼組，內插於風向和風速電碼組之前，以表示觀測資料報告為一完全自動觀測儀器所測的資料，不經人為修正之資料。如果有任何氣象要素儀器無法觀測者，則該氣象要素以該有數量之斜線（/）表示之。例如，能見度電碼組四個數位、現在天氣電碼組二個數位、雲電碼組三個或六個數位缺或無法觀測者，則以該有數量之斜線

（/）表示之。

　　觀測方式通常可分為人工觀測（manual）、增訂觀測（augmented）和自動觀測（automated）等三種，人工觀測係由合格觀測員負責氣象觀測和編報；增訂觀測係利用自動地面氣象觀測系統（automated surface weather observing systems; AWOS）來提供觀測和編報資料，並由合格觀測員加以修訂或增加某些觀測資料，最後給予認定簽發等程序；自動觀測係由自動地面氣象觀測系統觀測和編報，且由系統直接發送電報，此電碼未經合格觀測員加以修訂，此等自動觀測電碼可能有相當的誤差或儀器無法觀測某些氣象要素而從缺，使用者應特別留意。

五、風向和風速電碼組（$dddffGf_mf_m$ {KMH or KT or MPS} $d_nd_nd_nVd_xd_xd_x$）

　　風向風速（dddff）係採用觀測前十分鐘內之平均風向（ddd）與平均風速（ff），其後緊接著加註風速單位每小時浬（KT）或每小時公里（KMH）或每秒公尺（MPS）等三個國際民航組織標準簡字（KT、KMHor MPS）中之任何一種，以表明編報風速之單位。目前世界各國自行決定選用那一種風速單位，但是國際民航組織第五號附約（ICAOAnnex 5）指定風速單位為每小時公里（KMH），然而每小時浬（KT）暫時為非國際單位系統（non-SI），而是國際單位系統（SI）之替代單位（alternative unit）。台灣和世界大部分國家目前仍採用風速單位為每小時浬（KT）。

　　風向（ddd）以真方位之度數表示，編報至最接近十度整數。風向度數小於100°時，ddd中第一位補零，正北風以360°表示。風速值小於10，ff中第一位補零，例如風向010°，風速8KT，dddff=01008KT。若在觀測前十分鐘內，風向或風速發生顯著不連續之特性時，只使用不連續後之數據當為平均風速、最大陣風值、平均風向和風向變化範圍之依據，其平均時間之時間間距則相對縮短。此處所謂風向或風速發生顯著不連續或不穩定現象，係指當風向持續性改變30度或以上，且改變後風速增強至10KT時；或者風速變化達10KT或以上，且至少維持二分鐘。

　　當風向變化不穩定（variable）且其平均風速小於或等於3KT時，風向（ddd）編為VRB。雖然平均風速大於3KT，但是風向變動幅度在180°或

第十九章　航空氣象測報電碼

以上，其風向變化不穩定無法決定單一風向時，風向（ddd）也可以編為VRB。例如，雷雨通過機場時，機場風速甚強，但是風向變化很大，無法決定單一風向，雖然其平均風速大於3KT，風向（ddd）也可以編為VRB。有時候，在觀測前十分鐘內，風向變化很大，其變化範圍大於或等於60度但小於180°且平均風速大於3KT時，應將其風向變化範圍內之兩極端方位按順時針方向順序編在$d_nd_nd_nVd_xd_xd_x$組。若無上述情形，則此組省略不報。靜風之時，風向風速編報為00000，其後緊接著風速單位簡字KT。

有時候，觀測前十分鐘內，若最大陣風風速超過平均風速10KT或以上時，其最大陣風風速（Gf_mf_m）緊接著dddff之後編報，其後再接著風速單位簡字KT。若無上述情形，則最大陣風風速組（Gf_mf_m）省略不編報。此處建議尖峰陣風（peak gust）以測風系統3秒鐘平均值為依據。

觀測到風速達100單位或以上時，應在風速組（ff）或最大風速組（f_mf_m）前方加字母指示碼P，並編報為P99KT。概在航空的需求上，不需編報地面風速為100KT（200 km/h）或以上。然而，必要時在編報非航空目的之地面風速，可依規定編報至199KT（399km/h）。

六、能見度電碼組（$VVVVD_vV_xV_xV_xV_xD_v$）

依據ICAO第五號附約規定，編報能見度係以公尺和公里為單位。然而，第四區（Region IV）一些會員國（北美洲國家）依據該等國家編碼程序，使用法定浬（statute miles; 1 SM=5,280呎）和分數為單位，如WMO電碼手冊第二冊所列。

當機場水平能見度相當一致，且各個方位（D_v）之能見度並無顯著的差異時，機場能見度只要編報（VVVV）四碼即可，方位碼（D_v）省略之。所謂機場不同方位的能見度有顯著的差異，就是機場某一方位之水平能見度與最低能見度，兩者之差值，高達最低能見度之50%以上時，則機場的能見度組須加編報方位指示碼（D_v）。唯最低能見度大於或等於5,000公尺時，不需指出方位差異。能見度方位（D_v）係以羅盤八分方位（N,NE,E,SE,S,SW,W,NW）中之一位或二位字母來表示。

當機場各方位的水平能見度出現不一樣時，則選取最低能見度來編報該機場的能見度（VVVV），並加註八方位指示碼D_v（N,NE,E,SE,S,SW,W,NW），

來表示編報最低能見度所出現的方位。若最低能見度出現在兩個以上方位時，則選取對飛機操作有最大影響之方位。當機場能見度有方位之差異，最低能見度低於1,500公尺，而另外方位能見度有超過5,000公尺時，則需編報最大能見度及其方位（$V_xV_xV_xV_xD_v$組）。否則不必編報最大能見度及其方位，即$V_xV_xV_xV_xD_v$組可省略不必編報。

編報機場水平能見度應以下列階段來編報：

（一）水平能見度小於800公尺，下捨至最接近之整50公尺。

（二）水平能見度介於800公尺與5,000公尺之間，下捨至最接近之整100公尺。

（三）水平能見度介於5,000公尺與9,999公尺之間，下捨至最接近之整1,000公尺。

（四）以9,999代表水平能見度等於或大於10公里。

當機場雲幕和能見度良好時，其條件隨後再說明，可以編報CAVOK。

七、跑道視程電碼組（RDRDR/VRVRVRVR i 或RDRDR/VRVRVRVR V VRVRVRVR I）

依據ICAO第五號附約規定，編報跑道視程係以公尺和公里為單位。然而，第四區（Region IV）一些會員國（北美洲國家）依據該等國家編碼程序，使用呎為單位，如WMO電碼手冊第二冊所列。

當機場水平能見度低於1,500公尺或者一條或多條跑道在降落區之跑道視程（RVR）低於1,500公尺時，必須增加編報一組或多組跑道視程，並於每組跑道視程值之前端，加註跑道指示碼R及跑道名稱D_RD_R，可同時編報每條跑道在降落區之跑道視程值，最多四組。每條跑道之名稱以D_RD_R表示，多條平行跑道應在D_RD_R後附加L、C、或R，以區別左邊、中間或右邊之跑道。有五條平行跑道時，其附加字母別以LL、L、C、R、RR表示。附加於D_RD_R之字母，必要時可依照ICAO第十四號附約「機場」第一冊「機場設計和營運」第5.2.2.4和5.2.2.5節所規定之跑道名稱標準實務來附加。

觀測前十分鐘內跑道視程（RVR）之平均值及趨勢組（$V_RV_RV_RV_Ri$），通常代表使用中跑道著陸地帶（touchdown zone）之跑道視程（RVR）數值，最多可編報四條跑道之跑道視程（RVR）數值。若在觀測前十分鐘內，RVR有不連續之情況，例如，平流霧突然而來，陣雪突然開始或結束，則只

以RVR不連續情況開始或結束後之平均數值及其變化範圍，也即其平均時間之間距將相對縮短，而不再是十分鐘。若觀測到任何跑道視程值，不符合編報階段，應將此值捨至次一較低階段編報。

　　機場跑道視程之數值在觀測前十分鐘內有明顯的上升或下降趨勢時，例如，觀測之後五分鐘，跑道視程之平均值與在觀測之前五分鐘之平均值有100公尺或以上之變化，應在RVR值後以趨勢指示碼i來表示，i=U，代表RVR值上升（increasing）；i=D，代表RVR值下降（decreasing）。若RVR值無明顯之改變，則i=N，代表RVR值不變。若無法決定RVR值趨勢，省略編報跑道視程趨勢指示碼i。

　　當機場跑道視程有顯著變化，且在觀測前十分鐘內，一分鐘平均之極端值，超過十分鐘平均值達50公尺以上，或超過十分鐘平均值20%以上時，上述二者選取其中較大者，應按序編報一分鐘平均極小值和一分鐘平均極大值（$RD_RD_R/V_RV_RV_RV_R$ V $V_RV_RV_RV_R$ i），以取代十分鐘平均值。

　　當實際跑道視程之數值，超過測量儀器可測度之範圍時，採用以下程序編報：

（一）按照技術規則編報之RVR，超過能被儀器估計出之最大值時，應在 $V_RV_RV_RV_R$ 組前面冠以指示碼P，即P $V_RV_RV_RV_R$，此時之 $V_RV_RV_RV_R$ 代表能被儀器估計出之最大值。當估計出之RVR值超過1,500公尺時，則以P1500編報。

（二）RVR低於能被儀器估計出之最小值時，應在 $V_RV_RV_RV_R$ 組前面冠以指示碼M，即M $V_RV_RV_RV_R$，此時之 $V_RV_RV_RV_R$ 代表能被儀器估計出之最小值。當估計出RVR值低於50公尺時，則以M0050編報。

八、現在天氣現象電碼組（w'w'）

　　現在天氣包括降水（precipitation）、視障（obscurations）、發展良好的塵或沙旋（well-developed dust/sand whirls）、颮線（squalls）、龍捲風（tornado）、沙暴（sandstorms）以及塵暴（duststorm）等天氣現象，現在天氣可以由人工、儀器或兩者併用等方法量測。

　　機場或其附近發生對飛航操作有重大影響之天氣現象可能有多種，因此現在天氣電碼組（w'w'）可以編碼為一組或一組以上，但以不超過三組為

電碼表4678　現在顯著天氣與預測顯著天氣（w'w'）電碼
w'w' ---顯著現在與預測天氣

修飾詞		天氣現象		
強度或接近 (1)	敘述詞 (2)	降水 (3)	視障 (4)	其他現象 (5)
輕度 (light) -（小） 中度 (moderate) （中） + 強烈 (heavy) （大） VC在鄰近 (vicinity)	MI 淺 (shallow) BC 散、碎 (patches) PR 部分 (partial) DR 低吹 (low drifting) BL 高吹 (blowing) SH 陣性 (showers) TS 雷暴 (thunderstorm) FZ 凍 (freezing) （過冷）	DZ 毛雨 (drizzle) RA 雨 (rain) SN 雪 (snow) SG 雪粒 (snow grains) IC 冰晶 (ice crystals) PL 冰珠 (ice pellets) GR 雹 (hail) GS 軟雹 (small hail and/or snow pellets) UP 未確知有 降水，僅限 自動觀測站 (unknown precipitation)	BR 靄 (mist) FG 霧 (fog) FU 煙 (smoke) VA 火山灰 (volcanic ash) DU 塵 （大範圍） (widespread) SA 沙 (sand) HZ 霾 (haze) PY 水沫 (spray)	PO 塵捲風 （發展顯著之 塵旋風／ 沙旋風） (well- developed dust/sand whirls) SQ 颮線 (squalls) FC 漏斗雲 （龍捲風或 水龍捲） (funnel cloud tornado waterspout) DS 塵暴 (sandstorm) SS 沙暴 (duststorm)

限。編報時應按照電碼表4678，以適當之強度指示碼及簡字組合成二至九個字母之電碼組，用於表示現在天氣現象。如果所觀測到之現在天氣，在顯著現在天氣與預測天氣電碼（電碼表4678）中找不到適當者，則現在天氣電碼組（w'w'）可省略不編。

　　w'w'組係依序考慮上表中1-5欄而組成的，亦即先強度接著為敘述詞再接著為天氣現象，例如+SHRA（大陣性雨）。

註：

（一）本電碼表係依據WMO刊物第407號——國際雲圖第一集（雲及其他流星之觀測手冊）對水象與塵象之敘述而編入的。

（二）適用現在天氣組（w'w'）。

（三）一種以上之降水型式應合併編報，主要降水型式放在合併字之首位，例如，+SHRA。

（四）除降水組合以外，其他一種以上天氣現象，應按照表內各欄順序分開編報天氣組（w'w'），例如，DZ FG。

（五）強度僅適用於降水、陣性、雷雨、吹塵、吹沙、吹雪、沙暴（BLSA）、塵暴（BLDU）及雪暴（BLSN）等天氣現象。然而，發展顯著之龍捲風或水龍捲應於其前方指明強度修飾詞，例如，+FC。

（六）天氣組（w'w'）內應只包含一種敘述詞，例如，-FZDZ。

（七）敘述詞MI和BC僅限於與簡字FG合併使用，例如，MIFG。

（八）敘述詞DR應使用於塵、沙或雪被風揚起，向上延伸不超過二公尺。BL應使用於塵、沙或雪被風移走，向上延伸超過二公尺。敘述詞DR和BL僅限與簡字DU、SA和SH合併使用，例如，BLSN。塵暴與高吹雪應分別以BLDU、BLSA、BLSN表示。

（九）敘述詞SH僅限與一種或一種以上之簡字RA、SN、GS和GR合併使用，以表示在觀測時刻之陣性降水，例如SHSN。

（十）敘述詞TS僅限與一種或一種以上之簡字RA、SN、PL、GS和GR合併使用、以表示在機場有降水性之雷暴，例如TSSNGS。

（十一）敘述詞FZ僅限於與簡字FG、DZ和RA合併使用，例如FZRA。

（十二）鄰近修飾詞VC僅限於與簡字TS、DS、SS、FG、FC、SH、PO、BLDU、BLSA和BLSN合併使用。

現在天氣組（w'w'）係按下述順序排列組成，且各字母或各符號間不加空格：

（一）天氣發生之強度或發生在接近機場之修飾詞（qualifier）；

（二）天氣狀態之敘述詞（descriptor）之簡字；

（三）所觀測到天氣現象或混合天氣之簡字。

現在天氣組（w'w'）之天氣現象強度為輕度或強烈（大）時，應以現在天氣電碼表（4678）中之適當符號表示。但遇有天氣現象發生之強度為中度時，或天氣現象發生與強度指標無關時，現在天氣組（w'w'）不附加「＋」

或「-」符號。天氣現象之強度，應以觀測時所見到之強度為準。

顯著天氣現象有一種以上時，則按照現在天氣電碼表（4678），將現在天氣組（w'w'）分成數組報出。但是，降水類型有一種以上時，可合併適當的簡字編成一組報出，主要降水類型之簡字，要放在合併字之首位。在合併後，可選用一個強度符號，或不用強度符號，來代表整組之降水強度。

陣性降水發生時，使用敘述詞「SH」，它和鄰近修飾詞「VC」聯用時，不必附加降水類型和強度。陣性降水係由對流雲所產生，其特性是突然開始與停止，而且通常來得很迅速，其降水強度有時會有很大的變化。通常陣性降水之水滴與固體粒子比非陣性降水者為大。在兩次陣性降水間，天空可能裂開，除非層狀雲遮蔽了積狀雲間之空隙。

雷雨（thunderstorm）發生時，使用敘述詞「TS」，只要在觀測前十分鐘內聽到雷聲使用敘述詞，就可使用敘述詞「TS」。當伴隨降水發生時，可在「TS」後面可緊接相關之降水簡字，以表示所觀測到任何類型之降水。簡字「TS」本身即代表在機場有雷暴但無降水。雷暴之開始係指在在機場首度聽到雷聲，不論有無看到閃電或觀測到降水。確定雷暴停止或不再出現，係指在機場聽到最後一次雷聲，其後十分鐘不再有雷聲出現。

過冷水滴或過冷降水發生時，使用敘述詞「FZ」。任何以水滴為主，所組成之霧，在溫度低於攝氏零度時，編報為凍霧（FZFG），不論是否包含霜狀冰（rime ice）。過冷降水不必說明其是否為陣性。

機場附近有雷雨（TS）、塵暴（DS）、沙暴（SS）、霧（FG）、漏斗雲（FC）、陣性（SH）、塵捲風（PO）、高吹塵（BLDU）、高吹沙（BLSA）和高吹雪（BLSN）等重要天氣現象發生，可使用鄰近之修飾詞「VC」。機場附近發生任何類型之霧，都使用簡字「VCFG」。上述重要天氣現象與修飾詞「VC」一起編報，僅限於這些天氣現象發生在距離機場8公里範圍內，但機場內並無此現象發生。陣性降水「SH」和鄰近修飾詞「VC」聯用時，不必附加降水類型和強度。

發生較大的雹時，其最大雹塊之直徑大於或等於5mm，使用降水類型之簡字「GR」。發生較小的雹時，雹塊之直徑小於5mm；或霰（snow pellets）發生時，使用降水類型之簡字「GS」。冰晶（ice crystals）（鑽塵；diamond dust）發生，能見度降低至5,000公尺或以下時，使用簡字「IC」。

由塵象為主所構成之視障，如煙、霾、塵和沙，且能見度必須降低至5,000公尺或以下時，分別使用簡字「FU」，「HZ」，「DU」，和「SA」，惟低吹沙（DRSA）除外。由水滴冰晶所構成之視障，如靄，能見度至少為1,000公尺不超5,000公尺時，使用簡字「BR」。由水滴或冰晶所構成之視障，如霧或冰霧，能見度低於1,000公尺時，使用簡字「FG」，但不加「MI」（淺），「BC」（散、碎）或「VC」（在附近）等修飾詞。有淺霧發生，高於地面2公尺以上之能見度大於或等於1,000公尺，且在霧層中之視能見度（apparent visibility）低於1,000公尺時，使用簡字「MIFG」。機場附近發生任何類型之霧，都使用簡字「VCFG」。碎片霧（fog patches;BCFG）或部分霧（partial fog; PRFG）覆蓋於機場之一部份；在碎片霧或霧堤（fog bank）中之視能見度低於1,000公尺，而霧向上伸展至離地面2公尺以上時，使用簡字「BCFG」。使用簡字「BCFG」時，機場中至少有部份區域，其能見度大於或於1,000公尺；雖然霧可能很接近觀測點，且編報之最低能見度組（$VVVVD_v$）將低於1,000公尺。

颮線（squalls）發生，風速突然增加16KT或以上，而其風速達22KT或以上，且至少持續一分鐘時，使用簡字「SQ」。

九、雲量和雲高電碼組（$N_sN_sN_sh_sh_sh_s$或$VVh_sh_sh_s$或SKC或NSC）

雲量（$N_sN_sN_s$）分有少雲（few; 1/8~2/8）、疏雲（scattered; 3/8~4/8）、裂雲（broken; 5/8~7/8）及密雲（overcast; 8/8）等四種雲量，其雲量之簡字，分別以「FEW」、「SCT」、「BKN」及「OVC」表示之。如果天空無雲和垂直能見度無視障以及不能適用CAVOK時，可以使用天空晴朗簡字（SKC）。如果使用天空晴朗簡字（SKC），但能見度受限於霧（FG）、沙暴（SS）、塵暴（DS）、靄（BR）、煙（FU）、霾（HZ）、塵（DU）、冰晶（IC）和沙（SA）時，不編報垂直能見度。如果1,500公尺（5,000呎）或最高之扇形區最低高度（二者取較高者）以下無雲，無積雨雲，在垂直能見度上也沒有任何受限，以及簡字CAVOK和SKC均不適用時，則應使用簡字NSC。NSC為Nil Significant Cloud之簡字。雲量簡字之後，緊接著雲層高度（$h_sh_sh_s$），雲層高度（$h_sh_sh_s$）如電碼表1690（未附）。決定各雲層（塊）之雲量係假定其他雲層並不存在下之雲量。

雲組可重複編報不同之雲層（塊），除非有顯著性對流雲，否則不超過三組。當觀測到顯著性對流雲時，如積雨雲（cumulonimbus; CB）和塔狀積雲（towering cumulus; TCU），一定要編報出來。塔狀積雲（towering cumulus; TCU）係表示垂直發展旺盛之濃積雲（cumulus congestus）。

　　選報雲層（塊）應按照以下準則：

第一組：最低之個別雲層（塊），不論其雲量多寡，可編報為少雲（FEW）、疏雲（SCT）、裂雲（BKN）或密雲（OVC）。

第二組：次高之個別雲層（塊），其雲量需超過2/8，可編報為疏雲（SCT）、裂雲（BKN）或密雲（OVC）。

第三組：更高之個別雲層（塊），其雲量需超過4/8，可編報為裂雲（BKN）或密雲（OVC）。

附加組：觀測到顯著性對流雲之積雨雲（CB）或塔狀積雲（TCU），且其並未編報於上述任一雲組內。

　　上述各組應依由低而高順序編報之。雲層（塊）之雲底高度（$h_sh_sh_s$）應按每100呎（30公尺）之增量編報，直至10,000呎（3,000公尺）。10,000呎（3,000公尺）以上，則雲層（塊）之雲底高度（$h_sh_sh_s$）應按每1,000呎（300公尺）之增量編報。若觀測到任何雲底高度值，不符合編報階段，應將此值捨至次一較低階段編報。在山區當雲底高度低於測站時，雲組編報為$N_sN_sN_s$///。除顯著性對流雲外，雲狀不必編報。當觀測到顯著性對流雲時，應以簡字CB或TCU緊附加在雲組之後。如個別雲層（塊）由積雨雲和塔狀積雲同時組成，且有相等雲底高度時，雲狀僅編報積雨雲（CB）即可，雲量則合計積雨雲（CB）和塔狀積雲（TCU）之雲量。當天空狀況不明，但可觀測到垂直方向之能見度時，則要編報垂直能見度組（$VVh_sh_sh_s$），其中「$h_sh_sh_s$」是指垂直能見度，以100呎（30公尺）為單位。當無法觀測到垂直方向之能見度時，則垂直能見度組編報為VV///。垂直能見度定義為在天空狀況不明時，其介質之垂直視程（vertical visualrange）。若觀測到任何垂直能見度值，不符合編報階段，應將此值捨至次一較低階段編報。

十、雲幕能見度良好電碼組（CAVOK）

　　當下列情況在觀測時同時發生，則可用雲幕能見度良好組（CAVOK）

電碼來取代跑道視程組（$RD_RD_R/V_RV_RV_RV_Ri$ 或 $RD_RD_R/V_RV_RV_RV_R$ $V_RV_RV_RV_Ri$）；現在天氣組（w'w'）和雲組（$N_sN_sN_sh_sh_sh_s$ 或 VVh h h）

（一）能見度：大於或等於10公里；

（二）5,000呎（1,500公尺）或最高之扇形區最低高度（highest minimum sector altitude）（二者取較高者）以下無雲，且無積雨雲；

（三）無顯著天氣現象，參考電碼表4678。

註：最高之扇形區最低高度定義於ICAO PANS-OPS，Part 1-Definitions，係指緊急情況時可用之最低高度，即以某一無線電導航設備為圓心，半徑25浬（46公里）圓周內之某一扇形區，區中比所有地面障礙物至少高出1,000呎（300公尺）之高度。

十一、溫度露點電碼組（$T'T'/T'_dT'_d$）

氣溫和露點之觀測值係採四捨五入法，以攝氏度數整數來編報溫度露點組（$T'T'/T'dT'_d$），溫和露點經四捨五入為整度數值後，若介於-9°C至+9°C之間，則前一位補零；例如：+9°C編報為09。氣溫和露點在攝氏零度以下時，在數值前方加M（表示負數），例如，-9°C編報為M09，-0.5°C編報為M00。

十二、高度表撥定值電碼組（$QP_HP_HP_HP_H$）

高度表撥定（QNH）觀測值採捨去小數取整數百帕（hPa）來編報高度表撥定值組（$P_HP_HP_HP_H$），前方緊接著指示碼Q。若高度表撥定值（QNH）值低於1000hPa，則在其數值前方加零，例如，QNH 995.6hPa編報為Q0995。當指示碼Q後第一位數字是0或1時，QNH值以百帕（hPa）為單位。國際民航組織第五號附約（ANNEX-V）指定之壓力單位是百帕。若經各國決定和因應有關當局的需求，汞柱高度吋（ins）亦可作為QNH單位，此時以指示碼A來取代上述之指示碼Q，指示碼A後緊接著以吋為單立之數值，取至小數第二位，但省略小數點。例如，QNH 29. 91 ins編報為A2991，QNH 30. 27 ins編報為A3027。當QNH以汞柱高度吋為編報單位時，指示碼A後第一位數字是2或3。

Q0998→QNH 998 hPa；QFF 998.9HPA→海平面氣壓998.9 hPa在台灣任一機場發布颱風警報階段W24時，各機場加報海平面氣壓QFF，以供分析颱

風路徑之用。

十三、補充資料電碼組

　　---過去天氣現象、跑道風切電碼、海面溫度狀況以及跑道狀況

　　---REw'w' { WS RWYD$_R$D$_R$ 或 WS ALL RWY}（WTsTs/SS）

　　　　（R$_R$R$_R$E$_R$C$_R$e$_R$e$_R$B$_R$B$_R$）

　　補充資料只編報低空風切與對飛機操作有重大影響之過去天氣現象，以作為國際間電碼交換之用。海面溫度以及跑道狀況兩組由國家或區域決定是否編報，我國台灣暫不實施。低空風切係沿著起飛或進場航道，高度介於跑道面與500公尺（1,600呎）之間，若對飛機操作有重大影響之風切發生時，要隨時編報一組或二組低空風切組（WS RWYD$_R$D$_R$ 或WS ALL RWY）。跑道指示碼（RWY D$_R$D$_R$）為每條跑道之名稱，多條平行跑道應在跑道指示碼（RWY D$_R$D$_R$）後附加L、C、或R，以區別左邊、中間或右邊之跑道。有五條平行跑道時，其附加字母別以LL、L、C、R、RR表示。

　　對飛機操作有重大影響之過去天氣現象REw'w'，在最近一次定時觀測報告或最近一小時至現在觀測時刻之期間（兩者取較短者），若有凍降水（freezing precipitation）；中或大（moderate orheavy）毛毛雨（drizzle; DZ）、雨（rain; RA）或雪（snow; SN）；中或大冰珠（ice pellets;PL）、雹（hail; GR）、小雹（small hail）和/或雪珠（snow pellets）；中或大高吹雪（blowing snow; BLSN）（包括雪暴snowstorm）；沙暴（sandstorm; SS）或塵暴（duststorm; DS）；雷雨（thunderstorm; TS）；漏斗雲（funnel clouds; FC）（龍捲風或水龍捲；tornado or water-spout; FC）以及火山灰（volcanic ash）等等對飛機操作有重大影響之過去天氣現象發生時，則以指示碼（RE）加上過去天氣簡字編報之。跑道風切電碼組（WS RWYD$_R$D$_R$ 或WS ALL RWY）係沿著起飛航道（take-off path）或近場航道（approach path）在1,600呎（500公尺）對飛機起降有顯著影響的風切（wind shear），則使用跑道風切電碼組（WS RWYD$_R$D$_R$），如有需要還可重複編報。如果係沿著起飛航道或近場航道有風切會影響機場所有跑道時，可以使用整條跑道有風切電碼組（WS ALL RWY）。

　　除了上述對飛機操作有重大影響之低空風切和過去天氣現象發生作為補

充資料之外，其他由區域決定之補充資料，也可以附加於電碼之後。

　　海面溫度和海面狀況（WTsTs/SS），經由區域之協議，海面溫度應依據區域的ICAO規則15.11編報。跑道狀況（$R_RR_RE_RC_Re_Re_RB_RB_R$），依據區域飛航協議，由相關機場當局提供跑道狀況資訊加入電碼內。跑道名稱（R_RR_R）應依據相關ICAO區域飛航計畫來編報。跑道堆積物（E_R）、跑道污物程度（C_R）、堆積物深度（e_Re_R）和摩擦係數/煞車機能應分別依據電碼表0919，電碼表0519，電碼表1079和電碼表0366（未列）。當機場因極度積雪關閉時，跑道狀況組應以簡縮字「SNOCLO」來代替。若機場單一跑道或所有跑道上之污物已不存在時，應以「CLRD//」代替本組最後六位數字來編報。

十四、趨勢預報電碼組

　　---{（NOSIG 或 TTTTT TTGGgg dddffG$f_m$$f_m${ KMH or KT 或 MPS { CAVOK or VVV { NSW or w'w'{ $N_sN_sN_sh_sh_sh_s$ or VV$h_sh_sh_s$ or SKC or NSC}}}）}

　　趨勢預報係一種兩小時有效之簡述預報，以預測機場在未來兩小時有效時間之內，可能發生之重大天氣變化。發布趨勢預之準則，可參考世界氣象組織（WMO）刊物第49號——技術規則[C.3.1]。趨勢預報以電碼形式附加在METAR或SPECI報告中。

　　按照發布趨勢預報之準則，若預測有一個或多個之觀測要素（風、能見度、現在天氣、雲或垂直能見度）將發生重大變化時，則使用其中一個變化指示碼（TTTTT），BECMG或TEMPO。對飛機操作有影響之最低起降天氣標準值，可選為發布區域性趨勢預報準則之一。

　　預測某些特定之天氣現象將從某時刻開始（from; FM）發生或結束（until; TL）或在某時刻（at; AT）發生，則以趨勢預報指示碼（TT＝FM,TL或AT）加上時間組（GGgg），附加在METAR或SPECI報告中。

　　預期氣象狀況將以規則或不規則之速率變化，且達到或通過特定之趨勢預報標準時，則使用變化指示碼，TTTTT＝BECMG。其趨勢預報指示碼（TT＝FM,TL或AT）加上時間組（GGgg），有下列數種編報方式：

（一）當預測天氣變化在趨勢預報期間內開始和結束時，在變化指示碼BECMG後接FMGGgg和TLGGgg，分別表示變化之開始及結束。例如，趨勢預報期間自1000至1200，預測變化從1030開始，至1130結束，

則以變化指示碼BECMG FM1030 TL1130表示。

（二）當預測天氣變化在趨勢預報期間內開始時發生，而在預報期間結束前完成時，在變化指示碼BECMG後接TLGGgg，以表示變化之結束，但省略FMGGgg。例如，趨勢預報期間自1000至1200，預測變化從1000開始，而於1100結束，則以變化指示碼BECMG TL1100表示之。

（三）當預測天氣變化在趨勢預報期間內某一時刻開始，而在預報期間結束時完成，在變化指示碼BECMG後接FMGGgg，而省略TLGGgg，以表示變化之開始。例如，趨勢預報期間自1000至1200，預測變化從1100開始，而於1200結束，則以變化指示碼BECMG FM1100表示。

（四）當預測天氣變化在趨勢預報期間內某一特定時刻發生時，在變化指示碼BECMG後接ATGGgg，以表示變化之發生時刻。例如，趨勢預報期間自1000至1200，預測變化於1100發生，則以變化指示碼BECMG AT1100表示。

（五）當預測天氣變化在趨勢預報期間內開始時發生，而在預報期間結束時完成；或當預測天氣變化將在趨勢預報期間內發生，但無法確定何時發生，可能在趨勢預報期間開始後不久，或中途，或接近結束之時，則只要以BECMG表之即可，省略FM，TL或AT及其後伴隨之時間組GGgg。

當預測天氣變化在國際標準時間半夜發生時，則其特定時刻使用FM0000和AT0000以及TL2400。預期氣象狀況將到達或通過特定之趨勢預報標準且有暫時性變動，同時每次變動特續時間不到一小時，總變動時間不超過預報期間的一半，則使用變化指示碼TTTTT=TEMPO來編報。其編報方式有下列數種：

（一）預測暫時性變動在趨勢預報期間內開始和結束時，在變化指示碼TTTTT=TLGGgg，分別表示變動之開始及結束。例如，趨勢預報期間自1000至1200，預測暫時性變動從1030開始，1130結束，則以TEMPO1030 FM1030 TL1130表示。

（二）當預測暫時性變動在趨勢預報期間內開始時發生，而在預報期間結束前完成時：在TEMPO後接TLGGgg，省略FMGGgg，以表示變動之結束。例如，趨勢預報期間自1000至1200，預測暫時性變動從1000開始，而於1130結束，則以TEMPO TL1130表示。

（三）當預測暫時性變動在趨預報期間內某一時刻開始，而在預報期間結束時完成時，在TEMPO後接FMGGgg，省略TLGGgg，以表示變動之開始。例如，趨勢預報期間自1000至1200，當預測暫時性變動從1030開始，而於1200結束，則以TEMPO FM1030表示。當預測氣象狀況將有暫時性變動，且從趨勢預報期間內開始發生，而在預報期間結束時完成，則只要以TEMPO表之即可，省略TM，TL及其後伴隨之時間組GGgg省略。

在變化指示碼TTTTT TTGGgg之後，僅編報預測將發生重大變化之氣象要素即可。但是若雲有重大變化時，則每組雲，包括預期無重大變化者，都要列入報告中。

當預測有凍降水（freezing）；凍霧（freezing fog; FZFG）；中或大降水（moderate or heavyprecipitation），包括陣性（shower; SH）；低吹塵（low drifting dust; DRDU）、低吹沙（lowdrifting sand; DRSA）或低吹雪（low drifting snow; DRSN），包括雪暴（snowstorm）；塵暴（duststorm; DS）；沙暴（sandstorm; SS）；雷雨（thunderstorm; TS），包括有降水或無降水；颮線（squall; SQ）；漏斗雲（funnel; FC），包括龍捲風（tornado）或水龍捲（water-spout）以及在表19.3中之其他天氣，預測其會導致能見度發生重大變化者等等天氣現象發生，其開始、終止或強度發生變化時，則按照現在天氣組（w'w'），選用適當天氣簡字，來編報顯著預測天氣（w'w'）。

當顯著重大天氣現象（w'w'）預測將結束時，以簡字NSW（Nil SignificantWeather）取代顯著預測天氣（w'w'）。當天空狀態預測將轉變為碧空時，以簡字SKC（sky clear）取代雲組（$N_sN_sN_sh_sh_sh_s$或$VVh_sh_sh_s$）。雲組電碼簡字（NSC）係表示當預測5,000呎以下無雲及無積雨雲（cumulonimbus; CB），但不適用雲幕能見度良好電碼（CAVOK）或天空無雲簡字（SKC）時。當預測氣象要素（風、能見度、現在天氣、雲或垂直能見度）皆無重大變化時，則以簡字NOSIG（no significant change）表之。NOSIG係用於表示氣狀況未到達或通過特定之趨勢預報標準。

十五、備註電碼（RMK ……）

備註電碼在適當時候有需要時，應加註在METAR和SPECI報告裡，它應以空一格與METAR和SPECI報告主體內容分開，並加註縮字RMK與之區

分。備註電碼組（RMK）係接用於趨勢預報之後，本組所加註資料不傳送至國外。

　　備註電碼應遵循下列原則加以編報：

（一）備註電碼應使用認可（authorized）的縮字（contractions）、縮寫（abbreviations）和符號（symbols），使用備註電碼時意思要清楚，詳細的認可縮字請參考美國聯邦航空總署（FAA）編號7340系列（FAA Order 7340 Series，Contractions）。

（二）加註報告發生時間以同一觀測小時之後的分鐘，如果不是同一小時所發生之時間，則加報時與分。

（三）如果報文主體使用現在天氣電碼VC時，可以更進一步描述加註所發生的天氣現象在測站的方位，例如，在測站東邊16公里以內，有未知強度的降水，備註電碼可用「VCSH E」。天氣現象發生在距離測站方向超過16公里（10 statute miles；SM=52,800英尺=16公里）以上，可以距離電碼DSNT（distant）再標示測站方位，例如，在測站西邊40公里有閃電，備註電碼可用「LTGDSNT W」。

（四）如果知道雲或天氣現象之移動方向，電碼加註天氣現象之移動方位，例如，雷雨在測站東南邊朝向東北移動，備註電碼可用「TS SE MOV NE」；積雨雲在測站西邊16公里處發展並朝向東移動，電碼可用「CB W MOV E」，如果CB在測站西邊距離測站16公里以上，備註電碼可用「CBDSNT W」。

第二十章　航空氣象天氣圖表

　　天氣圖是一張地圖，在地圖上提供了數據和分析，這些數據和分析描述了在特定時間的大範圍大氣狀態。此類圖表可能種類繁多，但在氣象史上，或多或少有一套標準圖表，包括地面天氣地圖和高空天氣圖。由於天氣系統是三維（3-D），因此需要地面天氣圖和高空天氣圖。地面天氣圖描繪了海平面上氣壓變化，而高空圖描繪了等壓面上的天氣。台灣民航局飛航服務總台航空氣象服務網站（https://aoaws.anws.gov.tw/AWS/index.php），提供各類航空氣象產品，包括地面天氣地圖和高空天氣圖。

　　航空氣象單位日常所展示之各種天氣圖表，不僅可供預報員作為天氣分析及預報之用，而且還可供給飛行員作為飛行計劃之參考，飛行員從天氣圖中可了解起降及航程可能遭遇之天氣，同時還可供給地勤人員參考，對飛航調度、場地佈置、電訊傳遞乃至機票與乘客之安排，知所準備。因此，對天氣圖表之了解，不但可增進飛行安全而且還可提高飛行績效。

第一節　天氣圖之應用

　　地面天氣圖填製與分析，如圖20-1，絕大多數的氣象單位台採用每日四次，自0000Z起每隔六小時一次，即000Z，0600Z，1200Z，1800Z，在某些

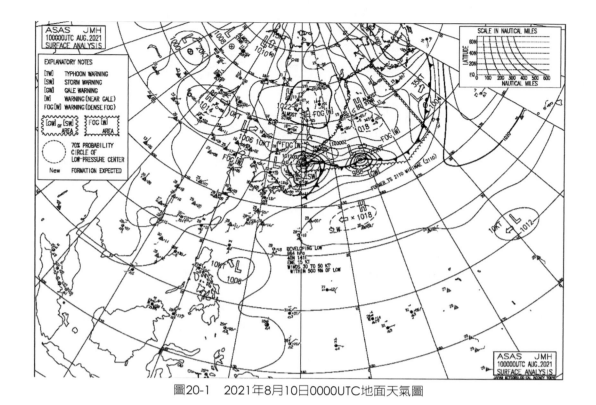

圖20-1 2021年8月10日0000UTC地面天氣圖

地區範圍內還採用每隔三小時一次者，增為每日八次，即0000Z，0300Z，
0600Z，0900Z，1200Z，1500Z，1800Z，2100Z。而高空天氣圖則大都採
用每日兩次，即0000Z及1200Z，近年來，英美和日本等國家還增至每日四
次，與地面圖時間相同，增多分析次數，更可提高預報準確率。

天氣圖經過整理、填製和分析，作為天氣預報之依據。想提高天氣預
報之準確性，預報員不但要精細分析當時天氣圖，而且要與過去天氣圖，前
後相互校驗，諸如鋒面及氣壓場之位置是否正確，各地所發生之實際天氣與
天氣圖之傾向是否吻合，甚至於追溯更前數張天氣圖，探究其天氣變化之跡
象，尋出鋒面強度之增減，鋒面之移向及速度等等。

從過去的天氣圖，可印證當時發生的天氣，校驗當時天氣圖，推算未來
飛行天氣之情況。

　　分析天氣圖過程類似於在點對點著色書中繪圖。正如人們會從一個點到另一個點畫一條線，分析氣圖的相似之處，在代表大氣中各種要素的點之間，繪製了相等值的線或等值線。等值線是天氣圖上連接具有特定大氣變量相同值的點的任何線的廣義術語，常用等值線（Isopleths），如表20-1。

表20-1　常用等值線（Isopleths）

等值線（Isopleth）	類別	定義
等壓線（Isobar）	氣壓	連接等壓點繪製的線
等高線（Contour Line, isoheight）	高度	等壓面的等高線。
等溫線（Isotherm）	溫度	連接等溫點繪製的線
等風速線（Isotach）	風速	連接等風速點繪製的線
等濕線（Isohume）	濕度	連接等濕度點繪製的線
等露點（Isodrosotherm）	露點	連接等露點點繪製的線

一、測站填圖模式（station model）

　　各地同一時刻之天氣資料收集整理後，填圖員應立即以符號及數字按規定逐項填寫於空白天氣圖上各測站圓圈周圍（station circle），測站填圖模式（圖20-1-1）。近年設計電腦填圖程式，利用繪圖機填圖，甚至於用數值模式經客觀分析直接產生天氣圖。

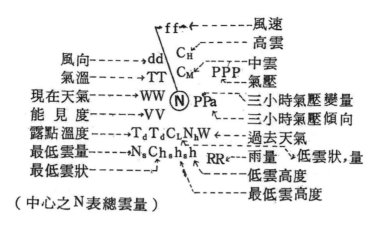

（中心之N表總雲量）

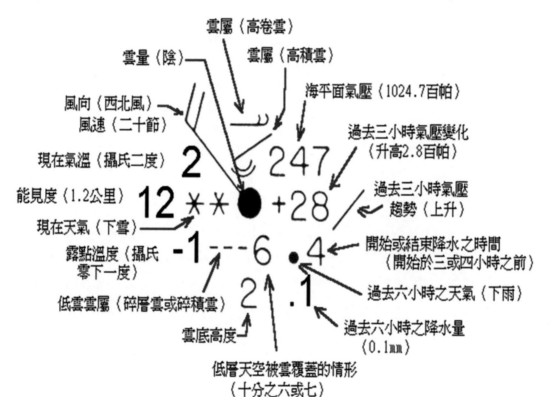

圖20-1-1　測站填圖模式

地面天氣圖之填法：

（一）天空遮蔽總量（Ｎ）

測站圓圈中黑影份量表示天空為雲遮蔽之總量，計有十種形式各代表各種天空遮蔽情況。天空視障或雲量不克確實估計者，則天空電碼報「9」，測站圓圈中填圖符號用「X」，參閱表20-2。

表20-2　天空遮蔽量

電碼	填圖符號	天空遮蔽量		電碼	填圖符號	天空遮蔽量	
		十分量	八分量			十分量	八分量
0	○	無雲	無雲	5	◑	6/10	5/8
1	◐	1/10或較少	1/8或不足	6	◕	7/10或8/10	6/8
2	◕	2/10或3/10	2/8	7	◉	9/10	7/8或以上
3	◕	4/10	3/8	8	●	10/10	8/8
4	◕	5/10	4/8	9	⊗	不明	不明

（二）風向與風速（dd,ff）

風向以箭頭來表示，風向為箭頭指向測站圓圈的方向，風向以10°為單位。風速單位為浬／時（knots），風速的大小在風向箭頭末端分別用長翅、短翅及三角旗表示之，三角旗代表50浬／時，長翅代表10浬／時，短翅代表5浬／時，三角旗及長翅之長度約1/4吋，短翅之長度約1/8吋，如三種符號同時並存，則三角旗必置於風向箭頭之頂端，順序為長翅及短翅，總風速等於三角旗數乘50加長翅乘數10再加短翅乘5。在北半球，如面向測站，風自背後吹向測站，三角旗，長翅及短翅均應位於風向箭頭之左方。南半球則反是，在右方。如風速缺漏，繪風向箭頭，在箭頭頂填一「M」。假定風向風速均缺，自毋須填入。靜風時，在測站圓圈外加一圓圈。如果風速1或2浬／時，僅繪風向箭頭，不必繪翅。風速3-7浬／時，以一短翅表示之，但風向箭頭之頂端應空出相當於短翅長度之一段距離。

（三）能見度（VV）

將水平能見度電碼數字填在測站圓圈之左方（現在天氣ww之左方），能見度電碼0至55以100公尺為單位，可自電碼數字直讀出能見度距離，例如：「12」代表1.2公里；「30」代表3公里；電碼51至56不用。56至80之電碼，為自電碼減去50，其餘數以每公里計，可直接由電碼數字讀出能見度距離。例如：「56」代表6公里，「70」代表20公里。

（四）現在天氣（WW）

表示觀測時之天氣符號如表20-3，填於緊靠測站圓圈之左方，天氣符號多至百種，通常在天氣圖上左下角印有該等符號，其中最主要天氣符號，不外下列表中十種。如在符號之左方，填一豎線，表示該項天氣過去一小時內加強；如在符號之右方，填一豎線，表示該項天氣過去一小時內轉弱。倘兩種天氣同時發生，則將該兩種天氣符號合併填之。

（五）過去天氣（W₁W₂）

將過去六小時內所見之主要天氣（W）符號填於測站圓圈之右下方，通常採用上段現在天氣（ww）所列表中之主要天氣符號。

（六）氣壓（PPPP）

將海平面氣壓之最末三位數字（包括小數一位）填入測站圓圈之右上方，例如：海平面氣壓為997.6百帕則在圖中填976，又氣壓為1011.0百帕則在圖中填110，倘氣壓電碼缺漏，即填「M」。

（七）溫度與露點（TTT, TdTdTd）

將溫度攝氏填於測站圓圈之左上方，露點攝氏度填於其左下方。攝氏氣溫或露點為正為負，視溫度或露點符號指示碼（Sn）而定，指示碼為「0」，表示正值或零度，指示碼為「1」，表示負值。填圖時小數位四捨五入，僅填兩位數。

（八）低雲量（Nh）

　　將電碼數字直接填入測站圓圈之右下方，即低雲位置與過去天氣位置之間，但如所報電碼為0或9時，則不必填入圖中。

（九）低雲雲類，中雲雲類，高雲雲類（C_LC_MC_H）

　　將低雲電碼所代表之相當雲類符號填於測站圓圈之下方，中雲電碼所代表者填於測站圓圈之上方，高雲者又填於中雲符號之上方。

表20-3　天氣符號

符號	說明	符號	說明
∞	霾	●	雨
⋔	烟	＊	雪
⌗	塵暴或沙陣	▽	陣雨
≡	霧	△	冰雹
，	毛毛雨	⚡	雷雨

其電碼與雲類及填圖符號之關係列如表20-4：

表20-4　電碼與雲類及填圖符號

雲類 \ 填圖符號 \ 電碼	0　1　2　3　4　5　6　7　8　9	缺漏
C_L	⌒ ⌂ ⌂ ⌒ ⌒ ⎯ ⌓ ⎯⎯ ⌣ ⌿	M
C_M	∠ ⌇ ⌯ ∠ ⌇ ⌇ ⌮ ⎾ M ⌇	M
C_H	⌇ ⌇ ⎯ ⌐ ⌇ ⌇ ⌇ ⌇	M

（十）低雲雲高（h）

　　將雲量報Nh者雲底離地面之高度電碼，填於測站圓圈及低雲類符號之下方，其電碼與雲底高度之關係如表20-5：

表20-5　低雲雲高電碼

電碼	雲底離地高度(公尺)	電碼	雲底離地高度(公尺)
0	0-50	6	1000-1500
1	50-100	7	1500-2000
2	100-200	8	2000-2500
3	200-300	9	2500公尺以上或無雲
4	300-600	X	雲高不明或雲底較觀測地點為低而雲頂又較觀測地點為高
5	600-1000		

（十一）氣壓趨勢與氣壓變量（app）

先將氣壓變量電碼數字（即代表變量之個位及小數一位之百帕值）直接填於測站圓圈之緊右方，然後將氣壓傾向所代表之相當符號列如表20-6：

表20-6　氣壓變量電碼與符號

電　碼	0	1	2	3	4	5	6	7	8	9
符　號	∧	⌐	⌇	✓	─	⌄	∟	⌁	⌐	

（十二）降水量（RR）

降水量電碼直接填於過去天氣（W）之下方，降水量單位為公厘（mm），少於55公厘之降水量電碼與公厘數一致。在56-400公厘間之降水量，應計整數公分（cm），此公分數加以50，即為所報之降水電碼。在0.1-0.6公厘（mm）之降水量，則分別以電碼91-96表示。如報雨跡（trace），則填一「T」字，倘無降水則不填。

（十三）最低雲類（C）

將最低電類電碼所代表之相當雲類符號填於測站圓圈之左下方（即露點之下方）。

（十四）最低雲類之量（Ns）

將電碼數字直接填入最低雲類之緊左方。

（十五）最低雲類之高度（hshs）

將電碼數字直接填入最低雲類之緊右方。

二、地面天氣圖上之分析標示法

分析地面天氣圖所標示之符號分述如下：

（一）等壓線及中心氣壓之標示

用黑色鉛筆每隔3百帕繪一條實線（有些單位採用每隔4百帕繪一條實線），如氣壓梯度過於平坦，亦可在兩等壓線間，按氣壓場情形，以虛線繪較小氣壓間隔之等壓線。等壓線數值應為3之倍數，通常用十位數與個位數兩數值。例如1021等壓線註以「21」，960等壓線註以「60」。不封閉之等壓線註於其兩端，並在其他適當之位置開口填入此種數值，封閉之等壓線至少有一處填註，並可在其他適當位置開口註以各該數值。此一串封閉同心之等壓線註值，必須排成自低壓至高壓值之易讀直線。

封閉等壓線圍成之高或低壓中心區，應分別標以大寫字母藍色「H」或紅色「L」，或用橡皮印章印出此等字母。中心之最高氣壓或最低氣壓整數值，應於緊靠氣壓中心標識（即⊗出，惟不註明其氣壓中心位置及強度數值。

在當時天氣圖上每一氣壓中心應填以一過去位置，用「⊗」表示之，每一過去氣壓中心之氣壓以最接近之百帕整數表示之，靠緊於相當位置圈（⊗）之下。出現時間則標在位置圈之上。其各種標註均用黑色或深藍色墨水（或用黃色鉛筆），並以同色實線與當時之中心位置相聯。

（二）鋒面之標示

普通地面天氣圖各種鋒面標示法如表20-7。

表20-7　地面天氣圖鋒面標示法

鋒之種類	氣象台日常地面天氣圖顏色線標示	傳真地面天氣圖符號線標示
地面冷鋒	————————（藍）	▲▲▲▲▲▲
高空冷鋒	—·—·—·—·（藍）	△△△△△
地面暖鋒	——————（紅）	⌒⌒⌒⌒⌒
高空暖鋒	—··—··—··（紅）	⌒⌒⌒⌒⌒
地面滯留鋒	紅藍紅藍紅（紅及藍）	▲⌒▲⌒▲
地面囚錮鋒	——————　紫	▲⌒▲⌒▲⌒
地面冷鋒生成	○○○○○○○○　藍	▲ ▲ ▲ ▲ ▲
地面暖鋒生成	········　紅	⌒ ⌒ ⌒ ⌒ ⌒
地面滯留鋒生成	紅藍紅藍紅（紅及藍）／／／／／／／／	⌒▲⌒▲⌒▲
地面冷鋒消失	／／／／／／／／／／　藍	▲ — ▲ — ▲
地面暖鋒消失	／／／／／／／／／　紅	⌒ — ⌒ — ⌒
地面滯留鋒消失	紅藍紅藍紅藍（紅及藍）／／／／／／	⌒▲ — ⌒ — ▲
地面囚錮鋒消失	／／／／／／／／／／　紫	⌒▲ — ⌒ — ▲
槽線（Trough line）	—·—·—·—·　棕	———————
脊線（Ridge line）	∧∧∧∧∧　棕	∧∧∧∧∧
颮線（Squall line）	—·—·—·—·　黑	—·—·—·—·
赤道輻合線	／／／／／／／／　橘紅	／／／／／／／／

　　當時之天氣圖上應繪入每一鋒面之一過去位置（即六小時前之位置），通常以黃色鉛筆之連續線表示之（赤道輻合帶之過去位置可免繪），並用兩組數字表示時間和日期，填在相偕低壓中心之過去位置鄰近或鋒面向極之頂端。

（三）地面氣團之標示

　　氣團基本符號與習性符號合併標示之，基本符號為大寫正實體之字母，習性符號用較低字體表示，各種氣團符號用顏色鉛筆標繪或以顏色墨水打印均可，習性符號填以相配之基本符號相同之顏色。

1. 基本符號表示氣之源地，規定用下列之基本符號及標示顏色：

　　源地　符號　標示顏色

　　南北極氣團　A或AA　藍色

　　極地寒帶氣團　P　藍色

　　熱帶氣團　T　紅色

　　赤道氣團　E　紅色

2. 以下習性符號之一填於緊靠基本符號之前方，以示其源地屬於大陸抑或海洋：

　　源地　符號　標示顏色

　　大陸　C　與基本符號同色

　　海洋　M　與基本符號同色

　　未能確定　不填符號

3. 以下習性符號之一填於緊靠基本符號之後方，以示氣團係冷或熱於地面如表20-8，假定其進行中之熱力過程可疑，則分類符號可省略。

表20-8　地面氣團標示

熱力分類	符號	標示顏色
暖氣團（即氣團較到達之地區為暖）	W	與基本符號同色
冷氣團（即氣團較到達之地區為冷）	K	與基本符號同色
氣團既不冷又不熱（熱力分類不能決定）	不填符號	

　　氣團符號填於每一氣團之代表點，所有氣團符號之填入不得遮蔽其他所填之資料，如兩氣團間並無分隔之鋒面而趨於混合時，應將兩氣團之符號同時填入，其間以一加號相聯，較重要之氣團位於前方，例如，「Cp+Mt」表示大陸性極地寒帶氣與海洋性熱帶氣團相混合。氣團相混之熱力分類可將基本及源地符號加括號，而後加以熱力分類符號，例如，「（Cp+mT）W」表示大陸極地寒帶氣團與海洋性熱帶

氣團之混合後熱力分類為暖性之標示法。至加號、括號及熱勢分類符號所用之顏色均與較重要氣團之符號顏色相一致。

假定一氣團在變性中，正喪失一源地之特性而趨向於另一源地特性，則在原來氣團符號與改變氣團符號間用一短箭頭標示，例如，「Cp→mT」表示大陸性極地寒帶氣團開始轉變為一海洋性熱帶氣團者。

假定一氣團過去已經變性而當時則並無影著之變性，應自源來之氣團符號後面加一短劃連接其性質轉變之氣團符號，例如，「Cp-mT」表示大陸性極地寒帶氣團過去曾接受若干海洋熱帶氣團之特性者。

變性氣團之熱力分類法，可將基本及源地符號加括號並加以熱力分類符號，例如，「（mP→mT）K」或「（cP--mT）W」，至箭頭、短劃、括號及熱力分類均應與原來之氣團符號同一顏色。

4. 各種顯著危害天氣之標示

下列各種顯著危害天氣攸關飛航安全及影響飛行計劃者，在地面天氣圖上應分別標出。

(1) 連續降水區

連續性雨區用輕微之綠色連綿陰影表示之，連續性雪或毛毛雨則在陰影區域內尚須填入深綠色之雪（＊）或毛毛雨（，）之符號。

(2) 間歇降水區

間歇性雨區用綠色斜線區表示之，間歇性雪或毛毛雨在斜線區尚須填入深綠色之雪或毛毛雨之符號。

(3) 霧區

廣大霧用黃色連綿陰影表示之，如僅一小地區有霧，則用黃色霧符號（≡）表示之。

(4) 塵暴或沙陣（⇥S→）及吹沙（$）區

廣大塵暴或沙陣及吹沙區用淺棕色連綿陰影表示之，如僅一小區域有上列現象，則用棕色個別符號表示之。

(5) 陣雨（▽）、陣雪（⟨S⟩）及吹雪（✚→）

分別用綠色符號表示之。

(6) 雷雨（⚡）、閃電（ϟ），冰雹（△），霰（▲），凍雨（∽），

凍毛毛雨（∾），漏斗狀雲（)(）

分別用紅色符號表示之，概此等天氣現象對飛行危險性頗大，
故採用紅色，藉以引起飛行人員之注意，而知所戒備也。

5. 熱帶風暴

凡熱帶地區之氣旋，中心最大風速小於34浬／時者，其在天氣
圖之標示法，用熱帶低壓「T.D.」符號，中心最大風速達34浬／時以
上，而少於64浬／時者，則於風暴中心用紅色「ϟ」符號標示之，中
心最大風速為64浬／時或超過者，則於颱風中心用紅色「ϟ」符號標
示之。如熱帶風暴中心最低氣壓值能以獲知，在風暴符號之下方用紅
色數字填註，假定風暴有一國際命名，則填註於風暴中心氣壓值之緊
下方。如已獲知其中心最大風速，則亦填註其浬／時數值。

除非熱帶風暴中心之準確位置及中心氣壓值無法獲得可以省略不
予標註外，其過去位置應填每隔六小時一次之以往四次位置，各次之
時日，中心位置符號（通常習慣用「⊗」），中心氣壓值及聯線之標
示法，均以黑色或深藍色黑水填註之，但預測未來位置以紅色之單虛
線及箭頭標示其動向（表示未來24小時之中心位置）。

第三節　等壓面高空天氣圖

將選定之標準氣壓層如1000百帕、850百帕等等探空資料，填繪於空白
天氣圖上，並分析之，因其個別代表相等氣壓之表面圖形，故稱等壓面高
空天氣圖（簡稱高空圖；aerological diagrams）。該等圖與地面天氣圖用以
確知高空風向與風速、溫度與結冰高度；鋒面與氣壓系統之強度、移向及移
速；雲量雲類及降水強度以及積冰、亂流與雷雨等。除此以外，利用等壓面
天氣圖可以計算出最短之飛行路線。

等壓面天氣圖之高度變化用等高線（contour line）表示之，每一張圖上
至少可以顯示出當時在個別氣壓層上之風、溫度及濕度之情形，同時在相當
等壓面圖上也能顯示高空槽線、噴射氣流及等風速線（isotach）之軌跡。

普通氣象台選定之等壓面不外1000百帕，850百帕，700百帕，500百

帕，400百帕，300百帕，200百帕及100百帕等，許多航空氣象台為節省人力與物力並配合當地飛航實況與噴射機之飛航高度起見，特選定700百帕（圖20-2），500百帕（圖20-3），300百帕（圖20-4）及200百帕等四層等壓面，已足敷應用。通常除1000百帕與100百帕兩圖每日填繪一次外，其餘各層每日填繪0000Z與1200Z兩次，近來世界各大氣象中心都填繪0000Z，0600Z，1200Z，1800Z四次等壓面天氣圖。

（一）測站填圖模式

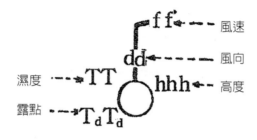

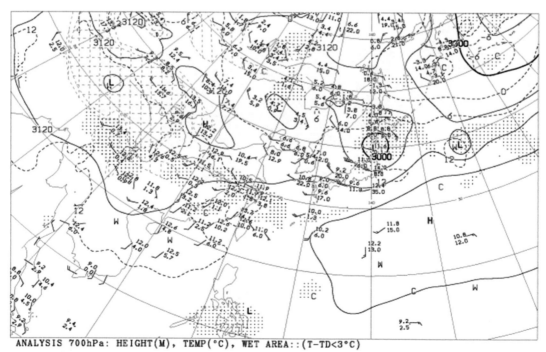

ANALYSIS 700hPa: HEIGHT(M), TEMP(°C), WET AREA::(T-TD<3°C)

圖20-2　西元2021年8月10日0000UTC 700hPa高空圖，圖中實線為等高線（m），虛線為等溫度線（°C）。

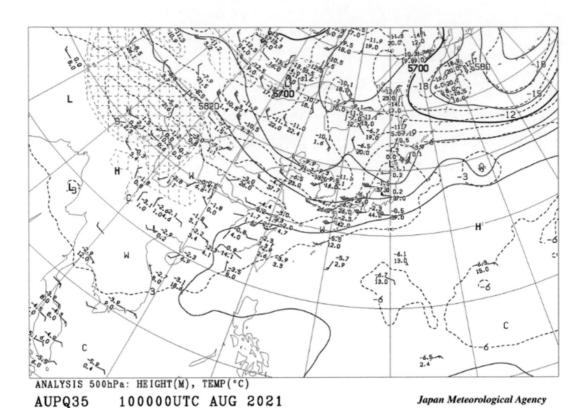

ANALYSIS 500hPa: HEIGHT(M), TEMP(°C)

AUPQ35   100000UTC AUG 2021   *Japan Meteorological Agency*

圖20-3   西元2021年8月10日0000UTC 500hPa高空圖，圖中實線為等高線（m），虛線為等溫
度線（˚C）。

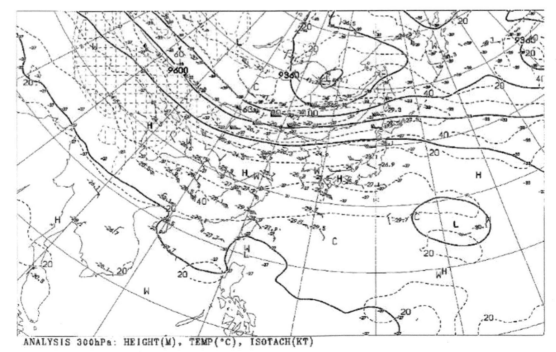

ANALYSIS 300hPa: HEIGHT(M), TEMP(°C), ISOTACH(KT)

圖20-4   西元2021年8月10日0000UTC 300hPa高空圖，圖中實線為等高線（m），虛線為等溫
度線（˚C）。

（二）等壓面高空天氣圖之填法

1. 高度（hhh）

將所報之重力位公尺（簡稱公尺）填於測站圓圈之右上方，規定自地面至500百帕（但不包括500百帕）以下所填者為公尺之百位數，十位數，個位數，略去千位數。在500百帕及以上為公尺之千位數、百位數及十位數，略去萬位數及個位數。

2. 溫度（TT）及露點TdTd）

均用攝氏溫度為單位，將溫度與露點分別填在測站圓圈之左上方與左下方。填法按照以下說明：

(1) 當攝氏溫度或露點在0°以下時，其絕對值加50而將結果編成電碼報出，填圖時，自電碼數值中減去50而將差數前方加以負號填入圖中，例如：溫度為-9°C，編碼為「59」，填圖時應寫「-09」。

(2) 當TT及TdTd編碼均為「99」，則填圖時應在各該位置上寫「m」。

(3) 溫度及露點之小數一位約數（Tx）：查看WMO Code 3957表。

3. 風向（dd）及風速（ff）

填圖法與填地面圖者相同，惟為辨識正確風向起見，通常在風向箭頭前方，加註三位風向數字之中間數值，例如：風向為270°風速.32浬／時，填圖時應為7。

4. 測站圓圈

當850百帕與700百帕在高空圖上溫度露點差數為5°C或小於5°C時，測站圓圈應全填黑影。其差數在5°C以上時則否。500百帕以及以上之測站圓圈均須填黑影，易於辨識測站位置。但飛行員應明瞭等壓面高空圖中測站圓圈之黑影，並非表示天空遮蔽之意義。

（三）等壓面高空天氣圖之分析標示法

分析等壓面天氣圖所繪之各種線條及標示之符號說明如下：

1. 等高線（contour line）

將各地相等高度用黑色鉛筆連成實線，即為等高線。300百帕以下各層等壓面圖上等高線之間隔，一般採用60公尺。在300百帕，200

百帕及100百帕等壓面圖上等高線之間隔則為120公尺，有時等高線過份疏稀，可於其間加繪長虛線（代表30公尺或60公尺），以明等壓面高低之輪廓。封閉之等高線中心，如為較低者，用紅色「L」標示，如為較高者，用藍色「H」標示。等壓面天氣圖上之等高線與地面天氣圖上之等壓線具有相同之大，因此於擬定飛行計劃時，可根據高空圖，將採用兩項可靠法則：

(1) 風向與等高線平行，人背風而立，低中心（視同低壓中心）在左方，高中心（視同壓壓中心）在右方。

(2) 風速與等高線密度成正比例，即等高線愈密，風速愈強。

2. 等溫線（isotherm）

　　以紅色鉛筆實線連接各地相同溫度之線，其間隔為5°C。通常500百帕面及以下等壓面圖繪等溫線。

3. 等風速線（isotach）

　　用短虛線或明顯之顏色線將各地相等風速（不考慮風向）連成之線，稱為等風速線。其間隔普通為20浬／時（有時風速超過150浬／時時，間隔為50浬／時）。等風速線僅繪於300百帕，200百帕及100百帕等壓面高空圖上。

4. 噴射氣流（jet stream）

　　最大風速區之軸線或稱噴射氣流之軸線（axis of the jet stream）常顯示於300百帕，200百帕及100百帕等壓面圖上。用深黑色寬箭頭或中空寬箭頭（→ → →）標示之。

5. 槽線（trough lines）

　　當時槽線用棕色鉛筆實線標示之，過去12小時槽線用黃色鉛筆實線標示之，其時間之標註與地面天氣圖上鋒面之過去位置相同。

6. 脊線（ridge lines）

　　當時脊線用棕色鉛筆彎曲線（ ）標示之，過去12小時脊線用黃色鉛筆彎曲線標示之，其時間之標註與地面天氣圖上鋒面之過去位置同。

　　航空氣象輔助圖表是除了地面及等壓面基本天氣圖外之外，對航空氣象具有相當大的應用價值，例如，斜溫圖（Skew-T Log P Diagram）、航路垂直剖面圖（air route vertical cross-section）及二十四小時等變壓線（24 hours isallobars）圖，其填繪法分別簡要說明於下：

一、斜溫圖繪法

　　斜溫圖可測定空氣層之穩定度、對流及潮濕情況，為預報鋒面、雷雨、霧及雲高等天氣現象之優良工具，其資料得自探空報告（TEMP報告）及高空風報告（PILOT報告），每一測站用斜溫圖一張，每日填繪兩次（安0000Z，1200Z），畫間（0000Z）探空記錄填紅色曲線，夜間（1200Z）者填藍色曲線。

（一）氣溫及露點曲線

　　按探空報告中各層氣溫及露點數值分別在圖中相當氣壓層上尋出，用小黑點……標記之，然後將各點順次連接，溫度曲線連成實線，露點曲線連成虛線，每一基準層之高度填在相對應之等壓線上。

（二）高空風

　　斜溫圖之右方印有表示高度之直線，自高空風報告各層獲得風向風速記錄，用長約一吋與溫度曲線同色之箭頭（頂端指風之去向）填在相當高度層上，將風速數字註於箭頭之頂端，風向中間數字註於箭頭之尾端。

二、航路天氣剖面圖

　　航路天氣剖面圖是航線預報很好的參考資料，航路天氣剖面圖是以航線為橫坐標，高度為縱坐標，在航線上選取沿途有無線電探空報告之測站，按地圖上實際距離之比例印於橫坐標之底線上，高度縱坐標左方為百呎單位，右方為公里單位。

（一）填圖法

將同時間觀測之各測站探空資料用黑色或藍色墨水分別填於剖面圖各高度上。填法係根據每一測站探空報告，按不同高度順序填入風向風速和溫度露點之記錄。例如850hPa層應在該層所報高度上按等壓面圖之填圖模式（但不填高度）填入風向、風速、溫度及露點之數值即得（參閱圖20-5）。普通每日填繪兩次（0000Z及1200Z），每次用圖一張。

（二）分析標示法

圖中點線用紅色鉛筆，以5°C間隔繪等溫線，在高空根據等溫線之趨向可尋出對流層頂之所在，圖中又用棕色鉛筆繪成粗實線標示對流層頂。圖中另用藍色鉛筆以20浬／時間隔繪等風速實線，可尋出最大風速區域，有時即為噴射氣流區域，亦可獲知東風帶與西風帶之盛行地帶。圖中Jw表示盛行西風帶中之噴射氣流，E表示東風帶之噴射氣流，P表示極地，S表示熱帶。

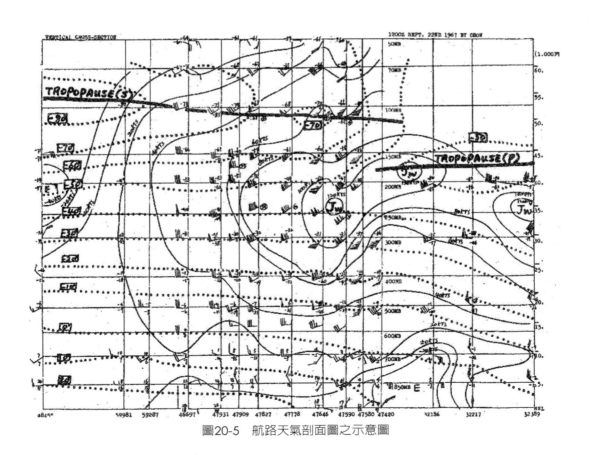

圖20-5　航路天氣剖面圖之示意圖

三、二十四小時等變壓線圖

　　二十四小時等變壓線圖是將當時地面天氣圖與二十四小時前之地面天氣圖上各地氣壓比較後，計算差數而得之，自等壓線圖中氣壓升高與降低跡象，可約略知未來氣壓場之大概移動及變化趨勢，可為地面預測圖（prognostic surface weather chart）極有參考價值之輔助工具。

（一）填圖法

　　填製二十四小時等變壓線圖之填圖方法，是將當時地面天氣圖上各測站之氣壓值（整數二位及小數一位之百帕數）與二十四小時前之氣壓值比較記出升降差數，分別用藍（表示氣壓上升）或紅（表示氣壓下降，並包括零變差值）墨水或鉛筆填於空白圖上測站圓圈之位置，倘有當時氣壓值，而缺二十四小時前之氣壓值時，亦可自等壓線估計其近似差數填入圖中。

（二）分析標示法

　　分析二十四小時等變壓線圖之標示法是就填圖法，標記差值，用藍色鉛筆每隔2百帕繪製升壓之等變壓線，用紅色鉛筆每隔2百帕繪製降壓之等變壓線，零值線及數字標註明用紫色鉛筆繪出。並於各線上註明加減百帕數值。各升壓中心註明以藍色「＋」，其下方註明最大升壓數值至一位小數之百帕數；在各降壓中心註明以紅色「-」，並於其下方註明最大降壓數值至一位小數百帕數。

第二十一章　航空氣象預報電碼及圖表

　　航空氣象預報，種類繁多，諸如機場天氣預報、航路天氣預報、飛行天氣預報及區域天氣預報等等，茲為實際應用起見，選擇航空氣象單位經常使用之預報電碼及圖表，作為飛行員及地勤人員參考。

　　交通部民用航空局飛航服務總台航空氣象服務網台北飛航情報區天氣簡報網頁（https://aoaws.anws.gov.tw/wmds/content/aoaws_chinese/atcbrief/）提供飛行員或簽派員天氣簡報資料，包括機場天氣、航路天氣、越洋航線、輔助資料、最新天氣報告、機場天氣預報、機場警報以及風切警報。

第一節　機場天氣預報

　　機場天氣預報（Terminal Aerodrome Forecast）係提供給台灣國內外飛行員，在起飛前和飛行中，飛航操作所需的氣象服務，預測機場之天氣條件。機場天氣預報主要供給飛航計畫參考使用，給飛行員作天氣講解時，機場天氣預報與其他重要航空氣象產品一起作天氣講解，諸如顯著危害天氣預報、飛行員天氣報告（PIREPs）、地面天氣和雷達觀測報告以及衛星雲圖。

　　機場天氣預報應限定在影響飛機操作之顯著危害天氣現象和其轉變

為主，特別在有關修正預報上，預報人員係扮演最重要的角色。定時或修正機場天氣預報之電碼名稱為TAF或TAF AMD，世界氣象組織（World Meteorological Organization; WMO）全球METAR/TAF收集中心透過世界區預報服務衛星廣播系統（World Area Forecast Services satellite broadcast）對外廣播，也可以透過國際航空固定通信網路系統（Aeronautical Fixed Telecommunication Network; AFTN）取得航空氣象資料，系統係使用WMO縮寫報頭之通用格式為TTAAii CCCC YYGGgg，其中TT是資料類型，機場天氣預報時間超過9小時之TAF電報TT=FT，機場天氣預報時間等於或小於9小時之TAF電報TT=FC；AA為國家或地理電碼，我國台灣AA=CI；ii為電報內容序號（content list），CCCC為航用地名，YYGGgg為每月每日之日期、時和分。我國交通部民用航空局飛航服務總台台北航空氣象中心根據綜觀天氣圖，每日定時發布四次，即0000UTC, 0600UTC, 1200UTC以及1800UTC，其預報有效時間為24小時。台北航空氣象中心發布TAF時，所使用的WMO縮寫報頭之通用格式為FTCI31。

　　我國台北航空氣象中心每日定時發布和傳送四次機場天氣預報給台灣國內外相關航空氣象、飛航諮詢、飛航管制、航空站及航空公司等單位參考使用。由於氣象要素隨時間和空間而變化以及預報技術與某些氣象要素之定義間，會造成某些限制，所以在預報各氣象要素所用之特定值，需要讓使用者能夠理解，它係預報期間內最可能出現之數值。同樣的，預報某氣象要素發生或產生變化之時刻，係為預報最可能之時刻。機場天氣預報電碼括弧內各電碼組依區域航空協議之規定，加以編報。機場天氣預報各項規定，詳見世界氣象組織（World Meteorological Organization; WMO）刊物第49號——技術規則（Technical Regulation）[C.3.1]。

　　機場天氣預報內容至少應包含風（wind）、能見度（visibility）、天氣現象（weather）及雲（cloud）或垂直能見度（vertical visibility）、預測溫度、積冰（icing）以及亂流。

　　機場天氣預報電碼機場天氣預報電碼（TAF）簡要說明，如下：

一、定時或修正機場天氣預報電碼（TAF或TAF AMD）

　　機場天氣預報電碼，縮寫字，TAF或TAF AMD，應置於每一個別

機場天氣預報之開頭第一行；在包含一個以上機場天氣預報之氣象通報（meteorological bulletin）中，電碼縮寫字TAF或TAF AMD，應出現在通報本文之開頭第一行。機場天氣預報電碼，縮寫字，TAF或TAF AMD係分別表示定時（scheduled）或修正（amended）機場天氣預報。更正（corrected）和遲到（delayed）機場天氣預報在預報內文裡不加以區分，此等信息僅僅包括在WMO縮寫傳輸報頭（abbreviated header）而已。

當現行的機場天氣預報（TAF）不再適切地描述即將發生的天氣，或者預報員覺得TAF不能代表現在和預期的天氣時，認為有必要修正TAF。機場天氣修正預報將由（TAF AMD）取代（TAF）來確認，且修正預報應涵蓋原機場天氣預報（TAF）所剩餘的全部有效時間。更正（corrected; COR）或延遲（delayed; RTD）TAFs則僅在預報內容前之通訊報頭加以區別。

二、測站航用地名電碼組（CCCC）

測站航用地名電碼組（CCCC）係採用國際民航組織航用地名（ICAO Document 7910，Location Indicators），完整的國際民航組織航用地名。在機場天氣預報電碼（TAF）通報中，當一個以上之機場其預報內容相同時，每一個機場仍應發布其個別之預報。每一份預報之前，僅能使用一個測站航用地名（CCCC）。台灣國內各機場航用地名，如表19.2。

三、編報日期和時間電碼組（YYGGggZ）

日期和時間電碼組（YYGGggZ）應包含於每一份機場天氣預報裡，以表示編報之日期和時間，格式有2位數字（two-digit）為日期，4位數字為時間，隨後不留空格緊接著字母Z。例如，該月20日0400Z編寫為200400Z。

四、預報有效期間電碼組（$Y_1Y_1G_1G_1G_2G_2$）

機場天氣預報應包括預報有效期間之開始日期時刻（$Y_1Y_1G_1G_1$）至終止時刻（G_2G_2），預報有效期間有2位數字為日期，接著有2位數字為開始時刻和2位數字為終止時刻。預報有效期間在0000Z開始，應編為00；至終止時刻在0000Z，應編為24，24應用在所有時間組之終止時刻。

例如：

011212---預報有效期間從1日1200Z至2日1200Z終止；

200024---預報有效期間從20日0000Z至21日2400Z終止；

250524---修正預報有效期間從25日0500Z至26日2400Z終止。

　　預報期間可依時間指示碼（TTGGgg），以時間指示碼（FMGGgg）型式分為兩個或數個時段。在預報一開始或時間指示碼（FMGGgg）之後，應描述完整的盛行天氣狀況（prevailing conditions）。在預報期間內或時間指示碼（FMGGgg）之後，預期任一氣象要素將發生顯著變化時，應在盛行天氣之後，該天氣要素變化前，編報一組或數組變化組（TTTTT GGG_eG_e），每一變化組之後，應接著各變化氣象要素，編報方式依天氣轉變組（TTTTT GGG_eG_e或 TTGGgg） 而定。變化組（TTTTT GGG_eG_e）中各項天氣變化標準，詳見WMO刊物第49號——技術規則[C.3.1]。在預報有效時間開始（G_1G_1）至終止（G_2G_2）間，若預期部份或全部氣象要素，於其間的某一時刻（GG）或某一時段自有效預報開始日期時刻（GG）至終止時刻（G_eG_e）發生變化時，需編報本組。若預報時段之終止時刻為2400UTC，則預報終止時刻（G_eG_e）需編報為24。

五、風向風速和最大陣風風速{風速單位}預報電碼組
　　（ddddffGf$_m$f$_m${KMH或KT或MPS}）

　　預報機場之平均風向風速以ddddff表示，其後緊跟著風速單位指示碼（KT）或（KMH）或（MPS），我們台灣目前採用風速單位為每小時浬（KT）。風速單位指示碼（KT、KMH和MPS）皆為國際民航組織所訂定之標準簡字，分別表示每小時浬、每小時公里和每秒公尺。至於選用那一種風速單位，由各國自行決定。國際民航組織第五號附約（ICAO ANNEX 5）中所指定之風速單位為每小時公里（KMH）。然而，每小時浬（KT）仍被允許使用的非國際單位（non-SI），而是國際單位系統（SI）之替代單位（alternative unit），直到不再用此替代單位之日為止，至於其日期目前尚未決定。

　　預報風向變化不穩定（variable; VRB）且其平均風速小於或等於3KT

時，風向（ddd）編為風向不穩定（VRB）。雖然平均風速大於3KT，但是其風向變化不穩定無法決定單一風向時，風向（ddd）也可以編為風向不穩定（VRB）。例如：雷雨通過機場時，機場風速甚強，但是風向變化很大，無法決定單一風向，雖然其平均風速大於3KT，風向（ddd）也可以編為風向不穩定（VRB）。靜風，風向風速編報為00000，其後緊接著風速單位簡字KT。當平均風速等於或小於3KT時，風向（ddd）通常可編為風向不穩定（VRB）。平均風速大於3KT，風向不穩定，僅限於無法預報單一風向時，才可編報風向不定（VRB）。

　　當預報最大風速超過平均風速10KT或以上時，應緊跟著風向風速（dddff）之後加報最大風速（Gf_mf_m），以表示最大風速。在變化組之後，若需編報風向風速組時，是否加報最大風速（Gf_mf_m），則依據此標準而定。預報風速達100單位或以上時，其風速組（ff）或最大風速組（Gf_mf_m），前方加字母指示碼P，並編報為P99KT。

例如：

　　09010KT---風向為090°，風速為每小時10浬；
　　24012G22KT---風向為240°，風速為每小時12浬，陣風為每小時22浬；
　　00000KT---靜風；
　　VRB16G28KT---風向不定，風速為每小時16海里，陣風為每小時28浬；
　　34095GP99KT---風向為340°，風速為每小時95浬，陣風為每小時99浬
　　　　　　　　以上。

實例：

2021年8月10日高雄國際機場天氣預報電碼
TAF RCKH 101100Z 1012/1118 17005KT 9999 FEW015 BKN035
BECMG 1017/1019 FEW008 BKN020
TEMPO 1020/1101 24008G18KT 3500 SHRA SCT006 BKN011 FEW015CB
BKN020
BECMG 1101/1103 22008KT FEW015 BKN035

TEMPO 1108/1111 05005KT 5000 SHRA SCT010 FEW015CB BKN020
BECMG 1111/1113 16005KT=

六、能見度預報電碼組或雲幕能見度良好電碼組（VVVV或CAVOK）

當預報水平能見度（horizontal visibility）在各方位不一樣時，則以最低能見度（minimum visibility）編報之。預報能見度值應以下列階段來編報：

〔一〕水平能見度小於500公尺，捨至最接近之整50公尺。

〔二〕水平能見度介於500公尺與5,000公尺之間，捨至最接近之整100公尺。

〔三〕水平能見度界介於5,000公尺與9,999公尺之間，捨至最接近之整1,000公尺。

〔四〕以9999代表水平能見度等於或大於10公里。

當預報同時符合下列條件時，以雲幕和能見度良好電碼（CAVOK）取代能見度電碼組（VVVV）、天氣現象電碼組（w'w'）和雲或垂直能見度電碼組（$N_sN_sN_sh_sh_sh_s$或$VVh_sh_sh_s$）。

1. 能見度：等於或大於10公里；

2. 5,000呎（1,500公尺）或最高之扇形區最低高度（highest minimum sector altitude），二者取較高者，以下無雲，且無積雨雲；

3. 無顯著天氣現象，參考電碼表4678。

註：最高之扇形區最低高度（highest minimum sector altitude）定義於ICAO PANS-OPS，Part 1-Definitions，係指緊急情況時可用之最低高度（minimum clearance），即以某一無線電導航設備為圓心，半徑25浬（46公里）圓周內之某一扇形區，區中比所有地面障礙物至少高出1,000呎（300公尺）之高度。

七、顯著危害天氣預報電碼組（W'W'或NSW）

預期天氣現象發生，在TAF所使用的天氣現象電碼與METAR所使用的，有相同的格式、修飾詞和天氣現象的縮寫字，唯有自動測站所使用的未知降水（Unknown Precipitation; UP）為例外。

當預測有凍降水（freezing）；凍霧（freezing fog; FZFG）；中或大降水（moderate orheavy precipitation），包括陣性（shower; SH）；低吹塵（low drifting dust; DRDU）、低吹沙（low drifting sand; DRSA）或低吹雪（low drifting snow; DRSN），包括雪暴（snowstorm）；塵暴（dust storm; DS）；沙暴（sandstorm; SS）；雷雨（thunderstorm; TS），包括有降水或無降水；颮線（squall; SQ）；漏斗雲（funnel; FC），包括龍捲風（tornado）或水龍捲（water-spout）以及在表19.3中之其他天氣，預測其會導致能見度發生重大變化者，其簡字應與預測顯著天氣（significant weather）電碼組（w'w'）一致。

為表示顯著天氣現象（w'w'）結束，以顯著天氣預期將結束之簡字（NSW; nil significant weather）取代天氣組（w'w'）。請參考天氣轉變組（TTTTT GGG$_e$G$_e$）以規則或不規則性變化指示碼（BECMG GGG$_e$G$_e$）格式編報規則。

天氣現象電碼組（w'w'）可適用本章第七節雲幕能見度良好電碼組（CAVOK）之規定。

八、雲量和雲高或垂直能見度或天空晴朗或無顯著性雲預報電碼組（N$_s$N$_s$N$_s$h$_s$h$_s$h$_s$或VVh$_s$h$_s$h$_s$或SKC或NSC）

雲量（N$_s$N$_s$N$_s$）應編為少雲（few; 1/8~2/8）、疏雲（scattered; 3/8~4/8）、裂雲（broken; 5/8~7/8）及密雲（overcast; 8/8），分別以四個字母之簡字（FEW、SCT、BKN及OVC）表示之，其後緊接著雲層（塊）雲低高度（h$_s$h$_s$h$_s$）。任一雲組之雲量（N$_s$N$_s$N$_s$），應為預期該雲層雲底高度（h$_s$h$_s$h$_s$）時之總雲量。雲組，可重複編報不同之雲層（塊），除非預測有積雨雲（cumulonimbus; CB），否則不得超過三組。當預測有積雨雲時，一定要編報出來。

選擇預報雲層（塊）時，應按照下列標準：

第一組：最低之雲層（塊），不論其雲量多寡，可預報為FEW、SCT、BKN、或OVC。

第二組：次高之雲層（塊），其雲量需超過2/8，可預報為SCT、BKN或OVC。

第三組：更高之雲層（塊），其雲量需超過4/8，可預報為BKN 或OVC。

附加組：當預報有積雨雲（CB），且該積雨雲並未包含於上述任一雲組內。

上述各組應依由低而高順序編報之。

預報雲層（塊）之雲底高度（h$_s$h$_s$h$_s$）應以100呎（30公尺）為單位編

碼。除積雨雲外，雲狀不必編報。但預報有積雨雲發生時，應在雲組後，緊接著編報簡字（CB）。預測積雨雲（cumulonimbus; CB）和塔狀積雲（tower cumulus; TCU）有相同雲底高度時，雲量則合計積雨雲（CB）和塔狀積雲（TCU）之雲量，雲狀僅編報積雨雲（CB）即可。當預報天空無雲時，不報雲組；惟在變化組之後預期天空無雲時，則應編簡字（SKC）。

當預報天空狀況不明時，以垂直能見度（$VVh_sh_sh_s$）替代雲組（$N_sN_sN_sh_sh_sh_s$），於此（$h_sh_sh_s$）表示垂直能見度，其單位為100呎（30公尺）。垂直能見度定義為在天空狀況不明時，其介質之垂直視程（vertical visual range）。

例如：

SKC---晴空（sky clear）
SCT005 BKN025CB BKN150---500ft疏雲，2,500ft裂雲（積雨雲），15,000ft裂雲
VV008---未確定雲幕或垂直能見度800ft

雲資料將限定於對飛航操作有重大影響者，例如低於5,000呎（1,500公尺）或最高之扇形區最低高度之雲（兩者以其較高者為準），及任何情況下有積雨雲。依據這項限制，當預報無積雨雲且5,000呎（1,500公尺）以下無雲，或在最高之扇形區最低高度以下無雲，但又不適用CAVOK或SKC時，則編報無顯著性雲簡字NSC。

雲或垂直能見度電碼組（$N_sN_sN_sh_sh_sh_s$或$VVh_sh_sh_s$）可適用雲幕能見度良好電碼組（CAVOK）之規定。

九、[機率預報] [開始時刻至終止時刻]（$PROBC_2C_2 GGG_eG_e$）

當預報氣象要素有交替出現的情況時，以機率預報電碼組（PROB C_2C_2 GGG_eG_e）表示天氣現象交替出現之機率。於此，機率（C_2C_2）只能選擇30與40兩數，分別表示其機率為30%與40%。若上述之機率低於30%時，不考慮編報此組。當上述之機率大於50%時，則應編報規則或不規則性變化指示碼（BECMG）或時間指示碼（FM）。

機率預報亦可與預報天氣現象發生暫時性變動併用，此時，機率預報組（PROB C₂C₂）置於暫時性變化指示碼（TEMPO）之前，而預報有效時段開始（GG）至終止時刻（GₑGₑ）則置於暫時性變化指示碼（TEMPO）之後，例如，PROB30 TEMPO 1216。機率預報組（PROB C₂C₂）不得與規則或不規則性變化指示碼（BECMG）或時間指示碼（FMGGgg）併用。

伴隨天氣條件（風、能見度和天空狀況），若預報有雷暴雨或其他降水現象發生之機率或機會時,則編報機率預報電碼組。PROB40係用在雷暴雨或降水發生機率30%~50%之範圍, 接著編報4位數字代表預期雷暴雨或降水發生之開始和終止時刻。PROB40不能在預報最初6小時期間使用。

例如：

PROB40 2102 0600 +TSRA---在2100Z 和0200Z之間，能見度600公尺，雷暴雨和大雨等發生之機會有40%。

PROB40 1014 0800 SHRA---在1000Z 和1400Z之間，能見度800公尺，有陣性雨發生之機會有40%。

PROB40 2024 1200 FZRA---在2000Z 和0000Z之間，能見度1200公尺，有凍雨發生之機會有40%。

十、天氣轉變電碼組（TTTTT GGGₑGₑ或TTGGgg）

天氣轉變有快速變化（rapid）、逐漸轉變（gradual）或短暫出現（temporary）等情況，此等天氣轉變電碼係用在預期部分或所有氣象狀況有所變化時加以選用。在TAF電報裡，每個天氣轉變指示碼都接有時間組。

在預報有效時間之開始時刻（G₁G₁）至終止時刻（G₂G₂）間，若預期部份或全部氣象要素，於某一中間時刻（GGgg）或某一時段開始（GG）至終止時刻（GₑGₑ）發生變化時，需編報天氣轉變組（TTTTT GGGₑGₑ或TTGGgg）。若預報時段之終止時刻為2400UTC，則預報終止時間（GₑGₑ）需編報為24。變化組（TTTTT GGGₑGₑ）中各項天氣變化標準，詳見WMO刊物第49號——技術規則[C.3.1]。

時間指示碼（TTGGgg）以時刻開始（FMGGgg; from GGgg）格式編報，係表示一個單獨的預報時刻（GGgg）開始，且原來之預報狀況完全由

開始時刻（FMGGgg）之後的預報所取代。FROM組（FMGGgg）係在預期盛行天氣現象有快速變化，其變化通常小於1小時。盛行天氣現象有快速變化通常是綜觀天氣系統通過機場，產生或多或少新的盛行天氣現象而有快速變化。附在FM指示碼有預期變化之時和分4位數字，該天氣現象持續發生，直至下一個天氣轉變組或現行的TAF結束為止。FM組在TAF報告裡指明是新天氣現象的開始，每一個FM組包含所有的單元──風、能見度、天氣和天空狀況。如果對飛航沒有顯著的天氣發生時，在FM組的天氣就可省略。例如：

　　FM0100 SKC---在0100UTC之後，為晴空（sky clear）

　　FM1430 OVC020---在1430UTC之後，為密雲2,000呎

　　天氣轉變組（TTTTT GGG_eG_e）以規則或不規則性變化指示碼（BECMG GGG_eG_e）格式編報時，表示氣象狀況預期於開始有效時刻（GG）至終止時刻（G_eG_e）間之不特定時刻發生規則或不規則的變化。預報開始有效時刻（GG）至終止時刻（G_eG_e）之期間，一般不超過二小時，至多不超過四小時。天氣轉變組（TTTTT GGG_eG_e）之後，接著描述預期有變化之各要素。若某一要素未編報於本變化組之後，則依本章第一節最後一段之規定，表示該要素於開始時刻（G_1G_1）至終止時刻（G_2G_2）之間仍維持原狀況。除非在規則或不規則性變化指示碼（BECMG GGG_eG_e）之後，預期有更進一步的變化，否則本組之後所描述者，為自開始時刻（G_1G_1）至終止時刻（G_2G_2）間之盛行天氣現象。若預報天氣有更進一步的變化時，可繼續編報規則或不規則性變化指示碼（BECMG GGG_eG_e）或編報開始時刻（FMGGgg）格式。

　　BECMG組係預期在較長的一段時間裡，通常為2小時，天氣逐漸轉變，BECMG組之後，接著為4位數字之時間組，即天氣在開始轉變時刻和終止時刻，在這段時間裡於未特定時間，天氣逐漸轉變。例如：

　　OVC012 BECMG 1416 BKN020---密雲1,200呎，隨後在1400UTC和1600UTC間，逐漸轉變為裂雲2,000呎。

天氣轉變組（TTTTT GGG_eG_e）以暫時性變化指示碼（TEMPO GGG_eG_e）格式編報時，表示氣象狀況預期將有頻繁或不頻繁的暫時性變動，其每次暫時性變動持續時間不超一小時，且累計時間不超過預報有效時段開始（GG）至終止時刻（G_eG_e）期間的一半。若預期變更之氣狀況將持續一小時規則性變化指示碼（BECMG GGG_eG_e）格式編報規則，來表示所預報之氣象狀況改變之始末。TEMPO組係用在風、能見度、天氣現象或天空狀況等任一單元，預期持續發生小於1小時，且累計時間不超過TEMPO時間組的一半。TEMPO組之後，接著為4位數字之時間組，即在開始時刻和終止時刻之間天氣短暫發生。TEMPO組僅包含預期短暫發生之氣象條件，其餘在先前時間組的氣象條件，則繼續發生。

例如：

SCT030 TEMPO 1822 BKN030---疏雲3,000呎，在1800UTC和2200UTC之間，偶而出現裂雲3,000呎。

6000 HZ TEMPO 0006 1200 BR---有霾，能見度6,000公尺，在0000UTC和0600UTC間，偶而出現靄，能見度1,200公尺。

為維持預報清楚而不含糊，需謹慎考慮選用變化組，特別是應避免變化期間之重疊。在機場天氣預報有效時間內任一時刻，相對於盛行氣象狀況之變化，通常只預報一種可能的變化。例如，在整個預報時段內，預期氣象狀況有許多顯著改變時，由時間指示碼（TTGGgg）以時刻開始（FMGGgg）格式，細分為不同的預報時段，應避免過於繁複。

實例：

2021年8月10日台中清泉崗機場（RCMQ）天氣預報電碼：

TAF RCMQ 101100Z 1012/1112 19004KT 9999 FEW010 SCT025 BKN060

TX32/1105Z TN24/1021Z

BECMG 1014/1017 FEW010 SCT100

TEMPO 1018/1023 8000 -RA SCT010 BKN020 BKN040

BECMG 1101/1104 22012KT FEW010 SCT020 BKN100

TEMPO 1106/1111 4000 TSRA SCT006 FEW010CB BKN014 BKN030=

十一、溫度預報電碼組（$TXT_FT_F/G_FG_FZ \ TNT_FT_F/G_FG_FZ$）

溫度預報電碼組（$TXT_FT_F/G_FG_FZ \ TNT_FT_F/G_FG_FZ$）係表示在預報時間（$G_FG_FZ$）之預報溫度（$T_FT_F$）。最高、最低溫度指示碼（TX、TN）應置於預報溫度（T_FT_F）之前方，不加空格。溫度介於-9°C至+9°C之間時，需在溫度之前加0；溫度低於0°C時，則於其前加上字母（M），表示負值。

第二節　航線天氣預報

航線天氣預報電碼（ROute FORecasts; ROFOR）係為供應兩個指定機場間高空風和高空溫度以及顯著危害天氣等航線上航空天氣預報所訂定的電碼。航空天氣預報為不定時發布，通常應航空公司飛行計畫部門之要求而編發供應之，作為飛行計畫之重要參考資料。由於氣象要素隨時間和空間而變化，以及預報技術與某些氣象要素之定義會造成某些限制，所以在預報各氣象要素所用之特定值，需要讓使用者能夠理解，它係預報期間內最可能出現之數值。同樣的，預報某氣象要素發生或產生變化之時刻，係為預報最可能之時刻。航線天氣預報電碼括弧內各電碼組依區域航空協議之規定，加以編報。

ROFOR電碼符號簡要說明：

一、航線天氣預報電碼（ROFOR）

表示航線天氣預報電碼之類別標識，係表達兩指定機場間航線上之航空天氣預報。航線天氣預報電碼名稱（ROFOR），應置於每一個航線天氣預報電碼之開頭，如有需要，隨後接編報日期時間組（YYGGggZ）。電碼內括弧中每組或各要素以及含有指示碼者若預測其不致發生或無須預報時，除另有規定外，則該等各組可省略不予編報。又各組視當時需要可重複編報。

二、編報日期和時間組（YYGGggZ）

編報日期和時間組（YYGGggZ）應包含於每一份航線天氣預報裡，以表示編報之日期和時間。YY為日期，GGgg為時刻，Z為世界時。

三、預報有效期間為開始日期時間（$Y_1Y_1G_1G_1$）和終止時間（G_2G_2）電碼組（$Y_1Y_1G_1G_1G_2G_2${KMH或KT或MPS}）

　　預報有效期間為開始日期時間（$Y_1Y_1G_1G_1$）和終止時間（G_2G_2）電碼組，航線天氣預報係預報在有效期間內，沿著航線上所有點或所有區域的氣象預報。

　　風速單位應編報在預報有效時期間為開始日期時間和終止時間電碼組（$Y_1Y_1G_1G_1$和G_2G_2）之後，接著空一格並以（KT，KMH或MPS）之任一簡字表示之。風速單位每小時浬（KT）或每小時公里（KMH）或每秒公尺（MPS）等三個國際民航組織標準簡字（KT、KMH or MPS）中之任何一種，以表明編報風速之單位。目前世界各國自行決定選用那一種風速單位，但是國際民航組織第五號附約（ICAO ANNEX-5）指定風速單位為每小時公里（KMH），風速單位每小時浬（KT）係非國際單位系統（non-SI）之替代單位（alternative unit）。目前台灣和世界大部分國家仍採用每小時浬（KT）為其風速單位。至於何時終止採用每小時浬（KT），目前尚未決定。

四、航線名稱（CCCC（$QL_aL_aL_oL_o$）CCCC oi_2zzz）

　　航線名稱（route designation）係以起降兩端機場之國際民航組織航用地名（CCCC）來表示其航線。如航線較長，為詳實起見，可在兩起降機場間，增置數點，以數組經緯度位置（$QL_aL_aL_oL_o$）表示之。Q為經緯度位置指示碼。緯度（L_aL_a）係以整數度數表示之。經度（L_oL_o）也以整數度數表示之，經度為100°至180°時，度數百位省略之。航線預報起始於飛機出發之機場，以第一個機場航用地名（CCCC）表示之。每一段或每一點預報之開始，以分段指示電碼組（$0i_2ZZZ$）表之。分段指示電碼組（$0i_2ZZZ$），其中0為特定區域或點資料之指示碼，i_2為區域分類指示碼，如電碼表1863（未列），本符號表示將航線分成若干段。

五、能見度組（VVVV）

　　編報法與METAR電碼者相同。當不預報能見度時，能見度組（VVVV）可省略。當預報水平能見度在各方位不一樣時，則以最低能見度編報之。

六、預測天氣電碼（$w_1w_1w_1$）

天氣現象組，表示預報之天氣，當預期有熱帶氣旋（tropical cyclone）、劇烈颮線（severe line squall）、冰雹（hail）、雷雨（thunderstorm）、顯著山岳波（marked mountain waves）、大範圍沙暴（sandstorm）或塵暴（dust storm）或凍雨（freezing rain）等任一天氣現象發生時，應編報天氣現象組（$w_1w_1w_1$）。依照區域航空協議，電碼表4691，預測天氣簡字電碼之相關簡字應緊接著電碼。

電碼表4691　預測天氣電碼（$w_1w_1w_1$）

電碼	簡字	意義
111	TS	雷暴
222	TRS	熱帶氣旋
333	LSQ	強烈颮線
444	HAIL	雹
555	MTW	顯著山岳波
666	SAND	大範圍的沙暴
777	DUST	大範圍的塵暴
888	FZR	凍雨

七、雲組（$N_sN_sN_sh_sh_sh_s$）

雲組，編報法與TAF電碼者相同。雲組（$N_sN_sN_sh_sh_sh_s$）係少雲（few; 1/8~2/8）、疏雲（scattered; 3/8~4/8）、裂雲（broken; 5/8~7/8）及密雲（overcast; 8/8）之雲量類別，分別以四個字母之簡字（FEW、SCT、BKN及OVC）表示之，其後緊接著雲層（塊）之雲低高度（$h_sh_sh_s$）。雲層（塊）之雲低高度（$h_sh_sh_s$），如電碼表1690。

電碼表1690 亂流最低層高度（$h_Bh_Bh_B$）、0°C等溫線高度（$h_fh_fh_f$）、積冰最低層高度（$h_ih_ih_i$）、雲層（塊）雲底高度（$h_sh_sh_s$）以及與溫度和風相關高度（$h_xh_xh_x$）

電碼	公尺	呎	電碼	公尺	呎
000	<30	<100	010	300	1000
001	30	100	011	330	1100
002	60	200	--	--	--
003	90	300	099	2970	9900
004	120	400	100	3000	10000
005	150	500	110	3300	11000
006	180	600	120	3600	12000
007	210	700	--	--	--
008	240	800	990	29700	99000
009	270	900	999	30000或以上	

註：
1 本電碼係以30公尺為單位，直接讀出。
2 如觀測或預測值介於電碼表內二個高度間，則編報較低高度之電碼。

八、雲頂高度和0°C等溫線高度組（$7h_th_th_th_fh_fh_f$）

其中雲層（塊）之雲頂高度（$h_th_th_t$）和0°C等溫線之高度（$h_fh_fh_f$），如電碼表1690。當預報各層次之雲底和雲頂高度（距離平均海平面之高度）時，則每一層之雲組和7指示碼組必須成對編報。當預報有0°C等溫線之高度，而未預報雲頂高度時，則7指示碼組之形式為（$7///h_fh_fh_f$）。若預報有兩個雲組而僅預報一個0°C等溫線高度時，則各組之排列次序為雲組、7指示碼組、雲組、7指示碼組，如同機場天氣預報雲或垂直能見度組之相關規則，但第二個7指示碼組應編為（$7h_th_th_t///$）。若預報僅有一個雲組，而預報有二個0°C等溫線高度時，則編報為雲組、7指示碼組、7指示碼組，其中第2個7指示電碼組編為（$7///h_fh_fh_f$）。

九、積冰組（6I chihihitL）

積冰組（$6I_ch_ih_ih_it_L$），編報法與TAF電碼者相同。其中積冰類型（I_c）係附著在航空器外表之積冰類型，如電碼表1733。積冰之最低層高度（$h_ih_ih_i$），如電碼表1690。雲層之厚度（t_L），如電碼表4013。

視需要時，積冰組（$6_ch_ih_ih_it_L$）得重複編報，以表示不同類型或一層以上之積冰。若任一層積冰之厚度大於10,000呎（2,700公尺）時，積冰組（$6I_ch_ih_ih_it_L$）需重複編報，且次一組之積冰層底高度應與前一組積冰層頂高度一致。

電碼表1733　附著在航空器外表之積冰類型（I_c）

電碼（IC）	說明	電碼（IC）	說明
0	無積冰	6	雲內中度積冰
1	輕度積冰	7	降水內中度積冰
2	輕度積冰	8	嚴重積冰
3	雲內輕度積冰	9	雲內嚴重積冰
4	降水內輕度積冰	10	降水內嚴積冰
5	中度積冰		

電碼表4013　雲層之厚度（t_L）

電碼（tL）	公尺	呎	電碼（tL）	公尺	呎
0	至雲頂	至雲頂	5	1500	5000
1	300	1000	6	1800	6000
2	600	2000	7	2100	7000
3	900	3000	8	2400	8000
4	1200	4000	9	2700	9000

十、亂流組（5Bh BhBhBtL）

亂流組（$5Bh_Bh_Bh_Bt_L$）之編報適用積冰組（$6I_ch_ih_it_L$）相關規則。視需要時，亂流組（$5Bh_Bh_Bh_Bt_L$）得重複編報，以表示不同類型或一層以上之亂流。若任一層亂流之厚度大於10,000呎（2,700公尺）時，亂流組（$5Bh_Bh_Bh_Bt_L$）需重複編報，且次一組之亂流層底高度應與前一組亂流層頂高度一致。

十一、溫度組與風組（4h xhxhxThTh dhdhfhfhfh）

溫度組與風組（$4h_xh_xh_xT_hT_h d_hd_hf_hf_hf_h$）兩組應合併使用，且可重複預報每一層的溫度和風。高度碼（$h_xh_xh_x$）係與溫度（T_hT_h）和風（$d_hd_hf_hf_hf_h$）相關之高度，如電碼表1690。溫度（T_hT_h）係在高度（$h_xh_xh_x$）處之氣溫，以攝氏度數整數表示。溫度（T_hT_h）係在高度（$h_xh_xh_x$）處之真風向，以10度為編報單位

十二、對流層頂組（2h′ ph′ pTpTp）

對流層頂組（$2h'_ph'_pT_pT_p$），其中高度碼（$h'_ph'_p$）和溫度碼（T_pT_p）分

別為對流層頂之高度和溫度。當預報無對流層頂時，本組可省略。

對流層頂層之高度（h′ₚh′ₚ）係以ICAO飛航空層數目，省略最後一位數字來表示。ICAO飛航空層與1013.2 hPa氣壓數據有關，並以500呎之正常距離來區隔。編碼如表21-1。

表21-1　ICAO飛航空層數

電碼	ICAO飛航空層數	公尺（近以值）	呎
20	200	6000	20000
20	205	6150	20500
21	210	6300	21000
21	215	6450	21500
等	等	等	等

十三、噴流資料組（11111 QLaLaLoLo h′ⱼh′ⱼ fⱼfⱼfⱼ）

噴流資料組（11111 QLₐLₐLₒLₒ h′ⱼh′ⱼfⱼfⱼfⱼ）係表示延伸一個大區域或數個地帶之噴流核心的位置與核心內之風速，必要時可重複編報。當預報無噴流資料時，噴流資料組可省略編報。

噴流資料組（11111 QLₐLₐLₒLₒ h′ⱼh′ⱼfⱼfⱼfⱼ），其中11111係噴流資料組指示碼，其後則編報噴流核心的位置與噴流核心內之風。Q為噴流所在經緯度位置指示碼。噴流所在緯度（LₐLₐ）係以整數度數表示之。噴流所在經度（LₒLₒ）也以整數度數表示之，經度為100°至180°時，度數百位省略之。噴流核心層之高度（h′ⱼh′ⱼ）係以ICAO飛航空層數目，省略最後一位數字來表示。ICAO飛航空層與1013.2 hPa氣壓數據有關，並以500呎之正常距離來區隔。編碼如表21-1。

噴流核心內之風速（fⱼfⱼfⱼ）係以每小時公里或每小時里或每秒公尺為單位。

十四、最大風速和垂直風切資料組（22222 h′ₘh′ₘfₘfₘfₘ（dₘdₘvv））

最大風速和垂直風切資料組（22222 h′ₘh′ₘfₘfₘfₘ（dₘdₘvv）），其中22222係最大風速和垂直風切資料組之指示碼，其後接著編報預報最大風速層之高度（h′ₘh′ₘ）、最大風速（fₘfₘfₘ）度（h′ₘh′ₘ）係以ICAO飛航空層數

目，省略最後一位數字來表示。ICAO飛航空層與1013.2 hPa氣壓數據有關，並以500呎之正常距離來區隔。編碼如表21-1。

　　風向碼（$d_m d_m$）和風速碼（$f_m f_m f_m$）分別為最大風速層（$h'_m h'_m$）之風向和風速，垂直風切（vv）係以KT/1,000ft為單位。有最大風速，但預報無垂直風切時，本節最後一組應編報為（$d_m d_m$//）。當僅供應垂直風切資料時，最大風速高度組（$h'_j h'_j f_j f_j f_j$）可省略，而風向風切組（$d_m d_m$vv）則編報為（//vv）。

　　在最大風速層高度（$h'_m h'_m$）處最大風之真風向（$d_m d_m$），係以10度為編報單位，如電碼表0877。在最大風速層高度（$h'_m h'_m$）處之風速（$f_m f_m f_m$）係以每小時公里或每小時浬或每秒公尺為單位。

十五、特定補充資料組（$9i_3$ nnn）

　　特定補充資料組（$9i_3$ nnn），其中$9i_3$為特定補充資料組之指示碼，nnn係與特定補充資料相關之說明，如電碼表1864。若有必要，預測最低平均海平面氣壓碼（$91P_2P_2P_2$）、鋒面之類型及其位置碼（$92FtL_aL_a$），飛機飛行航跡近似南北向、鋒面之類型及其位置碼（$93FtL_oL_o$），飛機飛行航跡近似東西向、鋒面之類型及其通過時刻碼（94FtGG）等四組電碼常置於航空區域天氣預報電碼最後面。其中（$92FtL_aL_a$），（$93FtL_oL_o$），（94FtGG）等三組電碼僅用於說明鋒面之類型、位置或其通過時間。至於鋒面通過期間之天氣類型應個別地表示，例如，將預報分隔成不同時段或是利用天氣變化組（96GGGp）和（97GGGp）兩組或兩種方式加以組合。

　　預報應包含由預報有效時間之開始時刻（G_1G_1）延伸到終止時刻（G_2G_2）。當預期部份或全部的預報天氣要素，於其間的某一時刻（GG）發生變化時，則利用變化組（96GGGp或Gp，97GGGp）來說明。除非預報開始時刻（G_1G_1）到某一時刻（GG）時段內，所有預報天氣要素需要加以描述，否則，不需使用這變化組。本變化組之後接著為自某一時刻（GG）開始之時段（Gp）內，預期有變化之全部天氣要素之描述。若某一天氣要素未編報於變化組後之資料組內，則表示在預報開始時刻（G_1G_1）到某一時刻（GG）內對該天氣要素之描述仍然有效。若有必要可依據狀況於更後面的時刻（GG），再編報第二個變化組（96GGGp或Gp，97GGGp）。

可視當時需要採用951//，952LₐLₐ，953LₐLₐ，954LₒLₒ，955LₒLₒ五組或相同含義之明語，來說明航線之天氣變化。依照區域航空協議，可使用明語來替換變化組特定補充資料組（$9i_3$ nnn），其說明詳見電碼表1864。

電碼表1864　特定補充資料指示碼（$9i_3$）與特定補充資料相關之說明（nnn）

$9i_3$ nnn	說明
$91P_2P_2P_2$	預測最低平均海平面氣壓。
$93FtL_oL_o$	鋒面之類型及其位置（航空器飛行航跡近似東西向）。
$93FtL_oL_o$	鋒面之類型及其位置（航空器飛行航跡近似東西向）。
94FtGG	鋒面之類型及其通過時刻。
951//	沿著航線規則或不規則變化；僅適用於（ROFOR）。
$952L_aL_a$	沿著航線向北，在緯度（L_aL_a）開始變化；僅適用於（ROFOR）。
$92FtL_aL_a$	鋒面之類型及其位置（航空器飛行航跡近似南北向）。
$953L_aL_a$	沿著航線向南，在緯度（L_aL_a）開始變化；僅適用於（ROFOR）。
$954L_oL_o$	沿著航線向東，在經度（L_oL_o）開始變化；僅適用於（ROFOR）。
$955L_oL_o$	沿著航線向西，在經度（L_oL_o）開始變化；僅適用於（ROFOR）。
96GGGp	（a）當Gp=0：一個單獨的預報，自預報有效時段（GG）開始，所有先前預報之情況將被取代。 （b）當Gp=1：自預報有效時段（GG）開始之時段（Gp）內，其一非特定時刻內發生規則或不規則的變化。
97GGGp	在時段（Gp）內發生頻繁的或不頻繁的暫時性變化。
$9999C_2$	（a）當與時間組（99GGGp）合併使用時：某一預報氣象要素交替值出現之機率（C_2）以每10或百分比表示。 （b）當與天氣暫時變化組（97GGGp）合併使用：某一預報氣象要素發生暫時性變化之機率（C2）以每10或百分比表示。
99GGGp	與機率預報組（$9999C_2$）合併使用時：自時段（GG）內，某一預報氣象要素交替值可能發生。

註：如必要時航空區域天氣預報電碼（ARFOR）與航線天氣預報電碼（ROFOR）

有地方性變化，可以下列之措辭來敘述：

LOC——地方性地、局部性地（當使用（LOC）時，應伴隨著足以識別
　　　天氣現象預期出現位置之明語）。

LAN——內陸（inland）

COT——在海岸（at the coast）

MAR——在海上（at sea）

VAL——在山谷（in valleys）

CIT——靠近或在大城鎮上方（near or over large towns）

MON——較高地面或高山上方

SCT——分散的，（SCT）使用於當天氣現象預期在空間上或時間上或兩者均分散發生時。

　　當天氣變化組（96GGGp）中之時段（Gp）值為零（96GG$_0$）時，係表示一個單獨的預報自時刻（GG）開始。在此情況下，天氣變化組（96GG$_0$）前所作之全部預報情況，將被本組的預報情況所取代。

　　當天氣變化組（96GGGp）中之時段（Gp）值為1到4時，係表示氣象狀況預期將於自時刻（GG）開始之時段（Gp）內，其一之非特定時刻發生規則或不規的變化。通常時段（Gp）之持續時間以不超過二小時為原則，在任何情況下也不能超過四小時。

　　天氣暫時變化組（97GGGp）係表示氣象狀況，Gp電碼為1~9，預期將有頻繁或不頻繁之暫時性變化，其每次暫時性變化持續時間不超過一小時，且各次之累積時間不超過時段（Gp）的一半。若時段（Gp）大於時段（GG）加9小時，則應將預報時段分開。

註：

（一）若預期變化之氣狀況將持續一小時或以上時，則適用規則：

　　1. 當天氣變化組（96GGGp）中之時段（Gp）值為零（96GG$_0$）時，係表示一個單獨的預報自時刻（GG）開始。在此情況下，天氣變化組（96GG$_0$）前所作之全部預報情況，將被本組的預報情況所取代。

　　2. 當天氣變化組（96GGGp）中之時段（Gp）值為1到4時，係表示氣象狀況預期將於自時刻（GG）開始之時段（Gp）內，其一之非特定時刻發生規則或不規的變化。通常時段（Gp）之持續時間以不超過二小時為原則，在任何情況下也不能超過四小時。亦即天氣變化組（96GGGp），應使用在預期氣象狀況發生變化時段的開始和結束，而在此期間內的氣象狀況和時刻（GG）以前之氣象狀況不同。

（二）為維持預報清楚而不含糊，需僅慎考慮選用變化指示碼，特別是應避免變化時段之重疊。在航空區域天氣預報電碼（ARFOR）有效時間內之

任一時刻，相對於盛行氣象狀況之變化，通常只預報一種可能的變化。例如，在整個預報時段內，預期氣象況有許多顯著的改變時，由天氣變化組（96GGG$_0$）細分為不同的預報時段應盡量避免過於複雜。

機率預報組（9999C$_2$）係表示某一預報氣象要素，其交替出現或發生短暫變化之機率。若預報某一氣象要素發生的機率少於30%時，則不考慮使用機率預報組（9999C$_2$）。若交替出現之機率大於50%或以上時，則應使用天氣變化組（96GGGp）較適當。

當使用機率預報組（9999C$_2$）來表示某一預報氣象要素，其交替出現之機率時，則應將與其相關之時間組（99GGGp）置於本組後面，而此兩組（9999C$_2$、99GGGp）則直接編在有關預報要素之後，然後於此兩組之後，接著編報該氣象要素交替出現之機率值。時間組（99GGGp）與機率預報組（9999C$_2$）合併使用，係表示預報某一氣象要素，可能交替出現在時刻（GG）開始的時段（Gp）內發生。

當使用機率預報組（9999C$_2$）來表示某一氣象要素，發生短暫變化之機率時，則應將本組置於天氣暫時變化組（97GGGp）的前面。機率預報組（9999C$_2$）不能和天氣變化組（96GGGp）合併使用。

修正航預報之電碼格式應以（ROFOR AMD）的字首取代（ROFOR）來辦認，且應涵蓋原（ROFOR）所剩餘的全部有效時間。

第三節　飛機降落（或起飛）天氣預報

降落或起飛預報（Landing or take-off Forecast）應由氣象當局所指定的氣象單位來製作，該項預報是為了滿足當地用戶和距離機場大約1小時以內飛行時間的航空器的需要。

起飛預報應由氣象當局所指定的氣象單位來製作，起飛預報應涵蓋某個特定的時期，並且包含跑道綜合區上空各項預期之天氣情況，如地面風向和風速及其變化、溫度、氣壓（QNH），及當地協議的其他項目。起飛預報應在預期起飛前3小時內應航空器使用人及機組員之要求而供應。

預報的格式應經由氣象當局及航空公司之間的協議來決定。起飛預報項目的順序與專業術語、單位及等級應與同一機場內報告中使用的相同。氣象

單位為起飛所做的預報應使預報維持連貫性，且在必要時，應立即發布修正報。修正報中針對地面風向風速、溫度、氣壓及其他項目之發布標準，應由當地氣象當局與航空公司協議後使用。

　　飛機降落或起飛所使用的天氣預報有時不採用電碼而使用明語，起飛天氣預報應在飛機預計起飛前三小時向航空氣象台要求供應，降落天氣預報則在飛機到達目的地前一小時向該地氣象台要求供應，降落與起飛天氣預報明語內容兩者完全相同，降落預報應用較廣，所說明者都以降落預報為代表，普通採用獨立式降落天氣預報（self-contained type landing forecast）和趨勢型降落天氣預報（trend type landing forecasts）兩種形式

一、獨立式降落天氣預報

　　獨立式降落預報（self-contained type landing forecast）之有效時間不超過兩小時，其內容及次序按WMO及ICAO共同規定如下：

（一）預報標識（例如：landing forecast）。

（二）有效時間（例如：06/08）

（三）機場國際地名四字縮寫：（例如：RCTP）。

（四）風向風速以及風之變化（例如：270/15KT）。

（五）能見度：（例如：VIS 2km）。

（六）雷雨、凍雨及其他特殊天氣現象之開始與終止（例如：TS）。

（七）雲量與雲高（例如：BKN 3,000ft）。

（八）其他關於跑道頭上之積冰與亂流情況。

（九）天氣演變明語簡字（例如：GRADU）。

獨立式降落預報之實例：

　　　書寫式：LANDING FCST 19/21 VTBD 210/10KT VIS 15KM BKN Cb
　　　　　　　3,500FT TEMPO FM2030 HR*290/20KT MAX35KT VIS 1,200M
　　　　　　　HVY TS OVC Cb 1,000FT

　　＊中間插入「HR」用以避免數字連續之混淆不清。

　　　口述式：LANDING FORECAST BETWEEN ONE NINE ZERO ZERO

AND TWO ONE ZERO BANGKOK TWO ONE ZERO DEGREES
ONE ZERO KNOTS VISIBILITY ONE KILOMETRES BROKEN
CUMULONIMBUS THREE FIVE ZERO ZERO FEET TEMPO
FROM TWO ZERO THREE ZERO HOUR TWO NINE ZERO
DEGREES TWO ZERO KNOTS MAXIMUM THREE FIVE
KNOTS VISIBILITY ONE TWO ZERO ZERO METRES HAVY
THUNDERSTORM OVERCAST CUMULONIBUS ONE
THOUSAND FEET

二、趨勢型降落天氣預報

趨勢型降落預報（trend type landing forecasts）係一種兩小時有效（自所附之天氣報告時間算起）之簡述預報，而附加於定時明語天氣報告或選擇特別明語天氣報告之尾部，能顯示出在當時天氣情況下，於未來兩小時內將發生之顯著天氣，使飛行員在最後一小時飛行中，能獲得其目的地機場之當時天氣報告及降落天氣預報。但趨勢預報不能與其前段被附加之天氣報告內容分離，否則將失去意義。

趨勢型降落預報應包含一個針對機場飛行定時、特別或選擇特別天氣報告，其後附上該機場氣象情況預期趨勢之簡潔描述。趨勢型降落預報的預報有效期自包含該降落預報的報告之報文時間起2小時。趨勢型降落預報必須指出地面風、能見度、天氣與雲等項目之顯著變化。只有上述這些要素的顯著變化預期將發生時才必須編列。然而，當雲有顯著的變化時，所有雲組，包括那些預期不會變化的雲均應同時編列。當能見度有顯著變化時，造成能見度降低的現象也須編入。當預期沒有任何顯著變化時，在METAR報和簡縮明語電文中均以「NOSIG」表示。

當預期地面風、能見度、天氣與雲等項目有變化發生時，趨勢型預報電文的趨勢部分必須以「BECMG」或「TEMPO」中的一個為變化指示碼。

變化指示碼「BECMG」必須用來描述氣象情況預期將以規則或不規則地達到或通過那些特定數值。此項變化發生期間或時間必須應用縮語「FM」、「TL」或「AT」輔以說明，並在其後加上表示時間的小時和分鐘。當預報變化的開始和終止都在趨勢預期時期內，則變化的開始和終止必

須用縮語「FM」和「TL」以及時間組來指示。例如對於趨勢預報期間為自1000到1200UTC的電報格式，可編報為「BECMG FM 1030 TL 1130」（同時適用於METAR電碼與簡縮明語兩種格式中）。當預報變化的開始與趨勢預報之起始時間點一致，且變化在趨勢預報之結束時間點前完成，則簡縮明語「FM」以及時間組必須省略但仍須用「TL」和時間組。例如「BECMG TL 1100」（同時適用在METAR電碼與簡縮明語）。當預報變化的開始在趨勢預期內，完結是在那時期的終止時間，那麼縮寫「TL」和時間組必須省略，但仍須用「FM」和時間組。例如「BECMG FM1100」（同樣適用於METAR電碼形式和縮寫明語兩種格式中）。當預報變化的開始在趨勢預期內之特定時間上，則必須使用簡縮明語「AT」及時間組。例如「BECMG AT 1100」（同樣適用在METAR電碼與簡縮明語）。當預期變化將於趨勢預報的開始時間且在該期間內結束或當變化預期在趨勢預報期間內發生，但是時間無法確定，則簡縮明語「FM」、「TL」或「AT」及時間組必須省略，只留下「BECMG」即可。

變化指示碼「TEMPO」必須是用於描述預報上氣象情況的短暫性波動，且該波動造成氣象情況到達或通過某些特定數值並每次維持時間少於一小時而總計時間少於該系列波動預計發生時期之一半。短暫性波動預期發生的時段必須註明，以簡縮明語「FM」和／或「TL」適當表示，隨後並以小時和分鐘之時間組表示。當預報氣象情況的短時波動期完全在趨勢預報時期之內，短暫性波動的開始與終止時間必須以簡縮明語「FM」和「TL」及其相對應的時間組來表示，例如自1000至1200UTC的趨勢預報，則以「TEMPO FM1030 TL1130」（同樣適用於METAR與簡縮明語）。當短暫性波動預期就在趨勢預報開始時間且終止於趨勢預報期間結束之前，則簡縮明語「FM」及其相關時間組可予以省略，但仍須用「TL」和時間組，例如「TEMPO TL 1130」（同樣適用在METAR電碼與簡縮明語中）。當短暫性波動預期自趨勢預報期間內開始且在趨勢預報期間結束時終止，則簡縮明語「TL」及其相關時間組可予以省略，但仍須用「FM」和時間組，例如「TEMPO FM1030」（同樣適用在METAR電碼與簡縮明語）。當短暫性波動預期自趨勢預報起始時間開始且在趨勢預報期間結束時終止，則「FM」、「TL」兩者以及相對應時間組必須都省略，僅留下」「TEMPO」

變化指示碼。在趨勢型降落預報中，不得使用指示碼「PROB」。

　　趨勢型降落預報的趨勢部分必須指明下列地面風的變化：

（一）平均風向改變達60°或以上，且變化前和變化後平均風速為10海浬／小時或以上；

（二）平均風速的改變達10海浬／小時或以上；

（三）風場改變通過飛行上有重要意義的數值。這種數值必須經由氣象單位、航管單位與航空公司諮詢後方可建立，考慮以下種類之風場改變：

　　1. 造成使用跑道之改變；及

　　2. 造成跑道順風與側風分量將改變並通過該機場典型航機之主要飛行極限值。

　　例如，在趨勢預報期間內，預期地面風將發生短時性改變成250°35海浬／小時，伴隨最大風速（陣風）至50海浬／小時，則必須表示為「TEMPO 25035G50KT」（METAR電碼）及「TEMPO 250/35 KTMAX50KT」（簡縮明語）。

　　當能見度預期變化到或通過下列150、350、600、800、1,500或3,000公尺之一數值時，趨勢型降落預報的趨勢部分必須指示該項改變的預報。當有大量飛機按目視飛行規則飛行時，預報必須另外指明變化到或通過5,000公尺。例如整段趨勢預報期間因霧有短暫性能見度降低至750公尺，則取整位數為700公尺，並以「TEMPO 0700」（METAR電碼）或「TEMPO VIS 700M」（簡縮明語）的格式來表示。

　　趨勢型降落預報的趨勢部分必須指明預期下列天氣現象及其合併現象發生的開始、終止或強度變化：

-凍降水

-凍霧

-中度或強烈降水（包含陣性降水）

-低吹塵、沙或雪

-高吹塵、沙或雪（包括雪暴）

-塵暴

-沙暴

-雷暴（含或不含降水）

-颮線

-漏斗雲（龍捲風或水龍捲）

-其他天氣現象且預期會造成顯著的能見度改變時。

預期這些現象的終止必須用簡縮明語「NSW」表示。

當裂雲（BKN）或密雲（OVC）雲層之雲底高度預期抬升和變化到或通過下列一個或以上數值，或當裂雲（BKN）或密雲（OVC）雲層之雲底高度預期降低和通過下列一個或以上數值時：100、200、500、1,000和1,500呎，趨勢降落預報必須指出其改變。當雲層之最低雲底高度預期降低至或升高超過1,500呎時，趨勢型降落預報的趨勢部分也必須指出雲量上的變化，亦即，從晴空（SKC）、少雲（FEW）或疏雲（SCT）增加至裂雲（BKN）或密雲（OVC），或從裂雲或密雲減少至晴空、少雲或疏雲。當沒有積雨雲且5000呎以下或在最小扇形面積最高的高度以下（選擇較大高度者）沒有雲，並且「CAVOK」和「SKC」不適用時，則必須使用簡縮明語「NSC」。

當天空狀況預期將維持或變為有視障且該機場有垂直能見度觀測可利用時，則趨勢型降落預報的趨勢部分，必須在垂直能見度改變到或通過下列數值時，予以編報：100、200、500或1,000呎。

趨勢型降落預報的趨勢部分編報項目的順序、術語、單位和等級必須與其所附屬的報告中所使用的相同。

第四節　顯著危害天氣預報

顯著危害天氣預報（SIGMET）必須由氣象守視單位發布，且須以簡縮明語簡潔描述航路上已發生和預期將發生而足以影響航空器飛行安全的天氣現象在時間與空間上之發展情形。該情報必須以下列適當之一種簡縮明語指示：

一、在次音速巡航空層

雷暴

　　——模糊不清的　OBSC TS

　　——模糊不清的伴有重度冰雹　OBSC TS GR

　　——隱藏的伴有重度冰雹　EMBD TS GR

　　——頻繁的伴有重度冰雹　FRQ TS GR

　　——颮線伴有重度冰雹　SQL TS GR

熱帶氣旋

　　——熱帶氣旋　TS（+氣旋名稱）
　　　　具有10分鐘地面平均風速34海浬／小時或以上

亂流

　　——強烈亂流　SEV TURB

積冰

　　——強烈積冰　SEV ICE

　　——由凍雨造成之強烈積冰 SEV ICE（FZRA）

山岳波

　　——強烈山岳波　SEV MTW

塵暴

　　——重度塵暴　HVY DS

沙暴

　　——重度沙暴　HVY SS

火山灰

──火山灰　VA（＋火山名，若已知）

二、在跨音速空層和超音速巡航空層

亂流

──中度亂流　MOD TURB

──強度亂流　SEV TURB

積雨雲

──獨立性積雨雲　ISOL CB

──偶發性積雨雲　OCNL CB

──頻繁性積雨雲　FRQ CB

雹

──雹　GR

火山灰

──火山灰　VA（＋火山名，若已知）

　　SIGMET必須包含不必要的描述性文字。在描述SIGMET所發報之天氣現象時，前束述所列以外之描述均不可列入。已發布雷暴或熱帶氣旋之SIGMET，不須對其相關的亂流和積冰編報。當SIGMET情報所編報之現象不再發生或預期不再發生時，必須予以取消。

　　SIGMET電報必須以簡縮明語編報，採用核准後的ICAO簡縮明語及具自我解釋特性之數字。

　　負責執行SIGMET作業的氣象守視辦公室應使用WMO BUFR電碼之圖形格式發布針對火山灰雲和熱帶氣旋的SIGMET情報，此外應以簡縮明語發布SIGMET情報。包含次音速層航空器專用情報之SIGMET電報必須將報頭標為「SIGMET」，至於針對超音速層航空器在跨音速或超音速飛行期間提供SIGMET情報之電報則必須將報頭標為「SIGMET SST」。

　　SIGMET電報的有效期間應不可超過6小時，且最好以不超過4小時為

宜。有效期的表示法，是以「VALID」表示。關於SIGMET電報中對於火山灰雲和熱帶氣旋等特別天氣現象的處理，應提供超過

　　前述所規定之有效期直至12小時期間內的未來展望，以說明火山灰雲的飄移軌跡和熱帶氣旋中心位置。涉及火山灰雲和熱帶氣旋的SIGMET電報，應分別以區域空中航行協議所指定之火山灰警告中心（VAACs）和熱帶氣旋警告中心（TCACs）所提供之警告情報為基礎。氣象守視單位與相關的飛航管制中心/飛航情報中心之間應保持密切的協調，期使SIGMET和NOTAM電報內所包含的火山灰資訊一致。

　　當預期前述所列之天氣現象（火山灰雲和熱帶氣旋例外）即將發生而發布之SIGMET電報，應在該現象預期發生前6小時內發布，且最好以4小時內為宜。至於針對火山灰雲和熱帶氣旋將影響該飛航情報區則所發布之SIGMET電報則應在該預報有效期開始前12小時之前發布；如果這些天氣現象的警報無法這樣提前時，應在作業可能的情況下盡快發布。涉及到火山灰雲和熱帶氣旋之SIGMET電報最少應每6小時更新一次。SIGMET電報必須依據區域空中航行協議發布給氣象守視單位、世界區域預報中心、區域預報中心、及其他氣象單位。涉及火山灰雲的SIGMET電報也應發布給火山灰警告中心。依據區域空中航行協議，SIGMET電報必須傳送到國際氣象作業資料庫及區域空中航行協議指定的航空固定服務衛星分布系統的作業中心。

範例：

SIGMET

YUDD SIGMET 2 VALID 101200/101600 YUSO-SHANLON FIR/UIR OBSC TS FCST TOP FL390 S OF N54 MOVE E WKN

Cancellation of SIGMET

YUDO SIGMET 3 VALID 101345/101600

YUSO-SHANLON FIR/UIR CNL SIGMET 2 101200/101600

示例：

熱帶氣旋（TC）警告電報

TC ADVISORY：
DTG：19970925/1600Z
TCAC：YUFO
TC：GLORIA
NR：01
PSN：N2706 W07306
MOV：NW 20KMH
C：965HPA
MAX WIND：90KMH
FCST PSN + 12HR：260400 N2830 W07430
FCST MAX WIND + 12HR：90KMH
FCST PSN + 18HR：261000 N2852 W07500
FCST MAX WIND + 18HR：85KMH
FCST PSN + 24HR：261600 N2912 W07530
FCST MAX WIND + 24HR：80KMH
NXT MSG：19970925/2000Z

火山灰（VA）警告電報

VOLCNIC ASH ADVISORY
ISSUED：20000402/0700Z
VAAC：TOKYO
VOLCANO：USUZAN 805-03
LOCATION：N4230E14048
AREA：JAPAN
SUMMIT ELEVATION：732M
ADVISORY NUMBER：2000/432
INFORMATION SOURCE：GMS-JMA
AVIATION COLOUR CODE：RED
ERUPTION DETAILS：ERUPTED 20000402/0614Z ERUPTION OBS ASH TO ABV FL300
OBS ASH DATE/TIME：02/0645Z
OBS ASH CLD：FL150/350 N4230E14048-N4300E14130-N4246E14230-N4232E14150-N4230E14048 SFC/FL150 MOV NE 25KT FL150/350 MOV E 30KT
FCST ASH CLD + 6HR：02/1245Z SFC/FL200 N4230E14048-N4232E14150-N4238E14300-N4246E14230 FL200/350 N4230E14048-N4232E14150-N4238E14300
N4246E14230 FL350/600 NO ASH EXP
FCST ASH CLD+12HR：02/1845Z SFC/FL300 N4230E14048-N4232E14150-N4238E14300-N4246E14230 FL300/600 NO ASH EXP
FCST ASH CLD + 18HR：03/0045Z SFC/FL600 NO ASH EXP

NEXT ADVISORY：20000402/1300Z
REMARKS：ASH CLD CAN NO LONGER BE DETECTED ON SATELLITE IMAGE

熱帶氣旋（TC）SIGMET

YUCC SIGMET 3 VALID 251600/252200 YUDO - AMSWELL FIR TC GLORIA OBSN2706 W07306 AT 1600Z CB TOP FL500 WI 150NM OF CENTRE
MOV NW 10KT NC FCST 2200Z TC CENTRE N2740 W07345
OTLK TC CENTRE 260400 N2830 W07430 261000N2912 W07530

火山灰（VA）SIGMET

YUDD SIGMET 2 VALID 211100/211700 YUSO - SHANLON FIR/UIR VA ERUPTION MT ASHVAL LOC E S1500 E07348 VA CLD OBS AT 1100Z
FL310/450 APRX 22KM BY 35KM S1500 E07348 TO S1530 E07642 MOV ESE 65KMH FCST 1700Z
VA CLD APRX S1506 E07500 TO S1518 E08112 TO S1712 E08330 TO S1824 E07836
OTLK 212300Z VA CLD APRX S1600 E07806 TO S1642 E08412 TO S1824 E08900 TO S1906
E08100 220500Z VA CLD APRX S1700 E08100 TO S1812 E08636 TO S2000 E09224 TO S2130 E08418

SIGMET電報範例

YUCC SIGMET 5 VALID 221215/221600 YUDO - AMSWELL FIR SEV TURB OBS AT 1210Z YUSB FL250 MOV E 40KMH WKN

解釋：由Donlon國際機場內的氣象守視辦公室自0001UTC時起針對AMSWELL
＊飛航情報區所發布的第5次SIGMET電報，電報有效期自本月22日的
1215UTC至1600UTC；於1210UTC時在Siby/Bistock（YUSB）機場上
方空層250高度觀測到強烈亂流；預期亂流將向東方以40公里/小時速
度移動，強度減弱。

＊虛構的地點

第五節　航空氣象預報圖表及天氣講解

　　飛行員於離場起飛前，航空氣象台必須供給各種天氣預報圖表，作為
起飛、降落及飛行時之重要參考。並隨時給予天氣講解，以協助飛行員對於

整個天氣大勢及航程中之天氣情況能有通盤之概念。航空氣象預報圖表種類按ICAO與WMO共同規定至少應包括機場天氣預報表（Aerodrome forecasts, Model A），高空風與溫度預報表（Tabular forecast of upper winds and temperatures, Model TB2），顯著天氣預報圖（Significant weather prognostic chart, Model SW），300hPa或100hPa氣流線預報圖各一張（300hPa or 100hPa streamline porgnostic chart,Model IS or Model SIS）對流層頂與最大風速預報圖（Tropopause and maximum wind chart,Model TRVM）以及航路天氣預報剖面圖（Model CR）等，並附以飛機氣象觀測報告表（AIREP Form,Model AR）以備飛行員天氣觀測紀錄之用（詳見表21-2及圖21-1，圖21-2，圖21-3，圖21-4，圖21-5及圖21-6）。

　　有關天氣講解內容，按飛行計劃（flight plan），包括影響起飛、爬升、航路、儀器飛行及降落之各種氣象因素，作有系統之講述。講解時應包括下列各項：

（一）一般天氣形勢，包括各種地面天氣特性及高空氣流及溫度。

（二）氣壓高度之預報，有跑道溫度及離場時之地面風。

（三）雲、霾、煙或塵層及航路上最低雲幕高度。

（四）有關航路上飛行能見度及地面能見度，水平能見度之預測。

（五）結冰層之類型、高度、強度及位置。

（六）亂流之類型、高度、強度及位置。

（七）劇烈天氣及晴空亂流之警告。

（八）有關飛機報告（AIREP）及雷達天氣報告（RAREP）。

（九）目的地機場、輔助備用機場及其他機場之天氣預報。

（十）目的地機場及輔助備用機場之高度表撥定值。

（十一）請飛行員或正駕駛提供飛行報告觀測。

　　飛行員和相關飛航人員對於目前航空氣象之態度與看法，或則不予重視漠然待之，或則過份苛求嚴格批評，殊不知氣象學一科近年來雖有驚人進步，但仍處於孩提時代之階段，飛行員應了解今日氣象學之能力與限度，否則要求愈高失望愈大，氣象人員所理解者僅大氣性質之部份原理，惟經長期觀察以後，則深自感覺對於大氣知識仍然力不從心，天氣非比其他科學，他種科學可在實驗室中化驗求證，例如化學家不但能檢定物質之成份，而且也能將物質量至萬分之一公克之精確程度。但影響天氣變化之因素，種類繁多，複雜多變，實不能檢樣試驗，且也不可以偏蓋全。

　　飛航人員固然對於天氣預報常發生疑義，但亦不可完全漠視。因為能有效利用天氣服務之精確設備及良好經驗，亦不失為有利用之價值。飛行員通常會了解天氣報告與預報之準確程度，穩健之飛行員常會私自嚴格分析與判斷天氣預報之可靠程度，且亦明瞭天氣變化多端，預報時間愈久，誤差愈大，故飛航人員對於天氣預報之態度，視作專門性之指導參考資料也。

(一) 根據美國氣象局各主要飛航天氣服務中心（Flight Advisory Weather Service Centers, FAWS）對於航空天氣預報資料準確性之研究評價，得出下列之結論：

1. 有效時間如為十二小時或略長之良好天氣（雲高3,000呎以上，能見度4.8公里以上）預報，比之惡劣天氣（雲高1,000呎以下，能見度低於1.6公里）預報，其準確可靠率較高。

2. 在三或四小時前，預測目視飛行規則（VFR）情況以下之天氣，其準確率大都超過80%（參閱圖21-7）。

3. 預測雲高與能見度之單獨數值，其準確度僅限二或三小時以內；而預測數值具有範圍性者，則在較長有效預報時間中，準確率略高。

4. 在顯著之天氣系統，如鋒面、槽線、降水等等情況下，如預報惡劣飛行天氣，在短暫之數小時內，準確率極高。

5. 與快速移動冷鋒或颮線伴隨之天氣，最難預報得準確。

6. 預測惡劣天氣之出現時間，較之在某一時間範圍內預測該項惡劣天氣

表21-2　高空風與溫度預報表之示意圖

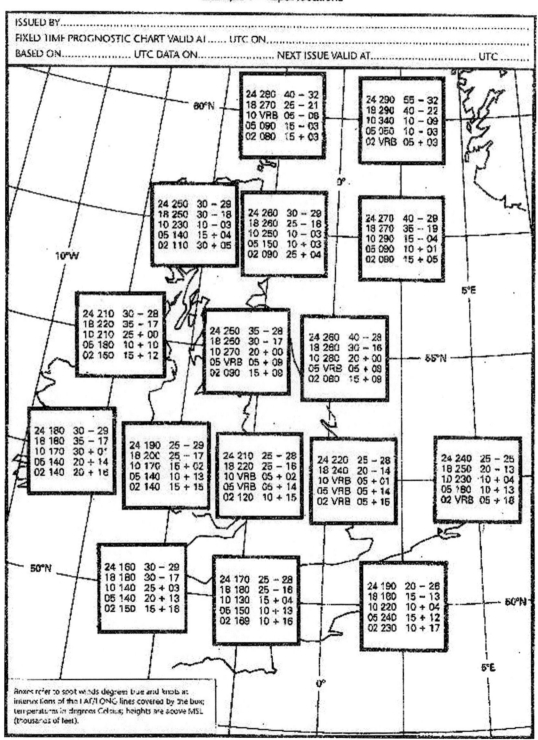

TABULAR FORECAST OF UPPER WINDS AND UPPER-AIR TEMPERATURES　Model TB
Example 1 — Spot locations

第二十一章　航空氣象預報電碼及圖表

415

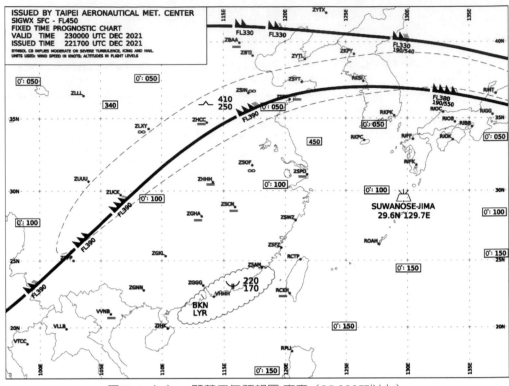

圖21-1（a）　顯著天氣預報圖 高度（25,000FT以上）

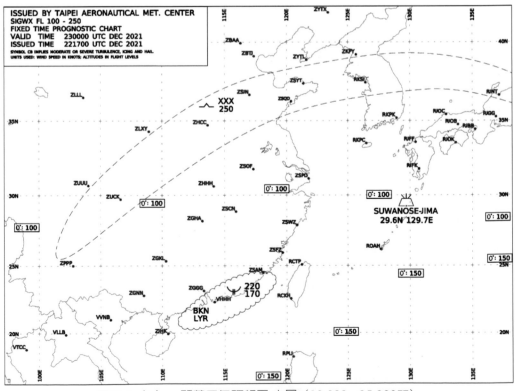

圖21-1（b）　顯著天氣預報圖 中層（10,000 - 25,000FT）

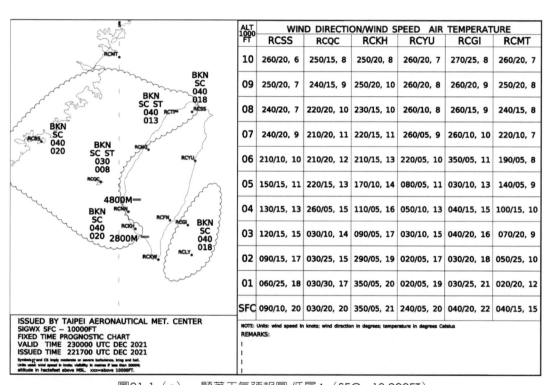

ALT 1000 FT	WIND DIRECTION/WIND SPEED AIR TEMPERATURE					
	RCSS	RCQC	RCKH	RCYU	RCGI	RCMT
10	260/20, 6	250/15, 8	250/20, 8	260/20, 7	270/25, 8	260/20, 7
09	250/20, 7	240/15, 9	250/20, 10	260/20, 8	260/20, 9	250/20, 8
08	240/20, 7	220/20, 10	230/15, 10	260/10, 8	260/15, 9	240/15, 8
07	240/20, 9	210/20, 11	220/15, 11	260/05, 9	260/10, 10	220/10, 7
06	210/10, 10	210/20, 12	210/15, 13	220/05, 10	350/05, 11	190/05, 8
05	150/15, 11	220/15, 13	170/10, 14	080/05, 11	030/10, 13	140/05, 9
04	130/15, 13	260/05, 15	110/05, 16	050/10, 13	040/15, 15	100/15, 10
03	120/15, 15	030/10, 14	090/05, 17	030/10, 15	040/20, 16	070/20, 9
02	090/15, 17	030/25, 15	290/05, 19	020/05, 17	030/20, 18	050/25, 10
01	060/25, 18	030/30, 17	350/05, 20	020/05, 19	030/25, 21	020/20, 12
SFC	090/10, 20	030/20, 20	350/05, 21	240/05, 20	040/20, 22	040/15, 15

NOTE: Units: wind speed in knots; wind direction in degrees; temperature in degrees Celsius
REMARKS:

ISSUED BY TAIPEI AERONAUTICAL MET. CENTER
SIGWX SFC – 10000FT
FIXED TIME PROGNOSTIC CHART
VALID TIME 230000 UTC DEC 2021
ISSUED TIME 221700 UTC DEC 2021
Symbols ⊥ and Cb imply moderate or severe turbulence, icing and hail.
Units used: wind speed in knots; visibility in metres if less than 5000m;
altitude in hectofeet above MSL. xxx=above 10000FT.

圖21-1（c）　顯著天氣預報圖 低層A（SFC - 10,000FT）

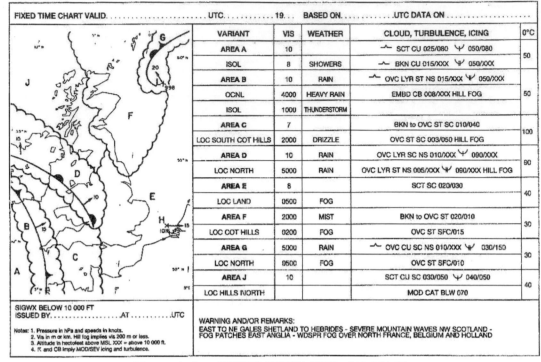

FIXED TIME CHART VALID. . . . . UTC. . . . . 19. . . BASED ON. . . . . .UTC DATA ON . . . .

VARIANT	VIS	WEATHER	CLOUD, TURBULENCE, ICING	0°C
AREA A	10		∼ SCT CU 025/080 ⚐ 050/080	50
ISOL	8	SHOWERS	∼ BKN CU 015/XXX ⚐ 050/XXX	
AREA B	10	RAIN	∼ OVC LYR ST NS 015/XXX ⚐ 050/XXX	50
OCNL	4000	HEAVY RAIN	EMBD CB 008/XXX HILL FOG	
ISOL	1000	THUNDERSTORM		
AREA C	7		BKN to OVC ST SC 010/040	100
LOC SOUTH COT HILLS	2000	DRIZZLE	OVC ST SC 003/050 HILL FOG	
AREA D	10	RAIN	OVC LYR SC NS 010/XXX ⚐ 090/XXX	90
LOC NORTH	5000	RAIN	OVC LYR ST NS 005/XXX ⚐ 090/XXX HILL FOG	
AREA E	8		SCT SC 020/030	40
LOC LAND	0500	FOG		
AREA F	2000	MIST	BKN to OVC ST 020/010	30
LOC COT HILLS	0200	FOG	OVC ST SFC/015	
AREA G	5000	RAIN	∼ OVC CU SC NS 010/XXX ⚐ 030/150	30
LOC NORTH	0500	FOG	OVC ST SFC/010	
AREA J	10		SCT CU SC 030/050 ⚐ 040/050	40
LOC HILLS NORTH			MOD CAT BLW 070	

SIGWX BELOW 10 000 FT
ISSUED BY. . . . . .AT . . . . .UTC

Notes: 1. Pressure in hPa and speeds in knots.
2. Vis in m or km. Hill fog implies vis 200 m or less.
3. Altitude in hectofeet above MSL XXX = above 10 000 ft.
4. ＫＣ and CB imply MOD/SEV icing and turbulence.

WARNING AND/OR REMARKS:
EAST TO NE GALES SHETLAND TO HEBRIDES - SEVERE MOUNTAIN WAVES NW SCOTLAND -
FOG PATCHES EAST ANGLIA - WDSPR FOG OVER NORTH FRANCE, BELGIUM AND HOLLAND

圖21-1（d）　顯著天氣預報圖 低層B（10,000FT）

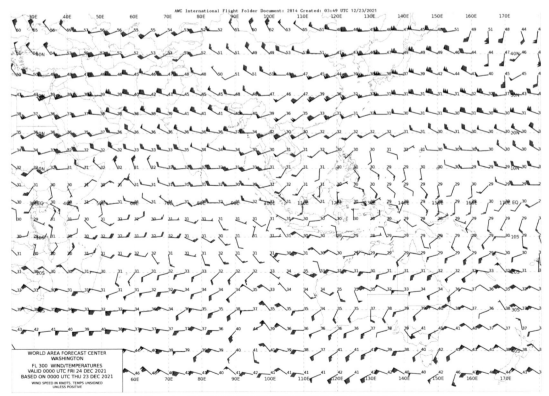

AWC International Flight Folder Document: 2814 Created: 03:49 UTC 12/23/2021

WORLD AREA FORECAST CENTER
WASHINGTON
FL 300 WIND/TEMPERATURES
VALID 0000 UTC FRI 24 DEC 2021
BASED ON 0000 UTC THU 23 DEC 2021
WIND SPEED IN KNOTS, TEMPS UNSIGNED
UNLESS POSITIVE

圖21-2　高空風和高空溫度預報圖（麥卡脫投影）

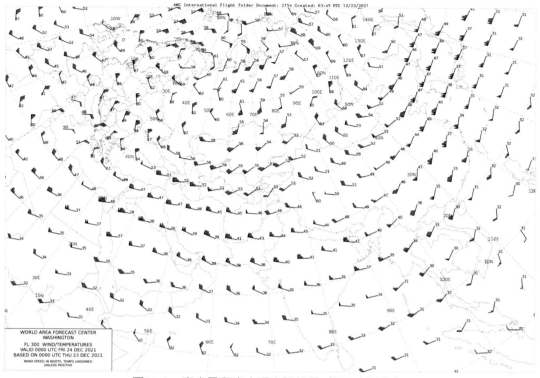

圖21-3　高空風和高空溫度預報圖（極正射投影）

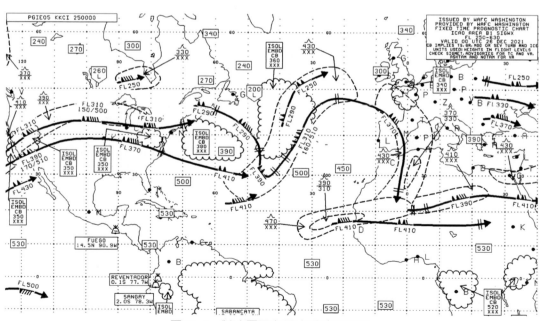

圖21-4　對流層頂與最大風速預報圖

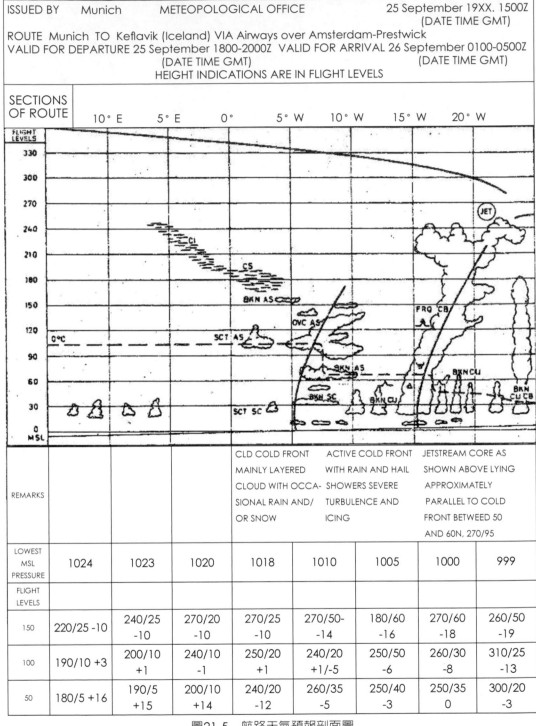

ISSUED BY   Munich   METEOPOLOGICAL OFFICE   25 September 19XX. 1500Z
(DATE TIME GMT)

ROUTE Munich TO Keflavik (Iceland) VIA Airways over Amsterdam-Prestwick
VALID FOR DEPARTURE 25 September 1800-2000Z VALID FOR ARRIVAL 26 September 0100-0500Z
(DATE TIME GMT)   (DATE TIME GMT)
HEIGHT INDICATIONS ARE IN FLIGHT LEVELS

SECTIONS OF ROUTE	10° E	5° E	0°	5° W	10° W	15° W	20° W

| REMARKS | | | | CLD COLD FRONT MAINLY LAYERED CLOUD WITH OCCA-SIONAL RAIN AND/ OR SNOW | ACTIVE COLD FRONT WITH RAIN AND HAIL SHOWERS SEVERE TURBULENCE AND ICING | JETSTREAM CORE AS SHOWN ABOVE LYING APPROXIMATELY PARALLEL TO COLD FRONT BETWEED 50 AND 60N, 270/95 | | |

LOWEST MSL PRESSURE	1024	1023	1020	1018	1010	1005	1000	999
FLIGHT LEVELS								
150	220/25 -10	240/25 -10	270/20 -10	270/25 -10	270/50- -14	180/60 -16	270/60 -18	260/50 -19
100	190/10 +3	200/10 +1	240/10 -1	250/20 +1	240/20 +1/-5	250/50 -6	260/30 -8	310/25 -13
50	180/5 +16	190/5 +15	200/10 +14	240/20 -12	260/35 -5	250/40 -3	250/35 0	300/20 -3

圖21-5　航路天氣預報剖面圖

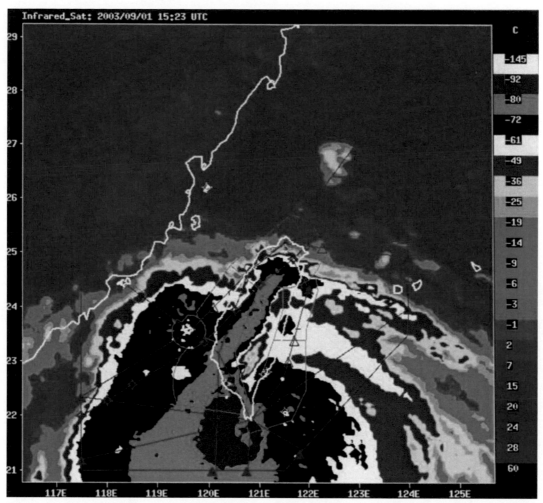

Infrared_Sat: 2003/09/01 15:23 UTC

圖21-6　西元2003年9月1日1523UTC東亞紅外線衛星雲圖，中度颱風杜鵑（dUJUAN）位於
　　　21.5° N 121.1° E（台灣鵝鑾鼻近海），中心氣壓950hPa，接近中心最大風速85kt最大
　　　陣風105kt。

之能否出現，其錯誤機會為多。

　　7. 預測地面水平能見度較預測雲高為難。

（二）預測下列各項天氣，其準確率能達75%以上者：

　　1. 十小時前，預測急移冷鋒或颮線之過境，約在預報時間前後二小時以
　　　內發生。

　　2. 十二小時前，預測暖鋒或緩移冷鋒之過境，約在預報時間前後五小時
　　　以內發生。

　　3. 預測暖鋒前方雲高快速下降至1,000呎以下，雲高約在預報數值200呎
　　　左右範圍內出現，其時間約在預報時間前後四小時以內發生。

4. 如有雷達設備，在一或二小時前，能準確預測雷雨之開始。

5. 雨或雪開始下降時刻，約在預報時刻五小時前後以內發生。

6. 能預測低氣壓系統之快速加深。

（三）下列各項天氣之預測準確性，無法滿足現今航空操作之需求：

1. 凍雨之開始時刻。

2. 強烈或最強烈亂流（severe or extreme turbulence）之出現與發生位置。

3. 嚴重積冰之出現與發生位置。

4. 龍捲風之出現與發生位置。

5. 雲高為100呎或低至零者。

6. 在雷雨未形成前，無法預測其開始時間。

7. 在十二小時前，無法預測颱風中心位置準確至160公里（100哩）以內。

8. 凍霧之發生。

除此以外，預報之準備又與當地之氣候及一般天氣情況有關，約言之，罕見之天氣較普通常見者難以預報，預測有顯著日變化之天氣情況，如夜間

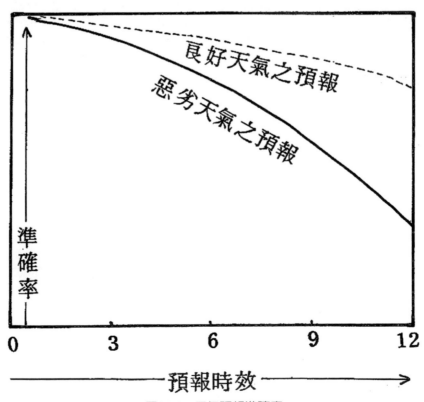

圖21-7　天氣預報準確度

輻射或午後對流雲之出現，較之預測日變化不顯著者為準確可靠。依同理，預測空氣流動與山脈、沿海地區或大範圍之水域等地形間發生相互作用而產生之天氣，較之預測與氣旋風暴緩慢移行於平整地形上伴生之天氣尤為準確可靠。

參考資料

1. 交通部民用航空局，1980：大氣亂流與飛航安全研討會論文彙編

2. 交通部中央氣象局，2000：地面觀測報告電碼與高空壓溫報告電碼，國際氣象電碼（地面及高空電碼），p.壹-1~48與p.貳-1-23。

3. 交通部中央氣象局，1986：地面氣象測報作業規範，pp.292。

4. 交通部民用航空局，2002：國際航空氣象服務──國際民用航空公約附約3。

5. 伊藤博（1970）：航空氣象，日本東京堂出版。

6. 洪秀雄，2011：認識大氣，中央大學大氣科學系，（http://mail.atm.ncu.edu.tw/~hong/atmhmpg/atmsci1.htm）。

7. 國家運輸安全調查委員會，2021：2010-2019年國籍民用航空運輸業重大飛航事故原因。

8. 蒲金標，2001：實用航空氣象電碼，徐氏文教基金會，pp.184。

9. 蒲金標，2003,9：淺談颱風。民用航空局飛航服務總台，飛航服務總台成立三十四年週年專輯，P.1-10。

10. 蒲金標與林清榮，2018a：2013年7月12-13日蘇力颱風侵襲期間台灣桃園國際機場氣壓大變差與低空風切之相關性分析研究，氣象學報。

11. 蒲金標與林清榮，2018b：2014-2016年馬祖南竿機場跑道氣壓大波動與

逆風（順）風切分析研究。航空安全及管理季刊，5，42-55。

12. 蒲金標與林清榮，2017a：馬祖南竿機場誤失進場風切與氣壓跳動分析。航空安全及管理季刊，4，65-78。

13. 蒲金標與林清榮，2017b：2010-2014年松山機場低空風切與氣壓大波動之日變化分析研究，大氣科學，45, 261-280。

14. 蒲金標與徐茂林，2016a：菲特（FITOW）颱風影響松山機場低空風切之觀測個案分析研究，飛航天氣期刊，25，30-50。

15. 蒲金標與徐茂林，2016b：東北季風影響松山機場低空風切之個案觀測分析，氣象學報，53，23-38。

16. 蒲金標、徐茂林及游志遠，2015：2013年7月12-13日蘇力颱風侵襲期間松山機場低空風切分析研究，大氣科學，43，27-46。

17. 蒲金標、徐茂林、游志遠及劉珍雲，2014：台灣低壓鋒面與松山機場低空風切個案研究，航空安全及管理季刊，1，227-243。

18. 蒲金標，2003：台灣松山機場低空風切系統與低空風切診斷分析，大氣科學，31，181-198．

19. International Civil Aviation Organization, 2005: Manual on Low-Level wind-Shear, May 3, 2014—First. Edition—2005. Doc 9817 -AN/449, p. 5-8, (https://www.skybrary.aero/bookshelf/books/2194.pdf)

20. Terry T. Lankford, 2001: Aviation Weather Handbook, McGRAW-HILL pp. 27-28.

21. World Meteorological Organization (2001): Technical Regulations, Volume II,Meteorological Service for International Air Navigatio n(WMO - No.49). Secretariat of the World Meteorological Organization -Geneva -Switzerland.

22. U.S. Department of Transportation Federal Aviation Administration, 2016: Aviation Weather. pp. 23-6.

索引

中文索引

二畫

八分量（oktas）　332, 333

三畫

下坡風（katabatic winds）　79

下降氣流；下衝氣流（downdraft）　57, 184

下衝風湧（down surge）　211

下衝氣流；下降氣流（downdraft）　57, 184

下爆風切（downburst shear）　180

下爆氣流（downburst）　184, 211

下滑道（glide path）　254

上升氣流（ascending air）　57

上升氣流（updraft）　57

上坡風（anabatic winds）　78

上坡霧；升坡霧（upslope fog）　242, 248, 249

大氣溫度（atmospheric temperature）　13

大氣亂流（air turbulence）　45, 123

大氣層（atmosphere）　3

大氣壓力（atmospheric pressure）　25

大氣環流（general circulation）　72

大陸氣團（continental air masses）　128

大範圍的灰塵（widespread dust）　330

大氣動力冷卻（aerodynamic cooling）　224

大氣進口導管（air intake ducts）　243

小水滴（droplets）　337

山岳波（mountain waves）　45, 174, 395

山風（mountain wind）　78, 79

四畫

不明降水（unknown precipitation）　329

不穩定線（instability line）　143

中度（moderate）　195, 231, 328, 351

W

應用科學類　PB0044

航空氣象學【2022年版】

原　　著 / 蕭　華
編　　修 / 蒲金標
責任編輯 / 石書豪
圖文排版 / 楊家齊、黃莉珊
封面設計 / 蔡瑋筠

發 行 人 / 宋政坤
法律顧問 / 毛國樑　律師
出版發行 / 秀威資訊科技股份有限公司
　　　　　114台北市內湖區瑞光路76巷65號1樓
　　　　　電話：+886-2-2796-3638　傳真：+886-2-2796-1377
　　　　　http://www.showwe.com.tw
劃撥帳號 / 19563868　戶名：秀威資訊科技股份有限公司
　　　　　讀者服務信箱：service@showwe.com.tw
展售門市 / 國家書店（松江門市）
　　　　　104台北市中山區松江路209號1樓
　　　　　電話：+886-2-2518-0207　傳真：+886-2-2518-0778
網路訂購 / 秀威網路書店：https://store.showwe.tw
　　　　　國家網路書店：https://www.govbooks.com.tw

2022年2月　BOD一版
定價：1200元
版權所有　翻印必究
本書如有缺頁、破損或裝訂錯誤，請寄回更換

讀者回函卡

國家圖書館出版品預行編目

航空氣象學.【2022年版】 / 蕭華原著 ; 蒲金標編修. -
- 一版. -- 臺北市 : 秀威資訊科技股份有限公
司, 2022.2
　　面 ;　　公分. -- (應用科學類 ; PB0044)
BOD版
ISBN 978-626-7088-04-3(平裝)

　1.航空氣象

447.56　　　　　　　　　　　　　　110019518